# 冲旋制粉技术的理念实践

常 森 著

ZHEJIANG UNIVERSITY PRESS
浙江大学出版社 | 全国百佳图书出版单位

**图书在版编目(CIP)数据**

冲旋制粉技术的理念实践 / 常森著. —杭州：浙江大学出版社，2021.1

ISBN 978-7-308-20554-2

Ⅰ.①冲… Ⅱ.①常… Ⅲ.①制粉—研究 Ⅳ.①TF123

中国版本图书馆 CIP 数据核字(2020)第 173191 号

# 冲旋制粉技术的理念实践

常　森　著

**责任编辑**　季　峥(really@zju.edu.cn)

**责任校对**　张　鸽

**封面设计**　周　灵

**出版发行**　浙江大学出版社

(杭州市天目山路 148 号　邮政编码 310007)

(网址：http://www.zjupress.com)

**排　　版**　杭州林智广告有限公司

**印　　刷**　广东虎彩云印刷有限公司绍兴分公司

**开　　本**　787mm×1092mm　1/16

**印　　张**　23

**字　　数**　503 千

**版 印 次**　2021 年 1 月第 1 版　2021 年 1 月第 1 次印刷

**书　　号**　ISBN 978-7-308-20554-2

**定　　价**　86.00 元



浙江大学出版社市场运营中心联系方式：(0571) 88925591；http://zjdxcbs.tmall.com

# 编　委　会


**主　编**　常　森

**副主编**　余　敏　周功均　余利方

**编　委**　（以姓氏笔画为序）

王玉生　王国强　厉　峰　朱明欣　杨　杰

邱信华　何　君　陈唯真　郑小法　荣宝成

徐　进　曹炎华　常　青　韩荣生

# 作者简介

常森　男，1933 年生，浙江丽水人，中共党员，教授级高级工程师。

1951 年处州中学(现浙江丽水中学)毕业，进入浙江大学，后经选拔出国学习。

1958 年毕业于苏联乌拉尔工业大学冶金机械专业。先后在北京钢铁设计研究总院和浙江省冶金研究院工作。曾担任工程项目负责人、设备研究室主任、浙江省级金属喷涂技术中心主任；浙江省金属学会冶金设备学委会秘书长和浙江省冶金系统高级职称评委等职，兼任多家粉体工程公司总工程师。一直从事冶金机械和压力加工专业。参加和负责大小工程和研究课题上百项，其中有国家级和省部级重点工程 4 项、援外重点工程 1 项、粉体工程超百项；获国家冶金部西南建设指挥部表彰；获省、市级科技进步奖 3 项；发表论文 80 多篇，其中入选《中华文库》(出版收藏作品名典，入选编号 F10188F6)，提出并发表《机械工态场流理论》；出版著作 3 本。经单位组织推荐：1989 年入编《中国工程师名人大全》(湖北科学技术出版社，1989 年版)，1997 年入编《中国专家人名辞典》(改革出版社，1997 年版)。

# 序

有幸第一时间阅读本书，它勾起了我一连串对往事的回忆。在20世纪80年代初，常森教授级高级工程师是我院一个研究室的负责人。他带领我们面向市场，主要从事材料加工和机械研究，粉体工程就是其中之一。当时，发电厂脱硫工艺急需的石灰石粉剂、制药制氢工艺急需的金属粉体生产和矿产品的深度加工等都需要适用的粉体加工设备。市场的需要就是我们的任务。我们白手起家，从市场调研、查阅资料入手，通过研究、设计、制造、生产试运行，研发出一种满足市场需求的新型粉碎机。我们积极与生产单位合作，将其推广应用，取得了良好的经济效益和社会效益，并因此获得了浙江省科技进步奖。后本人因工作调动离开该项目，而常老师为该新型粉碎机(技术)的推广应用孜孜不倦，退休后继续为用户服务，根据用户对粉碎技术的要求不断地对粉碎机(技术)加以改进。到本书完稿时，全国已建成百余条生产线，其中应用于硅粉生产的生产线处于国内领先地位，业绩斐然。所叙所述体现了常老师理论联系实际、精心研究、勤恳工作、不计报酬、服务社会的高尚思想品德。

本书详细地讲述了制粉工艺的研发过程、实用技术及学术思想等，内容翔实、观点清晰、深入浅出、易懂实用。其成效主要体现在以下三个方面。

1. 粉碎工艺技术先进，在硅和石灰石的粉碎工艺中实用、安全、可靠，生产指标先进。

2. 技术装备、生产工艺操作控制说明详尽，易学易懂，便于掌握和使用。

3. 学术思想精湛，理论联系实际，用辩证、实践的观点分析问题和解决问题，深入浅出，极大地提高了粉碎技术应用水平。

我们感谢常老师在耄耋之龄仍坚持实践和创新，尽己所能，克服各种困难，积累资料，完成本书的编写工作，留给我们一件实用、厚重的礼物。相信同行们见书后，会有同感！

浙江省冶金研究院院长

教授级高级工程师

**2019年9月27日**

# 自 序

本书内容归属粉体工程技术，主要针对硅、石灰石等脆性材料。经多年研究、设计和生产实践，我们取得了一些有用的、有价值的经验和理念，在实践和理论两方面都有所成就。为积累这些对社会经济发展有利的技术资料，为生产发展贡献微薄的力量，特将其写成文字材料，供同行们交流参考。

笔者从事的是科技应用研究，要面向经济、面向生产，从经济生产领域内确定待解决的问题、研究方向和课题，结合具体项目，同使用方合作开展研发工作。硅、石灰石等粉体工程技术的研究就是这样开始的。所以，课题的技术途径就是研究、试验、设计、制造、安装、调试、验收及投产。前后投产的逾百条生产线，大部分是如此建成的。此外，经常同现场保持联系，处理问题，积累资料，结合理论分析，改进设计，技术水平逐步提高，生产指标渐次升级。这里遵循的技术路线为：由基础知识和初步实践，总结得理念，经研究改进设计，再实践，再总结，逐步深化理念，改善设计，提高实践水平，充实理念，夯实生产基础，使产品指标达到领先水平。本书就是把发展过程记述下来，形似理念实践的“碑文”，是理念指导实践、实践充实理念的实录。理念实践加快技术产业化和优化，紧紧抓住生产中心环节，扎扎实实地把生产指标提高。所有措施都要集中到一个目的上：生产高指标，包括产品质量（化学成分、粒度组成、反应活性）、成品率和产能；同时，要严格执行各项规程（安全、操作、维护等方面）。

理念和实践的相互充实，是笔者研究和解决问题的思路和方略，着重体现在粉体加工原理、机理、动力学分析及相应措施改进上。理念实践的兑现，依赖于实施的方法，使理念和实践紧密结合，环环相扣，达到高效、真实的效果。经多年践行，获得“理念实践的辩证技法”（简称“辩证技法”），将哲理、学理和实理融合一体，汇集于技术研究，演绎成本书的重要内容。简单地讲，“辩证技法”的内涵有四条：①制粉是个发展变化的过程，受系列因素（如物料、机具、气、电和人）的控制。②因素间相互作用、影响，促进过程分阶段地在相关条件下按规律发展。③人根据理念（如加工原理、机理等），循着规律控制过程；要进行各类检测、调节，不断改进调控、操作的实践，以期获得最佳生产指标。④适时做理念实践总结，改进各项因素的性状和参数，使生产和技术水平再提高。将理念显示于一系列模型画面之上，舒展地融入新的实践之中，创建粉碎机的立式和卧式型谱，冲旋和对撞粉碎模式，拍刀、劈刀和棒刀的粉碎机具模配，粉碎速度、粒度等调控技式，形成冲旋制粉技术。

按照上述思路，本书内容分成上、下两篇：上篇介绍冲旋粉碎技术；下篇为专题研究论述。上篇共11章，介绍冲旋制粉工艺和设备基本原理、机理和操作使用技术，着重调试和高产技术，偏重于制粉中的粉碎和筛分两个工序。下篇主要对硅制粉的技术理论和实践深入研究，按主要内容公开发表和未发表的时序分列，成硅粉（Ⅰ）和硅粉（Ⅱ）两部分。

笔者限于学识和实践，能说明的问题面偏窄，论述不深，只想把微薄的贡献融入祖国伟大建设的成就中。

# 目 录

## 上篇　冲旋粉碎技术

# 下篇 专题研究论述

## 硅粉(Ⅰ)



## 硅粉(Ⅱ)

# 上　篇

# 冲旋粉碎技术

# 第1章　绪　论

粉状物料是国民经济发展所必需的生产资料，粉料制作往往以粉体工程的形式占据经济建设中的重要位置，引起社会各界的关注。制粉技术的开发和研究随着时代发展，逐渐兴旺。作为制粉生产的“龙头”——粉碎技术（工艺和设备）已达到较高水平。各种粉碎技术都展现出自己的优势，被分别应用于各自行业中。本书所提的冲旋制粉技术适合用于生产有粒度要求的高品质粉料，紧跟有机硅、多晶硅和环保（脱硫）事业，在20世纪末应运而生。

冲旋制粉技术隶属于粉体工程，其内容涵盖设计、制造、安装、调试和投产，具有建设工程和生产使用的实质。它以固有的技术优势获得发展，赢得公众的信任。在我国和邻国至今已有上百条冲旋制粉生产线，同国内外其他著名的制粉技术并驾齐驱，为我国各类粉体材料的生产出力。

冲旋制粉技术主要用于非金属矿（石灰石、氟石、萤石等）和金属（硅、铸铁、铸铜、锌等）粉体生产，尤其在石灰石、硅制粉行业获得较大发展，已成为成熟技术。冲旋制粉技术的理论和实践蕴演在生产线上，只要经过一段时间的接触，使用者就能体会它的功效。缘由何在？简而言之，就在其体现的“实践业绩”和“三项理念”上。笔者将对此两方面做详细的阐述，供同行参考。

## 1.1　冲旋制粉技术发展概况

冲旋制粉技术同其他技术一样，随着社会经济逐步发展而发展。环保脱硫和生态能源事业，有力地促使制粉技术快速进步。

自20世纪90年代初至今，冲旋制粉技术已有20多年的发展历程。循环流化床锅炉至今仍是发电行业很重要的环保装备。该型锅炉的炉内喷钙脱硫效果很好。所谓喷钙脱硫，就是将石灰石($CaCO_3$)脱硫粉喷进炉内，混同煤燃烧，吸除煤中硫，以石膏($CaSO_3$)的形式成炉灰和炉渣固体料排出（供水泥原料），而不是以二氧化硫($SO_2$)的形式呈气态放空。石灰石脱硫粉功效好，价格低廉。不过，对其技术要求，如化学成分、粉体粒度组成、化学反应活性等却是高的。为解决这个问题，石灰石冲旋脱硫粉问世。

同样，在20世纪90年代初，我国有机硅行业开始兴起，江西星火化工厂、北京化工二厂、浙江开化硅厂等先后建成有机硅生产车间。所用原料中主要成分是硅粉，曾使用过球磨机、对辊机和雷蒙机（即悬辊磨）等制作。只因粒度组成、环保条件等未能满足要求,上述设备被淘汰。开化硅厂在得知浙江省冶金研究院有制粉方面的技术后,希望我们能给予帮助。于是,由笔者具体负责,利用初型冲击粉碎机组将该厂选定硅块制成要求粒度的粉料。经厂方有机硅生产线使用,结果比原先好得多,成品率、产量都提高了25%,设备使用寿命也延长了。接着就在开化建硅粉车间,选用一台小型冲旋式粉碎机组,开始正式生产有机硅用粉。从此,冲旋制粉技术为硅行业服务拉开了序幕。

### 1.1.1 高活性石灰石脱硫粉剂制取技术发展历程

循环流化床锅炉是当代的环保型锅炉,对世界环保事业已经做出很大贡献。它的发展离不开石灰石脱硫粉剂。随着环境问题的日趋严峻,对脱硫的要求大幅度提高。脱硫粉剂的研究正在全力展开。但是,如何进一步改善石灰石脱硫粉品质、增强其脱硫能力、提高其效率,即提高脱硫粉反应活性的研究发展缓慢。究其原因,正在于使用单位的思想认识和应用积极性。

1) 发展的四个阶段

不妨回眸历史,我国对石灰石脱硫粉应用的认识过程可分为四个阶段。

(1) 对策阶段。20世纪90年代,从国外引进循环流化床锅炉初期,大连化工厂、杭州热电厂等按要求配置石灰石脱硫设备。但是当时社会上许多工厂的循环流化床只是一种摆设,用于应付环保部门等,这些电厂没有在燃煤中添加石灰石脱硫粉,电厂锅炉高烟囱每天冒黄烟(含二氧化硫气体),污染周边环境。正是上有政策,下有对策。可见当时人们的环境保护意识薄弱,对燃煤脱硫粉剂认识模糊,更不用说脱硫粉剂活性了。

(2) 粗识阶段。正规电站脱硫取得初步效果,使用基本合格的石灰石粉,并设法提高脱硫效能。非规模电站逐渐认识到不脱硫就过不了关,开始定点订购石灰石脱硫粉和常年用粉脱硫,但环保性仍未能达标。大家对脱硫粉剂的认识,尤其对其品质的了解只局限于表面,如粒度和碳酸钙含量上。

(3) 认真阶段。国家开始认真执行环保规定,措施较严。各大小电站初步认识到脱硫的重要性:为保证电站正常运行,必须环保性达标。脱硫效果随之提高。脱硫技术开始被重视。大家对粉剂品质,尤其是粒度、化学成分的认识,比之前更具体了。

(4) 自觉阶段。进入新世纪以来,国内外注重环保。我国采取许多措施,对污染单位的惩治更严厉。同时,大气污染常有发生,人们都亲身感到健康受害,纷纷要求彻底改善环境。社会和民众的强烈要求,逼得企业主动设法搞好脱硫脱硝工作,开始选配粉剂,纷纷改进脱硫设备,循环流化床锅炉脱硫率从85%提高到>90%,各项指标都有较大改善。随着形势的发展,脱硫要求也在提升,驱使脱硫技术不停地进步。至于脱硫粉的活性,关注者范围不广。除了许多研究单位积极行动之外,应用单位(如电站)还未认真思考过。所以,脱硫粉剂活性的作用,正有待大力宣传。自觉应用活性脱硫粉剂,将是促进循环流化床锅炉发展的重要因素,前景看好。

2）高活性脱硫粉的历史使命

石灰石粉是循环流化床锅炉最重要的、最实用的脱硫剂。增强其脱硫功效的最重要的措施是提高其活性。为此，采用了多种强化方法，比如物理、化学、机械等，都取得了一定的好效果。但是，实际使用起来，却未能如愿。如为满足脱硫粉大批量生产和大规模应用的实地炉内脱硫，效果不明显，而生产环节复杂了很多。强化活性还有待于继续努力。目前，最实惠的方法还是改善制粉方式，从粉碎工艺上下功夫，获得较好的生产技术经济指标[1]。经对比，冲旋制粉技术具有优势，能批量、有规模地提供高活性石灰石脱硫粉（简称高活性冲旋粉），它的活性比辊磨、对辊方式生产的辊磨粉、对辊粉高出1个等级，钙硫比低20%，脱硫粉耗量少20%，煤耗量低0.4%。遗憾的是，没有锅炉实际使用的对比数据。而要获得验证，有两大困难：①影响因素复杂，不可能由脱硫粉一项决定各对比参数。②锅炉运行不可能专为改变脱硫剂做出较长时间的对比试验。不过，应用冲旋粉的电站各项运行指标和脱硫效果都不错，都能满足炉况对脱硫粉的要求。再如，在有机硅、多晶硅行业，冲旋硅粉的活性则是有口皆碑。我相信，高活性石灰石脱硫粉能经得起时间的考验，一定能为脱硫环保事业做出贡献，不辜负人们的期待和消耗的心血。

3）活性和普通石灰石脱硫粉的纠葛

石灰石粉一般具有脱硫功能，只是程度有别。其按脱硫活性的高低，可分为活性和普通两级，相当于按美国PPC－FW公司标准以2、3级分界。1、2级为活性粉，3、4级系普通粉。从制粉工艺看，沿用常规粉碎方法，如辊子研磨获得的粉：盘磨、辊磨、对辊等粉，通称为普通粉。随着社会经济的发展，有关行业，如冶金炼钢，必须脱硫。随着钢质量、品种、产量的进步，脱硫程度愈益增高，活性石灰就应运而生。其他行业也有类似情况。

循环流化床锅炉自问世以来，刚开始西方都用雷蒙机、锤式机、球磨机等制石灰石粉脱硫，接着对辊机也用上了。随着循环流化床锅炉脱硫技术的发展，对石灰石粉脱硫性能的要求逐步提高、用量增大，较好的制粉机相继使用，如棒磨机、立磨机等。脱硫活性的概念也逐步形成。到20世纪90年代，循环流化床锅炉传入中国，我们已明确知道脱硫活性的重要性。所以，我们从一开始就寻找、研发高活性脱硫粉的生产技术装备，比较了多种粉碎方式，最后，认定在冲旋粉碎上下功夫，试制出几台粉碎机和辅助设备，装备了几条生产线，正式生产铸铁粉、非金属矿粉、石灰石脱硫粉、硅粉等，并分别测得其比表面积、单位能耗、产量、粒度组成等。结果证明：冲旋粉活性最佳。其中，冲旋石灰石脱硫粉活性达到美国标准2级；至于冲旋硅粉，用于有机硅、多晶硅生产时，产品均拥有良好指标，是公认的活性粉；还有冲旋二氧化锰粉作为干电池原料，经测试，放电量和时间均超过现用材料。

辊磨技术历史悠久，制粉方法水平高，如立磨用于水泥和掺合料，能获取很细的粒度组成，如达到10$\mu$m，比表面积有600$m^2/kg$或更高，活性很好，并能参与制成活性混凝土用原料等。立磨产量高，装备水平高，可靠性等都很好。可是用于生产脱硫石灰石粉的粒径<2mm，0.1mm细粉含量应<10%，相对于水泥料就粗多了，活性高不了，能耗却高，技术经济指标就比不上其他生产方式。所以，辊磨粉活性比冲旋粉低一个档次。辊磨石灰石粉只能列为普通脱硫粉。

活性冲旋粉和普通辊磨粉的区别由加工方式决定。冲旋粉用刀片比起辊磨粉用辊轮，耐磨性能要低，本身质量小，耐磨部分小，表面强化难；而辊轮质量大，耐磨部分大，表面强化较易。所以，日常维护工作量，前者多，后者少。具体讲，前者每两周要检查刀具磨损状况，2～3个月换刀片(经改进将能增长至半年一换)；后者每2个月检查一次，每年要维修辊轮表层和内里轴承部件，比起换刀片要复杂和费时，人工、物资等消耗要多得多。

随着循环流化床锅炉容量的增大和电站规模的扩大，石灰石脱硫粉的需求量大增，制粉机的单机能力随之提高，立磨的优势也就显示出来。不过，中小型立磨机对中小型电站还是有竞争力的，若配置灵活，也能发挥特长。

冲旋制粉机目前产能未大型化，比大型立磨机稍逊一筹。不过，它同中小型立磨机一样，具有自身独特的灵活性，能更好地适应电站的布设特点。

电站布局中有2个因素：①接近能源产地。如靠近煤矿，甚至有洞口发电实例。②靠近用电大户。所以，电站比较分散，集中大电站不多。而石灰石脱硫粉厂更要靠近电站，宁可离石灰石产地远些，也要尽可能缩短供粉距离，否则，罐车运粉费用太大。粉厂跟着电站定，不可能集中办大粉厂。粉厂本身工艺设备布设，也要具灵活性。

4) 迎头赶上，争取更佳的前景

石灰石脱硫粉剂的应用历程显示，其发展趋势是活性粉逐渐占领市场。因此，要不断提高脱硫能力，充分挖掘石灰石的天然活性，千方百计强化其反应活性，适当地增大单机产能，争取为环保事业做出更大贡献。

冲旋制粉技术自20世纪末开始，至今已有二十多个年头，机型从小到大，结构性能逐步改善，使用单位连年增加，当前已有逾百条冲旋式制粉生产线，有近50条用于石灰石脱硫制粉。

随着时代的发展，环保标准日益严格，对脱硫粉产量、粒度等也相应提高了要求。制粉业理当奋进，冲旋技术应义无反顾地迎头赶上，为社会提供更加实惠的制粉技术(工艺和设备)。浙江省冶金研究院和诸暨洁球环保科技有限公司将原有成功基础的卧式粉碎机改进为立式，改善了粒度可调性，提高了单台产能(达到25t/h)。近四年的实际生产显示，从小型的ZYF300(见图1.1)，到ZYF430、ZYF600、CXF880、CXF1200(见图1.2～图1.7)，直至CXFL1500型冲旋式粉碎机列，均取得了瞩目的好指标，并为硅粉生产打下基础(见图1.8)。我作为一名从事粉体工程研究的工程师，感到十分欣慰，立志将冲旋制粉技术继续推进向前。

图 1.1　浙江省冶金研究所丽水地区建筑公司 ZYF300 型冲旋式制粉机（1992 年）

图 1.2　诸暨洁球环保科技有限公司 ZYF430 型冲旋式制粉试验机(1995 年)

图 1.3　宁波(2003 年)

图 1.4　上海(2003 年)

图 1.5　广东(2005 年)

图 1.6　山东(2006 年)

a.车间内景

b.车间外景

**图 1.7　宁波镇海(2011 年)**

a.总体设置

b.冲旋粉碎机

**图 1.8　永博硅业公司高活性硅粉生产车间**

冲旋技术的理论研究和实践正处在快速发展阶段，许多未知的内容等待我们去研究。从制粉机理、过程、能量消耗、变形开裂、力能关系，到粉碎机列设备结构、运动、动力、耐磨，再到设备操作、参数选择，值得下功夫去探索。希望各位同行，能协同一致，互相合作，攻克难题，全力以赴，争取更大的成效，冲旋粉达到：活性增强，产能提高，钙硫比下降！

### 1.1.2 高活性硅粉冲旋式制取技术发展历程

冲旋制粉技术应用于有机硅原料粉生产，在开化硅厂（现开化元通硅业有限公司）最先迈出了可喜的一步。自此，合作单位浙江省冶金研究院，开化硅厂、丽水金属材料研究所（前期）和诸暨市除尘机械厂（今诸暨洁球环保科技有限公司）共同努力设计、制造、安装、调试，逐步完整工艺，改进设备，使制粉技术得到很大提高。开化硅厂取得的成就最早也最大，概括为：①小厂成长为年产近 10 万吨硅粉的全国龙头老大，不仅带动开化县经济发展，而且对全国硅业都有影响。②制粉技术独占鳌头，冲旋技术获得很好的使用发展。从办厂至今，不同的制粉设备平行比试，胜者用，败者退，所以，技术水平永驻前列。随后有恒业成、合盛、中天等当年具规模的硅业公司采用冲旋制粉技术，发展有机硅产品。它们用不同批次的硅，制取不同粒级的高活性硅冲旋粉，在不同的有机硅生产工艺中得到的有机硅单体的质量和生产指标都同样达到国内先进水平。而使用其他硅粉，却没有类似结果。此外，其他规模较小的应用冲旋制粉技术生产硅粉的企业，如江苏梅兰化工厂、福建利南硅业公司、大连厚成粉体有限公司、永康物华硅业有限公司等总计 50 多条生产线，都为冲旋制粉技术的发展做出贡献。

随着时代的前进，太阳能的发展对多晶硅、单晶硅生产，硅和硅粉制备提出了新要求。多硅晶对硅粉粒度组成的要求比有机硅更严更高。更因硅是高能耗产品，价格高，硅粉的成品率就要更高，目前能达到 85%～87%，今后肯定要超过 90%直至 95%。产能以 3～5t/h 居多，且部分硅业公司已提到 10t/h。面对严峻的形势，冲旋制粉技术在不断发展。诸暨洁球环保科技有限公司和永博硅业公司紧密配合，形成研究、设计、制造、生产硅粉一条龙，建成两条冲旋制粉生产线，成功投产，为多晶硅厂提供高活性硅粉，在激烈的竞争市场上凭借产品的优良品质、优高品位，获得优秀品牌。2009 年建成的制粉车间布局合理，生产线配置新颖。国内外行家前来考察，均称其属先进水平。该车间形象详见图 1.9。

能源技术和智能科技发展迅速，对原材料硅产品的要求不断提高。硅粉行业紧跟时代步伐。新型的对撞式冲旋粉碎机及生产线应运而生，已经设计、试验并投入生产使用。其生产指标、产品品质均居国内外领先水平。诸暨市博雅机械设备厂为此努力拼搏，为争世界一流而奋进。

### 1.1.3 历程在延续

从上述发展概况看，廿多年中，冲旋技术经历过产品和市场竞争的考验，获得了可喜可贺的业绩。全国已有上百条生产线，其中用于石灰石脱硫粉的有50多条、硅粉的有100多条。就规模看，已有年产百万吨石灰石脱硫粉的公司和十万吨硅粉的公司。建成投产新生产线逐年增加，整体仍在发展。

随着冲旋制粉技术的发展，制粉工艺设备不断革新进步，从卧式到立式，自小规格至大规格；粉碎类型从以拍击冲旋为主转至以拍击-劈击为主发展成拍击-劈击-对撞联合。生产产品由矿粉逐步专业化至石灰石脱硫粉、有机硅用粉和多晶硅用粉；粒径2～325目，细粉－1000目，微细粉 $d50$ 达到 $3\mu m$。成品率以多晶硅用粉为最低，当前也已趋近90%。单机产能石灰石脱硫粉为25t/h，有机硅用粉为5t/h，多晶硅用粉为3t/h。已建成投产的制粉车间生产机组，国内已超百台，形成规模的约占80%。

## 1.2　冲旋制粉技术研发的指导思想

我们在开展粉体研究初期，对粉碎的各种方法进行调研，掌握其各自优点和技术经济指标。由于20世纪后期，国内外欠缺技术资料，真正成型的粉碎工艺和设备，不管是实际生产，还是理论研究，可谓是凤毛麟角。所以，我们只好先从建设试验设备着手，从实际中摸索经验，学习基础理论，经过两者结合研发具有特色的粉碎技术（工艺和设备），然后稳定发展，逐渐扩大规模，形成中小型生产作业线。随着我国经济建设的快速发展，我们也研发了冲旋制粉技术，将之推广应用至全国并走出国门。将实际和理论结合，我们概括出自己的技术指导思想，分叙于下。

（1）以满足用户使用要求（包括质量指标）为宗旨。使用要求体现在用户对产品的技术条件中，它是动态的要求，随着经济的发展而变，一般是趋向更严格和苛刻。因此，制粉技术应具较大的可容性：通过某些环节的调整，即能达到目的；当趋近临界状态时，还能动点“大手术”闯过关口。

（2）力争最佳产品生产各项技术经济指标，甚至还要为创造新指标（如反应活性）而申辩。制粉工艺和设备必须符合社会经济和环保发展要求，产品生产各项技术经济指标力争最佳值。

（3）重视制粉技术理论研究，尤其是粉碎技术的探究。从宏、细、微观三方观察、研究、分析粉碎过程，建立粉碎演化微观模型。同时，在分形、流变和控制理论指导下，结合实际经验，总结得冲旋粉碎的三项理念：物料的分形网络结构、力能的流变转换性状和控制的随机调馈模式。运用三项理念和辨证技法演绎粉碎过程，不断深化制粉理念，展现微观模型，改进工艺和设备，从而引导冲旋技术沿着技术进步的S形曲线发展（见图1.9）。

（4）运用自然规律，顺应物性，充分开发物料的天赋本性，为制粉效劳。比如掌握冲击加载条件下物料的性状变化规律。冲旋粉碎属冲击加载于物料块实施力学作用功能，对物料机械性能还有强化功效，往往使物料愈打愈硬；其对物理化学性能也有影响，使物料处于一定粒度档次（如0.5～0.1mm）、比表面积稳定、化学反应活性最佳

# 第2章　冲旋制粉技术的“三项理念”

三项理念在长期生产实践和多层次理论研究中，获得较丰富的内容和坚实的基础，是有效和可靠的。可以预期：冲旋制粉技术在三项理念和生产实践的紧密结合下，将冲破技术进化历程S形曲线（见图1.9）的极限，获得创造性发展。

## 2.1　冲旋制粉“三项理念”的提出

制粉是一个工艺过程，包括粉碎、分级、收集三个主要环节，并分别体现在设备组成的生产线上。制粉的核心是粉碎，把原料块（块径约100mm）破碎成块径＜30mm的碎块，供粉碎机粉碎成需求的粉料，其粒度、形貌、活性等达到给定的技术条件。粉碎的方式有很多种，如研磨、挤压、冲击、劈击等。它们基于各自的粉碎机理，实施不同的粉碎方法和过程，获取所需的粉体材料，同时体现各自的特点，拥有各自的技术经济指标。判定产品优劣的关键之一是品质[1-2]。品质体现物料的物理化学性能。制成粉末就是为了使物料更好更充分地发挥其天然物性。于是，获取粉末的方法应当承担这一重任，开发物料物性理所当然地成为人们研究的重点。

要充分开发物性，必须对下述三点下功夫：物料结构、粉碎力能、过程控制。在制粉行业，对此三点认识有多种，用于生产实践也都取得一定效果。但是，随着社会的发展，技术要求逐步提高。鉴于如此的历史背景和理论认识，从比较、探索中得到冲旋粉碎法，能够提供优质产品。笔者对物料结构、粉碎力能和过程控制总结出了独到的见解，归纳为三项理念：物料的分形网络结构、力能的流变转换性状和控制的趋势调馈模式。

## 2.2　冲旋制粉“三项理念”的内涵

人们对于“冲击”进行理论和实验的多方面研究，建立各种物理模型，进行精确的实验测试，但是，对物料的微观过程（晶格改变、位错移动、杂质运动、裂纹发育等）即直接测得受冲击材料内部状态的信息，尚未能实时获取。必须把测量数据和相应理论相结合，然后推算物料内部的冲击过程，得到晶体结构、原子位置改变以及缺陷发育发展状态。

对冲击粉碎过程的研究由来已久，曾经应用光纤镜拍摄固体冲击粉碎的宏观状态，一束束被碎裂的粉块从冲击点飞溅四方，只是冲击域里刀具和物料的微观变化，还不能予以实时观测。不过,已经从理论和实验上对其在原子和分子层面进行探索,并在细观上取得了一定效果。前景看好,困难不少。

依据这样的历史背景,在现有理论和实践基础上,笔者采取理想实验方法,建立物理力学模型,提出“三项理念”,解剖物料结构改变,探索物料对冲击的动态响应,推断宏观碎裂的微细观渊源,寻找控制粉碎过程、掌握物料粉碎程度的动力学参数。

1）物料的分形网络结构

提供制粉的固体物料,如石灰石块和硅块等,肉眼均能看到其表面有好些裂纹,打成碎块经表面处理,使用各类仪器都能看到其表面布满纹理和裂纹;电镜扫描后可以看到它们的晶体形象、晶粒和晶界。科学家们经过深入研究,认为所有这些都是物料分形结构的体现。世界上固体物料都具有分形结构。再具体地讲,物料是碎块(符合分形原则)组合而成的,即碎块和它们间的接缝就是物料的全部。理论上讲,物料属于分形结构,是由分形块和接缝网络组成,即分形网络结构。当然,每种物料都拥有各自的分形特色,其形状、性状、接缝强度、分维、晶粒粗细等各有千秋,构成多彩的世界。即使同一物料,各分形只相似,不相等。

从分形网络结构看石灰石。它的天然结构,主要矿物组成是方解石,呈菱方体结晶,含杂质,体内解理、节理、层理、晶界、杂质界面等结合薄弱环节,纵横交错,形成网络,呈现房格各异的蜂窝状网络,其间是石灰石的颗粒群体。而颗粒又是晶粒群,其金相结构是镶嵌体和晶胞。硅也是类似状态。经冶炼得到的硅块,其中充满着薄弱环节,形成网络状。这些薄弱处,呈现为孔隙、裂缝、裂纹等。

物料性能是由结构决定的,石灰石和硅等的物理学性能(如反应活性、脆性等)取决于其化学元素组成晶体结构。制粉的目的正是最佳地开发其物性,也就是,粉碎中既要利用其分形特性,满足粒度组成,又要优化其本质结构,从而发扬其物性。所以,充分认识分形结构,方能谈论最佳制粉方法。基于物料的分形网络结构理念开展粉碎技术的研究,争取以最佳方式获取最佳产品,正是顺应自然,循其特性,开发物性,发扬优点。如石灰石具有分形结构,具有的特性是脆、黏。为制取脱硫粉,则以冲击拍打干料块的冲旋粉碎方式为最佳。硅的特性是硬、脆、滑等。为制取粗细搭配、细粉量小的硅粉,则以劈击破解其孔隙、裂缝等为最佳。

2）力能的流变转换性状

物料粉碎的根本原因是输入能量。输入方式和效果虽是多种多样,但其基本过程在于能和力的作用及转换,从而引发物料变形、碎裂,其实质可概括为“力能的流变转换性状理念”。它的主要内涵源于力学碰撞原理的推导(后详),分述于下。

(1) 能量是能量子流。电流是电子流,光线是光子流。根据量子理论,能量是能量子流[3]。由此可设定:冲击粉碎的动能,就是其微动能组成的能量子流。

(2) 能转化为力。受击处,能量子微动能对应的微动量在冲击速度驱动下,产生冲量,引发冲力,能转化成力,穿入物料块,激发应力和应变,收入能量,使物料晶体变形,整体胀裂至粉碎,力转换成能。如此继续前行,沿途改变物料状态(开裂、碎裂、损伤等)，实施粉碎过程。

(3) 能和力的有效配合。能量以自己的容量为后盾，以派生的力为向导，通过不同流变转换方式，引发不同的物料变形，获取不同的粉碎效果。这其中，力的性状三大要素——大小、方向、着力点显示出重大作用。如对物料的作用力有压、研、拉、劈、切等，得到的效果差异明显。形象地讲，能量就像连发的子弹流(微能量)，头尾紧接；以携带的能量为依托，以旋转行进为导向，受击方向、靶质等实况不同导致靶物状态的不同结果：转向、击倒、穿透、炸裂、击碎等。

由此可见，本理念的功效就在于：运用力能的流变转换性状，灵活掌握力和能的转换方式，针对物料分形网络结构，以最低的能耗制取最佳品质的粉料。正是天工开物。

3) 控制的趋势调馈模式

粉碎设备的正确使用，需要合理有效的控制。控制使设备运行平稳协调。比如粉碎机和给料机一定要协调。为使粉碎机运转平稳，加料量应随粉碎机载荷实施调节：粉碎机电动机电流维持在一给定值，允许波动±5A。设上、下限分别为 $I_1$ 和 $I_2$。当接近上、下限时，粉碎机就给加料器发信号，减小或增加给料量，保证机器不出现高载荷而停车或不出现低载荷而影响产能。但是，往往控制失灵。原因是：加料器给料有一定惯性，不能很快减料，粉碎机载荷短时内难以降低，电流还是冲过上限值 $I_1$，引起停车。这是一种"定势调馈"，不能解决问题。经研究，应该采取"趋势调馈"：当电流超过给定值的20%时已有明显的超载趋势，就向加料器反馈信号，向下减量；同样，电流下降20%时，要求加量。使用证明效果满意。根据粉体生产实况，对控制实施"趋势调馈"模式，是从实践中提炼出来的理念。它符合工程控制原理，正是"治未病""治未故障"的一项有效理念。推而广之，其他方面也采用这种模式，如机器振动和温度、过电流保护等的实施。

## 2.3 理念的实践

生产线上冲旋粉碎机及其辅助设备的运行状态，可以用场流工态来演示[4]。将它们想象成由水晶制成的透明机器，凭肉眼就能看清：其内机件在转动，物料流、能量流和信息流在欢快地循行；操纵台发送指令，让信息流控制机件运行，能量流源源不断地涌进转子，刀片急速地粉碎物料，碎粒成流，有序地呈螺旋状下行，数圈后穿过溜槽流进斗提机……从中可以观察和认识到物料、能量和信息三流，所呈现的景象正是它们粉碎、制粉过程中所扮演的实际角色。所以，必须对此确实的三流做深入探索研究。经多年努力，在实践经验基础上，运用理论分析，初步总结出对前述三流的三项基本理念，并付诸长年实践，显示良好的效用，体现在冲旋粉碎技术(包括工艺和设备)的广泛应用(已有上百条生产线在运行)和技术经济业绩上，以及对粉体工程技术的贡献里。至于从生产实践要求出发，在经验和理论的结合上提出三大理念，并将其应用于生产，整个过程的技术描述详见后续有关章节。

## 2.4　理念的技术业绩

随着冲旋粉碎技术的提高和完善，三项理念显示出愈益明确的良好效能，取得确切的业绩，概括为以下四条。

(1) 充分焕发产品物料的天然物性，如化学反应活性、脆性等。为下游产品的生产或者直接使用提供最佳原料，如硅、石灰石等的冲旋粉。

(2) 灵活掌握粉体粒度。在中粉(粒径 0.1～0.55mm)的生产中能灵活调节粉体粒度，提高成品率和产能，满足使用要求，如有机硅粉、多晶硅粉和石灰石粉等。

(3) 大幅度地降低能耗。例如，比辊磨制硅粉(有机硅和多晶硅用)和石灰石粉(脱硫用)节约能耗 30%～50%。

(4) 为提高粉碎技术(工艺和设备)水平打好了坚实的理论和实践基础。为满足多品种、多规格的要求，已掌握卧式、立式和对撞式制粉工艺和设备。随着生产发展，将能创造出更丰富多彩的技术内容。

总之，业绩体现在冲旋粉的优良品质上，而技术经济指标比同类产品高出一个台阶，将能荣获应有的品位。

## 2.5　理念的粉碎理论内涵

粉体工程学中，通常运用的粉碎理论在不断地发展。同时有必要在某些范围内做相应的修改和充实。所以，中粉生产中遇到一些问题，需要探索更有效的理论指导，才能得到较好的解决。三项理念也就是在这种背景下，吸取分形理论、混沌理论、系统论等新型理论而形成的。

1) 提出和绘就粉碎区内粉碎瞬间的粉碎物理模型

冲击粉碎是刹那间发生的物料变形碎裂过程。国外有高速拍摄的照片，宏观地演示从打击点四散飞溅碎粒的类似爆炸的景象。要了解物料碎裂的物理过程，还得从微观上着眼。当前技术水平尚难做到这一步。唯一的办法是根据电镜扫描(SEM)、断层扫描(CT)和理论分析物料结构、料块受击应力-应变图和数据，以及人们的想象等综合得到微观图景，而且未能认定是动态实景。根据上述物料分形网络结构和力能流变转换性状，可绘制物理模型模拟图，如图 2.1 所示。料块(A)(块径<30mm)受击有两种方式：拍击(见图 2.1a)和劈击(见图 2.1b)。前者是刀片面拍击料块，后者是刀侧劈击料块，各自在分形网络上促发裂纹(D)、裂缝(C)和碎粒(B)，溅散以后，制成粉末，粗细混合。现将它们的粉碎过程分述于后。

(1) 拍击(见图 2.1a)。刀片以速度 $V$ 拍击料块，触发冲击，传予动能，以连续微动能 $dE$ 冲击料块，引发冲力 $F$，能转换成力，透入料块产生物料体内应力和应变，即冲力 $F$ 引导微动能 $dE$ 进入料块，力转换成能，使其晶体组织内部促发变形，产生位错，镶嵌块变位、晶界移动、杂质松动、纹理加深，导致裂纹(D)、裂缝(C)急速发育至最终碎粒(B)，按分形爆裂成粉末。图中裂缝(C)的开裂方向近似地同力能前进方向一致，而裂纹纵横交错，将料块(A)分割成呈分形的碎粒(B)，并且粒度逐渐变粗。

(2) 劈击(见图 2.1b)。由冲击开始，力能转换，以线的形式透入料块，引发裂纹、裂缝，最后碎裂成粉末，整个过程同拍击(见图 2.1a)一样。区别在于，刀片以劈击的方式将力能输进料块，产生切向沿线为主的应力应变，导致碎裂。拍击和劈击的形成取决于粉碎刀具的结构、冲击接触面的性状、气料运行状态等。制得的粉末粒度组成和单位能耗等都不一样。比如，对脆性物料，以硅、石灰石为例，拍击粉的粒度组成比劈击粉松散，粒度细，能耗高。可是，改变粉碎参数，获得的细粉(－400 目)产量又比劈击高。视条件和产品要求，灵活应用不同方式，求得最佳。

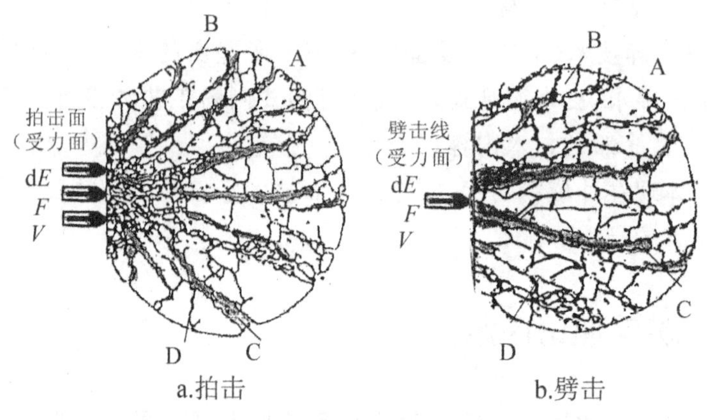


A-物料块；B-碎粒；C-裂缝；d$E$-微动能；$F$-冲力；$V$-冲击速度

**图 2.1 物料粉碎物理模型**

2) 探究力能转换的图景

力能的流变转换性状理念，为其互变提供一个图景，已运用于冲旋粉碎过程的描述，见图 2.1。力能互变在日常需见，如榔头碎石头、敲钉子、打靶等。而在冲击粉碎中互变的道理又何在？对此探究，不妨从动能公式开始：动能 $E=mV^2$(式中：$m$ 是质量；$V$ 是速度)。微动能 $\mathrm{d}E=V\mathrm{d}(mV)$，即微动能是微动量和速度之乘积，可以理解为：动能 $E$ 是 $V$ 驱动下由微动量 $\mathrm{d}(mV)$ 作功之和。动量产生冲量 $Ft$，微动量就在冲击极短时间内引发大冲力 $F$，它以速度 $V$ 向前冲刺，借助应力波将能量送入物料体内，触发其碎裂成粉末，从而导出力能流，为粉碎三大理念的实际应用迈出一大步。

3) 物料粉碎硬化特性及其破解机理

制粉生产中发现，物料粉碎得愈细，愈难达到技术要求[5]，产量亦下降，单位能耗更是大幅度增高，俗称“愈打愈硬”，即呈现出物料粉碎硬化特性。究其原因，是粉碎加工提高了物料的抗力，其力学性能增强。从物料结构和性能上探讨，硬化源于其分形特性，物料粉碎得愈细，体内裂缝愈少、愈窄、愈短，晶粒变形，粉碎效果愈来愈差，即平常所说的“愈细愈硬”。因此，要制取更细的粉，就要给物料块输进更大的能量，如提高粉碎速度等或者改变粉碎方式，如改拍击为劈击。

就粉碎的各种方法而言，压、挤、击、切所激发的抗力是不同的，分别取决于物料的抗压、抗拉、抗剪的机械强度。一般条件下，抗力从大至小排序为抗压、抗拉和抗剪。所以，压、挤、击、切粉碎硬化的程度和速率也是同一序列。粉碎的能耗高低也是按这一顺序。当然，硬化特性顺理成章地被列为制粉工艺选型的一项重要基础条件。充分理解和运用该特性，可以破解许多粉碎难题，使其机理显露，提高技术水平。详细描述请见后续有关章节。

4）趋势调馈为自动控制增添新内容

制粉作业线上给料同加工、输送等工序间经自动控制保持相互协调，保证生产工艺稳定运行。但是，物料是散体，流动性较好，携带明显的给料惯性，影响给料量按需出料的过程，造成受料机械的运行不平衡。而按趋势调节，反馈提前起作用，缓解了散料惯性的负面影响，有效保证受料设备良好的平稳性。这种改进来自对实践的理论分析，已被证实，为自动控制添加新内容，使自调理论更深刻。

5）运用分形维度阐明物料化学反应活性

基于物料的分形网络结构和力能的流变转换性状，经冲旋粉碎制取的粉末，其形貌可用分形维度(简称分维)来标定。根据实测数据和理论推算，冲旋粉的分维达到2.6～2.7，表明颗粒所占空间的面积较大，即比表面积较大，因此，在后续的使用中表现出较高的化学反应活性。如硅粉制有机硅单体和多晶硅中间体，在生产实践中得到反复证明。关于分维的阐述详见后续章节。

6）采用准概率筛分物料粉末

冲旋粉碎制取的粉末都具有分形特性，棱角多，形状不规律。用筛网分选粗细，应增大网格，才能提高筛分效率。所以，生产线上配置筛分网目、振动参数和筛机结构同概率筛有很多相近之处。其中最典型的一点是“大网孔筛细粉”，我们习称为“准概率筛分”。该筛分法用于直线式和平面旋动式等筛机均有良好效果。

三项理念在冲旋制粉技术的实践中解决了很多实际生产问题，应用效果明显。此外，它在理论探讨和技术进步上发挥作用的力度相当明朗。可见三项理念均拥有自己的学理、哲理和实理(合理实践)基础。因此，可以比喻为：冲旋制粉这个“舞台”上，三项理念是“主演”，戏的结局，全赖于它。

# 第3章　冲旋制粉工艺

冲旋制粉工艺经多年生产实践和理论研究，现基本定型。

## 3.1　制粉工艺流程

针对实际要求和条件，可以确定相应的冲旋制粉工艺过程。它们会各有特点，但是基本内容是一致的，即由三部分组成：备料、制粉、输送。中心环节是制粉；制粉之前是备料，按制粉要求将原料块破碎至块径<15mm的碎料；制粉之后是输送，将成品粉和细粉输送至粉仓待用。冲旋制粉是主宰。它的主要工序为粉碎、分级、收集。粉碎方式有两种：立式和卧式。所用粉碎机就是立式CXL型和卧式CX.CXD型，原理相同，结构相异，性能有别，各有特长。配置相应辅助设备，形成CXFL型、CXF型和CXFD型冲旋式粉碎机组。以机组为中心，配设备料和输送设施，组成CXFL型、CXF型和CXFD型冲旋式制粉生产线。如石灰石粉的基本工艺流程详见图3.1。外购原料石灰石块(块径<100mm)，堆放在原料厂房旁，用铲车或抓斗吊车将石灰石块装进原料仓。图3.2和图3.3分别为CXFL型冲旋制粉生产线流程通风系统图和效果图。经仓底振给机定量加入细破碎机，使原料破成碎料(块径<15mm)，下滑进碎料斗提机，上提落入碎料仓，其下振给机均匀定量地向粉碎机送料。碎料加工成粉料，经溜槽下滑进粉料斗提机，提送至振动筛，透过筛网得粒度合格粉，作为成品粉，藉气力或链运机等送粉库。筛上粗料作为回料返回粉碎。通风系统属制粉范围，由风机、袋收尘器和管路组成，保证制粉细粉收集、负压防尘、安全生产、环境达标。全部细粉进入袋收尘器，底部出料送往成品粉库。这里以CXLF型冲旋式石灰石粉生产线为例，阐述工艺流程。当生产别的粉料，如硅粉，或者使用CXF型卧式粉碎机，工艺流程则有所不同。

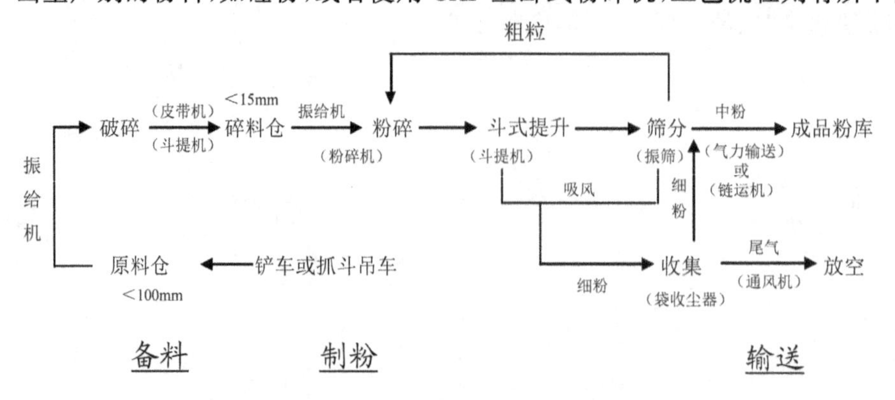


图3.1　基本工艺流程简图(石灰石脱硫粉)

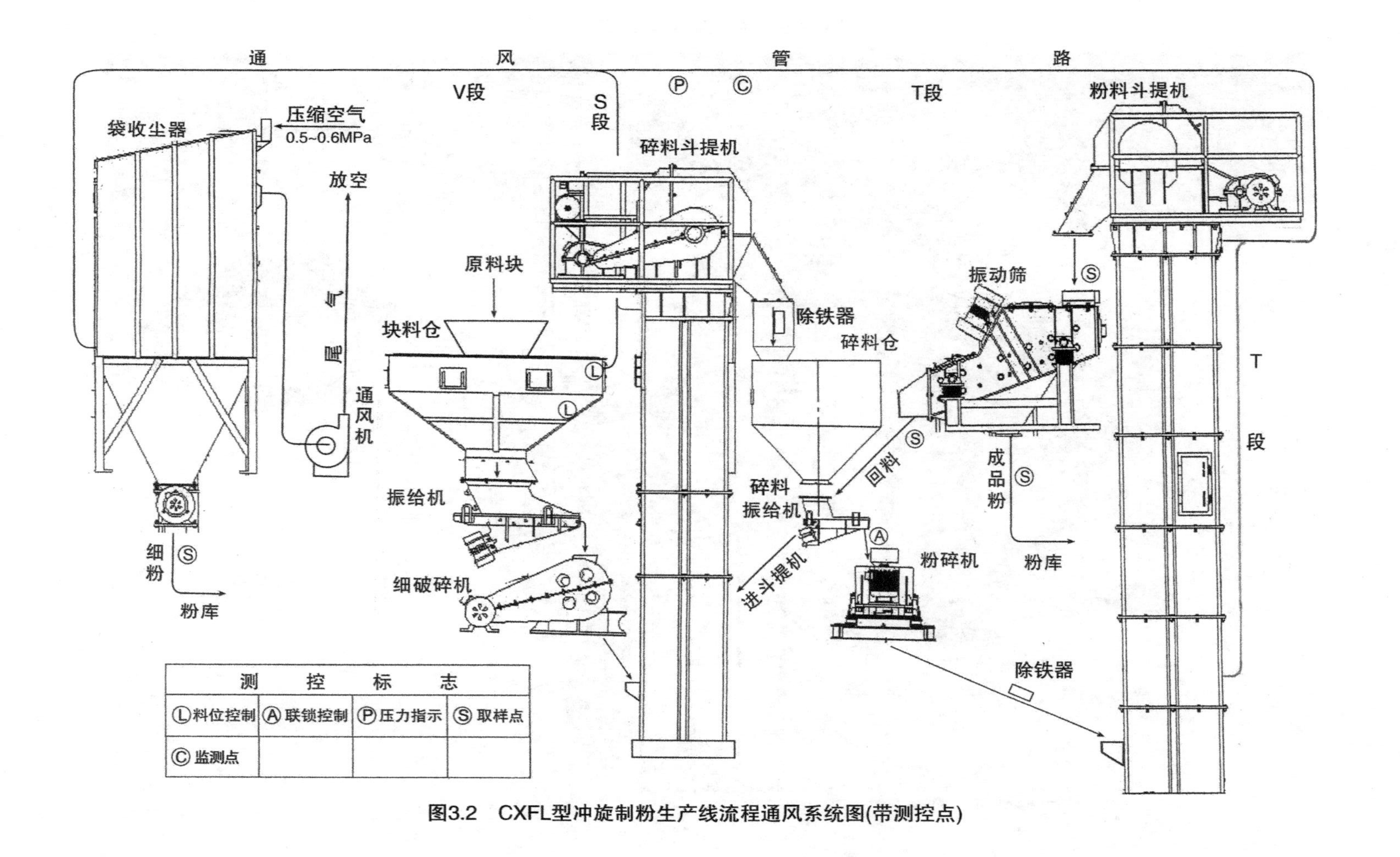


| 测控标志 | | | |
|---|---|---|---|
| Ⓛ料位控制 | Ⓐ联锁控制 | Ⓟ压力指示 | Ⓢ取样点 |
| Ⓒ监测点 | | | |

图3.2　CXFL型冲旋制粉生产线流程通风系统图(带测控点)

图3.3 CXFL型冲旋制粉生产线效果图

采用防护气体，如氮气保护，改善粉末质量和安全，可增设相应工艺环节和设备设施，即可实现。有关介绍详见后续专题章节《硅制粉氮保技术》。

## 3.2　制粉生产线设备组成

按工艺流程组成生产线，分设三个作业段：备料、制粉和输送。配置相应设备：XS型备料机组、CXFL型等冲旋式粉碎机组和SF型送粉机组。以CXFL1500型石灰石制粉生产线为例，列出其主要工艺设备(见表3.1)。

**表3.1　CXFL1500型石灰石粉生产线的主要工艺设备表**

| 一、XS9060型备料机组 | | | | |
|---|---|---|---|---|
| 序号 | 设备名称 | 型号、规格 | 主要性能 | 说明 |
| 1 | 块料仓 | L25型 $25m^3$ | 3000mm×3000mm<br>$25m^3$料块块径<100mm | |
| 2 | 振动给料装置 | ZG200型 | 给料能力50t/h<br>双振幅1.75mm<br>0.4kW | |
| 3 | 破碎机(颚式、双腔层压式等) | PE型、CX型 | 进料块块径<100mm<br>出料块块径<15mm | 按要求选用一种 |
| 4 | 斗式提升机 | NE60－17.15－60－5.5 | 产量60t/h<br>块径<15mm<br>5.5kW | |
| | 带式输送机 | DTⅡ－500 | 产量60t/h<br>块径<15mm<br>5.5kW | |
| 5 | 除铁装置 | ZT型 | 永磁式磁感应强度150mT | |
| 二、CXFL1500型制粉机组 | | | | |
| 序号 | 设备名称 | 型号、规格 | 主要性能 | 说明 |
| 1 | 碎料仓 | L15型 | 有效容积 $15m^3$<br>(按要求确定容量) | |
| 2 | 振动给料装置 | ZG50型 | 给料能力30t/h | |
| 3 | 粉碎机 | CXL1500型冲旋式 | 立轴式<br>进料块径<15mm<br>出料块径可调<br>转子转速1200r/min(最大)<br>刀片回转直径1500mm<br>电动机160kW(变频调速)<br>配高耐磨衬板、刀片<br>生产能力20～25t/h | |

续 表

| 二、CXFL1500 型制粉机组 | | | | |
|---|---|---|---|---|
| 序号 | 设备名称 | 型号、规格 | 主要性能 | 说明 |
| 4 | 振动筛 | 2GZS1836S 型 | 准概率分选方式<br>筛分面积 $5.2\times2m^2$<br>振动电动机 2×3kW | |
| 5 | 斗提机 | NE100－16.65－110－15 | 输送能力 $110m^3/h$<br>电动机 15kW | |
| 6 | 袋收尘器 | PPW32－3 型 | 过滤面积 $96m^2$<br>脉冲风机电动机<br>7.5kW 自动清灰 | |
| 7 | 除铁装置 | ZT 型 | 永磁式 | |

XS 型备料机组最主要的组成是破碎机和输送机。细碎可选用颚式破碎机或双腔层压破碎机等，将块料破成碎料(块径＜15mm)。输送机把碎料送到制粉段，视提升高度、厂房条件等选用带式输送机或斗式提升机(简称斗提机)等。

冲旋式粉碎机组有多种形式，其主要组成为粉碎机、传动装置、电动机和冷却泵站。本机组结构、性能、调整、使用等系本书重点，详述于后续各章节。

SF 型送粉机组最主要的组成是：链运机或带式输送机、斗提机，将粉料送进成品仓。如输送距离较远或较高，可采用带仓泵的气力输送进粉库，按实际需要确定。

## 3.3 生产线主要技术性能

(1) 原料块/碎料块：块径 100/15mm，$\sigma_b$＜40MPa，化学成分等符合产品要求。

(2) 产品粒度：粒径＜2mm，符合使用技术条件。

(3) 活性：达到使用要求，如石灰石脱硫粉 2～3 级，硅粉优质量级。

(4) 生产能力：单台产能：石灰石脱硫粉 20～25t/h，硅粉 1～5t/h。

(5) 总电容量：单台机列(一条生产线)，石灰石脱硫粉 200kW，硅粉 150kW。

(6) 水耗量：1"管，0.3～0.4MPa(循环用水)。

(7) 压缩空气耗量：布袋清灰 $2m^3/min$，输送用量详见气力输送系统。

(8) 设备操作面积：按机列确定，约 $40m^2\times2$(平台＋地坪)。

(9) 成品率：石灰石脱硫粉成品率＞99%；硅粉成品率视用途而定，最佳达 93%(多晶硅用粉)、99.98%(有机硅用粉)。

(10) 环保状况：在国家规定范围之内。

## 3.4　制粉车间

以生产线为核心，前后配设：装载机或抓斗吊车、原料储仓、提升和输送装置；成品粉输送存储设施、空压机站、罐车等，形成一个车间。制粉车间应考虑：原料、制粉、成品运行应畅通，并同整个厂的物流、能源、管理等总体布设相协调。

## 3.5　原料设计

冲旋机从本身结构和性能要求，原料的块度和强度有一定限制。经过多年生产实践考验，确定对原料的具体要求如下。

(1) 块度：块径＜15mm，允许少量(含量＜15%)超过15mm，最大不超过30mm。

(2) 化学成分：主要成分、杂质含量均有定值。如脱硫用石灰石中$CaCO_3$含量＞85%，$SiO_2$含量＜3%等。又如硅块，按牌号等级规定成分比例等。

(3) 强度：莫氏硬度＜6度，$\sigma_b$＜40MPa，如石灰石、沸石、叶蜡石、珍珠岩等。非金属矿、铸铁屑的莫氏硬度＞6度，$\sigma_b$＜60MPa，如硅、石英、铁矿石等。

(4) 限制条件：不允许铁块、硬质块(如硅中含铁多的硬块等)。

(5) 湿度：含水量＜5%。

(6) 其他：不许有杂物。

为达到原料设计的条件，必须采取如下应对的技术措施。

(1) 块度：大块原料须经破碎，或按条件外购。

(2) 化学成分：以正规化验单为准。

(3) 强度：根据条件选用。

(4) 湿度：具备适当的堆放面积或者烘干设施。

(5) 除硬块：设置除铁器、金属探测器等。

(6) 质量：选购或经提纯等。石灰石不选砂粒料，要疏松的块料。

(7) 其他：按合同规定检查。

## 3.6　回料处置

回料的粗细和数量对粉碎效益有明显影响，并且反映出所选用参数的技术水平，以及该如何改进的方向。因此，总是力图使回料量降至较低值，如＜40%。但是，回料量往往较高，有时甚至达到90%。如何处置好回料，值得探索。

回料的特点是不易再粉碎。单独打回料效果极差。原因何在？该如何处置？冲旋粉碎有三种主要方式：刀片冲击、衬板反击和物料互击。前两种对小碎块(粒径＜2mm粉含量占80%)效果不佳。缘由是刀片引发的螺旋流吹走小碎块，刀片打不着，也就没有进一步碎裂，撞到衬板，成粉概率很小。只有随气流高速运动的颗粒互击能粉碎一部分，但是，互击毕竟要外加条件。鉴于此，将回料和原块料混合进入粉碎，结果有较大改观，回料降至50%。可是，减少回料量始终是个课题。

问题的根源还是刀片未能冲击回料这种硬颗粒，要削弱气料流漂移颗粒的作用。采用锤刀正是个好方法，它不兜风而且是劈击物料，正对其抗力小的弱点进行粉碎，获得均匀又不过细的粒度。生产实践表明此路可行，成品率和产量均改善。比如，硅粉能达到成品率＞87%和生产能力＞2t/h。潜力尚在，留待今后挖掘。至于后来发展的冲旋对撞式粉碎机，又把难题化解了。详见后继技术资料。

## 3.7 安全防护

硅粉生产技术中，安全防护一直是值得关注的重要方面。经多年生产实践和理论探讨，已有实用措施。其中有三项值得着重研究和推广应用。

(1) 除铁技术。粉碎机前后均设除铁器，是必要的，但还是有铁硬块逃过去，损坏粉碎机。之后增加更强有力的磁除铁装置，放在破碎机进口或粉碎机给料口，实效相当明显，费用不大。此为设备安全防护。

(2) 筛网防漏技术。筛网是易损件。各种原因均会引起粗粒漏进成品粉，造成产品超标，引发连锁反应。为此需要：①筛网质量、布网质量、筛子参数等均要调整好。②及时发现漏料，使用安全筛，一个小筛子设在工艺筛机成品粉线上，拦下漏网粗粒。此为产品安全防护。

(3) 防爆技术。硅是易爆物，国家有关部门已立下规矩，要防爆。我们根据爆炸三要素和经济效益，采取局部氮保、气量控制、粉尘浓度控制技术和消除静电技术等，实用可靠。当然，还必须遵守安全操作规程。此为防爆安全防护。

三项防护在工艺线都有相应设施(详见后续章节)，并可按实际情况逐步改进。

以上阐明了制粉工艺的基本内容，随着形势的发展，肯定要不断吐故纳新。期待工艺技术大幅度提高。

# 第 4 章　冲旋粉碎原理及粉碎机组结构和性能

在冲旋制粉工艺基础上，运用三项理念，制定粉碎原理和确定粉碎机组的结构、性能。

## 4.1　冲旋粉碎的原理实质

物料受到力能作用而碎裂，由块变成粉末，是粉碎过程。冲旋粉碎则是其中的一种。它的特点是：冲旋力能流破解物料分形网络结构，获取要求的粉碎效果。冲旋力能流体现为粉碎机转子的力能和螺旋风的力能，使具有分形结构的物料在密集的螺旋气料流中被冲击粉碎。简言之，将力能机智地、定量地送进物料，注入分形深处，随之从内部冲破物料分形网络最薄弱环节，获取需求的粉末产品，充分演示三项理念的效果。这就是冲旋粉碎的原理实质（简称冲旋实质）。在物料粉碎历程中，随着物料性状的变化（相对于自身）：脆软—脆硬—硬韧，力能流演绎相应形态，实施拍击、劈击等冲击方式，兑现赋予的功效，使冲旋粉碎实质呈现阶段性内容：粗粉碎和细粉碎，具有各自的特色。物料受力能作用的过程，则是在随机控制之下有序地完成。

循着冲旋粉碎原理实质演绎粉碎原理；按原理演绎确定粉碎机结构，结合技术经济的发展，拟定其主要性能，并由此显示冲旋力能同物料分形结构间相互作用，具体描述冲旋粉碎实质的图景，衬托三项理念的实用性和实践的可靠性，涌现出实际生产的使用价值和优缺点。

## 4.2　冲旋粉碎的原理演绎

### 4.2.1　演绎内容

冲旋粉碎原理模型见图 4.1。粉碎机组和粉碎机见图 4.2～图 4.4。

体现原理的关键是转子。转轴上装着两个刀盘：小刀盘在上，大刀盘在下，周边分别布设刀片，数量按要求和条件确定。刀片固定在刀盘的刀座上，与铅垂方向保持一个 α 角（见图 4.1 左下侧“刀片布设”区）。机体内侧镶装耐磨衬板。转子藉支承座稳坐于机体上部，由电动机带动旋转（见图 4.2），变频调速。刀片端部线速度：小刀盘 20～45m/s，大刀盘 30～70m/s，其间配置见图 4.1 左上侧“冲旋速度”区。物料从机体上部定量给进，气体（空气、氮气等按工艺需求）随料进入。刀片随转子运转，冲击物

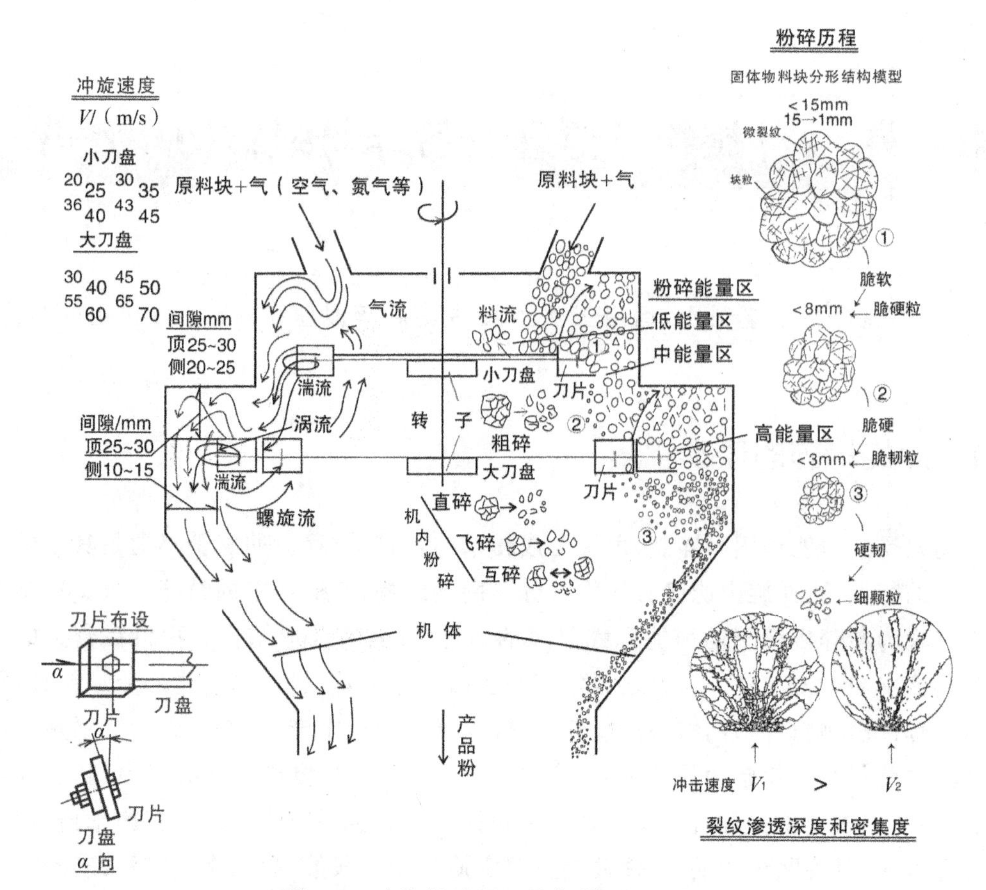


图 4.1 冲旋粉碎原理演绎模型(立式)

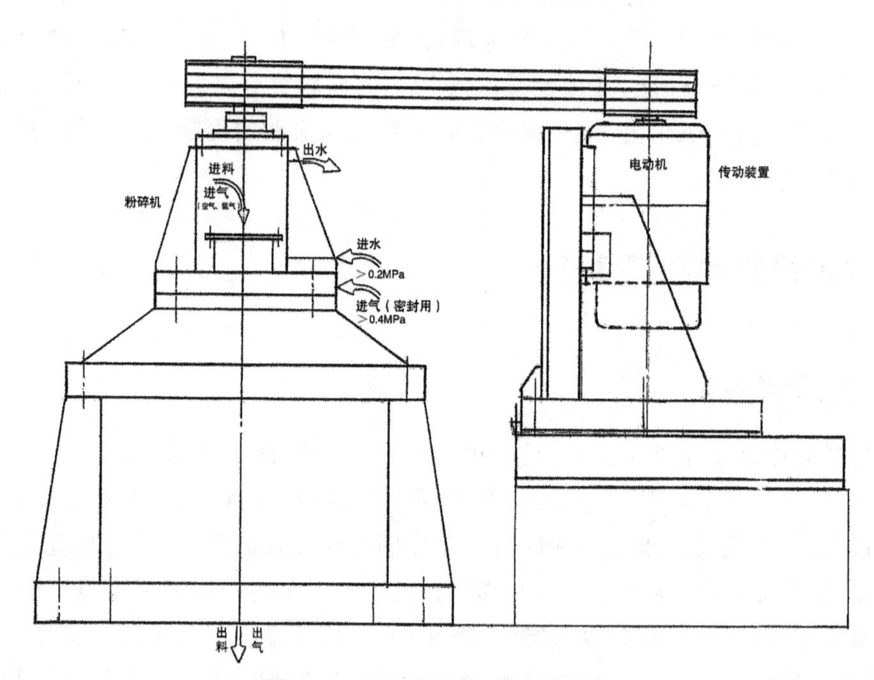


图 4.2 CXL 型冲旋式粉碎机组

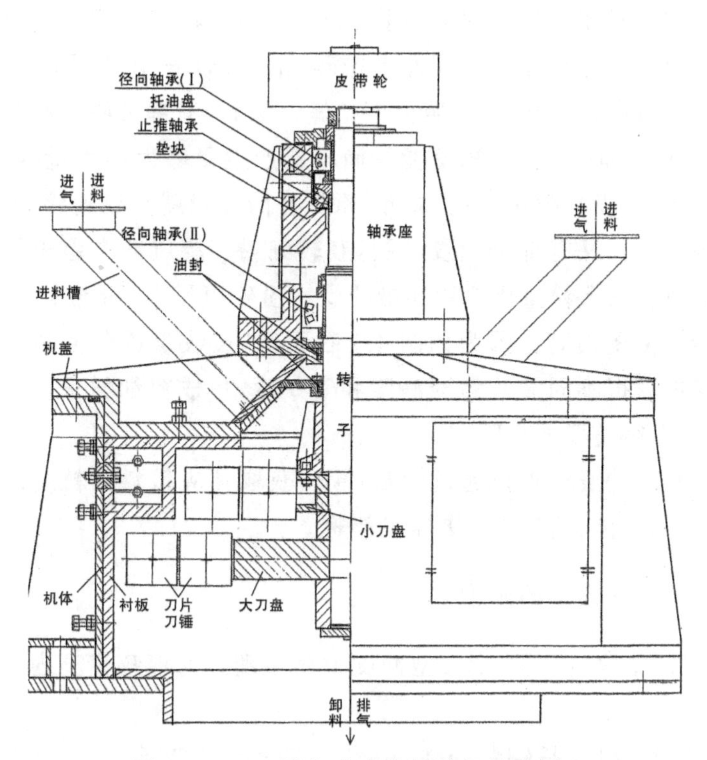


**图 4.3　CXL 型立式冲旋粉碎机结构图 1**

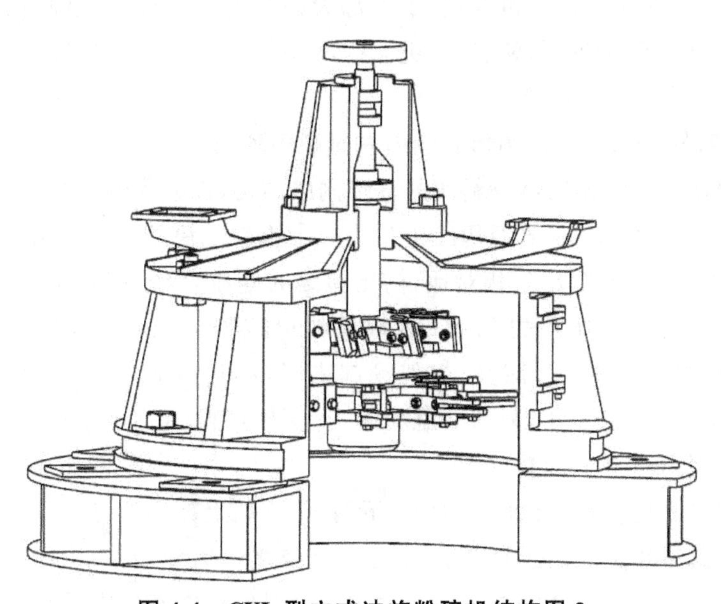

**图 4.4　CXL 型立式冲旋粉碎机结构图 2**

料块，输出力能，作用于具有分形结构的物料，进行粉碎。同时，似风机叶片一样鼓动气体，形成螺旋风；打碎的物料进入螺旋风，形成气料流。并能容纳很高的物料量。因为螺旋流能使有限空间容纳最多物料。又因刀片的倾斜角 α，逼迫螺旋风向斜上方向旋动劲吹，使物料冲击衬板，进一步粉碎，转而向下，进入大刀盘粉碎腔。再次经历冲旋粉碎，随后成品送出。整个过程如图 4.1 右上侧“粉碎历程”区中①—②—③所示。每一段冲旋粉碎，都要通过刀片冲击粉碎、拍击、劈击等，获得较粗粉体，其上留下许多裂纹，在飞行中继续开裂，无载荷下松懈开裂，即有部分物料得到能量，藏于体内。因物料强度随载荷增大，所积蓄能量尚不能产生足够大的力量碎裂物料块。可是，当进入螺旋流后，没有载荷，强度降低，原积有的能量就足以粉碎物料。即等到螺旋风将其冲击衬板时，又有部分裂纹开裂，获较细粉。旋风冲击由于能量较小，开裂碎化程度较低，故所得微粉量比刀片冲击的少。粉碎历程中，粉愈来愈硬，更难粉碎，所以，冲击粉碎速度要提高。因为如图 4.1 右下侧“裂纹渗透深度和密集度”区中所示，不同冲击速度获得不同裂纹渗透深度和密集度，形成粗细粉末。为此，要用两级刀盘，上小下大，获得速度上小下大。

基于上述原理，冲旋粉碎机通过参数调节，获取相应粉料的粒度组成(粒度谱)、产量及先进的技术性能，达到生产要求的指标。

### 4.2.2 原理演绎模型的解说

图 4.1 简化形象地显示了 CXL 型冲旋粉碎原理。为理解模型内容，需做较详细解释说明。

(1) 总体布设。机体是钢制壳体，中央悬挂运行的转子，上有小刀盘，下有大刀盘，刀盘周边均匀布设刀片。机体：转子上部为圆柱筒体，中部亦是圆柱筒体，下部属圆锥筒体。顶部设两个进口，料、气同进。为示明料气运行，左边只画出气体，右边只有料块。实际是两者混合进料。

内中详情做分项说明，按图形右侧向左侧顺序列出。

(2) 粉碎历程。示出固体物料块的分形网络结构，以硅为例，物料块由大变小，从块径 15mm 碎成粒径<1mm，经历三个阶段。①脆软。块径 15→8mm。该阶段物料块之前经破碎，内部裂纹较多，相对地讲，比后续的硅粒容易粉碎，相对“较软”。但是脆性仍在，得到的硅粒比原先的硬，称脆硬粒(粒径<8mm)。②脆硬。粒径 8→3mm。此时颗粒裂纹进一步减少，好似韧起来了，得到硬韧粒(粒径<3mm)。③硬韧。颗粒内裂纹等更趋于小，显得更难粉碎，得更硬韧粒(粒径<2mm)，呈现细颗粒。三个阶段形成缘于机体三个能量区。

(3) 粉碎能量区。机体内腔布设上、下两个刀盘：上部小刀盘，下部大刀盘。各装备刀片，小刀盘刀片旋转直径同大刀盘刀片直径之比为 0.618～0.486。0.618/1.618 是黄金分割系数，0.681/1.468 是人时系数[6]。前者偏重空间定态结构比例，后者偏重时间演化结构比例，因此分别被称为定态黄金分割系数和演化黄金分割系数。粉碎机刀盘结构变动经历了时间和空间的演化。它们的大、小尺寸可于两个系数之间选取。从时间演化，进步到空间稳定、成形，即从 0.681/1.468 逐步推演至 0.618/1.618。缘于大、小刀盘，使机体内刀片四周形成三个能量区：低、中、高。小刀盘刀片线速较低，动能小，其上、下两侧空间属低能量区；端部线速度稍高一些，是中能量区；而大刀盘刀片上、下和端头围成高能量区。三个能量区使粉碎物料分成三个粉碎阶段。

(4) 冲击速度与物料应变响应。图 4.1 右下侧“裂纹渗透深度和密集度”区，充分体现冲击速度(表征为粉碎能量)$V_1$大于 $V_2$，料块内裂纹差异显露，深度和密度大不相同，其后果(粉碎)相异甚大。

(5) 料块运行。料块由两侧进入粉碎机，呈料流落在小刀盘上，被甩向周边，经刀片粉碎和衬板碰碎，随气流进入大刀盘区，重复粉碎，经锥体下滑出料。块度由碎块变成粉料，经过三个粉碎历程，已于前述，显现成三种粉碎式样(直碎、飞碎、互碎)。

(6) 气体运行。气体按工艺选用，主要有空气或保护气体(如氮气等)。气体与物料混合，同时进粉碎机，形成气料流。为便于说明，且与物料分述。气呈气流，受刀片鼓动，形成湍流，做螺旋流和涡流运行，携带物料实施各种方式的粉碎。最后，由下部混同物料送出。

(7) 冲旋速度。刀片运行的线速度称冲旋速度，是粉碎物料的关键参数，它是刀片做圆周运动的切向速度，由转子转速和刀盘直径决定。大、小刀盘同轴，其上冲旋速度不同，两者速度值有对应关系，其比例就是黄金分割系数。示于图 4.1 中左上侧“冲旋速度”区。

(8) 间隙。图 4.1 左侧均已示出。刀片同顶部衬板的间隙称顶间隙，刀片同圆柱体衬板间隙称侧间隙。其值可按工艺要求调整。

(9) 刀片布设。图 4.1 左下侧“刀片布设”区标明刀片同刀盘的固定关系。刀片用螺栓紧装在刀盘的刀座上，并成一仰角 $\alpha$(5°～25°)。

## 4.3　冲旋粉碎机组的结构

### 4.3.1　总体结构

依据冲旋粉碎的原理实质和演绎，设计、制造立式和卧式冲旋粉碎机组，安装、调试后，投入生产，至今已有逾百套及相配的生产线用于生产工业硅粉(有机硅和多晶硅等)、石灰石脱硫粉、铸铁粉及非金属矿粉等，使用效果良好。自 20 世纪 80 年代开始，其通过实际生产使用，不断改进，结构和性能逐步改善提高。直至目前，其结构的完善和性能开发，还是随着生产的新要求继续在发展，前景良好。因此，有必要进行总结，期望在丰盛的实践经验基础上，实施理论强化，使冲旋粉碎技术能更上一个台阶，为粉体工程再做一分贡献。

以立式冲旋粉碎机组为例，它的结构如图 4.2～图 4.4 所示。主要部分是机体、机盖、轴承座、转子和传动装置。机体是整体总支承体，系钢板焊接件或铸件，壁厚 20mm，采用立柱的桩式结构，立柱间以壁板相连，分别设置窗口，用于其内衬板的更换。机盖跨于机体上，亦是厚钢板焊接件或铸件。机体、机盖均内贴衬板，系耐磨件，有两种结构：组合式和拼装式。组合式是上部衬盖板和下部圆桶衬板，采用榫头配合。拼装式是分块用螺栓联合成整体。上述带窗口机体正适用于后式。衬板位置用机体上设置的螺栓调整。轴承座内配设两个调心球面滚子轴承和一个调心球面滚子止推轴承，它们作为转子的承载重要部件，保障了高速旋转的转子的有效可靠性。因此，其结构和性能必须符合设计要求，并经过长时间生产实际使用考验。轴承采用脂润滑；轴承座通水冷却。机旁设冷却水泵站，循环使用节约用水。水温视轴承温度和气候调整，一般在 20～30℃。水从轴承座下部进，上部流出，压强 0.2～0.3MPa。

转子是粉碎机核心部件，主要组成件是主轴、刀盘、刀座、刀片。主轴采用合金钢，性能符合强度条件，结构满足刚度要求。刀座系厚壁钢件，均匀配设在刀盘圆周上，其数量宜多，但必须符合刀片装拆方便的条件。刀座有一个倾斜角（已于前述）5°～25°，按产品粒度确定，角度愈小，粉粒愈细。刀片尺寸宜统一，对同一机型使用同一尺寸刀片，有利于互换，易损件管理便利。刀片材质很多，视具体生产而定：耐磨高合金价格高，寿命长；普通耐磨铁（钢），价低，寿命短。目前，常用的有高铬铸钢（铁）和碳化钨、高速钢等。如果要生产粗粒比例高的粉体，就有必要采用锤刀式刀具。那么，刀盘、刀座的结构要做相应改变，其具体结构如图 4.4 所示。刀盘设置数层刀座，刀座呈水平态，锤刀水平布设，上下错开。

刀片同衬板之间保持一定的间隙，间隙大小视所生产粒度粗细确定，大间隙用于粗粒，小间隙用于细粉。一般间隙大小为 10～50mm。间隙调节可用下列方法：刀片中心椭圆孔、刀片尺寸变化、衬板移动等。使用转动刀座，可获得一定程度的间隙自动调节能力。

### 4.3.2 自动调隙

1）自动调隙机理

粉碎机转子刀片同机体衬板的间隙 $\delta$（见图 4.5）可以按需要设计成可调的。转子刀盘上设转动刀座，能在转轴上前后摆动，获得各种 $\delta$ 值，其原理阐述于下。转子（转速 $n$）带动刀座刀片旋转，其离心力 $F_1$ 使刀片甩直；而风阻力 $F_2$ 使刀座向后仰。$F_1$

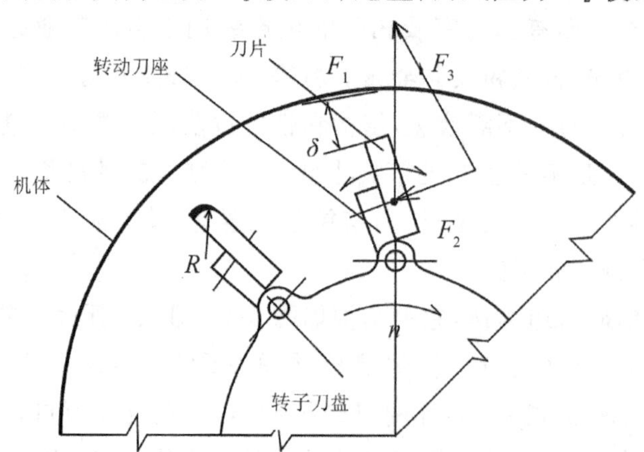


$F_1$-离心力；$F_2$-风阻力；$F_3$-$F_1$ 和 $F_2$ 合力；$n$-转子转速；$\delta$-刀片同衬板间隙

**图 4.5　自动调隙原理示意**

和 $F_2$ 的合力 $F_3$ 决定刀座位置。$F_1$ 和 $F_2$ 随转子转速 $n$ 变动。$n$ 增大，$F_1$ 比 $F_2$ 增值快，刀座前摆（图面为向右），$\delta$ 减小；反之，$\delta$ 变大。当 $\delta$ 达到一定值时，就平衡了。随着刀片磨损，圆角半径 $R$ 增大，$F_2$ 减值，$F_1$ 没变，刀座前摆，$\delta$ 值缩小，保持物料粒度，达到间隙自动调节的目的。

2）自动调隙的力学论证及实施

根据图 4.5 所示的刀座刀片的力学模型，其 $F_1$、$F_2$ 可列式如下：

$$F_1 = m\frac{V^2}{r}$$

$$F_2 = KAV^2$$

式中：$m$、$V$、$r$ 分别为刀座刀片的质量、质心线速度和质心至转子轴心的距离；$A$ 为刀片迎风面积；$K$ 为阻力系数；$R$ 为刀片磨损圆角半径。

设粉碎过程稳定，转子转速 $n$、线速度 $V$ 和间隙 $\delta$ 均处于定值。随着粉碎的进行，刀片头部磨损，$R$ 值逐步增大，间隙 $\delta$ 随之变宽，穿行风量增加，即 $K$ 变小，$F_2$ 值下降。而 $F_1$ 没有受到明显影响，没有变化，带着刀座刀片向前摆移，使 $\delta$ 值趋小，$F_2$ 恢复原值，重新达到平衡，保持原定的物料粒度要求，稳定生产。

刀片前摆量的大小直接验证自动调隙的可行性，有必要做一番认证。阻力系数 $K$ 同间隙 $\delta$、磨损圆角半径 $R$ 成反比关系：$K \infty \frac{1}{\delta} \cdot \frac{1}{R}$。为保持 $F_2$ 不变，而 $A$、$V$ 为定值，则 $K$ 应维持原值。当 $R$ 变大，$\delta$ 就得自动趋小。例如，新刀片装上后，常用 $\delta = 30\text{mm}$，$R = 5\text{mm}$；磨损后 $R = 10 \sim 15\text{mm}$，则 $\delta = 15 \sim 10\text{mm}$。由于 $\delta$ 值比 $r$ 小得多，为缩小 $\delta$，刀片转过的角度是很小的（$2° \sim 3°$）。如此可见，自动调隙是很轻便的。

### 4.3.3　粉碎机传动装置

粉碎机传动装置的组成有几种型式：直接式、传动带式。直接式也分两种：电动机同转子经联轴器相连，或者经减速器和联轴器相连。传动带式则通过传动带或者再加减速器，由电动机带动转子。具体使用视实况而定。常用的是传动带式（见图 4.2），因为布置方便和设备防过载较好。使用减速器的目的：缩小传动带传动比或者将卧式电动机水平传动转变成转子的立式旋转。除此之外可以有其他型式。总体上看，传动装置是简练的。

传动装置设计中有必要留意下述几点。

（1）选用高速或低速电动机，判断标准是经济性能，即设备费用和维护费用。

（2）传动带能力应比电动机要求的高出 40%，因为产品样本标出的性能是厂方试验条件下测定的，比在生产工态下要宽松得多。

（3）传动带轮上的三角皮带槽按轮径确定，包角等不一定完全相同。往往是同一传动带，而轮槽却不相同。

（4）皮带罩要保证通风冷却，尽可能多用网壁。

(5) 减速器的润滑和冷却,值得考虑,尤其是体积小、能力大的,诸如圆弧齿轮、双曲线齿轮传动及其轴承等。望能将轴承温度集中显示于操作台上。

(6) 电动机应该调速。当前,常用变频调速,起动电流较低有利于系统的平稳工作。当调整范围是 30~50Hz,使用普通电动机能满足要求。若调整范围大,或者转速很低或很高,则选用变频电动机;否则,会造成损伤。调整的更重要原因是工艺和控制的需要,如产品粒度调节,产量增减,同给料自动调控等。

(7) 电动机和减速机轴头装传动带轮应配置压盖,防止带轮移位,脱开轴头,造成事故。当轴头没有合格的螺纹孔时,使用磁力钻具现加工,以螺栓和弹簧垫圈固紧。

## 4.4 冲旋粉碎机组的主要技术性能

以 CXL1500 型为例,择其主要技术经济性能录于下。

(1) 原料碎块:块径<15mm,$\sigma_b$<40MPa。

(2) 产品粒度:粒径<2mm,按产品使用标准。

(3) 化学活性:优良。

(4) 生产能力:单台产能:石灰石脱硫粉 20t/h(2012 年),有机硅、多晶硅用粉 1~5t/h(2013 年)。

(5) 传动电动机容量:单台机组最大 160kW。

(6) 成品率:石灰石脱硫粉成品率>99%,多晶硅用粉成品率 90%(2016 年),有机硅用粉成品率 99.8%。

(7) 质量:13t。

## 4.5 冲旋粉碎机型谱

将多年使用定型的粉碎机的主要技术性能列于表 4.1。

**表 4.1 CXL 型立式和 CXD88 卧式冲旋硅粉碎机主要技术性能**

| 型号 | CXL880 | CXL1200 | CXL1500 | CXD880 |
|---|---|---|---|---|
| 转子直径/mm | 880 | 1200 | 1500 | 880 |
| 转子转速/(r/min) | <1100 | <1000 | <800 | <1500 |
| 原料块径/mm | ≤15 | | | |
| 成品粒径/目 | 0~400,可调 | | | |
| 生产能力/(t/h) | 1~2.5 | 1.5~3.5 | 2~4.5 | 3~5 |
| 电机容量/kW | 37 | 45 | 55 | 2×22 |
| 质量/t | 6 | 9 | 13 | 8 |

# 第5章　冲旋粉碎过程的动力学分析研究

从物料块制取粉末的粉碎过程，是粉碎技术必须深入研究的内容。冲旋粉碎更是最新的粉碎技术，对其进行动力学分析具有十分重要的意义。粉碎过程有多种解说，各有偏重，值得借鉴，冲旋粉碎过程的动力学分析研究就是在吸取先进理论和实践的基础上综合完成的。

本分析尚处于萌发阶段，只局限于定性研究，有待于进一步深入。但目前在CXL型冲旋式粉碎机上已见效果，且较显著。

## 5.1　冲旋粉碎过程的物理模型

物料块在粉碎腔内受到冲旋粉碎，其过程如图5.1所示，呈现三个阶段：追击、碰合和碎弹。刀架（由刀盘和刀座构成）旋转，使其上刀片获速度$V_1$，并产生螺旋风（速度$V_f$），催快物料块达速度$V_2$。刀片$V_1>$物料$V_2$，刀片追击物料块，碰合速度归于$V$；瞬间后，物料块受撞击碎裂成细碎粒，反弹向前散射，速度$V_2'$，此为碎弹阶段。细碎粒继而冲击衬板，反弹回粉碎腔，进入下一粉碎过程，速度$V_3'$。细碎粒受刀片反弹后，除粒度变细外，体内裂纹也进一步发育，经螺旋风助推，受衬板反弹，裂纹促使细碎粒进一步碎化。虽然反弹冲击$V_2'>V_1$，可是，同衬板不正对面，受碎裂作用较轻，只是在原基础上补充一击，获得大碎粒的细碎。上述整个过程，就是运用转子和螺旋风的冲击旋转能量，制取物料粉的冲旋粉碎物理模型。

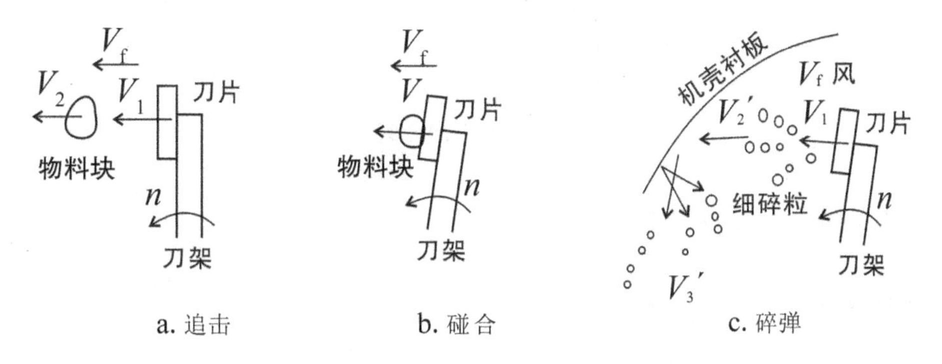


$V_1$ -刀片线速度；$V_2$ -物料块速度；$V_f$ -风速；$V_2'$，$V_3'$-物料碎块反弹后速度

**图5.1　粉碎过程的物理模型**

## 5.2 冲旋粉碎过程的力能分析

粉碎的物理模型(见图 5.1、图 2.1)说明,物料块的粉碎是通过粉碎转子旋转产生对物料块的冲击效能,经碰撞而实现的。这是运用物体运动的自然效能取得的结果。在整个粉碎过程中的各阶段、各环节都体现出物体运动的特性,具体体现为各类力学参数,如动能、动量、冲量、冲击力、速度等的变化。因此,深入研究描述粉碎过程,包括粉碎变形区动态模型,所有各力学参数(量)都将涉及。进行粉碎区的力能研究,不是烦琐哲学,不是故弄玄虚,却是探索研究所必要的。

粉碎区的力能研究分 4 个方面阐述于下。

### 5.2.1 冲击速度和能量

物料块受刀片撞击,其碰撞接触部位称粉碎区,对其进行撞击,实施能量输入、传递和转换,是料块粉碎过程的重要内容。择三个阶段中碰合和碎弹两阶段综合分述于下。

1) 物料块受撞击碰合阶段

如图 5.1、图 5.2 所示的物理模型已表明,碰撞第二阶段碰合,其共有速度为 $V$。碰合过程中,料块获得撞击能量,导致粉碎。求该能量 $E$,设 $E_1$、$m_1$、$V_1$ 为转子动能、质量及刀片速度;$E_2$、$m_2$、$V_2$ 为物料块碰撞前动能、质量、速度。

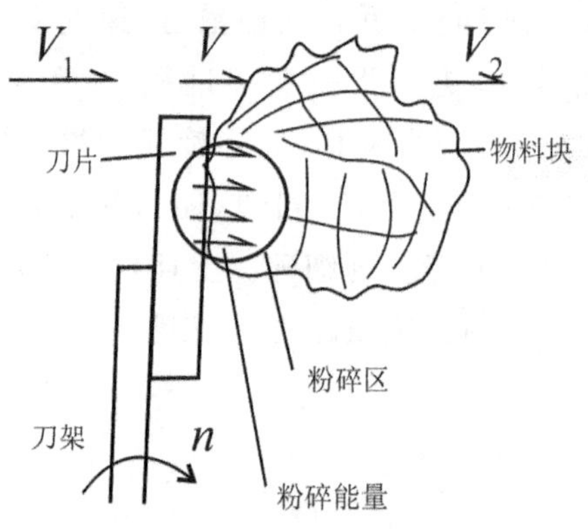


**图 5.2 撞击碰合瞬间**

转子动能 $E_1=\frac{1}{2}m_1V_1{}^2$

物料块动能 $E_2=\frac{1}{2}m_2V_2{}^2$

碰合时共有动能 $E_3=\frac{1}{2}(m_1+m_2)V^2$

按动量守恒定理 $(m_1+m_2)V=m_1V_1+m_2V_2$

共有速度 $V=\frac{m_1V_1+m_2V_2}{m_1+m_2}$

$$E_3=\frac{1}{2}(m_1+m_2)\left(\frac{m_1V_1+m_2V_2}{m_1+m_2}\right)^2=\frac{(m_1V_1+m_2V_2)^2}{2(m_1+m_2)}$$

消耗动能 $E=E_1+E_2-E_3=\frac{1}{2}m_1V_1{}^2+\frac{1}{2}m_2V_2{}^2-\frac{(m_1V_1+m_2V_2)^2}{2(m_1+m_2)}$

$=\frac{1}{2(m_1+m_2)}[m_1m_2(V_1-V_2)^2]$，$m_1\gg m_2$

对于转子和料块，$E=\frac{1}{2}m_2(V_1-V_2)^2=\frac{1}{2}m_2V_1{}^2(1-\alpha)^2$

$V_2<V_1$，设物料块 $V_2\approx\alpha V_1$，$\alpha$ 为物料飞行速度衰减系数 0.3～0.7，$(1-\alpha)^2\approx$ 0.1～0.5

系数 $\alpha$ 因转子结构、风速、物料尺寸等不同而有不同数值。如用刀片拍击，$\alpha\approx0.7$；若用锤片劈击，$\alpha\approx0.3$。$E$ 用于粉碎物料，部分消耗于碰击发热、应变能等。

2) 碰合后分开碎弹阶段

按动量定理 $m_1V_1+m_2V_2=m_1V_1'+m_2V_2'$，得 $m_1(V_1-V_1')=m_2(V_2'-V_2)$……①

按动能定理$\frac{1}{2}m_1V_1{}^2+\frac{1}{2}m_2V_2{}^2=\frac{1}{2}m_1V_1'^2+\frac{1}{2}m_2V_2'^2$(且不计其他能耗)，

得$\frac{1}{2}m_1(V_1{}^2-V_1'^2)=\frac{1}{2}m_2(V_2'^2-V_2{}^2)$……②

比较①②式，得 $V_1+V_1'=V_2'+V_2$

$V_2'=V_1-V_2+V_1'$……③

将③式代入①式，得 $m_1(V_1-V_1')=m_2(V_1-2V_2+V_1')$

$m_1V_1-m_1V_1'=m_2V_1-2m_2V_2+m_2V_1'$

$V_1'(m_1+m_2)=V_1(m_1-m_2)+2m_2V_2$

$$V_1'=\frac{(m_1-m_2)V_1+2m_2V_2}{m_1+m_2}$$

$$V_2'=\frac{2m_1V_1-(m_1-m_2)V_2}{m_1+m_2}$$

$V_2=\alpha V_1$

$$V_1'=\frac{m_1-m_2(1-2\alpha)}{m_1+m_2}V_1$$

$$V_2'=\frac{(2-\alpha)m_1+\alpha m_2}{m_1+m_2}V_1$$

当 $m_1\gg m_2$，则 $V_1'=V_1$，$V_2'=(2-\alpha)V_1$，一般 $\alpha=0.3$～0.7，则 $V_2'=1.3V_1$～$1.7V_1$。当 $\alpha=0$，说明 $V_2=0$，物粒垂直向下落，和撞击方向垂直，则 $V_2'=2V_1$。

碎弹后物粒以 $V_2'(<1.7V_1)$ 的速度在螺旋风驱动下撞击衬板，再次粉碎后，以 $V_3'$ 反弹离开机壳壁，$V_3'<V_2'$，其能量已衰减，动能$<\frac{1}{2}m_1V_3'^2$，驱动物粒再次进入粉碎。上述过程是近似计算，因为没有考虑两个因素：①碰撞后的能量散失，如热能暂

无准确数据;②碰撞后恢复系数,如硅粉碎很硬,却成碎块反弹,没有较准确数值。

如考虑碰撞后恢复系数 α,则 $V_2'$数值还要小一些。

3) 碰撞过程的直观理解

追击。料块同刀片可能是同向或相向追击,即 $V_1$ 和 $V_2$ 有同向异相之别,形成追撞或迎撞。$V_2$ 就有正、负值。

碰合。撞击就在此时,因此,料块就附在刀片上运动,速度增加 $V_1-V_2$,料块获得速度 $1V_1$。

碎弹。碰合顷刻即逝,料块被粉碎,向刀片运行前方溅散。姑且认为它们"并肩比翼"飞离。刀片将料块弹出,获速度 $V_2'$,使其在原增值 $V_1-V_2$ 基础上,又添加 $1V_1$,合成速度 $V_2'=V_1-V_2+V_1=2V_1-V_2$。

$V_2'$速度的价值分析。$V_2'=kV_1'$分不同条件下,列举 $k$ 值:①如果原先料块的速度由刀片 $V_1$ 而来,就可以认为 $k=\alpha$,飞行衰减 $V_2=\alpha V_1$。由此可得,$V_2'=(2-\alpha)V_1$。再看一下 $\alpha$ 值,可以有正负值,即料块和刀片同向运行时,$\alpha$ 为正值,相向运行时,$\alpha$ 为负值。所以,$V_2'$值变值范围:$\alpha=0$,料块垂直碰击方向,$V_2=0$,$V_2'=2V_1$;$\alpha=+1$,料块、刀片同速同向,不相碰,$V_2=V_1$,没有 $V_2'$;$\alpha=-1$,料块、刀片相向碰击,$V_2=-V_1$,$V_2'=3V_1$。总之,$V_2'=(1\sim3)V_1$。②$k>\alpha$,料块来自他方,如对撞的对方,$k$ 可能超过 $\alpha$ 值,则 $V_2'$会更大,互击速度更大,粉碎速度的调节范围增大,显得更灵便和有效。

以 CXD880 型冲旋对撞式粉碎机为例,两个转子结构相同,设转速不同,一个为另一个的 1.5 倍。两转子刀片驱动的两股螺旋气料流对撞,物料颗粒互击。两股气料流最高速度分别为$(V_2')_1=3(V_1)_1$,$(V_2')_2=3(V_1)_2$,而$(V_1)_2=1.5(V_1)_1$,则对撞最高速度$(V_2')_1+(V_2')_2=7.5(V_1)_1$,物料互击最高速度从 3 倍增至 7.5 倍,正好印证了前述理解。实际生产获得的结果为,对撞比没对撞更具优势。

### 5.2.2 动能的结构

力能的流变转换理念是冲旋粉碎技术的基础之一。它是由力学推导得出的,其切入点正是动能结构。能量是物质的一种运动方式,有自己的结构。电流是电子流,光是光子流。能量是量子构成的连续流。量子是能量的组成元素,是分立的微能量,它以断续的方式组构成连续流。可以形象地认为,能量是类似头尾相接的微型子弹流。可以认为能量子是微动能构成的。力学里的机械动能则可以利用力学运动参数给予表示。冲击透进物料的动能 $E=\frac{1}{2}mV^2$,将其微分即微动能 $\mathrm{d}E=V\mathrm{d}(mV)$,速度 $V$ 为强度项在粉碎机腔体形成的速度场,是转子转速 $n$ 和半径 $r$ 的函数,是微动量传递的推动力,引发冲击的强力因素 $V=f(n,r)$。微动量 $\mathrm{d}(mV)$为动能幅度项(标量),于是,微动能就具有矢量特性,拥有方向、速度、数量和着击区。动能是微动能的积分,它的功能就来自速度和微动量的联合作用,构成动能的质和量。这种组合称为微动能。动能就是微动能的连续流。可以得到一个理念:动能由微动能构成,显示为微动能流。

上述运算确实应验了一个物理箴言：简单公式下一定隐含着尚不知晓的自然规律，它包容着尚未揭示的深层关系和变化规律的奥妙等。动能公式很简单，它包容着能量子的理念。

### 5.2.3　动能的传递方式

1）从宏观层面探讨

刀片撞击物料块时，传出动能粉碎物料，即 $E=\frac{1}{2}mV^2$，已于前述。其实质是以该式微分 $dE=Vd(mV)$ 表示的微动能组成动能 $E$。动能以微动能连续冲击料块，即微动能 $Vd(mV)$ 以强度项 $V$ 驱动幅度项——微动量 $d(mV)$ 冲击料块。按力学动量定理，引起冲量 $Ft$。碰撞时间 $t$ 很短，可以毫秒为单位，得到相对较大的冲力 $F$。它以 $V$ 速度冲击，逼使物料块受力变形，以应力波型式前行，引发沿途物料应变。当应力超过其抗变形强度后，料块内裂纹进一步发展，从微裂达到开裂，至成粉末。此处裂纹代表全部缺陷（夹杂、微裂纹、孔洞、缝隙、气泡等）。它们随着应力波（应变波）受冲旋力能逼迫，向前延伸。外观上，好似缺陷循着力能作用方向流动开裂。同时存在后续开裂情况：物料受冲后，强度随之上升，冲击产生应力尚未超过断裂强度。而当冲击过后，强度随之下降。当其低于隐含的应力后，随之开裂。所以常能听到物料随后开裂的声音。

2）从微观层面探索

从物料的结构探索，动能破解物料块的解释是能量进入物料体内后，增大了内能，使原子获得能量，增强了振动。在吸取足够能量后，原子振幅过大，破坏了原有的结构联系，产生裂纹，直至开裂、碎化。关于分子、原子的真实性，科学界已有定论，并且已有其模糊的肉眼能见的照片[7]，但不论何种解释，都是能量在起作用。

从物料粉碎的宏观和微观两方面看，力和能是紧密联合在一起的。它们相生相成，共同使物料粉碎。微动能的微动量引爆冲击力，将能量随冲击的速度导入物料，促发其变形、开裂和碎化，力和能的流变转换显露物化，使其力学推导印证理念正确实用。同时，进一步研究发现，料块的变形和碎化同能量的传入方式有很大的关系。

料块机械粉碎有五种典型过程模式：挤压、研磨、冲击、劈裂和弯曲，各有特点和用途。下边单就冲击过程的能量输入方式展开说明。

3）从能量输入传递方式探究

冲击过程的能量输入传递方式具体类型为四项：打击、落击、碰击和互击（见图5.3），都以一定速度撞击。但是能量输入的传递效率不一样，粉碎能量的效果各有千秋。

冲旋粉碎以打击（见图 5.3a）为主，辅以碰击（见图 5.3c）和互击（见图 5.3d），现着重对打击类型做能量输入方式的分析。刀片打击物料也有不同的方法，如用不同的刀片形式（锤片形、立翅形等，如图 5.4 所示）。

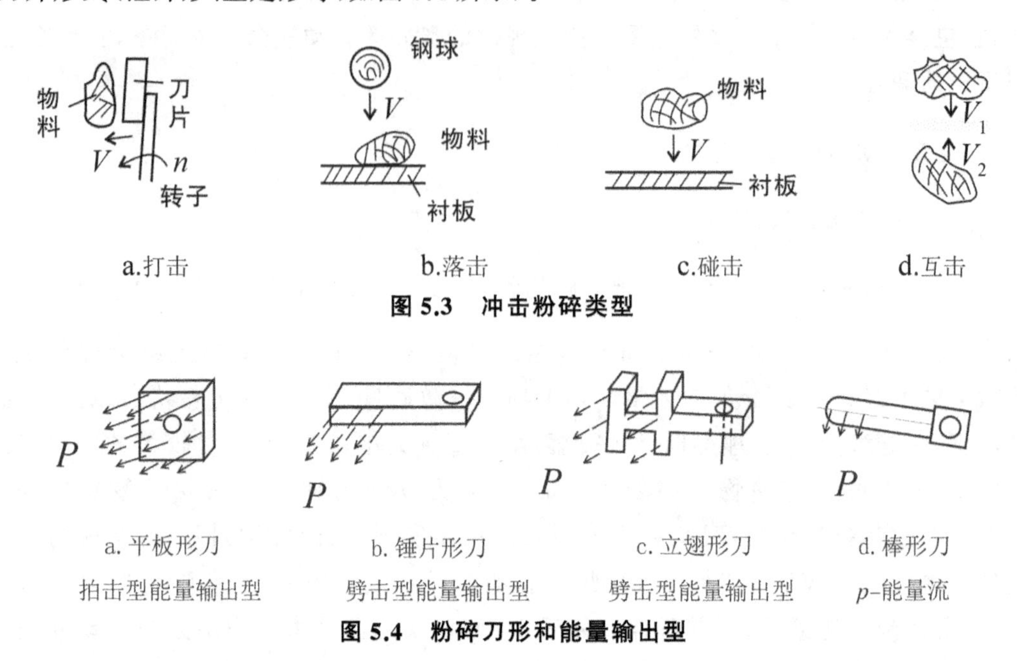


**图 5.3　冲击粉碎类型**

**图 5.4　粉碎刀形和能量输出型**

平板形刀（见图 5.4a）以平面的一部分撞击料块，动能以一束棱形的能量流输给料块，转换成一束棱形的冲击力，单向挤压（主要作用）料块，使其向侧面产生拉伸应力应变，直到开裂成粉。此处输入动能，克服物料的抗压性能（$\sigma_b$）。而平板形刀的刀棱则以剪切方式粉碎料块（见图 5.4b）。

锤片形刀（见图 5.4b）以狭窄锋口撞击料块，动能以一束扁形的能量流输给料块，转换成一束扁形的冲击力劈击（主要作用）料块，使其产生剪切应力应变，直至剪切成粉。此处，输入动能克服物料的抗剪性能（$\sigma_c$）。

立翅形刀（见图 5.4c）同锤片形刀一样，只是锋口多了一些。

棒形刀（见图 5.4d）的作用介于平板形刀和锤片形刀之间。

碰击表现于物料冲击衬板，动能输入视冲击速度、冲击角度等而定，一般比刀片打击输入动能要小。

互击是物料碎粒相互冲击，输入能量也同冲击速度、冲击角度等密切相关。它存在于冲旋粉碎气料螺旋流中，在卧式对撞粉碎中有相当重要的作用。

冲旋粉碎动能的传递从刀具同料块接触输入开始，能量进入物料，经力能转换流变，穿透其结构，为物料组织所吸收，碎裂成粉末。这一过程是各类粉碎工艺共同作用的。但是，传递的方式和效果是各异的。关键就在能量输入方式，即实施的粉碎方式和刀具：拍击、劈击、互击或它们的复合击。因此，力能的粉碎效果就各不相同。

### 5.2.4　力能的粉碎效果

由于能量输入方式不同，实现选定的粉碎方式效果各异，因而就获得不同的粉碎效果。比如，粉末粗细就不同：前者细，后者粗。为说明缘由，以图 5.5 示于后，显现力能的粉碎效用。

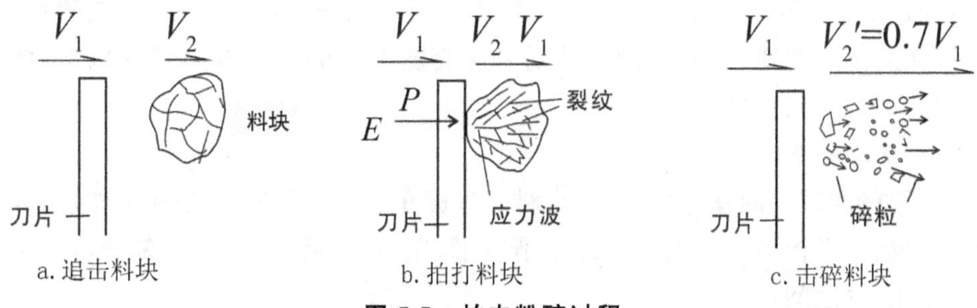


**图 5.5　拍击粉碎过程**

1）拍击粉碎

如图 5.5 所示，平板形刀拍击粉碎中拍打接触点（面）较多，受力较分散，应力波辐射较宽，应变裂纹相应较多，应力集中点也多。随着拍击速度的提高，裂纹将更发展，呈现树枝状开裂形式。拍击粉碎带动螺旋风实现冲旋粉碎（已述于前）。物料块受击面较大，吸收能量较多，粉碎体积较大，能耗较大，获得粉中细的多，粗的少。

2）劈击粉碎

如图 5.6 所示，锤片形刀、立翅形刀劈击粉碎中，劈击接触点（面）集中，能量密度大，实施切割作用，力度大而巧，应力波辐射集中在切割线上，应变裂纹较少，但应力集中强度更高。裂纹有多种形式，最常见的呈撕裂状，如图 5.6e 所示。像武术中一脚踢碎凌空的木板。随着劈击速度的提高，裂纹发展将更烈，并且物料结构的变化、晶体位错量增速，来不及向周围扩散，而沿着切割线急速发展，剪切脆性增大，致断裂而碎化。需要仔细观察的一点是，此处劈击中的切割是指锤片在旋转过程中刀锋沿圆周切割物料；既有切入又有横割，更有利于碎解物料。实施锤片的冲击旋转粉碎，代替了螺旋风的部分功效。此乃冲旋粉碎的实质。由此获得粉末，粗的多，细的少。

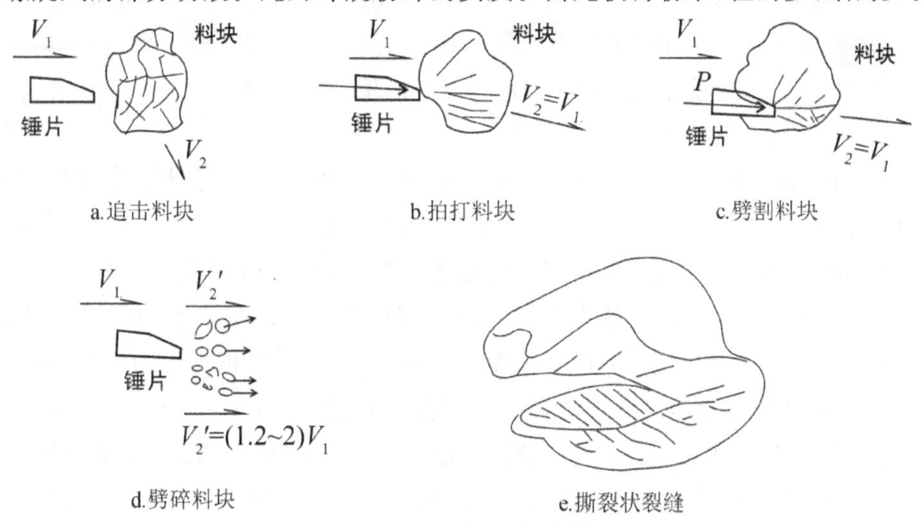


**图 5.6　劈击粉碎过程**

3）互击粉碎

物料互击用于坚硬品种的粉碎，特点是：冲击速度很高，大于一般粉碎，最大可达7.5倍，冲击能量就增至3倍以上。互击当然可用于细粉生产，能藉力输进物料，引发应力，以波的形式传递，而应变随之传送。应变随着力的作用方向照样传递，成为一种应变波，如此实现粉碎。

4）复合击粉碎

当使用厚度较大的锤片形刀时，击料刀口圆角较大，形成拍、劈联合作用，成复合击粉碎。或者，平板形刀和锤片形刀并排使用，先拍击，后劈击，形成复合击。它们的效果介于拍、劈之间。

能量是粉碎的原动力，其传递方式使之发挥各种效能，因此，对能量的合理使用，应因地制宜、灵活掌握，让有限的能量迸发出最佳效用，值得认真研究。

我们目前已初步认识到采用不同的刀具实施不同的粉碎方式，能够获得很好的生产绩效。

## 5.3 分析认知

通过上述物理模型和力学模型的动力学分析，让物料粉碎区的形貌、受力变形、裂纹发展状态等碎裂过程显现出来，为掌握和控制粉碎工艺提供新的理念。由于阐述内容有些已超出常规界限，为增强其可理解性，引述有关认知于后。

(1) 动能、动量、速度、力等机械运动量，都具有各自的相互联系、转换、因果等关系。

(2) 简单的公式下隐含深层的认识和自然规律。如动能公式 $E=\frac{1}{2}mV^2$，来源于牛顿运动定律和能量转化实验的测定，并经超百年、多领域的实际应用检验，在常规条件下是完全正确的。公式很简单，内涵很丰富。根据量子理论，能量是能量子流，是断续的连续流。动能是能量的一种，取其微分 $dE=Vd(mV)$，表征动能量子，称为微动能，示成 $Vd(mV)$。$mV$ 系动量，则 $d(mV)$ 为微动量。按动量冲量定理，动量改变产生冲量 $F\cdot\Delta t$。$\Delta t$ 很小，引发很大的冲力。碰撞发挥动能作用，引发冲力，相互协同完成粉碎。由此，整个过程就如前述。

(3) 采用“放大空间、放慢时间”方法展现粉碎过程。粉碎是瞬间完成的过程，发生在物料粉碎区的图景尚无法即时显示或录制，只能根据事后对留下痕迹的研究，推断粉碎区隐含的状态。但是，要掌握粉碎技术，求取最佳成效，又非得清晰了解该区。为此，可效仿思想实验，采用“放大空间、放慢时间”方法。即将狭小的粉碎区放大，把碎粒画成带裂纹网络的图形(见图2.1、图5.2、图5.5、图5.6)，把冲击短暂的瞬间放慢，使力能流变转换进程慢速完成，画出阶段性的力学模型，然后进行全方位的分析。

(4) 分析目的。①提供力能流变转换性状理念的说明和论证。②按分析的结果找到粉碎的规律，为完善粉碎工艺和设备奠定理论基础，使冲旋制粉技术具有更加有效的各类指标，达到更高的水平。具体内容详细叙述于各有关章节。

# 第6章　粉碎机控制

粉碎机需要有相应技术水平的控制，使工艺设备保持正常运行，并不断地提高和完善，争取最佳的生产指标：粒度、成品率(得率)、产量、能耗、安全性、环保性等。先进的工艺设备更需要先进的控制，其中更需注入独创的实用、先进的技术指导思想，使冲旋粉碎技术发挥应有的效能。经过多方实践磨炼和理论强化，在机敏调控信息的技术思维和信息演绎趋势基础上，总结得到“控制的趋势调馈”理念，即切实掌握其动态，付诸实际，结果很好，且自动和人工控制共用。

## 6.1　控制参量

待控制的参量有：给料量，回料量，产品粒度、产量和成品率，风量，料位，振动，轴承温度，过载，事故，粉尘浓度。

(1) 给料量是由振动给料器按指令定量地为粉碎机送进的物料量，使粉碎机发挥最佳粉碎效能，并保持平稳运行。

(2) 回料量是从振动筛给出的筛上料量，需返回粉碎机继续加工。它表示一次粉碎的效果：回料适量(总量的40%左右)，粉碎效果就好；否则就较差。

(3) 粒度是指产品的粗细组成。应按用户要求确保粗细范围和各粒级档次应有的百分比。尤其是细粉，一般要求愈小愈好。这正是技术水平高低的标志。

(4) 产量是单位时间内生产出的产品量。在符合质量和成品率的条件下，力争产量大。

(5) 成品率是获得的合格产品量在投入原料量中所占的比例，常用百分比表示。其值当然是愈大愈好，效益愈高，成本愈低，竞争力愈强。它是生产者在正常条件下的最关键指标。如赶产量指标时，则另当别论。

(6) 风量是制粉系统中保持负压，保证生产流程、环保性和安全性的重要指标。风量通过风压表显示，常用风压变动范围控制。一定的风压范围表示相应的风量。风压低，表示阻力小，风量大；风压高，则是阻力大，风量小。所以，风压要保持在一定范围内。

(7) 料位是容器中表示料量的指标，有高低位之分。如原料块料仓，碎料中间仓、斗提机下部积料斗、成品仓、粉料仓泵等，都要有高低料位控制。功用分两类：①前后工序衔接。比如仓泵中高料位启动向外送料，低料位停止外送。②限制极限料位高度。如碎料仓最高料位，避免料满后溢出仓外。

(8) 振动是设备运转的重要指标。粉碎机体积较大,质量也大,整机是稳定的,关键在转子轴承座,尤其是立式的,其刀盘等重件集中在悬臂端,再加其上刀片磨损差异,易产生偏心而振动,损坏支承轴承和轴承座配合面,致使停机,增大维修工作量。

(9) 轴承温度显示转子支承部件的工作状态。温度必须处于一定范围之内,超出则是不正常的。所以,往往配备冷却水泵站,用水调节温度,保证轴承正常工作。

(10) 过载是指设备负载超标。超过它所能承受的载荷,会引发损坏和事故,对生产和操作安全会造成威胁,一定要及时、果断排除。粉碎机列里,电动机是过载保护的首选目标。

(11) 事故属于设备和人身安全方面的重大事件。一定要有预防和处理的紧急措施,并要查明原因,追究责任。对于粉碎机,打刀是最易发生的事故。打刀是转子工作过程中,刀片碰到硬块(原料中的杂物,如螺钉、螺母、钢钎头、牙轮钻牙、硬石等和设备本身松脱的机件等),引起碎裂,飞溅后碰到其他刀片、衬板或落入刀片和衬板间隙,引起连续冲击,甚至打碎全部刀片、衬板和刀盘,使转子轴变形、设备松动。

(12) 粉尘浓度保持在允许范围内。易爆物粉尘(如硅)浓度,应控制在规定安全范围之内。

## 6.2 控制方式

(1) 给料量按闭环方式自动控制。将给料器同粉碎机电动机组成闭环电路,给定电动机电流值,给料量则以保证电流值波动不超过 5A 为准,自动调节。电流值是根据生产任务、作业线运行状态,由操作者发出指令给定,可随机修改。给定值经常是电动机额定电流的 90%,最大为 95%。给料量的自动调节应按电动机电流变化。当电流开始增大,就要减少给料量;而电流开始降低,就得增加给料量。这就是“控制的趋势调馈模式”理念的具体实施。详细说明于后。该技术具有一定的难度,值得下功夫。

当需要人工干预时,可转换到人工操作控制。

(2) 回料量目前只能由人工控制,能达到最佳值,是全部物料量的 40%左右。为此,需要做出很大努力,调整各项有关参数,甚至要改动有关设备结构。循此以往,逐步改进指标。人工控制中,取样和粒度筛析很重要,一定要掌握回料的粒度组成和料量的变化趋势,才能获得最佳控制。

(3) 产品粒度的控制,属于自动和人工联合方式。影响粒度的因素主要有:原料软硬、粉碎方式与速度、刀片和衬板侧间隙和顶间隙、刀具型式、给料量、风量等。同时还有筛分的因素,如筛分机参数、筛网配置、清网效果等。粉碎速度即转子刀片线速度,可随机调整。此处,也要实施趋势调馈。随着刀片的磨损,产品粒度渐粗,转子转速也需分段渐次提高。间隙则是慢慢增宽,可采用转动刀座自动调节(见图 4.5),也常用人工调节。给料量和风量可随机变动。但是,同时考虑引起的其他变动。关于粉碎方式和刀具型式容后详述。

(4) 产量和成品率的控制因素很多。它们和粒度组成一样都是生产所关注的重要参数。对它们的控制,着重于观察发展趋势,有待于研究总结,将阐述于后。

(5) 风量视风压的改变而变,可自动或人工随机控制。风压常用范围是:立式机(非工艺气流)1300～2000Pa;卧式机(工艺气流)5000～9000Pa。注意其变化趋势。

(6) 料位控制。块料、碎料、成品等料仓,容积是按流程中物料流量设计的,都比较紧凑,高低料位反应就要求更灵敏、更可靠,并以此选用料位仪。为提高安全性,高料位经常设置两层,便于掌握其发展趋势:当第一层失效,第二层继续起作用。

(7) 振动人工控制。振动大小对机器工作影响很大,主要作用在转子轴承,其允许值的相关行业标准为:位移＜0.2mm,速度＜2.5mm/s;最佳为:位移＜0.1mm,速度＜1.8mm/s。振动控制目前还是人工式的。从影响振动的因素分析,其中包括转子平衡、轴承工况、联轴器对中、传动平稳性、物料块度等,应找出原因,"对症治疗",消除故障。振动调控的重点也在于观察其发展趋势,早发现,早准备,避免发生事故。

(8) 轴承温度中,转子轴承和减速器轴承温度应予以控制。配设专用冷却水泵站实施调控。详见本书专题研究论述《滚动轴承水冷技术及其在粉碎机上的应用》。温度检测是人工和自动并用,而温度调整所需的冷却水量则是人工调节的。温度检测通过轴承座上设置的热电偶,经控制系统传至操作台上显示。无此条件的,测温只能依靠定时巡检,人工检测。温度控制范围(滚动轴承)25～80℃,最佳 35～55℃。调控的重心就在变化趋势。

(9) 过载保护用在粉碎机及辅机电动机上。粉碎机电动机功率最大,也最重要。所以,它的过载有一定要求。该电动机需变频调速,启动电流相对较低,也超过额定值。生产过程中也会因大块料引起瞬间大电流。拟定过载电流时就要考虑这些因素。经过实际考证,过载电流数值大于 1.25 倍额定电流,作用时间超过 10s,按此初定的过载参数,再经实践考验、修正确定。为确保安全,须掌握发展趋势,应增设过载预警电流,给出信号,力争排除过载故障原因,尽可能减低过载引起的损失。

(10) 事故处理。当发生设备或人身安全故障时,应立即启动事故停车:为此,在操作台上配备了全线事故紧急停车按钮。各主要组成设备还有启、停开关,便于紧急停机。为了控制事故的发生,尤其是打刀,在生产线上设置了两台除铁装置,运用强有力的磁力,从原料和碎料中吸出铁块,不让它们进入粉碎机和后续设备。其具体位置就在粉碎机前后,前面的避免硬块进入粉碎机;后面的将粉碎机损坏的刀片等碎块和物料中的硬块除掉,避免它们落入后步工序。并且操作规程中相应规定:每班要从除铁磁盘上清除吸附的杂物,使其保持最大的除铁能力。

(11) 生产作业线联动和单机均可自动和人工操作。而粉碎机、斗提机、振动筛、风机等重要设备在机旁设置就地控制箱,实施就地控制:启、制动,配电流表。控制参量和方式较多,应符合"趋势调馈"理念。

(12) 粉尘浓度控制。浓度在线检测,人工或自动;而控制需人工实施,目前尚不能自动控制。详见本书下篇专题研究论述。

## 6.3 控制操作

### 6.3.1 控制总则(对控制的要求)

(1) 满足工艺流程顺畅、设备运行平稳、操作维护安全的要求。

(2) 控制具有相应的灵敏度、准确性和可靠性。

(3) 操作简练、方便,人工和自动可交替操作转换。

(4) 充分利用参数变化趋势,实施反馈控制原则。

(5) 控制台上应按顺序布设相应设备电动机的电流、电压、温度、振动等指示表和声号、光号仪表。它们的指示应清晰、明显、全面,并能显示其数值变化发展趋势。

### 6.3.2 作业线启动和停止控制

1) 启动顺序(以 CXFL1200 型为例,参考图 3.2)

(1) 辅助设备:空压机、冷却水泵。

(2) 成品输送系统:成品粉仓泵、细粉仓泵。

(3) 粉碎筛分系统:布袋收集器和风机、振动筛、粉料斗提机、粉碎机、碎料振动给料器、碎料斗提机。

(4) 破碎系统:颚式破碎机、块料振动给料器。

启动先、后间隙时间按下述规定;待先前启动设备运转稳定后,才允许启动后一台设备。

2) 停止顺序

(1) 破碎系统:块料振动给料器、颚式破碎机。

(2) 暂停控制操作:筛上料继续返回碎料斗提机,2~5min,直至回料量很少。

(3) 粉碎筛分系统:碎料斗提机、碎料振动给料器、粉碎机、粉料斗提机、振动筛,20min 后停,布袋收尘器、风机。

(4) 成品输送系统:成品粉仓泵、细粉仓泵。

(5) 辅助设备:空压机、冷却水泵。

操作顺序受制于工艺流程,以满足其要求为准,没有一成不变的。但是,必须符合前述控制总则(对控制的要求)。

## 6.4 设备机构的可控性

为满足工艺要求,控制系统应配备相应元器件,拥有良好性能。为此,机械设备也配置适宜的机构,具有良好的可控性,其具体配设如下。

(1) 采用变频电动机传动,使振动给料、粉碎、筛分、风量都能随机控制调节。

(2) 设置流量调节机构，配合随机控制，如给料器有闸板，调节通道大小，使块料或碎料流量调节分成不同档次，更趋灵便。为调控风量，也配蝶阀，效果相同。

(3) 料位仪配设防护罩。料位仪露在料仓里易被物料损伤。根据料位仪工作原理和传感部分结构，采用相应的防护措施，包括位置、高低选择。

(4) 流量计、压力计等均有防护。首先，选择最有效位置，测量结果较正确。其次，按仪器要求配设旁路、阀门等，保证仪表正常工作。

(5) 尽可能多地采用能自动调节的机构，如刀片间隙自动调节，锤形劈刀锋口自砺，利用粒度在线监测控制转子转速自动调节粒度组成。

(6) 合理配设取样口，便于取样，获取正确的物料数据，尤其是统料(全部粉料)、回料(筛上)、成品粉、细粉(布袋下)，以此控制产品的有效生产。

## 6.5 粉碎机控制的发展使命

随着生产的进步和经济的发展，粉体工程的作用也日益增大，要求跟着提高。粉碎机械的控制逐步趋向自动化，如粒度在线检测和自动调节粒度组成，粉碎参数(间隙、粉碎、速度、给料速度等)的自动调整，刀具的自硬、自砺，机件损伤的自愈，原料中硬块的在线剔除。如此等等一连串问题，均有待于在自动控制中解决。

# 第7章　粒度调控

任何粉料都有一个关键的性能参数——粒度。要生产合格产品,首先要粒度达标,即粒度组成符合使用要求。目前,用得较多的有石灰石脱硫粉、有机硅粉、多晶硅粉等无机和有机材料粉。

石灰石脱硫粉由三种基本粒度组成,其粒级配置曲线有三种(见图7.1);有机硅粉粒度有多种组成,一般偏细(见表7.1);多晶硅粉也有多种粒度组成,一般较粗(见表7.1)。

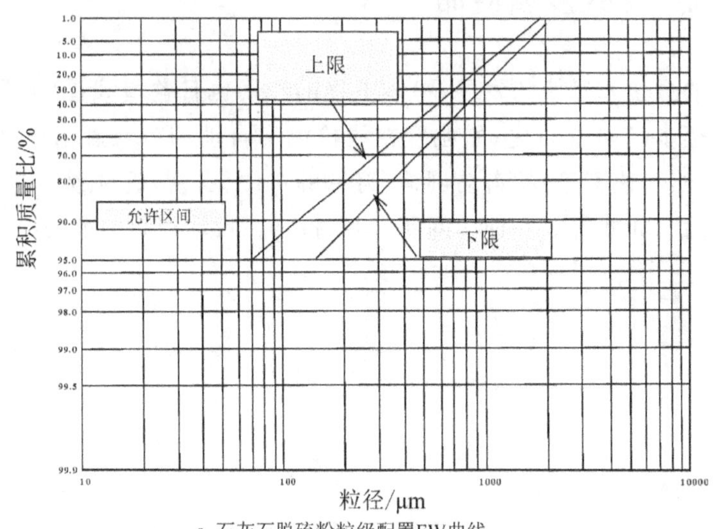


a. 石灰石脱硫粉粒级配置FW曲线

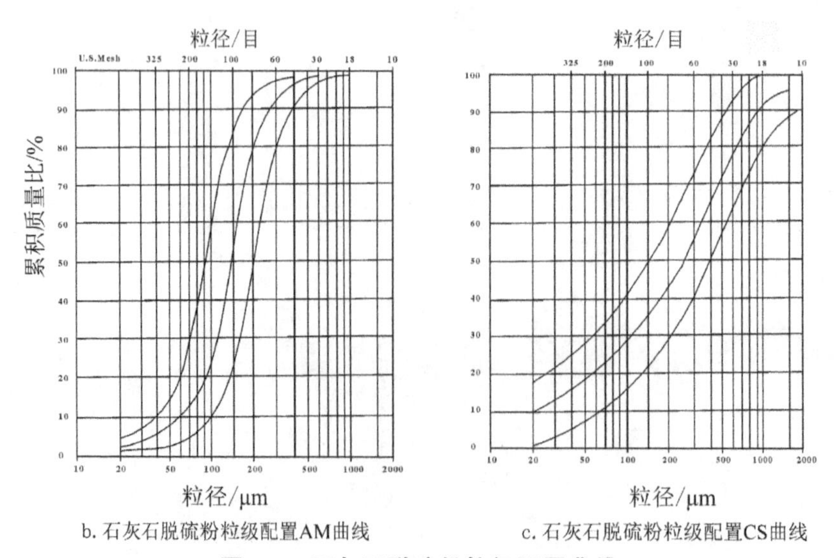


b. 石灰石脱硫粉粒级配置AM曲线　　c. 石灰石脱硫粉粒级配置CS曲线

**图7.1　石灰石脱硫粉粒级配置曲线**

表 7.1　硅粉常用粒级表

| 粉名 | 粒径(含量) | | |
|---|---|---|---|
| 有机硅用粉 | ＋40 目(＜5％) | 40～250 目 | －250 目(＜15％) |
| 多晶硅用粉 | ＋40 目(＜3％) | 40～120 目 | －120 目(＜3％) |
| | ＋35 目(＜5％) | 35～180 目 | －180 目(＜3％) |

注:粒度要求随生产发展有变动。上边只是举例供参考。

所有物料的粒度组成都是动态的,随成品工艺会有改变,因此要求制粉技术工艺和设备必须有按需调整的功能。粒度的调整取决于许多因素。其中,最主要的是粉碎速度、开度、斜度,粉碎刀具配置,筛分等;次要的是给料量、风量等。如何科学地运用,确是一项不简单的技术,鉴于此,拟做探索于下。

## 7.1　粒度的表示方法

常用粒度单位:公制为毫米(mm)、微米(μm);英制沿用“目”。公制和英制间有对照换算关系。作为初略换算,可以应用一个简单关系:泰勒制 100 目相当于 0.15mm,325 目就是 0.046mm。查表得,100 目是 0.147mm,325 目是0.043mm。两者相差 5％左右。

网孔尺寸根据所选用的标准而定,而实际情况要复杂得多。由于粉料使用范围很广,要求各异,粗细更杂,市场上各类筛网品种应运而生:同一网孔,配不同丝径,筛分性能随之改变。所以,为了获得所需粒度组成,筛网的选择要灵活掌握。

## 7.2　中径的界定

粉体中按质量积累达到 50％的粒径,称中径($d50$),如图 7.2、图 7.3 所示,亦称平均直径。此二图是有机硅用硅粉 40～325 目(425～45μm)加工过程中录制的筛分前原料粒度特性曲线和筛分后成品粒度特性曲线。它们的中径分别标为 $D50$ 和 $d50$。图 7.2a 示出＋40 目,系筛上物,经筛出,返回粉碎。$D50$ 在 50 目(325μm)。图 7.2b 系频率分布图,$D50$ 仍是 50 目。按 $c—c$、$d—d$ 切去粗细粉,得成品粉(见图 7.3),其中径 $d50$ 比 $D50$ 小些(65 目,330μm)。

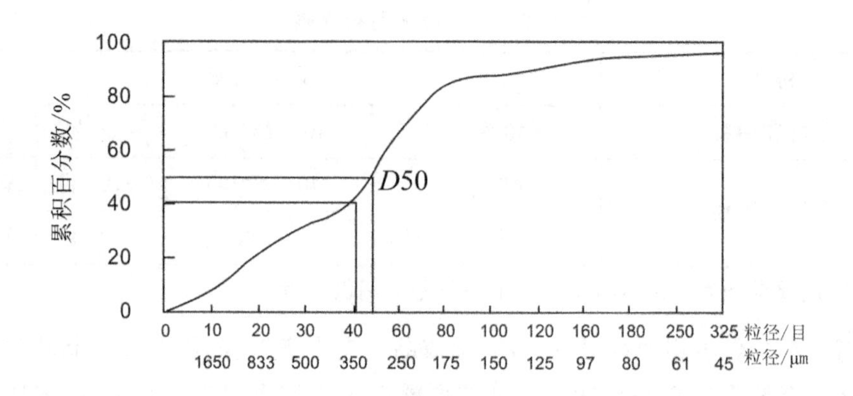


a. 累积分布曲线

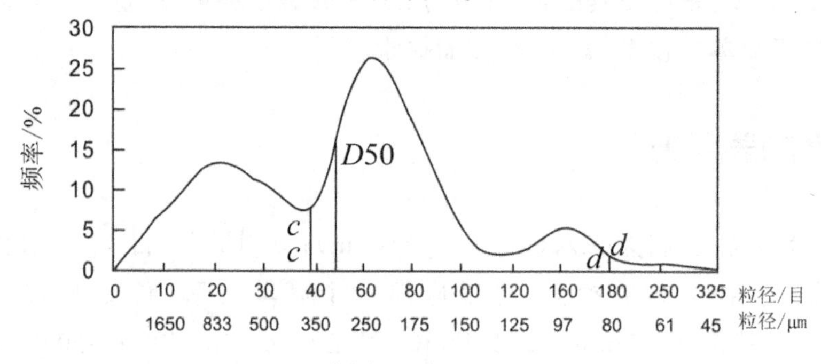


b. 频率分布图

**图 7.2　原料粒度特性曲线**

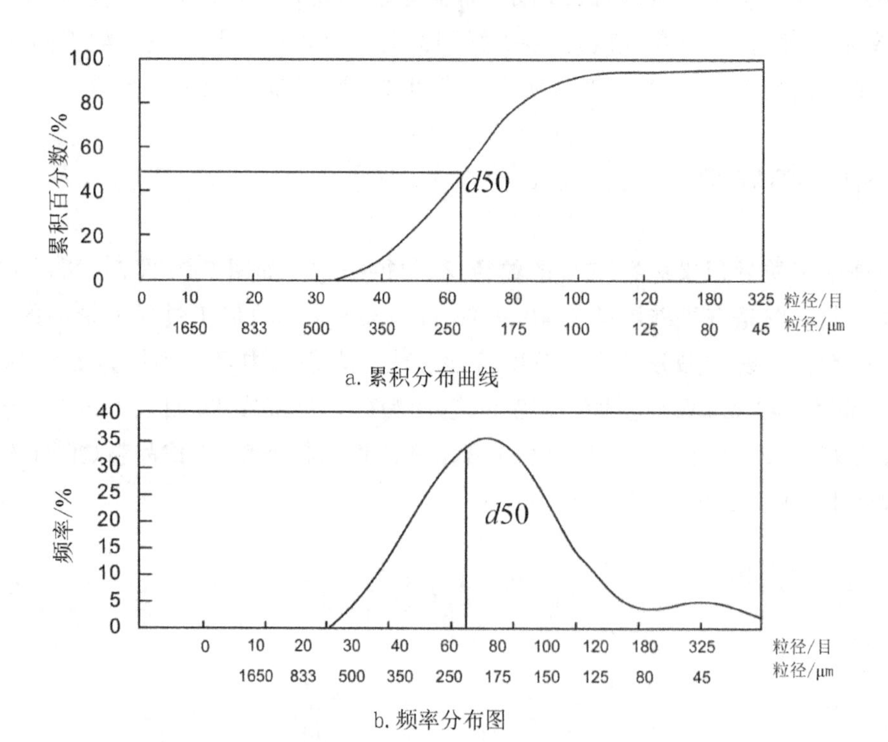


**图 7.3　成品粒度特性曲线**

### 7.2.1　中径的确定

根据粉体理论对中径的界定，其值有多种测定方法，简要地讲，概括为“个数基准和质量基准的公式”，列述于下。

(1) 个数中径 $d50=\frac{\Sigma(nd)}{\Sigma n}, d50=\frac{\Sigma(m/d^2)}{\Sigma(m/d^3)}$；

(2) 长度中径 $d50=\frac{\Sigma(nd^2)}{\Sigma(nd)}, d50=\frac{\Sigma(m/d)}{\Sigma(m/d^2)}$；

(3) 面积中径 $d50=\frac{\Sigma(nd^3)}{\Sigma(nd^2)}, d50=\frac{\Sigma m}{\Sigma(m/d)}$；

(4) 体积中径 $d50=\frac{\Sigma(nd^4)}{\Sigma(nd^3)}, d50=\frac{\Sigma(md)}{\Sigma m}$。

式中：$n$ 为颗粒个数；$m$ 为颗粒质量；$d$ 为颗粒当量直径。

按此等公式测定计算，很困难，只能使用专门的仪器测量，不过准确度相异较大。因此，对于较粗的粉，如多晶硅、有机硅粉，用筛析测定；对于超细粉，用激光仪。

### 7.2.2　中径的意义

从图 7.2 可见，冲旋粉中径为 50 目；+40 目的碎粉占 40%，需返回粉碎，−40 目的碎粉占 60%，进入成品，符合物料黄金分割原理。而中径 50 目前后 20%(即 40%～60%)范围内的物料又是最具代表性和最佳性能的部分，可见中径对冲旋粉品质有着重要意义，具体如下。

(1) 处于中径区的颗粒，其强度是整体范围内的中值，不软也不硬(在物料本身范围内比较)。其结构完善程度亦在中间态，其化学成分、物理性能也均处于中间态，具有最佳代表性。

(2) 处于中径区的颗粒，其大小是整体粗细的中值，不粗也不细(在物料本身范围内比较)，具有粗、细两群粉体颗粒的共性，参与化学反应的活性拥有最佳值。

(3) 使用硅粉生产有机硅、多晶硅都要符合窄型粒度正态分布。硅粉生产部门要求粒度达标，成品率高，产量高。$d50$ 正在窄型正态的高峰区内。

(4) 制粉中能一次粉碎获得中径($d50$)，正落在成品粉范围内，则其粉体结构、性能均为最佳，能代表该批硅的性能，能充分利用该批硅的物理化学性能，发挥其天然特性，活性会最佳。

为达到此目的，回料占比应＜40%，要求很具体。

(5) 冲旋粉碎属选择性粉碎，按软、中、韧三类成粉，组成细、中、粗粉。其中，中等粒级的粉末最能代表该品种。这就是选择性粉碎能做到的机械提纯方式[8]。

(6) 事物形态的最佳界线是 1∶0.618(黄金分割原理)。制粉中取成品，最佳的是成品占总量的 60%，回料占 40%。制粉中筛取包括中径($d50$)左右两侧各 10%的粉料，即获得了最佳性能范围的物料。粗的返回再碎后，又取得中径左右两侧各 10%的粉料，积蓄于成品粉中。

从前所述，中径在冲旋粉制取过程中具有标志性的作用，能够将硅块制成粉所经历的细化流程表征出来，并能形象地使硅的自然分形网络结构，受外力作用，按黄金分割和八二规律碎裂分级，制成具有能充分发挥硅自然活性的冲旋粉。这也充分表明，冲旋粉是按自然规律演化过来的，循着自然规律而成型的。中径($d50$)正是一个显眼的路标。所以，它的作用明显，意义非同一般，对掌握和改进制粉技术有基础性效用。

## 7.3 粒度和速度的关系

物料受力能作用后碎裂成粉。在粉碎机里，物料块受转子刀片冲击而粉碎，产品粗细同经受的力能直接相关，承受的力能愈多就愈细。力能的明显标志是冲击速度，即刀片的线速度和派生的气流速度。刀片的线速度取决于转子转速和刀盘直径。实践也验证了此道理：物料粒度不仅同粉碎速度直接相关，而且同它的平方成比例。速度高，粒度细；速度低，粒度粗。当然，除速度以外，还受其他许多因素影响。

从生产实践和大量数据推出粒度同速度的关系式（假设其他条件不变，全用拍击形刀片）。该式体现了粒度同速度的平方关系，即同力能的关系。

$$d50 \cdot n^2 = C$$

式中：$d50$ 为中径（单位为 mm）；$n$ 为转速（单位为 kr/min）；$C$ 为常数（单位为 mm · kr²/min²）。

**【例 1】**CXL880 型机打硅粉，刀盘 ∅600mm/∅880mm，转子转速 1120r/min，各间隙 20mm，原料块块径约 15mm。产品统料粒度筛析见表 7.2。

**表 7.2 统料粒度筛析表**

| 粒径/目 | +10 | +20 | +30 | +40 | +50 | +60 | +80 | +100 | +150 | +200 | −200 |
|---|---|---|---|---|---|---|---|---|---|---|---|
| 粒径/mm | 1.65 | 0.83 | 0.54 | 0.38 | 0.32 | 0.25 | 0.175 | 0.15 | 0.1 | 0.074 | <0.074 |
| 频率质量比/% | 5 | 15 | 10 | 10 | 10 | 4 | 10 | 9 | 8 | 4 | 15 |
| 累积质量比/% | 5 | 20 | 30 | 40 | 50 | 54 | 64 | 73 | 81 | 85 | 100 |

$d50=0.32$mm，计算 $C=d50 \cdot n^2=0.32\times1.12^2=0.32\times1.25=0.40$mm · kr²/min²。

欲得 $d50=0.5$mm，则可使转速 $n=\sqrt{C/d50}=\sqrt{0.40/0.5}=0.89$kr/min。

取转速 890r/min，可得 $d50=0.5$mm（33 目）的粉体。

再如，取 $n=700$r/min，则得 $d50=C/n^2=0.40/0.7^2=0.82$mm。

获得粉体 $d50=0.82$mm（20 目）。试验实测获得极相近数值。

从粒度和速度关系分析，粒度值依随粉碎能量过渡到同速度平方成比例。并设定粉碎中其他条件不变，从而得到上述方程式。为进一步了解相互关系，做如下分析。

(1) 式中，在一台粉碎机的设计产品范围内，常数 $C$ 是一个定数，但有一定变动性。不过 $C$ 只是一个过渡数值，实际则是从中径同速度关系中计算获得。

(2) 方程式呈现抛物线形(见图 7.4)。粉料中径($d50$)与转速($n$)的变化呈非线性变化。它的变动速率随转速增加而减慢，也就是转速增大，中径缩小得更慢。在生产实践中，减速使粉料增粗得相当快；而增速不能使粉料很快变细。利用变频调速，正好与之相配。再重新审视一下前述例子，列出计算结果：

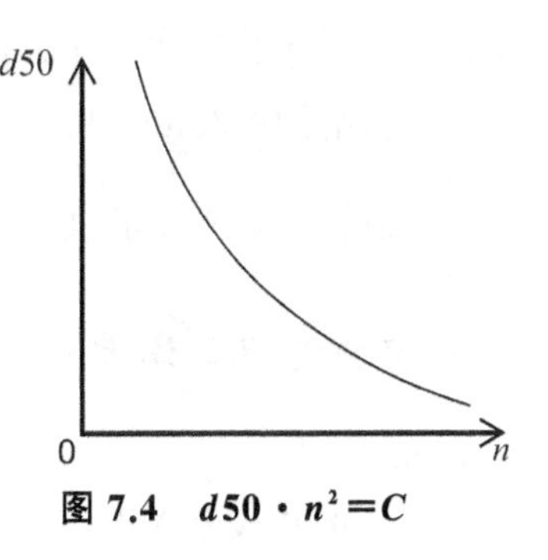


图 7.4　$d50 \cdot n^2 = C$

| $n$/(r/min) | 1120 | 890 | 700 |
| --- | --- | --- | --- |
| $d50$/mm | 0.32 | 0.5 | 0.82 |

由上可见具体实例计算表明的关系。实际生产也印证了上述关系。

(3) 为获得较灵敏的调节性能，粉碎机的转速不宜定得太高。

(4) 中径可用 $d50$ 表示，也可以用 $D50$ 代表，即公式适用于成品粉和原料粉。

## 7.4　粒度和开度的关系

开度是粉碎刀片同衬板的间隙，包括顶间隙(刀片同其顶上衬板的间隙)和侧间隙(刀片同侧边衬板的间隙)。如图 4.1、图 4.3 所示，原料块经上刀盘打碎后，碎块随螺旋流冲击顶和侧衬板，落到下刀盘刀片上和进入侧间隙，形成气料湍流，在两刀片和衬板间回旋，边转边前移，其中一部分则受环形气料流引领，进入侧衬板壁斜向下行。整个过程呈现出的气料流有两种：①沿着衬板侧壁上下起伏的多股螺旋线下行。②刀片间的多股湍流旋涡，边转边下，轮回进入侧壁螺旋流下行。可见，开度影响此两种气料流。

物料在两种气流中，互相碰撞，受刀片碰击和切割、同衬板搓揉而粉碎，过程中开度像关卡，强化了上述作用，开度愈小粉碎愈强烈，粉愈细。所以，开度值是决定粒度的一个重要参数。在实际生产中也证实了这一结果。于是，综合速度的影响，可以在前述方程中列入表示开度作用的参数，得适用于单刀盘和双刀盘(全为拍击形刀片)的方程式。

1) *单刀盘方程式*

$$d50 \cdot n^2 / \gamma^{\alpha} = C$$

式中：$\gamma$ 为开度率，$\gamma = \dfrac{\delta_0}{\delta_1}$，$\delta_0$ 为原侧隙(单位为 mm)，$\delta_1$ 为新侧隙(单位为 mm)；$\alpha$ 为开度率指数，常取 $\alpha = \dfrac{1}{2}$(经验推导数据)。

【例 2】借用例 1。假设粉碎机只有单刀盘∅600mm，原侧隙 20mm，中径 $d50_{-0}=0.5$mm。欲得再细一些的粉，拟取侧隙 10mm，求可能获得的粉中径 $d50_{-1}$。

只改变侧隙，使开度率 $\gamma=\frac{20}{10}=2$，其余条件不变，则由方程式可得 $d50_{-1}=d50_{-0}/\sqrt{\gamma}=0.5/\sqrt{2}=0.5/1.41=0.35$mm。

将侧隙由 20mm 减至 10mm，将可获得 $d50_{-1}=0.35$mm。

如果，侧隙增大至 25mm，使 $\gamma=\frac{20}{25}=0.8$，则 $d50_{-1}=0.5/\sqrt{0.8}=0.5/0.9=0.56$mm。

又如果，侧隙增大至 30mm，使 $\gamma=\frac{20}{30}=0.67$，则 $d50_{-1}=0.5/\sqrt{0.67}=0.5/0.85=0.61$mm。

2）双刀盘方程式

$$d50\cdot n^2/(\gamma_1{}^{\alpha}\cdot\gamma_2{}^{\alpha})=C$$

式中：$\gamma_1$ 为小刀盘开度率，$\gamma_1=\frac{\delta_{10}}{\delta_{11}}$，$\delta_{10}$ 为小刀盘处原侧隙（单位为 mm），$\delta_{11}$ 为小刀盘处新侧隙（单位为 mm）；$\gamma_2$ 为大刀盘开度率，$\gamma_2=\frac{\delta_{20}}{\delta_{21}}$，$\delta_{20}$ 为大刀盘处原侧隙（单位为 mm），$\delta_{21}$ 为大刀盘处新侧隙（单位为 mm）；$\alpha$ 为开度率指数，常取 $\alpha=\frac{1}{2}$。

【例 3】借用例 2。假定粉碎机有双刀盘∅600mm/∅880mm，$\delta_{10}=15$mm，$\delta_{11}=20$mm，$\delta_{20}=20$mm，$\delta_{21}=30$mm。原粉 $d50_{-0}=0.5$mm，求可能获得的粉中径 $d50_{-12}$。

只改变刀盘侧间隙，欲获取较粗些的粉，使 $\gamma_1=\frac{15}{20}=0.75$，$\gamma_2=\frac{20}{30}=0.67$，其余条件不变，则由方程式得 $d50_{-12}=d50_{-0}/(\sqrt{\gamma}\cdot\sqrt{\gamma})=0.5/(\sqrt{0.75}\cdot\sqrt{0.67})=0.5/(0.87\cdot 0.82)=0.70$mm。

如果侧间隙改变如下：$\delta_{10}=15$mm，$\delta_{11}=10$mm，$\gamma_1=\frac{15}{10}=1.5$；$\delta_{20}=20$mm，$\delta_{21}=25$mm，$\gamma_2=\frac{20}{25}=0.8$；原粉 $d50_{-0}=0.50$mm。则由方程式得 $d50_{-12}=d50_{-0}/(\sqrt{\gamma_1}\cdot\sqrt{\gamma_2})=0.5/(\sqrt{1.5}\cdot\sqrt{0.8})=0.5/(1.22\cdot 0.84)=0.49$mm。

## 7.5 斜度的粉碎效用

粉碎刀片对转子轴立面的倾角称斜角（α，见图 4.1），用于产生螺旋流和调节冲击力能的大小。斜角 5°～25°，常用 15°。斜角大，螺旋流强度高，刀片冲击物料力能小。软硬冲击的比例由此调节。一般结果：斜角大，粒度粗。这是因为裂纹、粗细是由刀片冲击力决定的，螺旋流冲击衬板是软力能，将裂纹扩大，从而得到碎粒。

## 7.6　速度、开度和斜度对粒度的综合作用

速度、开度和斜度是刀片体现动态性能的指标，其产生的作用是：当粉碎各参数确定后，对于物料粉碎粒度，实践和理论都说明，“三度”决定“一度”，即速度、开度、斜度确定粒度。它们按使用大小的主次排序：速度、开度、斜度。刀片的冲击速度决定碎粒的粗细度，开度决定粉粒的粗细度，斜度起上述两度的辅助作用。即速度定性，开度定径，斜度促成。上述内容总称为“三度效用”。由此获得表 7.3。

**表 7.3　三度效用表(立式粉碎机和板型拍刀)**

| 物性 | 速度/(m/s) | 开度/mm | 斜度/(°) |
| --- | --- | --- | --- |
| 脆软 | 低 20～30 | 大 20～30 | 大 18～20 |
| 脆硬 | 中 35～45 | 中 15～20 | 中 10～15 |
| 脆韧 | 高 50～65 | 小 10～15 | 小 5～10 |

按照物料粉碎各阶段的性能，配置三度值，组成一个完整的最佳粉碎历程。这个三度效用即使在各种变动条件下，也是考虑粒度的很重要基础因素。不过，适用范围是有限的。

## 7.7　粉碎刀具的配置制约粒度组成

基于力能流变转换性状和粉碎过程的动力学分析，按不同的力能输入方式配置不同的刀具组合，能更有效地发挥冲旋制粉技术的优势，更高效地利用动能，获取高品质的粉料。其中，增强粒度调控力度的，主要有下列两条。

(1) 平板形刀拍击(见图 5.4a)擅长破大碎块(块径＜30mm)，易多得细粉(－200 目)，粒度分布较宽、较均匀，钟形频率正态曲线基底较宽。适用于有机硅用粉、石灰石脱硫粉等。

(2) 锤片形刀、立翅形刀劈击(见图 5.4b、c)擅长粉碎小碎粒(粒径＜2mm)，细粉(－200 目)少，粒度分布较窄、较集中，钟形频率正态曲线基底较窄。适用于多晶硅用粉、有机硅特殊要求粉。

(3) 刀具配置面很广，拥有多种方式，再加刀具安装方位、形状等的不同，组合各异，可以制取许多形貌、粒度组成不同的粉料。需在实践中不断探索，内容极其丰盛。

## 7.8　筛分对粒度的作用

粉碎后筛分，将合格粉取为成品粉送出。筛上粗粒(称回料)返回再粉碎。如果回料中含有较多合格粉(超过回料量 5%)，系筛分率低，筛分效果差。合格粉返回再粉碎，使细粉再增加，使粒度组成细化，中径 $d50$ 变细，对粉料性能不利，会大幅度降

低重要的技术经济指标，尤其是成品率（俗称得率）。筛分率提高，则成品率明显上升，效果明显。

## 7.9 粒度和给料量的关系

为粉碎机送进的给料量对粒度的影响较简单：量少粉细，量多粉粗。这是一个相对调控。如果原来粉打得细，增加给料量，粉就会粗起来；相反地，原来粗，减少给料量，粉就会细下去。

## 7.10 粒度和风量的关系

生产线实施通风收尘，全线密封。风同料一起进入粉碎机，形成螺旋流，带料出机。风量大、风速高，从粉碎机吸出风大，料随之增大，受粉碎的时间短，冲击量少，粉体粒度粗；反之相反。

回顾前述8项（7.3～7.10）参数对粉体粒度的影响。前4项（7.3～7.7）属于粉碎工况调控，第6项（7.8）是筛分工序的，余下2项（7.9和7.10），给料量与风量均是次要因素。而纵观粒度调控，其技术就在于：①综合应用各因素。②主次分明。③具体任务，具体解决，灵活掌握。在实践中摸索，在理论指导下总结，边用边学，可以获得大量粒度调控的经验，达到得心应手的水平。

粒度是粉料品质的一项重要指标，也对其他指标有重大影响，尤其是产量和成品率，由此引发一系列反应，如能耗、成本等重要指标。所以，粒度调控在粉料生产和粉碎技术中点举足轻重的作用。它始终是粉体工程研究的关键内容之一，值得从事粉料生产者给予最大的关注，并请详见本书下篇专题研究论述。

# 第 8 章　粉碎速度的设计

物料受冲击而粉碎，冲击产生的力能至关重要，常[$Vd(mV)$]以动能形式给予定性定量描述。从力能流变转换性状理念中，可见到动能以微动能断续输入料块。其中，冲击速度($V$)是强度项，体现粉碎能量的驱动力，实质是粉碎速度。它是矢量，具有大小、方向，而且在粉碎区内拥有击着点的性质，同力的三要素一样，可称之为：粉碎速度三要素。由此可见粉碎速度对粉碎工艺设备有关键性作用，是粉碎的积极因素，直接关系到粉碎效果。如何从理论和实践上实现粉碎速度的设计，选定其三要素值，显得极为重要，深入探索研究势在必行。涉及粉碎速度设计的因素很多，最主要的有原料的物性(物理和力学动态性能、晶体结构和晶粒粗细、块度、粒度等)、输入能量方式(粉碎方式)等。原料的物性涉及物理、力学性能及其动态改变等。比如硅，制粉中显得硬、脆、滑、爆；抗压比抗拉、抗剪强得多；粉碎中愈打愈硬，愈细愈难打等：都对粉碎速度有独特的要求。又如，能量输入方式(粉碎方式)能引起不同的物料抗力，影响速度的选用。诸如此类因素，有待探讨和描述。

## 8.1　物料粉碎应变强化效应

粉碎能引发物料强度的改变。随着粉碎速度的提高，物料抗裂能力也增强，可称为粉碎应变强化效应。对此做阐述于下。

物料受拉过程中，其抗拉强度随受载速率(或速度)增大而逐渐增高，一般规律性曲线如图 8.1 所示。而且加载和卸载时的改变不同，卸载时抗拉强度降低较快。冲旋粉碎主要靠拉裂和剪切，此加载速度即系粉碎速度。加载曲线上有一小段较平坦，可称为顺碎段。当粉碎速度达到 $V_{ms}$ 时，物料会很轻松地碎裂，$V_{ms}$ 稍增而 $R_{ms}$ 升得很小，随后，拉力就一下超过其 $R_{ms}$，使其开裂。因为较顺当，取的速度顺应物性，故称顺碎速度。但是，要找到它颇费心机。经生产实践，我们已找到硅、石灰石的顺碎速度，好不容易！

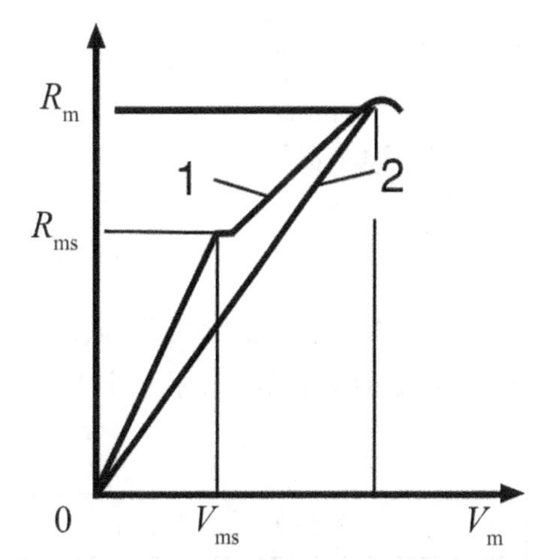


$R_m$-抗拉强度；$V_m$-粉碎速度；$R_{ms}$-顺碎抗拉强度；$V_{ms}$-顺碎速度；1-加载曲线；2-卸载曲线

**图 8.1　抗拉应变强化曲线**

## 8.2 物料强度和块度(粒度)的关系

随着粉碎的进行,物料块度(粒度)细化。但是,其抗碎的强度却增高,形成总趋势:愈打愈硬,愈细愈难打,比如工业硅。其中道理分述于下。

愈打愈硬有两层含义:①每次打击将易碎部分裂脱,留下质地较结实的部分,裂纹减少,就愈耐打击,愈硬。②打击速度愈高,物料应变硬化愈严重,抗力愈大,显得愈硬。

愈细愈难打的缘由有三:①愈打愈细,愈打愈硬,形体小,裂纹少,更难打碎。②愈细愈需高速打,刀具等磨损更严重,显得特别难打。③愈小块(粒)在原生态生成冷却时蕴含的结晶能量最大,聚集的物质量大、密度大。要打碎它,就得消耗更多的能量,显出难打的架势。如硅冶炼铸锭后,其晶粒粗细明显,粗的易碎,细的难碎。随着粉碎次数增大,细粒相对增多,打碎就更难了。

在生产实践中涌现的上述事实,对粉碎速度的选择、设计很重要。缘于此,对硅制粉,我们进行了数模探索,获得初步结果:物料强度随着粉碎粒度的缩小而增高,其值同破碎比平方根成正比(经验推断)。列式如下:

$$\sigma_d/\sigma_D=\sqrt{\lambda}$$

$$\sigma_d=\sigma_D\sqrt{\lambda}$$

式中:$\sigma_D$和$\sigma_d$分别为物料粉碎前、后的强度;$\lambda$为破碎比,即$\lambda=D/d$。

**【例 1】**硅制粉,常规三段粉碎粒径(mm):15→8,8→3,3→0.25(从 15mm 粉碎至 8mm,从 8mm 至 3mm,从 3mm 至 0.25mm,指的是中径)。

按上述公式可以求得各段抗压强度$\sigma_d$。

原料 15mm,$\sigma_{15}\approx 30$MPa。

$$\sigma_8=\sigma_{15}\sqrt{\lambda}=30\times\sqrt{\frac{15}{8}}=30\times 1.37=41\text{MPa}$$

$$\sigma_3=\sigma_{15}\sqrt{\frac{15}{8}}=30\times\sqrt{15}=30\times 2.24=67\text{MPa}$$

$$\sigma_{0.25}=\sigma_{15}\sqrt{\frac{15}{0.25}}=30\times\sqrt{60}=30\times 7.75=232\text{MPa}$$

上例用数据近似地说明强度和块径(粒径)的关系。所以一般状况下,常根据表 8.1 数据选择粉碎速度(平板形刀拍击)。

**表 8.1 粉碎速度选择**

| 物料块径(粒径)/mm | 15→8 | 8→3 | 3→0.25 |
|---|---|---|---|
| 抗压强度/MPa | 30 | 45 | 60 |
| 粉碎速度/(m/s) | 30 | 45 | 60 |

按上述速度折算成转子转速。如果还要打细，速度就得更高。对冲旋技术而言，就要进一步选用对撞、劈击等粉碎方式，设备结构和性能应更具特色。

## 8.3 粉碎方式改变粉碎速度

物料对外的抗力有抗压、抗拉、抗弯和抗剪等，其强度值依次下降。粉碎必须按具体条件选用最佳方式，而粉碎速度正是最关键的参数。物料抗力小，易粉碎，就选低速；反之，就选高速。为解决愈打愈硬、愈细愈难打的问题，可以针对物料块径（粒径）选择拍击、劈击、对撞等方式，粉碎速度随之而改变，选定其三要素。

关于物性对选择粉碎方式的影响，细碎粒（粒径＜2mm）的冲旋拍击效果差，因为刀片引导的风能将其吹走，刀片拍击力度减弱。有必要采用劈击，不鼓风，或者气料互击的粉碎方式。尤其如硅一类的细碎料，更突出地表现出硬、滑的特性，因此，要选择最佳粉碎方式和相应的粉碎速度。

按用户要求选用粉碎速度，是常规工艺操作。要粗粉，用劈击；要细粉，用拍击，或者组合方式，详见于后。

## 8.4 粉碎速度的效用

从粉碎速度同诸多因素的关系分析中，可以得出粉碎速度的三大效用。

(1) 速度是输入力能粉碎物料最积极、最强劲的因素。速度平方同力能值成正比，是力能强弱的标志。其效用明显，尤其是低速段比高速段的作用更大（见图 7.4）。这个效用表明，冲旋粉碎的实质就是速度粉碎，能使其产品冲旋粉获得最佳颗粒活性。活性详见有关章节。

(2) 速度分级显效用：高速破高硬，低速破低硬，顺碎速度最节能。高速度拥有大力能强度，能粉碎高硬度（高强度）物料；低速度拥有小力能强度，能粉碎低硬度（低强度）物料。它们各有特效，分工合作，能获取最佳粒度组成。当然，尚需相关参数的合理配置。而顺碎速度最节能。该速度使物料对外抗衡能力处于最劣状态，粉碎效果最佳，正如图 8.1 所显示，单位能耗最低，最节能。

(3) 速度是实施不同粉碎方式的主力参数。速度三要素随粉碎方式改变，即能取得良好结果。

总之，粉碎速度的三大效用为：输入力能粉碎物料，获取最佳颗粒活性；高速破高硬，低速破低硬，获取最佳粒度组成；顺碎速度最节能，获取最佳产能。速度是实施各类粉碎方式的主力，并使三大效用拥有更大的灵活性。

曾经做过多次试验，欲以“低速配合多次冲击”替代高速冲击，使刀具、衬板和转子轴承等减小磨损，但是粒度达不到要求，打不细，回料很多，产量也上不去，成品率低。

## 8.5 粉碎速度设计的准则

粉碎速度在制粉流程中至关重要。为合理选定速度值，在已明确速度效用的基础上，从微观到宏观，较彻底地想象它的历程；同时，要从质量和数量上体现它对物料的功效；最后，为达到生产目标，应该确定速度范围，然后通过实践选定最佳速度值。上述过程才是"粉碎速度的设计"。鉴于此，有必要拟定该设计应遵循的准则。

基于前述理论和实践的分析，获得粉碎速度设计的准则，分述如下。

(1) 按物料性状确定速度。物料性状包括形态(大小、形状、机械强度、硬度)、特性(滑、脆、韧、爆等)，列表 8.2 于下，供选用。

**表 8.2 依物性确定粉碎速度参照表**

| 物料性状 | 块径(粒径)/mm | | | | 强度/MPa | | | 硬脆(相对) | | |
|---|---|---|---|---|---|---|---|---|---|---|
| | 大 30～15 | 中 15～8 | 小 8～3 | 细 ＜3 | 高 ＞80 | 中 80～40 | 低 ＜40 | 软 | 脆硬 | 脆韧 |
| 粉碎速度/(m/s) | 低 | 中 | 高 | 超高 | 高 | 中 | 低 | 低 | 中 | 高 |

(2) 按粉碎方式确定速度。物料的机械强度有抗压、抗拉、抗剪等多项指标，通常条件下，其数值按指标顺序递减，对其粉碎速度自然相应降低。根据粉碎过程的具体情况，选用相应的粉碎方式，随之确定粉碎速度。

(3) 按物料经处理后性状确定速度。由于工艺需要对物料原料进行过相应处理后，如冷冻、微波急速加热等，其性状会发生较大改变，粉碎速度做相应调整。一般情况下，这些处理大多有利于粉碎加工，降低其机械强度，达到预定目的。

(4) 对于一种预定的物料，在粉碎过程中，依据粒度选用粉碎速度组合。此为多级粉碎速度设计，整体较粗的用低速，较细的用高速。物料愈打愈硬，愈细愈难打，就需要多级粉碎速度，包括多刀盘多转子配速，形成多速粉碎工艺。

(5) 速度应随机调整。粉碎设备必须具备随机调节的功能。如侧间隙因刀片磨损而增大，则粉碎机转速应随之提高。基于诸如此类的要求，就得相应调节速度等参数。

上述准则是易于理解与掌握的。其中，多级粉碎速度有必要再详细分析。它是冲旋粉碎速度设计中的一个特点，而在其他粉碎方法中很少论及。

## 8.6 多速粉碎的设想和印证

应用对速度的认知分析粉碎，针对物料在加工过程中分裂出软、中、硬三性的特点，为获得较好成品率和产能，曾有过有趣的设想，从而发现多速粉碎的优势，并显现它的必要性。这个设想显现于下述 4 条。

(1) 采用高速度打(粉碎),物料中软的部分打得很细,中等的也细,硬的正好,脱去细粉,成品率低。为便于比较,虚拟其损失系数为2/3。

(2) 采用中速度,软的打得细,中等的正好,硬的太粗,返回重新打,细粉又多了,成品率稍高一些,虚拟损失系数1/2。

(3) 采用低速度,软的打得正好,中等、硬的都粗,返回再打,成品率高一些,产量低了,虚拟损失系数<1/3。

(4) 软、中、硬分别用低、中、高速度,采用多速粉碎,一次完成,减少回料,虚拟损失系数无疑将是最低的,成品率是最高的。

上述关于多速粉碎的设想,是在多年实践基础上总结的。从设想开始,拟在一台改装的粉碎机上一次性粉碎中体现。所谓一次性粉碎,即是一次性连续加料,不返回粗粒,然后考查粉碎效果。于是,试验就这样开始,初步结果较令人满意,多速粉碎的必要性也因此得到粗略的印证。接下来的任务就是要深入研究,最后落实到生产上。

## 8.7　多级粉碎速度的实施研究

粉碎速度本身很简单,只是刀具在转子运转中显示出来的线速度(单位为m/s)或转速(单位为r/min)。可是,它对物料分形网络结构、力能流变转化和控制趋势调馈三大理念实践举足轻重,极为关键。为此,速度设计内容呈多元化。而其中最值得研究的是速度分级设置,在粉碎机体内腔空间形成立体速度场,使力能布设、分配得合理,获取最佳效益。多速粉碎从设想到试验已表明其在制粉工艺中应用的必要性。

### 8.7.1　多速粉碎的结构原则

根据当前粉碎技术研究达到的水平,速度分级要以前面分析过的几点,即物料应变强化效应、物料强度和块度(粒度)关系、不同的粉碎方式等为基础,考虑转子结构的稳定性,拟分2～3级为宜,如图4.1所示。按此原则确定设备结构,设置2～3个刀盘(刀架)在同一转子轴上,直径不同:进料侧的小,出料侧的大。同一转子转速,刀具速度不同,先用低速打料块,再用逐级增速打碎料。如果转子具有稳定性,设置多速的必要性当能兑现。

多速粉碎的另一重要内涵:速度最佳配置。物料多种多样,应变强化、块度(粒度)硬化等各异。为稳妥计,先就当前实况初定速度配置,然后,经实际测试改进,逐步完善。不过,不妨联合运用黄金分割系数(1.618)和演化系数(即人时系数,1.468)[6]做试探。从演化系数(1.468)开始,经实践考察,逐步演化至黄金分割系数(1.618)。随后,实践印证正确与否。

### 8.7.2　多速粉碎技术的结构成型

不妨从回顾历史开篇。粉碎速度分级设计来源于实际需要。例如,多晶硅用粉要求粒度范围较窄:45～120目粉含量应>85%,+45目粉含量<5%,-120目粉含量<10%。并且逐渐严格。有机硅用粉也逐步要求减少细粉含量。控制产品粒度显得日趋重要。可是,该问题难度很大,不解决好,硅粉生产就难以维持,生产技术就要被淘汰。当初,我们使用单速的冲旋粉碎机CXF300,430,600只有一个粉碎刀盘,立式CXFL630虽有两刀盘,直径是相同的,也属单速。产品粉质量达到用户要求,可是成品率<75%。同时,我们早就发现,硅愈打愈硬,回料愈打愈多;回料量占进料量的60%～70%,其中0.5～2mm粉含量80%,很难打细。调整粉碎机各参数,如间隙、斜度、刀片数、转速等,发现转速(刀片冲击速度)对粒度影响最明显,产生多速粉碎的设想和论证,拟定结构方案和原则,将单速转子改造成双速,粒度改变趋势明朗。随后完成CXFL880、1200、1500型机设计、制造和建设投产。在浙江诸暨市永博硅业公司建成的CXFL880和1200两条生产线上,进行了多速粉碎生产试验,获得良好结果,印证了多速粉碎技术的有效性和实用性。

现将在该两条生产线上应用多速制取硅粉的效果分述于下。粉碎机粉碎速度列于表8.3、表8.4中。选用不同速度生产硅粉,测定其成品率和产量,鉴别其效果。

**表8.3　CXL880型机两级粉碎速度**

| 刀盘直径/mm | 转子转速/(r/min) | | | | | | |
|---|---|---|---|---|---|---|---|
| | 520 | 720 | 800 | 900 | 1000 | 1100 | 1200 |
| | 刀片线速/(m/s) | | | | | | |
| ∅600 | 16 | 23 | 25 | 28 | 31 | 35 | 38 |
| ∅880 | 24 | 33 | 37 | 41 | 46 | 51 | 55 |

**表8.4　CXL1200型机两级粉碎速度**

| 刀盘直径/mm | 转子转速/(r/min) | | | | | | |
|---|---|---|---|---|---|---|---|
| | 500 | 580 | 690 | 770 | 870 | 1000 | 1200 |
| | 刀片线速/(m/s) | | | | | | |
| ∅880 | 23 | 26 | 32 | 35 | 40 | 46 | 55 |
| ∅1200 | 31 | 36 | 44 | 48 | 55 | 63 | 75 |

经生产实践测定,在CXL880型机上,以800～900r/min,25～28(小刀盘)/37～41(大刀盘)m/s的速度,生产40～140目硅粉,稳定地达到成品率>80%,产量>1.5t/h;在CXL1200型机上,以700～800r/min,32～45(小刀盘)/37～50(大刀盘)m/s的速度,生产40～140目硅粉,稳定地达到成品率>85%,产量>2t/h。为继续提高效果,需要突破回料量这一关口,将其由目前的45%降至35%,要使其中0.5～1.5mm的碎料占80%,难碎粒度大幅度减少。粉碎速度的配置,也是其中的方法之一。如何解决,使成品率>90%或更高,留待今后努力!

### 8.7.3　多速粉碎的提纯功效

多级粉碎速度研究另一个值得探索的方面，是冲旋技术选择性粉碎功效运用于产品提纯。如硅粉，对其纯度要求在逐步提高，通过冶炼、化工方法价格较高，难度也大，而采用冲旋技术却能在粉碎过程中将杂质除去一部分，提高硅品位。基本道理在于杂质使各分形（硅粒）强度（内聚能力）有差别，受不同速度冲击的粉碎效果不同，产生粒度粗细各异而被分离。它是选择性粉碎的结果，其中最重要的因素是粉碎速度的配置，多种速度获得综合效果，体现为品位大幅度提高。

冲旋提纯有两种工艺。①粗粉提纯。使 40～140 目粉的等级比原料的原等级提高 1～2 级。②细粉提纯。使－140 目粉（不含布袋除尘器内粉）的等级比原料的原等级提高 1～2 级。第一种工艺选用较高速度，对于硅，采用表 8.3 所示的最佳速度。第二种工艺选用较低速度，对于硅，采用表 8.4 所示的最佳速度。对具体物料做出相应的速度设计，经实践考核、修正，最后确定。关于实际应用详见后续有关章节。

总之，粉碎速度是冲旋技术中最“积极活跃”、最具“实力”的影响因素，是值得从事粉碎技术的研究者着力掌握的重要内容和有效的解题诀窍，详见本书下篇专题研究论述。

# 第 9 章 粉碎刀具的型式、配置和设计

## 9.1 刀具的型式

刀具为直接实施碎裂物料的机件。它的种类繁多，结构各异。根据物料和要求的不同，选用相应的粉碎加工设备，配置相应的刀具。冲旋粉碎机所采用的刀具形扁，常称刀片。同时要按粉料技术条件设计，拥有特异效果和使用方法等。冲旋粉碎常用类型刀具(刀片)有平板形刀、锤片形刀、立翅形刀和棒形刀。它们的设计和效用评述于下。

1) 平板形刀(见图 5.4a)

形状：方形(矩形、正方形)、扁平(厚 15～40mm，常用厚 20～30mm)，中央有孔(螺栓固定于刀架刀座上，有 1～2 个孔)。

材质：高铬合金铸铁、弹簧钢、高速钢、轴承钢、合金刀头(镶嵌)等。

效用：以拍击为主，获取各种偏细粉料。

2) 锤片形刀(见图 5.4b)

形状：直条形(长矩形、异形)、扁平(厚 15～30mm)，一端或两端带孔(螺栓固定于刀架、刀座上)，具有各种形状的横截面，如菱形、三角形等。而纵向有 T 形(直条形，一端带 T 形)、弧形(镰刀形，一端带螺栓固定用孔)。

材质：同前。

效用：以劈击为主，获取粉粒(较粗的粉料)。

3) 立翅形刀(见图 5.4c)

形状：扁条上长翅(条、翅厚 15～30mm)。

材质：同前。

效用：以劈击为主，获取粉粒(较粗的粉料)。

4) 棒形刀(见图 5.4d)

形状：弧面棍形。

材质：组合型，外硬内韧。

效用：介于拍击与劈击之间。

## 9.2　刀具的选用

刀具(刀片)是直接实施物料变形碎裂的机件,它的整体形状、质地、锋口形状和运行轨迹等都能影响产品质量和产量,是令工艺设备技术水平高低的一个重要因素。

随着业务的发展,冲旋制粉刀具设计取得较好的成果。刀型从平板到立翅,材质从碳钢、弹簧钢、轴承钢、高速钢、高锰钢到高硅铁;结构从单一材料到组合型。用于不同物料制粉,灵活地选择不同的刀型、材质和结构。到目前为止,得到初步结构分列于下,供选用参考。

(1) 硬料粉,如硅粉,用硬质材料刀具(>60HRC),如高铬铸铁、合金刀头组合等。细粉,如有机硅用粉,偏重于用平板形刀;粗粉,如多晶硅用粉,则偏重于用锤片形刀和棒形刀。

(2) 软料粉,如石灰石粉,用较硬材料刀具(>55HRC),如高铬铸铁、轴承钢等,经热处理的碳钢等亦可应急使用。

(3) 细粉(−50 目),偏重于用平板形刀;粗粉(−30 目,−160 目粉含量<10%),偏重于用平板形刀(低速)和锤片形刀、立翅形刀(高速)。

(4) 为满足用户对粒度的苛求,可以采用多种刀型组合或不同速度组合方式。

## 9.3　异形刀具的设计

### 9.3.1　弧形刀

弧形刀外表像镰刀,由弧形段和直线段构成,如图 9.1 所示。弧形中心同刀轴心偏移 $a$、$b$ 值,经实际情况确定。材质视用途选择,锻、铸均可,要耐磨。它同直形刀不同的弧形段,是受刀对物料冲击方式决定的。物料碰击刀锋后不是立即弹出去,不是单纯剪切,而是沿着锋口滑行一段,实现劈击,针对物料抗剪能力差的特点,获得更佳的劈碎效果,细粉少,颗粒均匀;刀片磨损相对较小。这种效能不仅对软料有效,而且适合硬脆物。

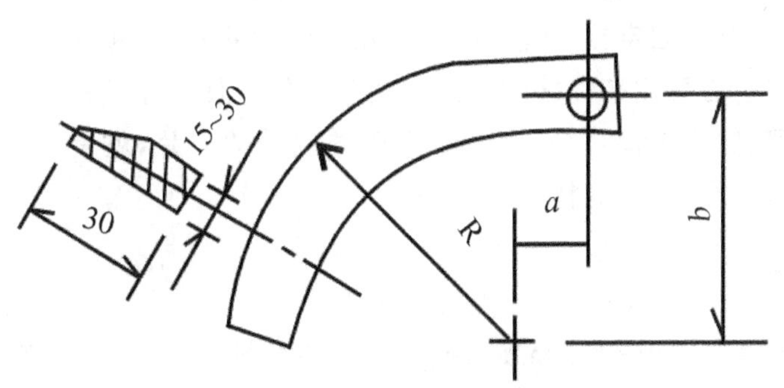


**图 9.1　弧形刀(单位:mm)**

### 9.3.2 合金刀头组合型刀

合金刀头组合型刀由两部分组成:小块合金刀头排列成刀锋和锤片(碳钢)。利用燕尾槽固定刀头。其尺寸和结构见图 9.2。

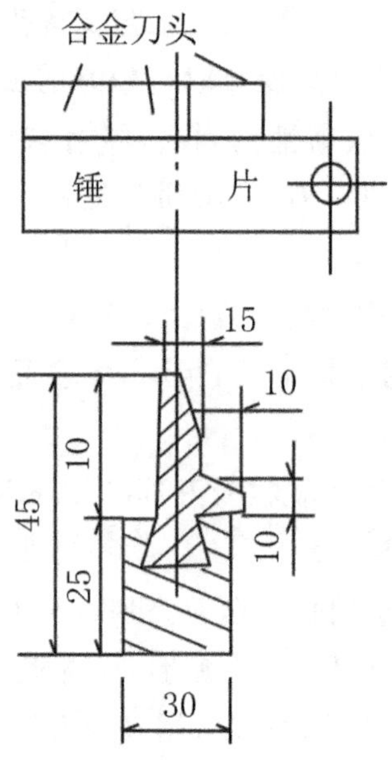


**图 9.2 合金刀头组合型刀(单位:mm)**

粉碎过程中,刀具磨损令产品质量和产量降低,使工艺和设备运行不稳定。增强其耐磨性是极需关注的措施。金属陶瓷、硬质合金很抗磨,却很脆,制作的粉碎刀具易断裂,从而造成事故。最有效的办法还是采用组合型刀。将合金刀头嵌装在钢母件边锋,如图 9.2 所示。嵌装方式多种多样,同时也可利用铜焊辅助定位,以及利用耐磨堆焊提高周边材料的抗磨能力。

合金刀头组合型刀经济性较高,适用范围有待综合考核。不管是生产何种物料,使用合金刀头组合型刀都有一定的好处,利弊有待具体分析。

### 9.3.3 三层复合型刀

三层复合型刀由三层合金材料组成,中间合金层应耐磨,两边配设保护层,采用冶金、机械或胶接方法固定在一起。中间层用于粉碎物料、应耐磨、硬度高,可相应就脆、易断裂,所以有必要用韧性好的合金在两侧防护。使用中,保护层先磨损,中间硬层总是露出一段,完成粉碎任务。比如,用于硅制粉的刀片,就是中间用铬钼钒合金钢,两侧为铬钢(见图 9.3),有待逐步改进。

### 9.3.4 菱形刀

菱形刀呈锤片形,如图 9.4 所示,断面菱形、尖角翘起,锋口有一前凸,以提高使用寿命,并能自砺,保持劈击功能。

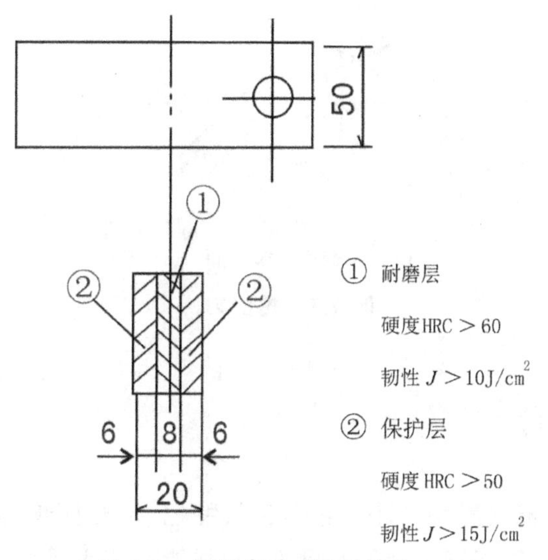


图 9.3　三层复合型刀(单位:mm)

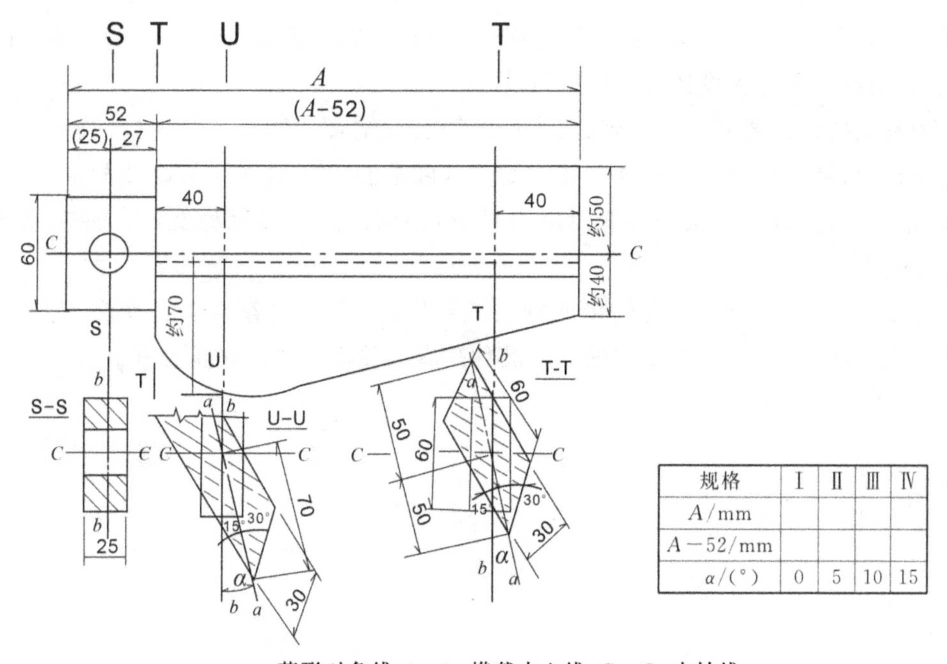


| 规格 | Ⅰ | Ⅱ | Ⅲ | Ⅳ |
|---|---|---|---|---|
| A/mm | | | | |
| A−52/mm | | | | |
| α/(°) | 0 | 5 | 10 | 15 |

a—a -菱形对角线;b—b -横截中心线;C—C -中轴线

图 9.4　菱形刀(单位:mm)

### 9.3.5　拍劈刀

拍劈刀如图 9.5 所示,固定在刀盘刀座上,同刀盘轴扭转 α 角(常用 20°～45°),随轴旋转,实施冲击粉碎制粉。拍面以拍击为主,劈面以劈切为主,并且形成自砺刀口。用于对撞粉碎效果不错。

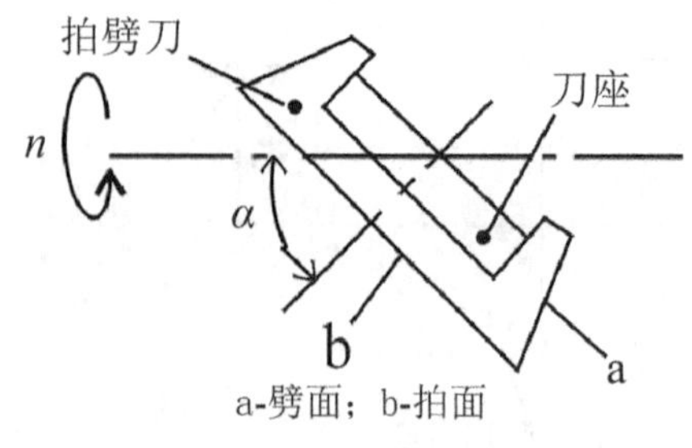


图 9.5　拍劈刀

## 9.4　刀具配置设计

刀具形式很多,可根据需要设计。它们各具特色,自有擅长,但都有缺陷,如能取长补短,拼装成一组刀具,配置设计得恰到好处,则能完成困难的任务,获得良好的技术经济指标。例如,平板形刀和锤片形刀组合,装在立式粉碎机同轴的两个刀盘上,如图 3.1 所示,一上一下,可大幅度改善硅粉粒度组成,提高成品率和产能。诸如此类的组合,均可运用配置设计方法达到目的。

刀具配置设计要坚持的原则有:①理论和实践结合。熟知各类物料性能、粉碎方法的优缺点,经比较、总结,改进刀具。②受实践检验。实地使用新设计配置的刀具,逐步改进。刀具设计前景很好。使用刀具更具有技艺性,详见另文,如《冲旋制粉的刀艺》等。

总之,刀具配置设计既要坚持原则,又要灵活创新。随着条件的改善,完善刀具使用性能。所以,刀具一定要有强大的品种阵容和使用臻美的结构形式。

# 第 10 章　筛分技术

制粉生产中，将粉料按粗细分级是一道必不可少的工序，对生产指标（成品率、产量、能耗等）的改善具有重要意义。粉碎获得的是统料，必须经过分级，粗粒返回再碎，细粉排出，保证成品粉，才能使用。经常用编织的网实施分级，通称筛分。所采用的筛子种类繁多，规格各异，均成系列。配合冲旋制粉技术，生产粒径＜2mm 粉料，为满足工艺要求，最具有效益的是准概率筛分和平面摇摆筛分。准概率筛分是介于概率筛和常规筛分之间的一种方法，特点是筛分率较高，产能较高，确保粒度，最适用于粒径＜2mm 粗粉。随着生产的发展，逐步使用平面摇摆筛和圆形摇摆筛。平面摇摆筛分的特点是粉料贴着筛网微振，沿着曲线轨迹下行，用于粒径＜0.5mm 细粉的筛分，效率高，筛网使用寿命长。圆形摇摆筛专用于细粉筛分，效果最佳。

硅产品随社会需求发展，变化很大，对原料硅粉的技术要求也在逐步提高，除品质外，产量也居高不下。因此，硅制粉必须紧跟。粉碎机不断改进，必然牵动筛机的改变。于是，准概率筛（直线振动筛）逐步被平面摇摆筛代替，并启用圆形摇摆筛解决细粉分级。最近，叠筛试用也开始了。今后还会继续变动，视发展而定。

## 10.1　准概率筛分工艺设备

### 10.1.1　细察筛分过程

1）普通筛分过程

物料从给料槽进入筛子，沿网下行，有两种现象随机跟进：分层和透筛。开始时，分层多，透筛少，接着，透筛增多。分层是细料向下钻，粗料被顶起，造成近网者细、上浮者粗。因此，透筛顺序是先细后粗。如图 10.1、图 10.2 所示，按透筛难易，物料依粒度分成 4 种筛面筛下筛上量时序状态，而其透筛状态见表 10.1。

2）概率筛分过程

概率筛分用概率筛筛分，过程更加明显，细料在下，粗料在上，细的先透筛，见图 10.3，粗的后透筛。粗粒同时出筛。该筛分采用大网孔、多层网、大倾角，虽然结构复杂些，但是对粗筛分的效果好，产量也高。

普通筛分和概率筛分这两个过程的原理是一致的。原理：物料在振动运行过程中细粒向下走，粗粒被顶起向上，显示分层，不管什么物料都是如此。对于密度不同的两种物料，又得考虑不同物料的特性。总之，细的向下，密度大的向下，呈现分层的自然现象。

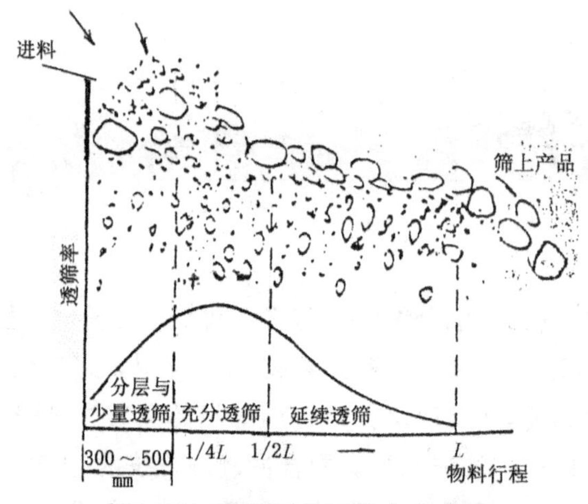


图 10.1 物料颗粒透筛分布曲线

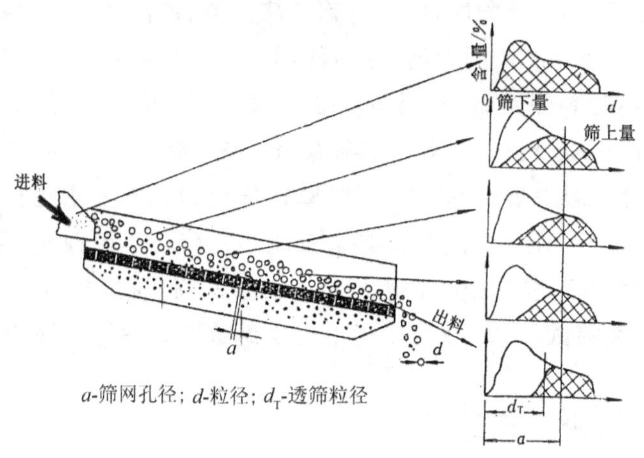


图 10.2 普通筛分示意图

表 10.1 物料透筛状态

| 普通筛分 | 物料形态 | 准概率筛分 |
|---|---|---|
| $d<0.8a$ | 易筛 | $d<0.8a_0, a_0=\beta a$ |
| $a>d>0.8a$ | 堵网 | $a_0>d>0.8a_0$ |
| $1.5a>d>a$ | 阻筛 | $1.5a_0>d>a_0$ |
| $d>1.5a$ | 无碍 | $d>1.5a_0$ |

注：①$a$-普通筛网孔径；$a_0$-准概率筛网孔径；$d$-粒径。

②$\beta$-网粒系数，即网孔尺寸/粉料尺寸，网孔增大的倍数，$\beta=1.2\sim1.5$，从细筛 1.2 到粗筛1.5，细粗筛分界为 0.5mm。

为进一步了解筛分过程，将其衬托在平板斜筛上，绘制筛分效率和概率演变曲线(见图 10.4)。细粒在出筛时，其概率已为 0，10～15mm 粒和 15～20mm 粒分别是 $p_1$、$p_2$，即尚未筛完，有一部分落到筛上料中。对于粉料有粒度要求的，粗粒含量要达到一定的比例，就要用概率筛分法。需要设定选择相应筛网完成此任务。

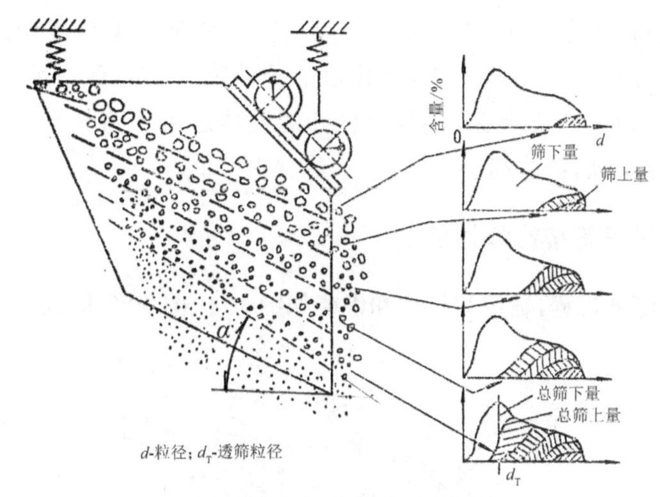


图 10.3　概率筛分示意图

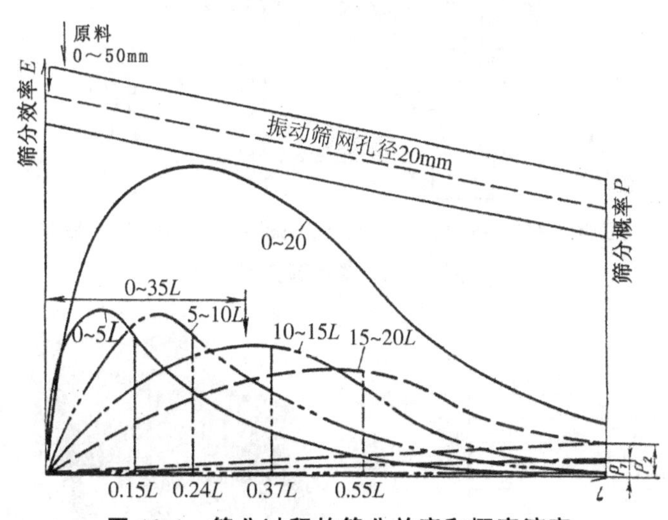


图 10.4　筛分过程的筛分效率和概率演变

3）准概率筛分过程

准概率筛(直线振动筛)兼有概率筛和普通筛的特点,采用中网孔($a_0$)、数层网($n$)和中倾角($\alpha$)。中网孔比概率筛大网孔小,比普通网孔大$a_0=(1.2\sim1.5)a$。数层网$n=2\sim3$层网,比概率筛少。中倾角$\alpha=10^\circ\sim25^\circ$,上、下网倾角大小相同或稍有差别。原理结构如图10.5所示,网孔大、倾角大,透筛概率大、料层薄,大颗粒碰撞筛网丝的概率大,沿网排出快。

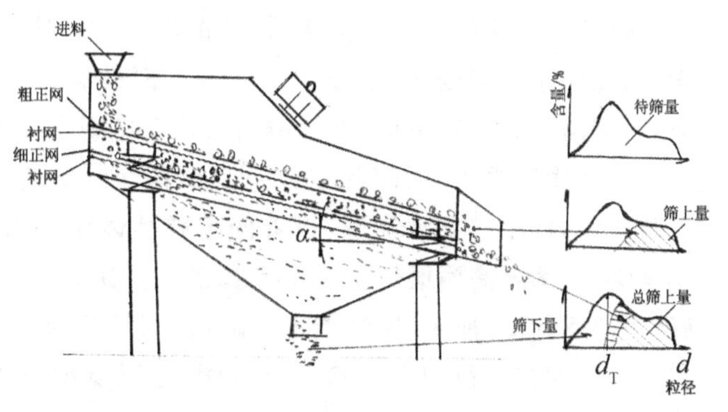


图 10.5　准概率筛分示意图

而细颗粒穿过网孔的概率高，筛分效率相应提高。调整振动参数(振幅、频率、倾角等)，就能获得最佳粒度组成和产能，比普通筛分略高一筹。在满足有机硅和多晶硅用粉、石灰石脱硫粉生产要求上，显示出良好的性能。由于筛分率高，粗粒和细粒含量得到控制，成品率高，产能高。

### 10.1.2　准概率筛结构和性能

根据准概率筛分过程，确定的结构和性能如图 10.6、图 10.7 和 10.1.7 节所示。

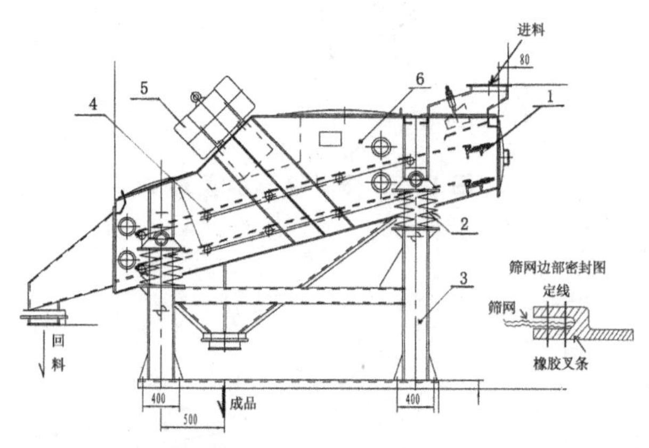


1-张紧机构；2-缓冲装置；3-机架；4-筛网；5-振动电机；6-筛框

**图 10.6　准概率筛结构**

| 1 | 物料 | 石灰石 |
|---|---|---|
| 2 | 处理量/(t/h) | 20~30 |
| 3 | 筛网面积/ m² | 5.2×2 |
| 4 | 筛网孔径粒径/mm | 2.5~1.12 |
| 5 | 筛分物料/mm | <10 |
| 6 | 物料堆比重/(t/m³) | 1.6 |
| 7 | 双振幅/mm | 4~7 |
| 8 | 振动频/(t/min) | 960 |
| 9 | 振动电机 型号 | MV40-6 |
|  | 振动电机 功率/kW | 3×2 |

**图 10.7　准概率筛外形照片(GZS1536 型)**

筛机的主要组成：筛框、机架、张紧机构、筛网、振动电机、缓冲装置。筛框是筛的骨架，用优质钢板焊制成长形箱框，一端上部设进料口和布料板，下部中间设成品粉出口，前端向下为粗料出口，上部中间有振动电机及其固定底板，框中部有数根横梁，铺设筛网和张紧机构，两侧各留数个观察孔。侧壁两端各有弹簧缓冲装置。机架亦为型材焊件，四根柱支承筛框，设置四组弹性体缓冲振动。筛网采用金属编织网，常用不锈钢丝，为增高耐磨性也使用弹簧钢丝。其侧边镶橡胶叉条，如图 10.6 右侧小图(筛网边部密封图)所示，用线缝定在网边，筛网拉紧后贴靠在筛框侧壁，防护漏料，效果很好。筛网张紧机构设在筛框进料端，沿网宽度布设三根螺杆，一端固结在网上，另一端有弹簧和螺母，依靠固定座上拧紧螺母拉动螺杆，逐步将网拉直拉紧，达到要求程度定位。振动电机是筛子振动的动力源，其转子两端各有偏心块，经调整可以获得相对应的振动力，保证筛机具有相应的振幅、频率。

筛机振幅的测定：可按图 10.8 1∶1 绘制振幅图(见图 10.9)，振幅图底线垂直于振动电机立体中线。振幅图贴于振箱两侧，易于观测位置。

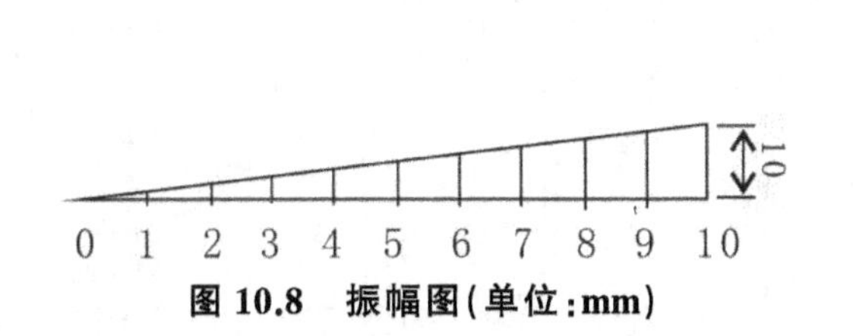


图 10.8　振幅图(单位：mm)

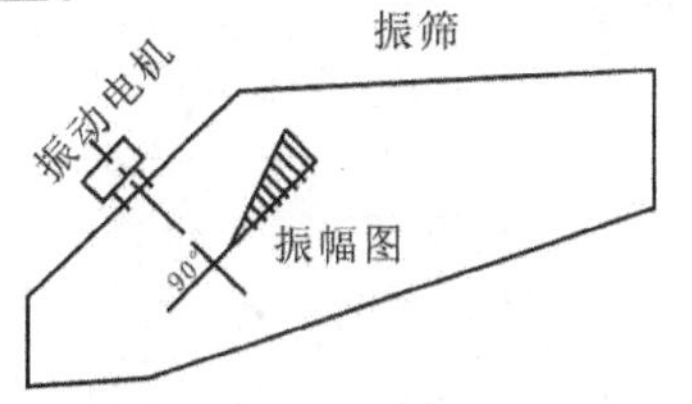


图 10.9　振幅图定位示意

当筛子振动时，正视振幅图，可见两横线交叉，交点处对应数字即为振幅值(单位为 mm)。

筛分过程已于前述。进料系粉碎后粗细混合的统料，经布料撒开于高层筛面上，均匀向斜下方跳进。细粉透筛再经低层网筛分，透筛后即为成品。筛上全是回料，回料出回料口返回粉碎机，继续粉碎。而正中是经两层筛网后透下的成品粉。

为便于了解该型筛机实际性能，可参看 10.1.7 节。此类产品的生产厂家较多，宜按实际情况选型。

### 10.1.3　筛网的选择

筛网的品种很多，制造单位也多。国家标准是筛网质量的一项极重要保证。但是，粉体材料极其繁杂，还需要辅助标准。于是，市场上就出现了非标产品，质量良莠不齐，极易出问题。为保证正常生产，筛网质量达标正是首要条件。因此，有必要论述一下筛网的选择。

1) 筛网材质

常用金属编织网，以不锈钢丝网为先。它有一定的耐磨性，比较柔软，易于装拆，且不生锈；品种规格较多，较容易满足要求。当对耐磨要求较高时，可选用弹簧钢丝网，其质地硬，装拆难度较大。

2) 筛网网孔(网目)

网孔尺寸或网目数依据粉料粗细和组成而定。准概率筛应选用比较大一点的网孔，如表 10.1 所示，应是 1.2～1.5 倍。不妨通过实例来了解和掌握网孔的选择技巧。

**【例 1】**硅粉 40～325 目，要求：+40 目(0.425mm)粉含量≤10％，-325 目(0.045mm)粉含量<15％。需选择网孔径。

选择：40 目网孔 0.425mm。按国标 R 系选择大于 40 目网孔 0.450mm。丝径 0.28mm，相当于 34.8 目(河南新乡第五四零厂标准见 10.1.7 节，表 10.2、表 10.3 供参考)。也可用丝径 0.250mm，相当于 36.3 目。经试用确定。当然，丝径粗耐用。如果还不行，则选用 0.500mm，试用定案。并记录在案，备后查，是个经验积累。-325 目仿照解决。

**表 10.2 金属丝编织网筛孔尺寸规格**

| 网孔基本尺寸/mm | | | 金属丝直径/mm | 筛分面积百分率/% | 单位面积网重/(kg/m$^2$) | | | 相当英制目数/(目/英寸) |
|---|---|---|---|---|---|---|---|---|
| R10 | R20 | R40/3 | | | 黄铜 | 锡青铜 | 不锈钢 | |
| 8.00 | 8.00 | 8.00 | 2.00 | 64 | 5.60 | 5.70 | 5.05 | 2.54 |
| | | | 1.80 | 67 | 4.62 | 4.71 | 4.17 | 2.59 |
| | | | 1.60 | 69 | 3.74 | 3.80 | 3.37 | 2.65 |
| | | | 1.40 | 72 | *2.92 | 2.97 | *2.63 | 2.70 |
| | | | 1.25 | 75 | 2.36 | 2.40 | 2.13 | 2.75 |
| | 7.10 | | 1.80 | 64 | 5.09 | 5.18 | 4.59 | 2.85 |
| | | | 1.60 | 67 | 4.11 | 4.19 | 3.71 | 2.92 |
| | | | 1.40 | 70 | *3.23 | 3.28 | *2.91 | 2.99 |
| | | | 1.25 | 72 | 2.62 | 2.66 | 2.36 | 3.04 |
| | | | 1.12 | 75 | 2.14 | 2.18 | 1.93 | 3.09 |
| | | 6.70 | 1.80 | 62 | 5.33 | 5.43 | 4.81 | 2.99 |
| | | | 1.65 | 65 | 4.31 | 4.39 | 3.89 | 3.06 |
| | | | 1.40 | 68 | 3.38 | 3.44 | 3.05 | 3.14 |
| | | | 1.25 | 71 | *2.75 | 2.80 | *2.48 | 3.19 |
| | | | 1.12 | 73 | 2.24 | 2.28 | 2.02 | 3.25 |
| 6.30 | 6.30 | | 1.80 | 60 | 5.60 | 5.70 | 5.05 | 3.14 |
| | | | 1.60 | 64 | 4.67 | 4.75 | 4.21 | 3.22 |
| | | | 1.40 | 76 | 3.56 | 3.62 | 3.21 | 3.30 |
| | | | 1.25 | 70 | *2.89 | 2.94 | *2.61 | 3.36 |
| | | | 1.12 | 72 | 2.34 | 2.40 | 2.14 | 3.42 |
| | | | 1.00 | 74 | 1.92 | 1.95 | 1.73 | 3.48 |
| | | | 0.900 | 77 | 1.57 | 1.60 | 1.42 | 3.53 |
| | 5.60 | 5.60 | 1.60 | 60 | 5.00 | 5.07 | 4.49 | 3.53 |
| | | | 1.40 | 64 | 3.91 | 3.98 | *3.53 | 3.63 |
| | | | 1.25 | 67 | —3.19 | 3.25 | 2.88 | 3.71 |
| | | | 1.12 | 69 | 2.62 | 2.66 | 2.36 | 3.78 |
| | | | 1.00 | 72 | 2.12 | 2.15 | 1.91 | 3.85 |
| | | | 0.900 | 74 | 1.74 | 1.77 | 1.57 | 3.91 |
| 5.00 | 5.00 | | 1.60 | 57 | 5.43 | 5.52 | 4.90 | 3.85 |
| | | | 1.25 | 64 | *3.50 | 3.57 | *3.16 | 4.06 |
| | | | 1.12 | 67 | 2.87 | 2.92 | 2.59 | 4.15 |
| | | | 1.00 | 69 | 2.33 | 2.37 | 2.10 | 4.23 |
| | | | 0.900 | 72 | 1.92 | 1.95 | 1.73 | 4.30 |
| | | 4.75 | 1.60 | 56 | 5.64 | 5.74 | 5.09 | 4.00 |
| | | | 1.25 | 63 | 3.65 | 3.71 | 3.29 | 4.23 |
| | | | 1.12 | 65 | 2.99 | 3.05 | 2.70 | 4.33 |
| | | | 1.00 | 68 | *2.43 | 2.47 | *2.19 | 4.42 |
| | | | 0.900 | 71 | 2 | 2.04 | 1.81 | 4.50 |
| | 4.50 | | 1.40 | 58 | 4.650 | 4.73 | 4.19 | 4.30 |
| | | | 1.12 | 64 | 3.130 | 3.18 | 2.82 | 4.52 |
| | | | 1.00 | 67 | *2.54 | 2.58 | *2.29 | 4.62 |
| | | | 0.900 | 69 | 2.10 | 2.13 | 1.89 | 4.70 |
| | | | 0.800 | 72 | 1.69 | 1.71 | 1.52 | 4.79 |
| | | | 0.710 | 77 | 1.35 | 1.38 | 1.22 | 4.88 |
| 4.00 | 4.00 | 4.00 | 1.40 | 55 | 5.08 | 5.17 | 4.58 | 4.70 |
| | | | 1.25 | 58 | 4.17 | 4.24 | 3.76 | 4.84 |
| | | | 1.12 | 61 | 3.43 | 3.49 | 3.09 | 4.96 |
| | | | 1.00 | 64 | *2.79 | 2.84 | *2.52 | 5.08 |
| | | | 0.900 | 67 | 2.32 | 2.36 | 2.09 | 5.18 |
| | | | 0.710 | 72 | 1.50 | 1.52 | 1.35 | 5.39 |
| | 3.55 | | 1.25 | 55 | 4.56 | 4.64 | 4.11 | 5.29 |
| | | | 1.00 | 61 | 3.07 | 3.13 | 2.77 | 5.58 |
| | | | 0.900 | 64 | 2.55 | 2.59 | 2.30 | 5.71 |
| | | | 0.800 | 67 | *2.06 | 2.10 | *1.86 | 5.84 |
| | | | 0.710 | 69 | 1.66 | 1.68 | 1.49 | 5.96 |
| | | | 0.630 | 72 | 1.33 | 1.35 | 1.20 | 6.08 |
| | | | 0.560 | 75 | 1.07 | 1.09 | 0.963 | 6.18 |
| | | 3.35 | 1.25 | 53 | 4.75 | 4.84 | 4.29 | 5.52 |
| | | | 0.900 | 62 | 2.66 | 2.71 | 2.40 | 5.98 |
| | | | 0.800 | 65 | 2.16 | 2.20 | 1.95 | 6.12 |
| | | | 0.710 | 68 | *1.74 | 1.77 | *1.57 | 6.26 |
| | | | 0.630 | 71 | 1.40 | 1.42 | 1.26 | 6.38 |
| | | | 0.560 | 73 | 1.12 | 1.14 | 1.01 | 6.50 |
| 3.15 | 3.15 | | 1.25 | 51 | 4.97 | 5.06 | 4.84 | 5.77 |
| | | | 1.12 | 54 | 4.11 | 4.18 | 3.71 | 5.95 |
| | | | 0.800 | 64 | 2.26 | 2.30 | 2.04 | 6.43 |
| | | | 0.710 | 67 | 1.83 | 1.86 | 1.65 | 6.58 |
| | | | 0.630 | 69 | *1.47 | 1.50 | *1.33 | 6.72 |
| | | | 0.560 | 72 | 1.19 | 1.21 | 1.07 | 6.85 |
| | | | 0.500 | 74 | 0.958 | 0.975 | 0.864 | 6.96 |
| | 2.80 | 2.80 | 1.12 | 51 | 4.48 | 4.56 | 4.04 | 6.48 |
| | | | 0.800 | 60 | 2.48 | 2.53 | 2.24 | 7.06 |
| | | | 0.710 | 64 | *2.00 | 2.04 | *1.81 | 7.24 |
| | | | 0.630 | 67 | 1.62 | 1.65 | 1.46 | 7.40 |
| | | | 0.560 | 69 | 1.31 | 1.33 | 1.18 | 7.56 |
| 2.50 | 2.50 | | 1.00 | 51 | 4.00 | 4.07 | 3.61 | 7.26 |
| | | | 1.710 | 61 | 2.20 | 2.23 | 1.98 | 7.91 |
| | | | 0.630 | 64 | *1.77 | 1.18 | 1.60 | 8.12 |
| | | | 0.560 | 67 | 1.43 | 1.46 | 1.29 | 8.30 |
| | | | 0.500 | 69 | *1.16 | *1.18 | *1.05 | 8.47 |
| | | 2.36 | 1.00 | 49 | *4.17 | 4.24 | 3.76 | 7.56 |
| | | | 0.800 | 59 | 2.84 | 2.88 | 2.56 | 8.04 |
| | | | 0.630 | 62 | *1.86 | *1.90 | 1.68 | 8.49 |
| | | | 0.560 | 65 | 1.51 | 1.53 | 1.36 | 8.70 |
| | | | 0.500 | 68 | 1.22 | 1.24 | 1.10 | 8.88 |
| | | | 0.450 | 71 | 1.01 | 1.03 | 0.91 | 9.04 |
| | 2.24 | | 0.900 | 51 | 3.62 | 3.67 | 3.26 | 8.09 |
| | | | 0.630 | 61 | *1.94 | 1.97 | 1.75 | 8.85 |
| | | | 0.560 | 64 | *1.56 | *1.59 | *1.41 | 9.07 |
| | | | 0.500 | 67 | 1.28 | 1.30 | 1.15 | 9.27 |
| | | | 0.450 | 69 | 1.05 | 1.07 | 0.95 | 9.44 |
| 2.00 | 2.00 | 2.00 | 0.900 | 48 | *3.91 | 3.98 | 3.52 | 8.76 |
| | | | 0.630 | 58 | *2.11 | 2.14 | *1.90 | 9.66 |
| | | | 0.560 | 61 | 1.72 | 1.75 | 1.55 | 9.92 |
| | | | 0.500 | 64 | *1.40 | *1.42 | *1.26 | 10.2 |
| | | | 0.450 | 67 | 1.15 | 1.17 | 1.04 | 10.4 |
| | | | 0.400 | 69 | 0.933 | 0.949 | 0.841 | 10.6 |
| | 1.8 | | 0.800 | 48 | 3.45 | 3.51 | 3.11 | 9.77 |
| | | | 0.560 | 58 | *1.86 | *1.90 | *1.68 | 10.8 |
| | | | 0.500 | 61 | 1.52 | 1.55 | 1.37 | 11.0 |
| | | | 0.450 | 64 | *1.26 | *1.29 | *1.14 | 11.3 |
| | | | 0.400 | 67 | 1.02 | 1.04 | 0.918 | 11.6 |
| | | 1.70 | 0.800 | 46 | *3.58 | 3.64 | 3.23 | 10.2 |
| | | | 0.630 | 53 | 2.38 | 2.43 | 2.15 | 10.9 |
| | | | 0.500 | 60 | 1.59 | 1.61 | 1.43 | 11.6 |
| | | | 0.450 | 63 | *1.32 | *1.34 | *1.19 | 11.8 |
| | | | 0.400 | 66 | 1.07 | 1.09 | 0.962 | 12.1 |
| 1.60 | 1.60 | | 0.800 | 44 | 3.74 | 3.80 | 3.37 | 10.6 |
| | | | 0.560 | 55 | 2.03 | 2.07 | 1.83 | 11.8 |
| | | | 0.500 | 58 | 1.66 | 1.69 | 1.50 | 12.1 |
| | | | 0.450 | 61 | *1.39 | *1.41 | *1.25 | 12.4 |
| | | | 0.400 | 64 | *1.11 | 1.13 | 1.00 | 12.7 |
| | 1.40 | 1.40 | 0.710 | 44 | *3.35 | 3.40 | 3.03 | 12.0 |
| | | | 0.560 | 51 | 2.24 | 2.28 | 2.02 | 13.0 |
| | | | 0.500 | 54 | 1.90 | 1.93 | 1.71 | 13.4 |
| | | | 0.450 | 57 | 1.53 | 1.56 | 1.38 | 13.7 |
| | | | 0.400 | 60 | *1.24 | *1.26 | *1.12 | 14.1 |
| | | | 0.355 | 64 | *1.00 | 1.02 | 0.906 | 14.5 |
| 1.25 | 1.25 | | 0.630 | 44 | 2.95 | 3.00 | 2.66 | 13.5 |
| | | | 0.560 | 48 | 2.43 | 2.47 | 2.19 | 14.0 |
| | | | 0.500 | 51 | 2.00 | 2.03 | 1.80 | 14.5 |
| | | | 0.400 | 57 | *1.35 | *1.38 | *1.22 | 15.4 |
| | | | 0.355 | 61 | 1.10 | 1.12 | 0.991 | 15.8 |
| | | | 0.315 | 64 | *0.890 | 0.903 | 0.800 | 16.2 |
| | | 1.18 | 0.630 | 42 | *3.07 | 3.13 | 2.77 | 14.0 |
| | | | 0.500 | 49 | 2.08 | 2.12 | 1.88 | 15.1 |
| | | | 0.450 | 52 | 1.74 | 1.77 | 1.57 | 15.6 |
| | | | 0.400 | 56 | *1.42 | *1.44 | *1.28 | 16.1 |
| | | | 0.355 | 59 | 1.132 | 1.17 | 1.04 | 16.6 |
| | | | 0.315 | 62 | 0.929 | 0.945 | 0.838 | 17.0 |
| | 1.12 | | 0.560 | 44 | 2.62 | 2.66 | 2.36 | 15.1 |
| | | | 0.450 | 51 | 1.81 | 1.84 | 1.63 | 16.2 |
| | | | 0.400 | 54 | *1.46 | *1.49 | *1.32 | 16.7 |
| | | | 0.355 | 58 | *1.20 | *1.22 | *1.08 | 17.2 |
| | | | 0.315 | 61 | 0.970 | 0.985 | 0.873 | 17.7 |
| | | | 0.280 | 64 | 0.780 | 0.798 | 0.707 | 18.1 |
| 1.00 | 1.00 | 1.00 | 0.560 | 41 | *2.82 | 2.86 | 2.54 | 16.3 |
| | | | 0.500 | 44 | 2.33 | 2.37 | 2.10 | 16.9 |
| | | | 0.400 | 51 | 1.60 | 1.63 | 1.44 | 18.1 |
| | | | 0.355 | 54 | *1.30 | *1.32 | *1.17 | 18.8 |
| | | | 0.315 | 58 | 1.06 | 1.07 | 0.952 | 19.3 |
| | | | 0.280 | 61 | 0.857 | 0.872 | 0.773 | 19.8 |
| | | | 0.250 | 64 | *0.70 | 0.712 | 0.631 | 20.3 |
| | 0.900 | | 0.500 | 41 | 2.50 | 2.54 | 2.25 | 18.1 |
| | | | 0.450 | 45 | *2.10 | 2.14 | 1.89 | 18.8 |
| | | | 0.355 | 51 | *1.41 | *1.43 | *1.27 | 20.2 |
| | | | 0.315 | 55 | 1.14 | 1.16 | 1.03 | 20.9 |
| | | | 0.250 | 61 | 0.761 | 0.774 | 0.686 | 22.1 |
| | | | 0.224 | 64 | 0.624 | 0.635 | 0.563 | 22.6 |

**续　表**

| 网孔基本尺寸/mm | | | 金属丝直径/mm | 筛分面积百分率/% | 单位面积网重/(kg/m²) | | | 相当英制目数/(目/英寸) |
|---|---|---|---|---|---|---|---|---|
| R10 | R20 | R40/3 | | | 黄铜 | 锡青铜 | 不锈钢 | |
| | | 0.850 | 0.500 | 40 | * 3.70 | 3.77 | * 3.34 | 18.8 |
| | | | 0.450 | 43 | 2.18 | 2.22 | 1.97 | 19.5 |
| | | | 0.355 | 50 | * 1.46 | 1.50 | 1.32 | 21.1 |
| | | | 0.315 | 53 | * 1.19 | * 1.21 | * 1.07 | 21.8 |
| | | | 0.280 | 57 | 0.971 | 0.988 | 0.876 | 22.5 |
| | | | 0.250 | 60 | 0.795 | 0.809 | 0.717 | 23.1 |
| | | | 0.224 | 65 | * 0.654 | 0.666 | 0.590 | 23.7 |
| 0.800 | 0.800 | | 0.450 | 41 | 2.26 | 2.31 | 2.04 | 20.3 |
| | | | 0.355 | 48 | * 1.53 | * 1.56 | * 1.38 | 22.0 |
| | | | 0.315 | 51 | * 1.24 | * 1.26 | * 1.12 | 22.8 |
| | | | 0.280 | 55 | 1.02 | 1.03 | 0.916 | 23.5 |
| | | | 0.250 | 58 | 0.833 | 0.847 | 0.751 | 24.2 |
| | | | 0.200 | 64 | 0.560 | 0.569 | 0.505 | 25.4 |
| | 0.710 | 0.710 | 0.450 | 37 | * 2.44 | 2.49 | 2.20 | 21.9 |
| | | | 0.355 | 44 | 1.65 | 1.68 | 1.49 | 23.9 |
| | | | 0.315 | 48 | * 1.35 | * 1.38 | * 1.22 | 24.8 |
| | | | 0.260 | 51 | * 1.11 | * 1.13 | * 1.00 | 25.7 |
| | | | 0.250 | 55 | 0.912 | 0.927 | 0.822 | 26.5 |
| | | | 0.200 | 61 | 0.615 | 0.626 | 0.555 | 27.9 |
| 0.630 | 0.630 | | 0.400 | 37 | 2.17 | 2.21 | 1.96 | 24.7 |
| | | | 0.315 | 44 | 1.47 | 1.50 | 1.33 | 26.9 |
| | | | 0.280 | 48 | 1.21 | 1.23 | 1.08 | 27.9 |
| | | | 0.250 | 51 | * 0.998 | * 1.02 | * 0.90 | 28.9 |
| | | | 0.224 | 54 | 0.822 | 0.836 | 0.741 | 29.7 |
| | | | 0.200 | 58 | * 0.674 | * 0.686 | * 0.608 | 30.6 |
| | | 0.600 | 0.400 | 36 | * 2.24 | 2.28 | 2.02 | 25.4 |
| | | | 0.315 | 43 | 1.52 | 1.55 | 1.37 | 27.8 |
| | | | 0.280 | 46 | 1.25 | 1.27 | 1.12 | 28.9 |
| | | | 0.250 | 50 | * 1.03 | * 1.05 | * 0.928 | 29.9 |
| | | | 0.200 | 56 | 0.70 | 0.712 | 0.631 | 31.8 |
| | | | 0.180 | 59 | * 0.58 | * 0.591 | * 0.524 | 32.6 |
| 0.56 | | | 0.355 | 37 | 1.93 | 1.96 | 1.74 | 27.8 |
| | | | 0.280 | 44 | 1.31 | 1.33 | 1.18 | 30.2 |
| | | | 0.250 | 48 | 1.08 | 1.10 | 0.974 | 31.4 |
| | | | 0.224 | 51 | * 0.900 | * 0.912 | * 0.808 | 32.4 |
| | | | 0.180 | 57 | * 0.613 | * 0.624 | * 0.553 | 34.3 |
| 0.500 | 0.500 | 0.500 | 0.315 | 38 | * 1.71 | 1.74 | 1.54 | 31.2 |
| | | | 0.250 | 44 | 1.16 | 1.18 | 1.05 | 33.9 |
| | | | 0.224 | 48 | * 0.970 | * 0.987 | * 0.875 | 35.1 |
| | | | 0.200 | 51 | 0.800 | 0.813 | 0.721 | 36.3 |
| | | | 0.160 | 52 | * 0.543 | * 0.553 | * 0.49 | 38.5 |
| | 0.450 | | 0.280 | 38 | 1.510 | 1.53 | 1.36 | 34.8 |
| | | | 0.250 | 41 | 1.250 | 1.27 | 1.13 | 36.3 |
| | | | 0.200 | 48 | 0.862 | 0.877 | 0.777 | 39.1 |
| | | | 0.180 | 51 | * 0.720 | * 0.732 | * 0.649 | 40.3 |
| | | | 0.160 | 55 | * 0.588 | * 0.670 | * 0.530 | 41.6 |
| | | | 0.140 | 58 | 0.465 | 0.473 | 0.419 | 43.1 |
| | | 0.425 | 0.280 | 36 | * 1.56 | 1.58 | 1.40 | 36.0 |
| | | | 0.224 | 43 | 1.08 | * 1.10 | * 0.976 | 39.1 |
| | | | 0.200 | 46 | * 0.896 | * 0.912 | * 0.808 | 40.6 |
| | | | 0.180 | 49 | 0.750 | 0.763 | 0.676 | 42.0 |
| | | | 0.160 | 53 | 0.612 | 0.623 | 0.552 | 43.3 |
| | | | 0.140 | 57 | 0.486 | 0.494 | 0.438 | 45.0 |
| 0.400 | 0.400 | | 0.250 | 38 | 1.34 | * 1.37 | 1.21 | 39.1 |
| | | | 0.224 | 41 | 1.12 | 1.14 | 1.01 | 40.7 |
| | | | 0.200 | 44 | * 0.933 | * 0.949 | * 0.841 | 42.3 |
| | | | 0.180 | 48 | 0.782 | 0.795 | 0.705 | 43.8 |
| | | | 0.160 | 51 | * 0.640 | * 0.651 | * 0.577 | 45.5 |
| | | | 0.140 | 55 | * 0.508 | 0.517 | 0.458 | 47.0 |
| | 0.355 | 0.355 | 0.224 | 38 | * 1.21 | * 1.21 | 1.09 | 43.9 |
| | | | 0.200 | 41 | 1.01 | 1.01 | 0.910 | 45.8 |
| | | | 0.180 | 44 | * 0.817 | * 0.862 | * 0.764 | 47.5 |
| | | | 0.140 | 51 | * 0.555 | * 0.564 | * 0.500 | 51.3 |
| | | | 0.125 | 55 | 0.456 | 0.464 | 0.411 | 52.9 |
| 0.315 | 0.315 | | 0.200 | 37 | 1.09 | 1.11 | 0.950 | 49.3 |
| | | | 0.180 | 40 | * 0.916 | * 0.923 | * 0.826 | 51.3 |
| | | | 0.160 | 44 | 0.754 | 0.767 | 0.650 | 53.5 |
| | | | 0.140 | 48 | * 0.603 | * 0.614 | * 0.544 | 55.8 |
| | | | 0.125 | 51 | * 0.500 | 0.505 | 0.488 | 57.7 |
| | | 0.300 | 0.200 | 36 | * 1.12 | * 1.14 | 1.01 | 50.8 |
| | | | 0.180 | 39 | * 0.945 | * 0.961 | * 0.852 | 52.9 |
| | | | 0.160 | 43 | 0.779 | 0.792 | 0.702 | 55.2 |
| | | | 0.140 | 46 | * 0.623 | 0.634 | * 0.562 | 57.7 |
| | | | 0.125 | 50 | * 0.515 | 0.532 | * 0.464 | 59.8 |
| | | | 0.112 | 53 | 0.424 | 0.433 | 0.384 | 61.7 |
| | 0.280 | | 0.180 | 37 | 0.99 | 1.00 | 0.889 | 55.2 |
| | | | 0.160 | 40 | * 0.814 | * 0.828 | 0.734 | 57.7 |
| | | | 0.140 | 44 | * 0.653 | * 0.665 | * 0.589 | 60.5 |
| | | | 0.112 | 51 | 0.448 | 0.456 | 0.404 | 64.8 |
| 0.250 | 0.250 | 0.250 | 0.160 | 37 | * 0.874 | * 0.889 | 0.788 | 62.0 |
| | | | 0.140 | 41 | 0.703 | 0.715 | 0.634 | 65.1 |
| | | | 0.125 | 44 | * 0.583 | * 0.593 | * 0.526 | 67.7 |
| | | | 0.112 | 48 | 0.485 | 0.493 | 0.437 | 70.2 |
| | | | 0.100 | 51 | 0.400 | * 0.407 | 0.361 | 72.6 |
| | 0.224 | | 0.160 | 34 | 0.933 | 0.949 | 0.841 | 66.2 |
| | | | 0.125 | 41 | * 0.627 | * 0.637 | * 0.565 | 72.8 |
| | | | 0.100 | 48 | 0.433 | 0.440 | * 0.390 | 78.4 |
| | | | 0.090 | 51 | * 0.362 | * 0.368 | 0.326 | 80.9 |
| | | 0.212 | 0.140 | 36 | * 0.780 | * 0.793 | 0.703 | 72.2 |
| | | | 0.125 | 40 | * 0.649 | * 0.660 | * 0.585 | 75.4 |
| | | | 0.112 | 43 | 0.542 | 0.552 | 0.489 | 78.4 |
| | | | 0.100 | 46 | 0.448 | 0.456 | 0.404 | 81.4 |
| | | | 0.090 | 49 | 0.375 | 0.381 | * 0.388 | 84.1 |
| 0.200 | 0.200 | | 0.140 | 35 | 0.807 | 0.821 | 0.728 | 74.7 |
| | | | 0.125 | 38 | * 0.673 | * 0.685 | * 0.607 | 78.2 |
| | | | 0.112 | 41 | * 0.562 | * 0.572 | * 0.507 | 81.4 |
| | | | 0.090 | 48 | 0.390 | 0.397 | 0.352 | 87.6 |
| | | | 0.080 | 51 | * 0.319 | * 0.325 | 0.288 | 90.7 |
| | 0.180 | 0.180 | 0.125 | 35 | * 0.718 | * 0.730 | * 0.642 | 83.3 |
| | | | 0.112 | 38 | 0.601 | 0.611 | 0.542 | 87.0 |
| | | | 0.100 | 41 | * 0.500 | * 0.509 | * 0.451 | 90.7 |
| | | | 0.090 | 44 | 0.420 | 0.428 | 0.379 | 94.1 |
| | | | 0.080 | 48 | 0.345 | 0.351 | 0.331 | 97.7 |
| | | | 0.071 | 51 | * 0.281 | 0.285 | * 0.253 | 101 |
| 0.160 | 0.160 | | 0.112 | 35 | * 0.645 | * 0.657 | * 0.582 | 93.4 |
| | | | 0.100 | 38 | 0.538 | 0.547 | 0.485 | 97.7 |
| | | | 0.090 | 41 | * 0.458 | * 0.463 | * 0.409 | 102 |
| | | | 0.080 | 44 | 0.374 | 0.380 | 0.337 | 106 |
| | | | 0.071 | 48 | 0.305 | 0.310 | 0.275 | 110 |
| | | | 0.063 | 51 | * 0.250 | * 0.254 | 0.225 | 114 |
| | | 0.150 | 0.100 | 36 | * 0.538 | * 0.547 | * 0.485 | 102 |
| | | | 0.090 | 39 | 0.472 | 0.481 | 0.426 | 106 |
| | | | 0.080 | 43 | * 0.369 | * 0.396 | * 0.315 | 110 |
| | | | 0.071 | 46 | * 0.319 | 0.325 | 0.288 | 115 |
| | | | 0.063 | 50 | * 0.261 | * 0.265 | * 0.235 | 119 |
| | 0.140 | | 0.100 | 34 | 0.583 | 0.593 | 0.526 | 106 |
| | | | 0.090 | 37 | * 0.492 | * 0.501 | * 0.44 | 110 |
| | | | 0.071 | 44 | * 0.335 | * 0.341 | * 0.302 | 120 |
| | | | 0.063 | 48 | 0.274 | 0.297 | 0.247 | 125 |
| | | | 0.056 | 51 | 0.224 | 0.228 | 0.202 | 130 |
| 0.125 | 0.125 | 0.125 | 0.090 | 34 | * 0.527 | * 0.536 | * 0.475 | 118 |
| | | | 0.080 | 37 | 0.437 | 0.445 | 0.394 | 124 |
| | | | 0.071 | 41 | 0.360 | 0.367 | 0.325 | 130 |
| | | | 0.063 | 44 | 0.295 | 0.300 | 0.266 | 135 |
| | | | 0.056 | 48 | * 0.243 | 0.247 | 0.219 | 140 |
| | | | 0.050 | 51 | — | * 0.203 | * 0.180 | 145 |
| | 0.112 | | 0.080 | 34 | * 0.467 | * 0.475 | 0.420 | 132 |
| | | | 0.071 | 38 | 0.386 | 0.393 | 0.318 | 139 |
| | | | 0.063 | 41 | 0.373 | * 0.379 | * 0.536 | 145 |
| | | | 0.056 | 44 | 0.317 | 0.327 | 0.256 | 151 |
| | | | 0.050 | 48 | — | * 0.220 | * 0.195 | 157 |
| | | 0.106 | 0.080 | 33 | 0.481 | 0.49 | 0.434 | 137 |
| | | | 0.071 | 36 | * 0.398 | * 0.455 | * 0.359 | 144 |
| | | | 0.063 | 39 | * 0.328 | 0.554 | * 0.296 | 150 |
| | | | 0.056 | 43 | * 0.271 | 0.275 | 0.244 | 157 |
| | | | 0.050 | 46 | — | * 0.228 | * 0.200 | 163 |
| 0.100 | 0.100 | | 0.080 | 31 | * 0.498 | * 0.506 | * 0.449 | 141 |
| | | | 0.071 | 34 | * 0.413 | * 0.420 | * 0.372 | 149 |
| | | | 0.063 | 38 | 0.340 | 0.346 | 0.307 | 156 |
| | | | 0.056 | 41 | 0.282 | 0.283 | 0.254 | 163 |
| | | | 0.050 | 44 | | * 0.257 | * 0.210 | 169 |
| | 0.090 | 0.090 | 0.071 | 31 | * 0.438 | * 0.446 | * 0.395 | 158 |
| | | | 0.063 | 35 | * 0.363 | * 0.369 | 0.327 | 166 |
| | | | 0.056 | 38 | 0.300 | 0.306 | 0.271 | 174 |
| | | | 0.050 | 41 | — | * 0.254 | * 0.225 | 181 |
| | | | 0.045 | 44 | — | 0.213 | 0.189 | 188 |
| 0.080 | 0.080 | | 0.063 | 31 | 0.388 | 0.395 | 0.350 | 178 |
| | | | 0.056 | 35 | * 0.323 | * 0.328 | * 0.291 | 188 |
| | | | 0.050 | 38 | — | * 0.274 | * 0.243 | 195 |
| | | | 0.045 | 41 | — | * 0.230 | * 0.204 | 203 |
| | | | 0.040 | 44 | — | 0.190 | 0.168 | 212 |

**续 表**

| 网孔基本尺寸/mm R10 | R20 | R40/3 | 金属丝直径/mm | 筛分面积百分率/% | 单位面积网重/(kg/m²) 黄铜 | 锡青铜 | 不锈钢 | 相当英制目数/(目/英寸) |
|---|---|---|---|---|---|---|---|---|
| | | 0.075 | 0.063 | 30 | *0.403 | *0.410 | *0.363 | 184 |
| | | | 0.056 | 33 | 0.335 | 0.341 | 0.302 | 194 |
| | | | 0.050 | 36 | — | *0.284 | *0.252 | 203 |
| | | | 0.045 | 39 | — | *0.240 | *0.213 | 212 |
| | | | 0.040 | 43 | — | 0.200 | 0.176 | 221 |
| | 0.071 | | 0.056 | 31 | 0.346 | *0.352 | *0.312 | 200 |
| | | | 0.050 | 34 | — | 0.294 | 0.261 | 210 |
| | | | 0.045 | 38 | — | *0.248 | *0.220 | 219 |
| | | | 0.040 | 41 | — | 0.205 | 0.182 | 229 |
| 0.063 | 0.063 | 0.063 | 0.050 | 31 | — | 0.351 | 0.279 | 225 |
| | | | 0.045 | 34 | — | *0.267 | *0.237 | 235 |
| | | | 0.040 | 37 | — | 0.221 | 0.196 | 247 |
| | | | 0.036 | 41 | — | *0.186 | *0.165 | 257 |
| | 0.056 | | 0.045 | 31 | — | 0.285 | 0.253 | 252 |
| | | | 0.040 | 34 | — | *0.237 | *0.210 | 265 |
| | | | 0.036 | 37 | — | 0.200 | 0.178 | 276 |
| | | | 0.032 | 41 | — | *0.156 | *0.147 | 289 |
| | | 0.053 | 0.040 | 33 | — | *0.245 | *0.217 | 273 |
| | | | 0.036 | 36 | — | *0.208 | *0.184 | 285 |
| | | | 0.032 | 39 | — | *0.171 | *0.152 | 300 |
| 0.050 | 0.050 | | 0.040 | 31 | — | 0.253 | 0.224 | 282 |
| | | | 0.036 | 34 | — | *0.214 | *0.190 | 295 |
| | | | 0.032 | 37 | — | 0.178 | *0.158 | 310 |
| | | | 0.030 | 39 | | *0.160 | 0.142 | 318 |
| | 0.045 | 0.045 | 0.036 | 31 | — | *0.228 | *0.202 | 314 |
| | | | 0.032 | 34 | — | *0.190 | *0.168 | 330 |
| | | | 0.028 | 38 | — | 0.153 | 0.136 | 348 |
| 0.040 | 0.040 | | | | | | | |
| | | | 0.032 | 31 | — | 0.202 | 0.179 | 353 |
| | | | 0.030 | 32 | — | *0.183 | *0.162 | 363 |
| | | | 0.025 | 38 | — | 0.137 | 0.121 | 391 |
| | | | 0.032 | 29 | — | *0.209 | *0.185 | 363 |
| | | 0.038 | 0.030 | 31 | — | 0.188 | 0.167 | 374 |
| | | | 0.025 | 36 | — | *0.141 | *0.125 | 403 |
| | 0.036 | | 0.030 | 30 | — | 0.194 | 0.172 | 385 |
| | | | 0.028 | 31 | — | *0.175 | *0.155 | 397 |
| | | | 0.022 | 38 | — | 0.118 | 0.105 | 438 |
| 0.032 | 0.032 | 0.032 | | | | | | |
| | | | 0.028 | 28 | — | 0.186 | 0.165 | 423 |
| | | | 0.025 | 31 | — | 0.156 | 0.138 | 446 |
| | | | 0.020 | 38 | — | *0.110 | *0.097 | 489 |
| | 0.028 | | 0.025 | 28 | — | 0.168 | 0.149 | 479 |
| | | | 0.022 | 31 | — | *0.138 | *0.122 | 508 |
| | | | 0.018 | 37 | — | 0.10 | 0.089 | 552 |
| | | 0.026 | 0.025 | 26 | — | 0.175 | 0.155 | 498 |
| | | | 0.022 | 28 | — | 0.143 | 0.127 | 529 |
| | 0.025 | | 0.025 | 25 | — | 0.178 | 0.158 | 508 |
| | | | 0.022 | 28 | — | 0.147 | 0.130 | 540 |

| 网孔基本尺寸/mm | 金属丝直径/mm | 筛分面积百分率/% | 单位面积网重/(kg/m²) 黄铜 | 锡青铜 | 不锈钢 | 相当英制目数/(目/英寸) |
|---|---|---|---|---|---|---|
| 7.50 | 1.40 | 71 | 3.08 | 3.14 | 2.78 | 2.85 |
| | 1.25 | 73 | *2.50 | 2.54 | *2.25 | 2.90 |
| | 1.12 | 76 | 2.04 | 2.07 | 1.84 | 2.95 |
| 6.00 | 1.12 | 71 | 2.47 | 2.51 | 2.22 | 3.57 |
| | 1.00 | 73 | *2.00 | 2.03 | *1.80 | 3.63 |
| | 0.900 | 76 | 1.64 | 1.67 | 1.48 | 3.68 |
| 5.30 | 1.12 | 68 | 2.73 | 2.78 | 2.47 | 3.96 |
| | 1.00 | 71 | *2.22 | 2.26 | *2.00 | 4.03 |
| | 0.90 | 73 | 2.26 | 2.3 | 2.04 | 4.10 |
| 4.25 | 0.900 | 68 | 2.20 | 2.24 | 1.98 | 4.93 |
| | 0.800 | 71 | *1.77 | 1.80 | *1.60 | 5.03 |
| | 0.710 | 73 | 1.42 | 1.45 | 1.28 | 5.12 |
| 3.75 | 0.710 | 71 | 1.58 | 1.61 | 1.43 | 5.70 |
| | 0.630 | 73 | *1.27 | 1.29 | *1.14 | 5.80 |
| | 0.560 | 76 | 1.02 | 1.04 | 0.92 | 5.89 |
| 3.00 | 0.710 | 65 | 1.90 | 1.93 | 1.71 | 6.85 |
| | 0.630 | 68 | *1.53 | 1.56 | *1.38 | 7.00 |
| | 0.560 | 71 | 1.23 | 1.25 | 1.11 | 7.13 |
| 2.65 | 0.630 | 65 | 1.69 | 1.72 | 1.53 | 9.48 |
| | 0.560 | 68 | *1.37 | 1.39 | *1.23 | 9.69 |
| | 0.500 | 71 | 1.11 | 1.13 | 1.00 | 9.88 |
| 2.12 | 0.56 | 63 | 1.64 | 1.67 | 1.48 | 9.48 |
| | 0.500 | 65 | *1.34 | 1.36 | *1.20 | 9.69 |
| | 0.450 | 68 | 1.10 | 1.12 | 0.99 | 9.88 |
| 1.90 | 0.500 | 63 | *1.46 | 1.48 | 1.31 | 10.6 |
| | 0.450 | 65 | 1.21 | 1.23 | 1.09 | 10.8 |
| | 0.400 | 68 | 0.97 | 0.99 | 0.88 | 11.0 |
| 1.50 | 0.450 | 59 | 1.45 | 1.48 | 1.31 | 13.0 |
| | 0.400 | 62 | *1.18 | *1.20 | *1.06 | 13.4 |
| | 0.355 | 65 | 0.95 | 0.97 | 0.86 | 13.7 |
| 1.32 | 0.450 | 56 | 1.60 | 1.63 | 1.44 | 14.4 |
| | 0.400 | 59 | *1.30 | *1.32 | *1.17 | 14.8 |
| | 0.355 | 62 | 1.05 | 1.07 | 0.95 | 15.2 |
| 1.06 | 0.355 | 56 | 1.25 | 1.27 | 1.12 | 18.0 |
| | 0.315 | 59 | *1.01 | *1.03 | *0.91 | 18.5 |
| | 0.280 | 63 | 0.82 | 0.83 | 0.74 | 19.0 |
| 0.950 | 0.315 | 56 | 1.10 | 1.12 | 0.99 | 20.1 |
| | 0.280 | 60 | *0.89 | *0.91 | *0.80 | 20.7 |
| | 0.250 | 63 | 0.73 | 0.74 | 0.66 | 21.2 |
| 0.750 | 0.280 | 53 | 1.07 | 1.08 | 0.96 | 24.7 |
| | 0.250 | 56 | *0.87 | *0.89 | *0.79 | 25.4 |
| | 0.200 | 62 | 0.59 | 0.60 | 0.53 | 26.7 |
| 0.670 | 0.280 | 50 | 1.15 | 1.17 | 1.04 | 26.7 |
| | 0.250 | 53 | *0.95 | *0.97 | *0.86 | 27.6 |
| | 0.200 | 59 | 0.64 | 0.65 | 0.56 | 29.2 |
| 0.530 | 0.250 | 46 | 1.21 | 1.14 | 1.01 | 32.6 |
| | 0.200 | 53 | *0.77 | *0.78 | *0.69 | 34.8 |
| | 0.160 | 59 | 0.52 | 0.53 | 0.47 | 36.8 |
| 0.475 | 0.200 | 50 | 0.83 | 0.84 | 0.75 | 37.6 |
| | 0.180 | 53 | *0.69 | *0.70 | *0.62 | 38.8 |
| | 0.160 | 56 | 0.56 | 0.57 | 0.51 | 40.0 |
| 0.375 | 0.200 | 43 | 0.97 | 0.99 | 0.88 | 44.2 |
| | 0.160 | 49 | *0.67 | *0.68 | *0.60 | 47.5 |
| | 0.125 | 56 | 0.44 | 0.44 | 0.39 | 50.8 |
| 0.335 | 0.220 | 39 | 1.05 | 1.06 | 0.94 | 47.5 |
| | 0.160 | 46 | *0.72 | *0.74 | *0.65 | 51.3 |
| | 0.125 | 53 | 0.48 | 0.48 | 0.43 | 55.2 |

注：①丝网材质：H68，H80，QSn6.5－0.4，SUS304，SUS316。

②带 * 为常用规格。

③资料来源：河南新乡第五四零厂。

表 10.3　金属丝直径的偏差

| 金属丝直径/mm | 金属丝直径的偏差/mm | |
|---|---|---|
| | 有色金属 | 不锈钢 |
| 2.0 | ±0.03 | +0.030<br>−0.035 |
| 1.8 | | |
| 1.60 | ±0.02 | +0.020<br>−0.030 |
| 1.40 | | |
| 1.25 | | |
| 1.12 | | |
| 1.000 | ±0.015 | +0.015<br>−0.020 |
| 0.900 | | |
| 0.800 | | |
| 0.710 | | |
| 0.630 | ±0.010 | +0.010<br>−0.015 |
| 0.560 | | |
| 0.500 | | |
| 0.450 | | |
| 0.400 | ±0.008 | +0.028<br>−0.010 |
| 0.355 | | |
| 0.315 | | |
| 0.280 | | |
| 0.250 | ±0.006 | +0.006<br>−0.008 |
| 0.224 | | |
| 0.200 | | |
| 0.180 | | |
| 0.160 | ±0.004 | +0.003<br>−0.005 |
| 0.140 | | |
| 0.125 | | |
| 0.112 | | |
| 0.100 | ±0.003 | +0.002<br>−0.004 |
| 0.090 | | |
| 0.080 | | |
| 0.071 | | |
| 0.063 | ±0.002 | +0.002<br>−0.003 |
| 0.056 | | |
| 0.050 | | |
| 0.045 | | |
| 0.040 | ±0.0015 | +0.001<br>−0.003 |
| 0.036 | | |
| 0.032 | | |
| 0.030 | | |
| 0.028 | | |
| 0.025 | ±0.0015 | +0.0015<br>−0.0015 |
| 0.022 | | |
| 0.020 | | |
| 0.018 | | |

**【例 2】**上例，+40 目粉含量<2%，−325 目粉含量<2%.

选择：选用网孔 0.450mm，丝径 0.20mm，相当于 39.1 目，实用结果：成品+40 目粉含量<1%，而回料中−40 目粒含量达到 15%，没进入成品。说明网孔偏小。改选网孔0.450mm，丝径 0.25mm 相当于 36.3 目，得成品+40 目粉含量<2%，回料中−40 目粉含量<10%。−325 目仿照解决。

从上述例中可以知道，筛分结果，不仅同筛网网孔尺寸有关，而且受丝径影响。它们的组合能改变物料筛分粗细度。对于价格昂贵的产品(如硅等)，其意义显得尤为突出。

3）网孔和网丝的组合

上一节用实例演示，筛网网孔尺寸相同，丝径不同，但筛分效果相异：粗丝径筛粗粒，比细丝径好，筛分能力也较大。而从筛分面积百分比看，粗丝径的比细丝径的小，理应拥有较小透筛量。折算成目数，粗丝径的目数少，细丝径的目数多。目数小，孔大，应比目数多的下筛能力强。可是，这里是孔径一样大，究竟缘由何在？经探讨，获如下解释：

网孔同样大，细丝量多，粗粒在振跳过程中碰触网丝概率大，沿网下行速度快，透筛机会少。而粗丝量少，情况正好相反。

网孔和网丝的组合获得新结果，对于调节成品粒度有一定意义，此异于常规现象，值得继续探索，开拓准概率筛分技术的应用范围。

表 10.2 中的最后侧一行注明“相当英制目数”能帮助我们了解，当网孔径相同而丝径不同时，从折算的英制目数掌握其筛分效果。折算方法推演如下。

$$M=\frac{25.4}{a+d}$$

式中：$M$-网目数；$a$-网孔径(单位为 mm)；$d$-丝径(单位为 mm)。

例：1. $a=0.450\text{mm}, d=0.25\text{mm}, M=\frac{25.4}{0.450+0.25}=\frac{25.4}{0.700}=36.3$ 目

2. $a=0.900\text{mm}, d=0.355\text{mm}, M=\frac{25.4}{0.900+0.355}=\frac{25.4}{1.255}=20.2$ 目

当手头没有现成数据时，可实测后换算，帮助我们选用筛网。

采购筛网时，可用上述换算后相对英制目数的网，如上例 36 或 38 目、20 或 22 目。当然，需经历生产实际考核，才可确定。

### 10.1.4 振动筛工艺动力参数的选用

振动筛工艺动力参数包括振幅、频率和加料量(三因素)，对筛分过程影响很大，并且都有一定的规律性。它们的合理配置更是筛分技术的重要环节。对于粒度分布要求高的粉料，关键在粗粒的组成。因此，有关于此的参数调节极为重要。

利用振幅和频率搭配，调节粗粒组成。振幅的调节有两种方法：①调节偏心块。②调节电机转速。前者呈线性改变；后者是非线性的，按转速的平方关系改变。后一

项比前一项更敏感。频率由振动电机的变频调节,采用变频器随机兑现。偏心块调激振力,停机实施。调节的效果是:大振幅,高频率增高产量;小振幅,高频率提高筛分率。亦可中振幅、中频率。总范围是:振幅 4~7mm,频率 25~60Hz;常用值分别为 4~5.5mm和 40~50Hz。按工艺和设备状况,选用参数,尽可能提高筛分率和产量,以期达到筛分率>95%,料层厚度<5mm。举例如下。

(1) 回料中合格粉过多,如>15%,筛不干净。原因:网孔小或少,或振幅偏大,或频率偏高。处理办法:三因素中,取两项可调,随机降低频率,使振幅下降,延长物料过筛时间,增大合格筛粉透筛。如仍不行,停机调其他两个因素。

(2) 成品粉中粗粒过多,超过用户要求。原因:网孔小或多,振幅偏小,频率偏低。处理办法:随机提高频率,让粗料快点从筛网上走过。如仍不行,停机调前两因素。

(3) 生产能力达不到设计水平。原因:动力参数配置选用不合理,或布料不均匀,或筛网选配不佳。处理方法:逐一审定各参数,付诸实际考核。如发现布料欠匀,则调节调流箱调节板。改善筛网配置,前面已述及,值得认真考察。

### 10.1.5　均衡布料

为充分发挥筛网功效,沿网宽度和长度方向布料应均衡:在宽度上,料层厚度相等,中间稍厚一点;而在长度上,料层逐渐减薄。要达到此状态,进料处的布料状况至关重要,应力争均匀。现将其中一种应用较好的调流器叙述于下,见图 10.10。

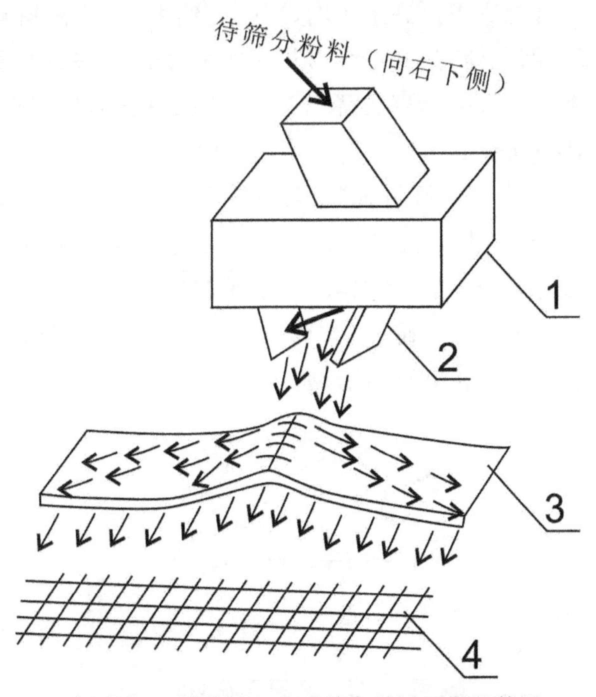


1-调流箱;2-调节板;3-振动筛布料板;4-振机筛网

**图 10.10　调流器布料示意图**

图 10.10 显示待筛分粉料进机后沿途均衡分流，散落到振动筛筛网上的过程。粉料送进，不可能正对振动筛中心轴线，需经调流箱缓冲过渡，随着调节板校正物料下行方向，对着布料板中间凸起脊背落料，循着布料板特制曲面向两侧滑行，均匀分流，然后撒开在网上。调节板上端用铰链固定，可以调节其倾斜角，改变料流方向。

均衡布料的方法可按实际情况选用，一般均系非标设备，其中利用重力下滑过程较简便。如增设传动，像螺旋给料机等，当然更好，只是结构复杂化，大都适用于宽面筛网上。

### 10.1.6 自清网功效

振动筛的筛网孔堵塞，需要经常性地清网操作，影响产能和损伤筛网，是这种筛使用上的一大难题。为减轻网孔堵塞，采取相应措施，则是一个值得探讨的课题。经过多年的生产实践和理论研究，确立了三项有效的自动清网措施，分述如下。

(1) 大振幅中频率。常用振幅和频率分别是 4～5.5mm 和＜50Hz。为自清网可短时间使用大振幅和中偏高频率。高振动力使难筛颗粒不易轧入而易于跳出网孔。可用振幅 6.5～7mm，频率 45～50Hz。

(2) 高、低两层网，均由两片网叠加而成：上为正网，下为衬网，上、下直接相叠，同时拉紧。下边衬网如能稍松一些更好，振动中振打正网，使孔内颗粒振脱。正网和衬网的网目必须按实况搭配适当。高层正网，网孔应偏大，只挡住粗料的 60%。衬网孔同正网孔相同，使每个网孔处有一网丝，可用于弹脱正网孔中的堵粒。低层衬网网孔应是正网的 2 倍。例如，石灰石粉(粒径＜1.2mm)振动筛，高层网下网孔 4mm，低层网网孔1.4mm，衬网网孔6～8mm。

(3) 有助于清网的，是筛网倾斜设置，角度 10°～20°。选网目时，可取大值。如图 10.11 所示，选网孔 $T$，水平投影长 $S=T\cos\alpha$，筛选颗粒最大粒径 $S$。颗粒筛分过程中，基本上沿着铅垂线落入网孔。此时，$S$ 很容易被卡在网上。可是 $T>S$，只要筛子继续振动，颗粒稍转个位置就会通过，难筛颗粒也易筛。清网时，情况是一样的，这样，堵网孔的情况就会减轻，相对于自清网。

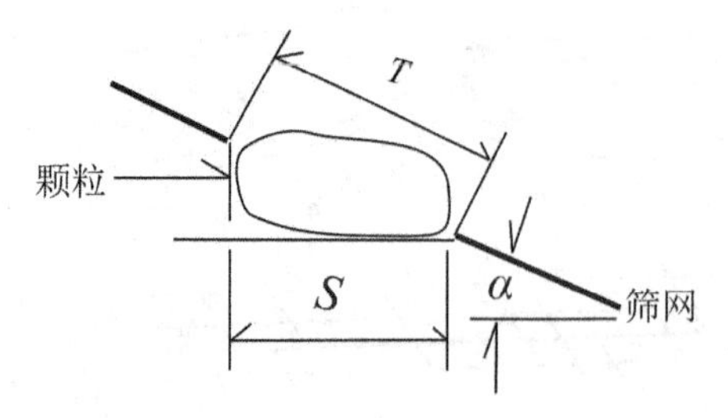


**图 10.11 大网孔筛细粒**

### 10.1.7 振动筛产品实例*

# GJS系列高效细粉振动筛

## 一、产品简介

GJS系列高效细粉振动筛是为了满足目前国内市场对精细粉料的筛分要求而研制的新型筛分机。被授予实用新型国家专利：200820070788.3。可广泛应用于电力、化工、金属矿业建材、陶瓷、玻璃、耐火材料等行业。该新型振动筛多项突破了原老型筛的结构形式。采用了最新型自张紧拉网装置，增加了筛网软支承，多个出料口采取了整体式全封闭结构，并开设了两侧多个手孔，对较宽筛箱可增加新型手动调节的布料装置。具有布料均匀、筛分效率高、相类产品筛网使用寿命长、清理更换筛网方便、重量轻、耗能少、噪声低、安装维修方便等优点。

该系列筛机为封闭型，分单层、双层和三层，也可设计为四层；筛网分为不锈钢丝和弹簧钢丝编织网；根据需要振动电机可用普通型或防爆型。

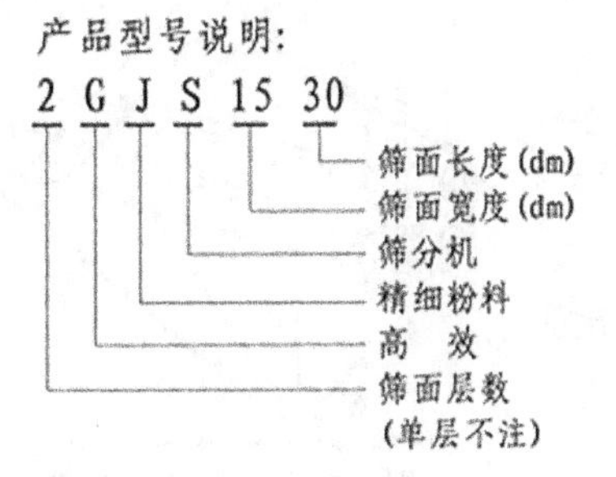


## 二、主要技术参数

表1-1 GJS系列高效细粉振动筛主要技术参数

| 型号 | 筛面面积 ($m^2$) | 筛面孔径 (mm) | 给料粒度 (mm) | 生产能力 (t/h) | 双振幅 (mm) | 振次 (r/min) | 电机功率 (kW) | 最大激振力 (kN) | 单点动负荷 (N) | 重量 (kg) |
|---|---|---|---|---|---|---|---|---|---|---|
| GJS0818 | 1.44 | 0.25-6 | ≤40 | 1.5-20 | 6-8 | 980 | 0.75X2 | 10X2 | ±1300 | 1060 |
| 2GJS0818 | 1.44 | 0.25-12 | | 2-40 | | | | | | 1180 |
| GJS1020 | 2.0 | 0.25-6 | ≤50 | 2-30 | 6-8 | 980 | 1.1X2 | 16X2 | ±1900 | 1430 |
| 2GJS1020 | 2.0 | 0.25-12 | | 2.5-60 | | | | | | 1650 |
| GJS1024 | 2.4 | 0.25-6 | | 2.5-45 | | | | | | 1690 |
| 2GJS1024 | 2.4 | 0.25-12 | | 3-80 | | | | | | 1920 |
| 3GJS1024 | 2.4 | 0.25-12 | | 4-100 | | | 1.5X2 | 20X2 | ±2300 | 2130 |
| GJS1030 | 3.0 | 0.25-6 | | 3-60 | | | | | | 2020 |
| 2GJS1030 | 3.0 | 0.25-12 | | 4-100 | | | | | | 2380 |
| GJS1224 | 2.88 | 0.25-6 | ≤80 | 3-60 | 6-8 | 980 | 1.5X2 | 20X2 | ±2300 | 2160 |
| 2GJS1224 | 2.88 | 0.25-12 | | 4-100 | | | | | | 2430 |
| 3GJS1224 | 2.88 | 0.25-12 | | 5-120 | | | | | | 2680 |
| GJS1230 | 3.6 | 0.25-6 | | 4-80 | | | | | | 2510 |
| 2GJS1230 | 3.6 | 0.25-12 | | 5-120 | | | 2.2X2 | 30X2 | ±2850 | 2790 |
| 3GJS1230 | 3.6 | 0.25-12 | | 6-150 | | | | | | 3060 |
| GJS1236 | 4.32 | 0.35-6 | | 6-100 | | | | | | 2850 |
| 2GJS1236 | 4.32 | 0.35-12 | | 8-150 | | | | | | 3170 |
| GJS1530 | 4.5 | 0.35-6 | ≤100 | 6-100 | 6-8 | 980 | 2.2X2 | 30X2 | ±3200 | 3080 |
| 2GJS1530 | 4.5 | 0.35-12 | | 8-150 | | | 3.0X2 | 40X2 | ±4010 | 3450 |
| 3GJS1530 | 4.5 | 0.35-12 | | 10-180 | | | | | | 3800 |
| GJS1536 | 5.4 | 0.35-6 | | 8-120 | | | | | | 3830 |
| 2GJS1536 | 5.4 | 0.35-12 | | 10-200 | | | | | | 4260 |
| GJS1836 | 6.48 | 0.35-6 | ≤120 | 12-150 | 6-8 | 980 | 3.7X2 | 50X2 | ±5850 | 5130 |
| 2GJS1836 | 6.48 | 0.35-12 | | 16-250 | | | | | | 5650 |
| 3GJS1836 | 6.48 | 0.35-12 | | 20-300 | | | 4.5X2 | 60X2 | ±7500 | 6120 |
| GJS1842 | 7.56 | 0.35-6 | | 15-200 | | | | | | 6170 |
| 2GJS1842 | 7.56 | 0.35-12 | | 20-300 | | | | | | 6750 |

注：表中生产能力是按松散密度为1.6t/m³的物料理论计算参数。

* 编者按：结合上下文义，此处直接采用实例的影印件，未作修改。

## 三、主要安装尺寸

图1-1 GJS系列高效细粉振动筛安装简图

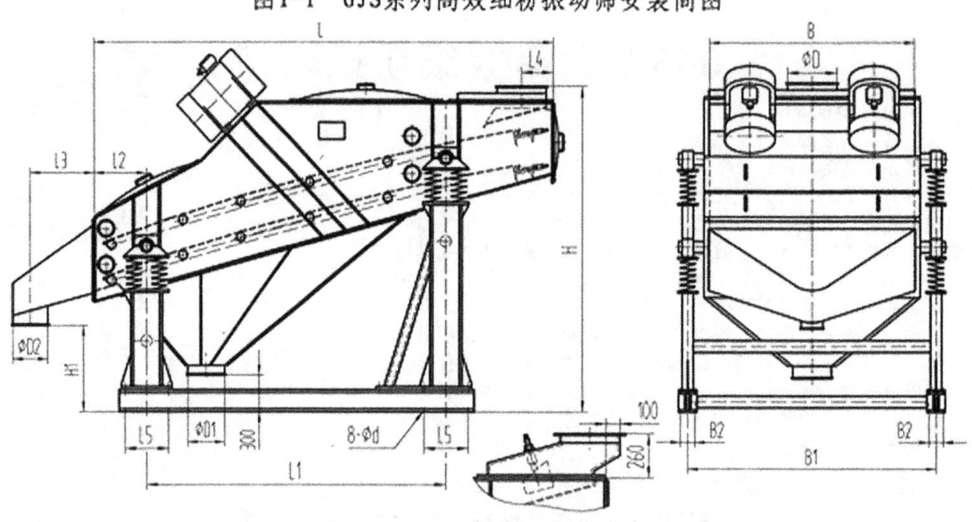


表1-2 GJS系列高效细粉振动筛主要安装尺寸

单位(mm)

| 筛机型号 | B | B1 | B2 | H | H1 | L | L1 | L2 | L3 | L4 | L5 | D | D1 | D2 | d |
|---|---|---|---|---|---|---|---|---|---|---|---|---|---|---|---|
| GJS0818 | 820 | 1160 | 90 | 1800 | 510 | 1800 | 1100 | 250 | 260 | 200 | 260 | 250 | 200 | 160 | 18 |
| 2GJS0818 | | | | 1900 | | | | | | | | | | | |
| GJS1020 | 1020 | 1380 | 110 | 1850 | 500 | 2000 | 1250 | 250 | 300 | 215 | 300 | 280 | 220 | 180 | 18 |
| 2GJS1020 | | | | 1980 | | | | | | | | | | | |
| GJS1024 | 1020 | 1380 | 110 | 2050 | 550 | 2400 | 1550 | 300 | 300 | 215 | 300 | 280 | 220 | 180 | 18 |
| 2GJS1024 | | | | 2150 | | | | | | | | | | | |
| 3GJS1024 | | | | 2400 | | | | | | | | | | | |
| GJS1030 | 1020 | 1380 | 110 | 2200 | 550 | 3000 | 2000 | 350 | 300 | 225 | 300 | 300 | 220 | 180 | 18 |
| 2GJS1030 | | | | 2350 | | | | | | | | | | | |
| GJS1224 | 1230 | 1620 | 120 | 2050 | 550 | 2400 | 1550 | 300 | 380 | 230 | 320 | 300 | 250 | 200 | 24 |
| 2GJS1224 | | | | 2200 | | | | | | | | | | | |
| 3GJS1224 | | | | 2450 | | | | | | | | | | | |
| GJS1230 | 1230 | 1620 | 120 | 2200 | 550 | 3000 | 2000 | 350 | 380 | 230 | 320 | 300 | 250 | 200 | 24 |
| 2GJS1230 | | | | 2350 | | | | | | | | | | | |
| 3GJS1230 | | | | 2600 | | | | | | | | | | | |
| GJS1236 | 1230 | 1620 | 120 | 2350 | 550 | 3600 | 2350 | 420 | 380 | 240 | 320 | 320 | 250 | 200 | 24 |
| 2GJS1236 | | | | 2500 | | | | | | | | | | | |
| GJS1530 | 1530 | 1930 | 120 | 2200 | 600 | 3000 | 2000 | 350 | 450 | 255 | 350 | 350 | 300 | 250 | 24 |
| 2GJS1530 | | | | 2350 | | | | | | | | | | | |
| 3GJS1530 | | | | 2600 | | | | | | | | | | | |
| GJS1536 | 1530 | 1930 | 120 | 2350 | 600 | 3600 | 2350 | 420 | 450 | 255 | 350 | 350 | 300 | 250 | 24 |
| 2GJS1536 | | | | 2500 | | | | | | | | | | | |
| GJS1836 | 1830 | 2300 | 130 | 2400 | 650 | 3600 | 2350 | 420 | 500 | 260 | 400 | 350x600 | 350 | 300 | 28 |
| 2GJS1836 | | | | 2550 | | | | | | | | | | | |
| 3GJS1836 | | | | 2810 | | | | | | | | | | | |
| GJS1842 | 1830 | 2300 | 130 | 2560 | 650 | 4200 | 2800 | 480 | 500 | 260 | 400 | 350x600 | 350 | 300 | 28 |
| 2GJS1842 | | | | 2720 | | | | | | | | | | | |

# 10.2 方形平面摇摆筛分工艺设备

随着硅粉生产规模的扩大，筛分设备也从圆筒旋转筛、直线振动筛（即准概率筛），到如今的方形平面摇摆筛。其中，平面回转筛的效果最好。但是，生产要求：单机产能要提高到 3～4t/h。当前最佳的还是平面回转往复筛。它综合平面回转和往复运动方式于一体，筛分效果最佳。所以，有必要对该式筛机进行深入研究，以期获得较为确切的实施技术方案。

### 10.2.1　平面回转往复筛结构简介

平面回转往复筛外形如图 10.12 所示，有两种型式：座式（见图 10.12a）和悬挂式（见图 10.12b）。图 10.13 所示为用于硅粉生产的较大规格 1840-3P（即筛网宽 1.8m，长度 4m，3 层）平面回转往复筛的结构原理。

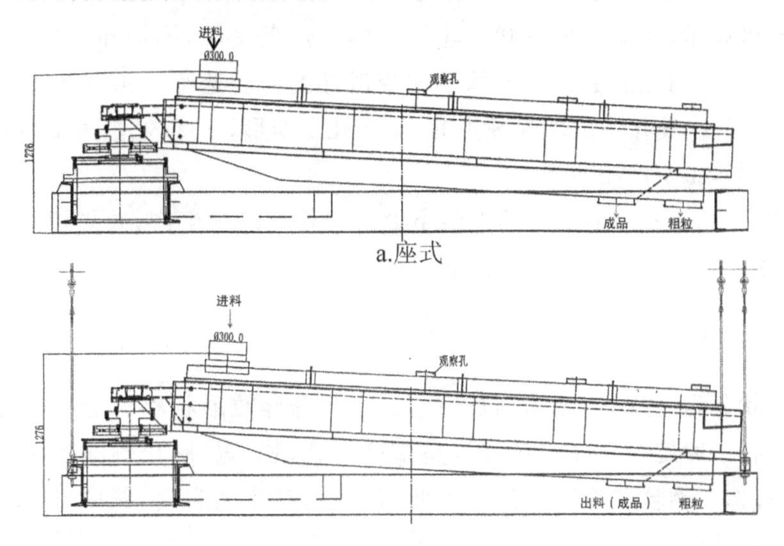


b. 悬挂式

**图 10.12　平面回转往复筛外形**

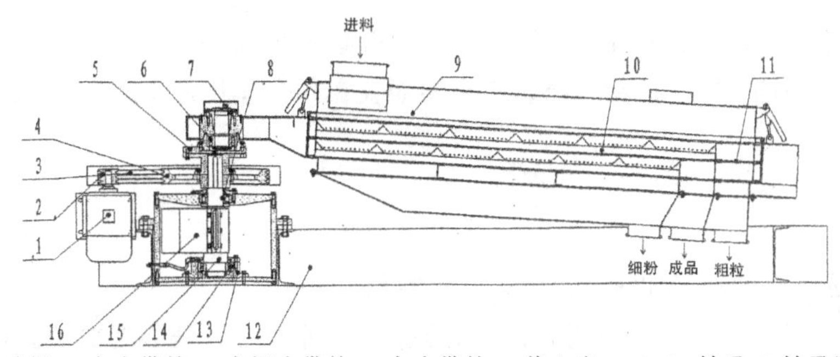


1-电动机；2-小皮带轮；3-中间皮带轮；4-大皮带轮；5-偏心座；6，8，14-轴承；7-轴承压块；9-上盖；10-筛箱；11-出料口；12-底座；13，15，16-传动平衡部件

**图 10.13　平面回转往复筛结构简图**

电动机（1）经皮带轮（2、3）带动大皮带轮（4）和偏心座（5）旋转，使筛框回转，物料在进料端呈圆周运动，而出料端导向装置使筛框做往复（近直线）运动（圆和椭圆交变，最后沿直线往返，似曲柄连杆机构的运动）。

该类筛是在平面回转筛基础上改进而来的，两者的主要区别是：出料端改进成直线往复运动，优化了物料筛理过程的整体运行轨迹。拟从筛分原理、机理和动力学三方面综合分析研究其技术特性，并通过对比认定其最佳效能，确认其能成为同高效粉碎机配套的筛分机。分析研究的具体内容有如下五项：筛网、网孔、透筛速度、筛面运动方式和筛网组合。

### 10.2.2 筛网

适用金属丝编织网，常用不锈钢丝网，其他如锰、钢、铜等较少。编织网的相对优点有：①筛分面积大，利用率较高。而且，按丝径选用，同一筛孔可获得不同筛分效果。②筛面可张紧，并保持平直状。③编织网中丝条交叉，网面布满凹凸点，有利于物粒自动分级；丝面光滑更有利于原本就带滑性的硅粒透筛。④网孔可达 0.025mm（相当于 500 目）。使用中的相对缺点有：①网孔易变形，强度较差，寿命较短。②局部易破损，致漏料，影响产品质量。

鉴于此，不锈钢丝网最适合用于中小批量硅粉等筛分生产，效果较好。回转往复筛，筛网易张紧，使用寿命长，换网方便。

### 10.2.3 网孔

网孔形状各异，主要是方形和长方形。按照硅碎粒形状和筛上运动方式（后详）选用方形网孔。冲旋粉碎硅碎粒多数呈多棱体状，长、宽、厚比例随着颗粒变细而缩小，成小多棱体。颗粒在筛面上沿筛面跳跃前行，其跳动高度、频率、速度可以调节，同方形孔正相适应。

### 10.2.4 透筛速度

物料透筛，顺利穿过网孔，其相对于网的滑移速度有一限值，即透筛速度。大于它，穿网困难；小于它，产量受影响。笔者参照文献[9]提出的公式，结合硅粉实际，将其简化得：

$$V<5\frac{a}{d}$$

式中：$V$ 为透筛速度；$a$ 为网孔尺寸；$d$ 为颗粒尺寸。

当 $d=a$，则 $V<5\mathrm{m/s}$，说明颗粒小，透筛速度可大。这是参考数值。影响透筛的因素很多，要经实践测试，最后求得有效值。筛机制造单位一般都经调试确定设备参数，透筛速度也是其中之一，可供参考。

回转往复筛物料运动轨迹随过程改变，速度逐步下降，正适应筛分机理变化趋势：透筛先易后难，先细后粗。速度则先快后慢，同透筛原理一致。

### 10.2.5 筛面运动方式

筛面运动有多种方式，如振动、直线往复、平面或立面回转、旋转等[10-11]。对硅粉而言，值得研究的是直线往复和平面回转，如图 10.14 所示。后两种都可近似地视为平面运动方式。筛面运动方式如图 10.14a 所示。

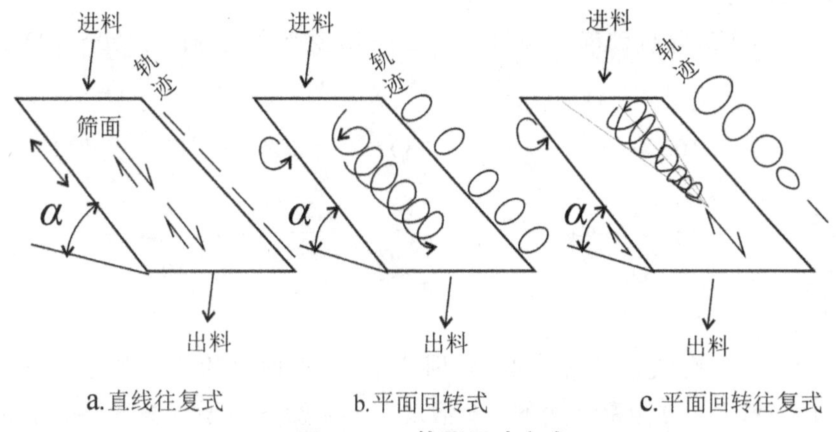


**图 10.14　筛面运动方式**

1）直线往复式

筛带动物料做前后运动，物料速度改变，有停顿有移动，相对速率较低，促进物粒分层和穿孔，处理难筛分物粒效果好，如粒度范围窄、要求严的产品，像磨料分级等。

2）平面回转式

筛带动物料做近似圆周的螺旋线运动，从进料端流向出料端。物粒轨迹呈椭圆状，运程长，贴近网面，穿孔概率较大。不过，对网相对速率较大，难筛颗粒不易透网。

3）平面回转往复式

筛带动物料做回转往复运动，其物料轨迹详示于图 10.15。物粒在筛面的回转先呈螺旋线状，由椭圆形变成圆形，再变成另向椭圆形，直至变成直线。物粒筛面上运动，分层透筛兼有回转和直线轨迹。进料端料多，发挥回转筛分优势，完成 90% 过筛量，接着料渐少，对网相对速率降低，显示直线往复筛分专长，难筛物粒穿孔，粗料卸出加快。

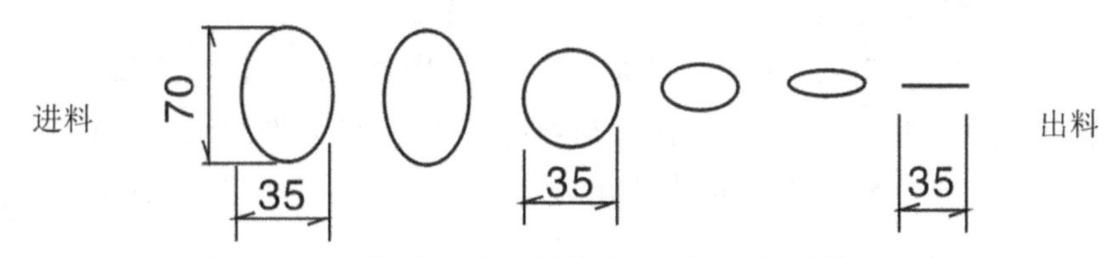


**图 10.15　物料平面回转往复运动轨迹(单位:mm)**

## 10.2.6　筛网组合

为实现最佳筛分，根据物料粒度组成和产品要求，应配置相应的筛网，大小网网孔合理排层，使料层分布适中，筛理顺行。平面回转往复筛的优势呈现在每层上，放大其效用。按需要可设置 2～5 层网。硅粉生产常用 2～3 层网。

经常年生产积累，可概括出硅粉筛分的规律。①回料(粗料)处在中径段，占全部物料的 60%，而其中粗粒占回料的 60%。②准成品占全部物料的 40%，而其中粗粒也处在准成品自身中径段，占 60%。它符合冲旋粉碎独具的黄金分割定律。可引一典型实例加以说明。

硅原料经颚式破碎机破碎后碎料<30mm，拟生产多晶硅用粉 30～120 目，冲旋粉碎后得统料，筛析如下。

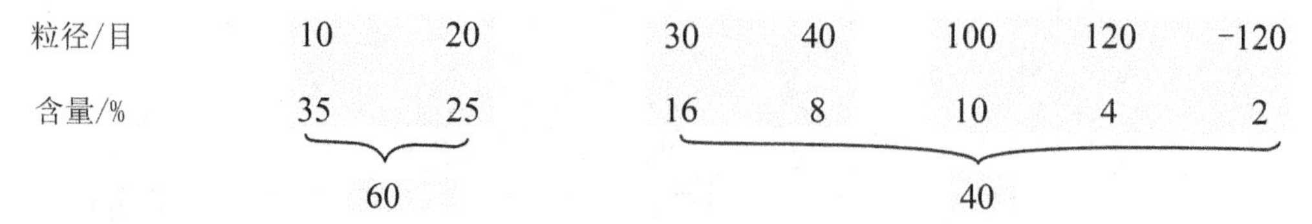

| 粒径/目 | 10 | 20 | 30 | 40 | 100 | 120 | -120 |
|---|---|---|---|---|---|---|---|
| 含量/% | 35 | 25 | 16 | 8 | 10 | 4 | 2 |
| | 60 | | 40 | | | | |

配网分析如下。

(1)由于粉碎一次成品率只有 40%，回料量大，返回碎粉同新加原料混合，再得 40%，使循环料量保持在成品产量的 1.5 倍以上。而筛分率不可能达 100%，所以，机内循环料量接近产量的 2 倍。这对网的负荷无疑是重的。

(2) +30 目粉用 20 目网，当要求高时，选 25 目。但是，粗粒回料量大，一层网载荷过重，需要将中径以上的粗料全筛去，即第一层网为 10 目。该网目丝径较粗，承载能力较大，先拦下 35%的粗粒，大幅度减轻后续网负荷。

(3) 关键作用在 20 目或 25 目网。在重负荷下要让物料尽快分层透筛，网面结构、动态性能显得极为重要。回转往复筛为此提供了最佳条件。同样，最下层 120 目网也发挥了良好的效用。

筛网组合的作用由此可见，必须使用到位。

### 10.2.7 实理验证

分析研究得到综合的结论：平面回转往复筛更适用于同高效粉碎机配套。

(1) 筛网、网孔是满足硅粉物理力学性能的。硅有滑性，表面呈多棱体状和蜂窝状，颗粒外形较方整，同金属编织网和方网孔很适应。

(2) 筛面运动参量和方式能满足量大、粒度杂的物料筛理运行轨迹和状态的要求。

(3) 筛分产能有初步结果，尚有待今后继续考核。在逐步改善筛机的基础上，满足粉碎机的配合要求。同平面回转式相比，产能提高 15%～20%，筛分率增加约 5%。

## 10.3 圆形摇摆筛分工艺设备

圆形摇摆筛外形如图 10.16 所示[12]。它用在硅粉细筛分，可分出－200 目(粒径<0.075mm)，经常能筛分－160 目的细粉。其规格以筛框直径表示，最大可到∅2.9m，平常选用∅1500～2000mm。随着经济的发展，规格会继续增大。圆形摇摆筛具有多种结构、性能相异的种类，其中有旋振动筛。它们都是仿效人工筛分的动作，形成空间筛分轨迹，能较好地完成细料分级工序。本文就现用较多的圆形摇摆筛做简要介绍。

图 10.16　圆形摇摆筛照片

### 10.3.1　圆形摇摆筛结构和功能

该种筛布设在硅粉生产线方形筛之后，做较精确的细筛分，一般为－100 目(粒径＜0.15mm)，尤其是比－150 目(粒径＜0.1mm)粉。为使用好这类筛子，一定要下功夫掌握其结构、功能及其调整、换网、检修和维护等技术。

圆形摇摆筛的结构如图 10.17 所示。主要结构有筛框、底座(4)、传动装置。筛框凭四根弹性支承棒(1)竖直撑在底座上。传动装置包括电动机(2)、中间传动机构(4～31)和棱锥，设在筛框下、底座上。

传动机构分成部件示于图 10.18～图 10.21。运动传递：电动机经皮带轮减速带动主轴，其上有调整盘的偏心轴(轴颈)及其轴承插入(见图 10.20、图 10.21)，并带动筛框绕主轴偏心旋转。同筛框、轴颈(连带轴承)相连的是调整盘，它支承在下边传动盘偏心块板上，并以后者为基础，调节轴颈的径向和切向偏斜角，使调整盘固定在传动盘偏心块板上，呈径向和切向倾斜，一般小于 2°。该部件是摇摆筛的关键。

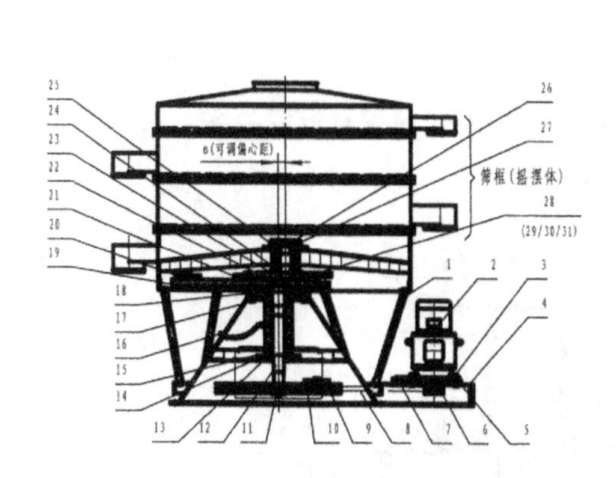


nYBS-φ型摇摆筛零部件名称一览表

| 序号 | 型号与规格 | 名称 | 数量 | 材料 | 备注 |
|---|---|---|---|---|---|
| 1 | QB/TYJ.TB-00 | 弹性支承棒 | 4n | 橡胶复合件 | 企业通用件 |
| 2 | | 驱动电机 | 1 | 成品 | 与筛机机型适配 |
| 3 | | 电机固定螺栓 | 4 | A/B级 | 与件2相适配 |
| 4 | nYBS-φ-01 | 支承底座 | 1 | 焊接件 | 所有动、静负荷之承载基础 |
| 5 | nYBS-φ-02 | 电机底板 | 1 | 焊接件 | 电机可随其调节(张紧三角带) |
| 6 | nYBS-φ-03 | 小带轮 | 1 | HT250 | |
| 7 | nYBS-φ-04 | 张紧机构 | 1 | 组件 | 以件4作为基础 |
| 8 | GB/T | 三角皮带 | 2 | 成品 | |
| 9 | nYBS-φ-05 | 大带轮 | 1 | HT250 | 转速-215rpm |
| 10 | nYBS-φ-06 | 下部配重块 | 3 | Q235-A | 根据筛机配置调配 |
| 11 | nYBS-φ-07 | 主轴锁紧盖 | 1 | Q235-A | |
| 12 | nYBS-φ-08 | 主轴 | 1 | 45 | 与件19焊接或花键连接 |
| 13 | nYBS-φ-09 | 主轴轴承下压盖 | 1 | Q235-A | |
| 14 | nYBS-φ-10 | 主轴套(轴承室) | 1 | QT200 | 与件4螺栓连接 |
| 15 | GB/T297-2000 | 主轴轴承 | 2 | 成品 | 上、下各一 |
| 16 | GB/T | 润滑油道 | 2 | 成品 | 上、下各一 |
| 17 | GB5785-86 | 六角头螺栓 | 6 | A/B级 | 细牙 |
| 18 | nYBS-φ-11 | 主轴轴承上压盖 | 1 | HT250 | |
| 19 | nYBS-φ-12 | 偏心块 | 1 | ZG45 | 与件12焊接或花键连接 |
| 20 | nYBS-φ-13 | 上部配重块 | 3 | Q235-A | 根据筛机配置调配 |
| 21 | nYBS-φ-14 | 偏心距调节螺栓 | 1 | Q235-A | 用于调节偏心距 |
| 22 | nYBS-φ-15 | 调整盘 | 1 | ZG45 | 与件25焊接或花键连接 |
| 23 | nYBS-φ-16 | 轴颈套(轴承室) | 1 | QT200 | |
| 24 | GB/T297-2000 | 轴颈轴承 | 2 | 成品 | 上、下各一 |
| 25 | nYBS-φ-17 | 轴颈 | 1 | 45 | 与件22焊接或花键连接 |
| 26 | nYBS-φ-18 | 轴颈锁紧盖 | 1 | Q235-A | |
| 27 | nYBS-φ-19 | 上封盖 | 1 | Q235-A | |
| 28 | QB/TYJ.YG-00 | 零位调整螺栓 | 2 | 45 | 标准通用件 |
| 29 | QB/TYJ.YG-01 | 锁紧螺栓与螺母 | 3 | 45 | 标准通用件 |
| 30 | QB/TYJ.YT-R1 | 径向调整螺栓 | 1 | 45 | 标准通用件 |
| 31 | QB/TYJ.YT-T1 | 切向调整螺栓 | 1 | 45 | 标准通用件 |

图 10.17　圆形摇摆筛结构

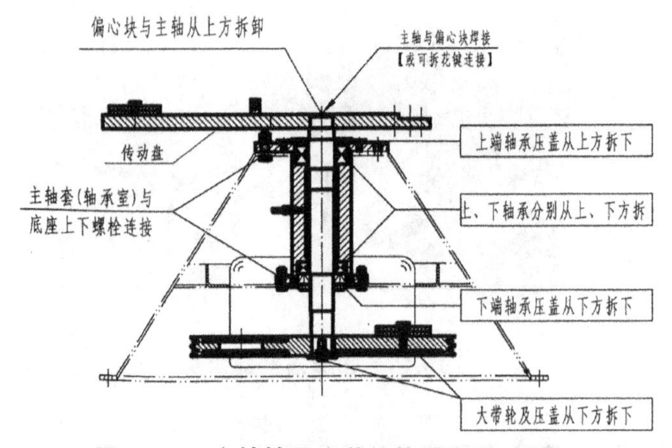


图 10.18　主轴轴承安装结构及润滑、更换

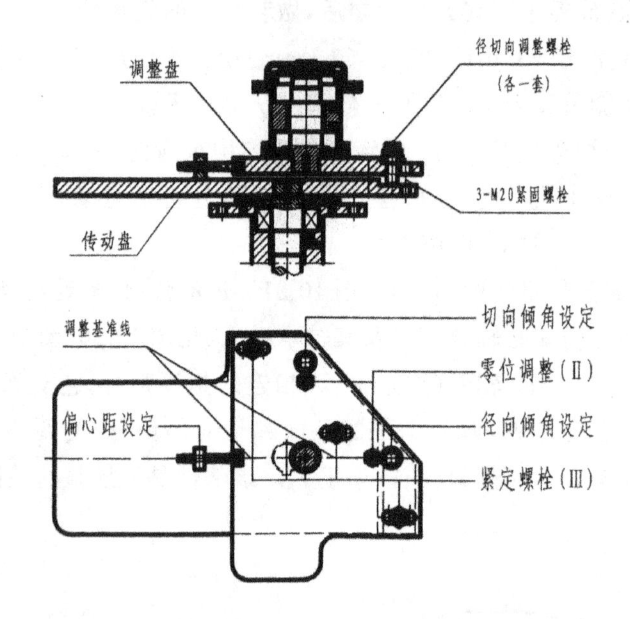


图 10.19　摇摆筛各参数调整原理与设置关系

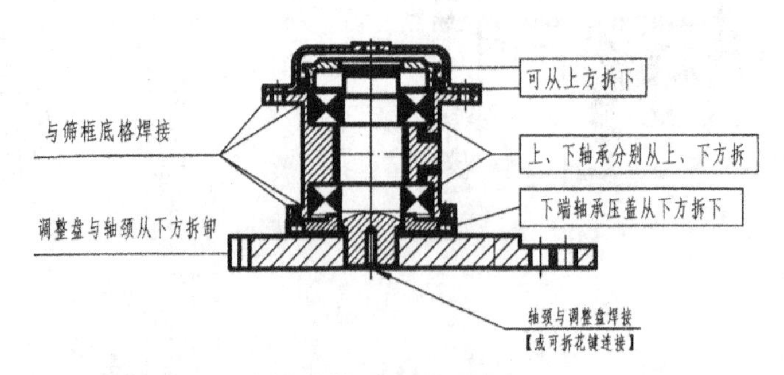


图 10.20　主轴颈轴承安装结构及润滑、更换

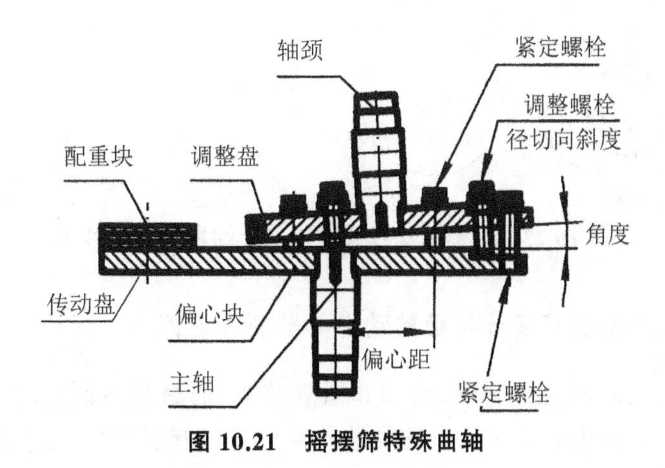


**图 10.21　摇摆筛特殊曲轴**

圆形摇摆筛分级形象如图 10.22 所示[11]。进料来自上工序，如直线、方形摇摆筛下粉料，经圆形筛最上层粗网，分出粗粒，由最上出料口排出，网下又经中网筛分，排出中粉。如此，层层随网变细，得到细粉、微粉，分别装袋收集，待用。圆形摇摆筛擅长精选细粉，实用效果较好。

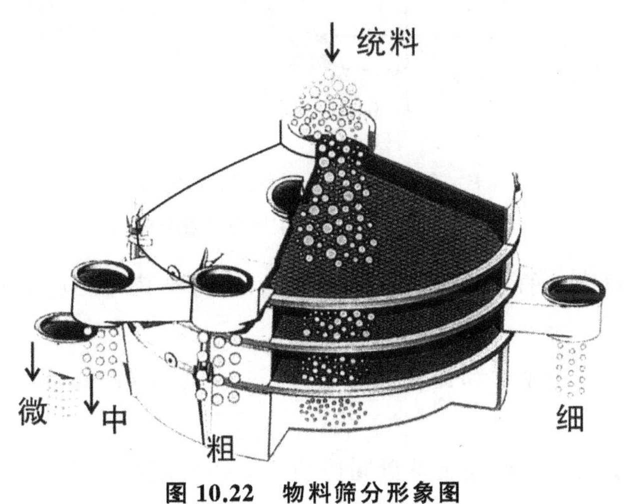


**图 10.22　物料筛分形象图**

## 10.3.2　圆形摇摆筛工作机理

圆形摇摆筛适用于精细分选，独特的结构使其能实现三维惯性振动的运行轨迹，似手工筛分动作，效能颇佳。它的功能机理详述如下。待筛物料宏观上循着蜗旋线从筛面中心流向外缘，如图 10.23 所示。而物料细观上，其颗粒运动由 4 项运动合成，显现绕着蜗旋线做三维空间跨越翻滚，呈螺旋状雀跃式前行。物料在此动态历程中，实现筛分过程的分层、解团和透筛，充分利用有限的时空条件，促成物料同筛面最大程度的接触以及细粉团间的碰擦，促成细粉解团、散开、透筛。而且，运用调控相关参数，取得不同筛况(筛网层数、斜度、分级度等)下最佳筛分效果：精细筛分的高效率和产能。为阐述该工作机理，做必要的动力学分析于后。

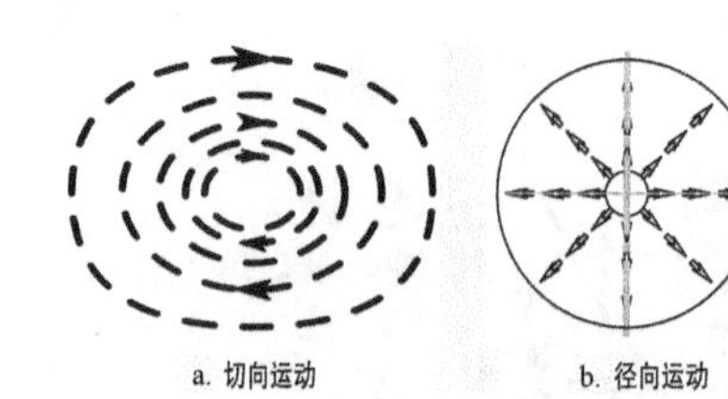

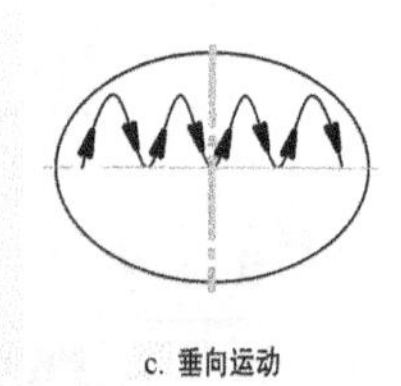

**图 10.23　物料在摇摆筛筛面运动情况与合成效果**

### 10.3.3　圆形摇摆筛筛分机理的动力学分析和应用

该种筛工作机理体现为宏观、细观和微观状态，而最基本的是物料颗粒（细粉团状）运动，有必要做动力学分析。该筛的结构决定了其运动和工艺过程。驱使物料运动的缘由正是其受力状态，如图 10.24 所示。

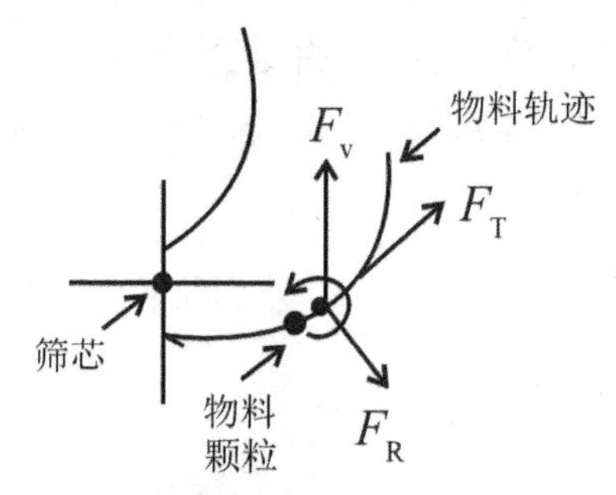


$F_v$-垂直力；$F_R$-径向力；$F_T$-切向力

**图 10.24　物料筛上力学模型**

作用在物料粒体上的三种力 $F_v$、$F_R$ 和 $F_T$ 使物料获得相应运动，并协同呈现合成运动轨迹。

切向力 $F_T$：受控于主轴和曲轴颈偏心距，一般范围 20～40mm，常用 35mm。距离大，力大。

径向力 $F_R$：受控于筛框底调整盘同传动盘间径向倾角，即曲轴颈对主轴的径向倾角，调节范围 0～2°。角大，力大。

垂直力 $F_v$：受控于筛框底调整盘同传动盘间切向倾角，即曲轴颈对主轴的切向倾角，调节范围 0～2°。角大，力大。

切向力、径直力、垂直力分别使物粒产生切向、径向和垂直运动。其着力点是共同的，效果当然是合成的复旋运动，如图 10.23 所示。

三种力来自电动机皮带传动，经相应配置的偏心块调整，整机处于动态平衡，对地基作用力较小，设备运动平稳。筛分工艺则稳健有序进行，按自有特色循行。其间，物粒（细粉团）同筛网和相互间互碰，物粒解团分散，进而分层和透筛。由合成的复旋运动驱动细粉物粒的筛分过程，美观、复杂、巧妙；调试的“艺术”正源于此，玄妙之处正待开启！不过，也可另辟蹊径：复合联法。该法历程是，两台圆形摇摆筛高低错开。高位筛受料筛分，筛下部分细粉；筛上粉进入低位筛继续筛，将细粉筛净，筛上即得合格粉。其实质就是延长筛分时间，增大面积，减薄料层，使粉团更有效地解散，脱去表层黏附的细粉而透筛。其结果比两台筛单纯并联和串联好。

## 10.4　筛机的选用

对市场上名目繁多的筛机，需要认真考查和选用，要自定符合生产要求的选型条件，充分掌握筛机的结构、使用性能等。同时，筛机一定要同粉碎机紧密配合，使粉碎机发挥最佳效能，尤其要注意：粉碎机的各项指标若没有筛机协同，均无法提高，比如回料的组成和份量。筛上物排出就成回料。即使统料组成很好，但当回料中细粉含量＞5%，就降低产量，增多细粉，损及成品率。又如细筛网堵塞，成品里细粉就超多（超标），伤及生产成效。[13]有句话说得好：粉要打得出来，还要筛得出来！

关于筛机配置，一般统料经准概率筛或方形平面回转筛，得到回料、成品和细粉。如果还要细一些，可后续加圆形摇摆筛，按产能确定使用台数。

# 第 11 章　产品特性品质

冲旋粉的特性品质包括高活性、粒级可调、低能耗、低成本、环境友好型。高活性体现在粉料能充分发挥原料天赋的活性，甚至达到极致。粒级可调指为适应使用要求，随着制品主体工艺参数的变换，粒级做相应灵活、可控的调节。低能耗指是生产所需能量消耗低，生产每吨粉的电耗较低。低成本反映生产成本低。环境友好型突出生产和使用安全，有利于环境保护。上述特性品质随物料不同，表现各异，体现程度参差不齐。以石灰石和硅为对象做深入介绍，并通过对比的方式做技术经济品评。

## 11.1　石灰石脱硫粉剂品质及其技术经济述评

### 11.1.1　石灰石脱硫粉的品质

*1）石灰石脱硫粉的基本类型*

可用于脱硫的石灰石粉有多种生产方法，从制粉原理上分，基本为三种：冲旋粉、辊磨粉和对辊粉。主要技术经济品质有脱硫活性、粒度、能耗、成本、环保性等。冲旋粉是冲旋法生产的，采用刀具和气流双重冲击，属拉裂劈切粉碎的粉。辊磨粉是辊轮研压制取的，属研压粉碎的粉。对辊粉则是成对辊相向旋转挤研压碎获得的粉。

*2）石灰石脱硫粉品质*

三种石灰石脱硫粉的技术经济品质归纳列于表 11.1 中。

*3）比表面积*

脱硫是石灰石和二氧化硫间的固体和气体两相化学反应。它的速率同固体表面积平方成正比，并经理论和实践的验证。为提高脱硫率，采用高比表面积的石灰石粉是有效的实用措施。可惜其重要性没有被广泛认识到，实际应用时，往往只要是石灰石粉，碳酸钙成分合格、粒度适中就可以了，殊不知粉的品质，尤其是表面结构对满足不断提高的脱硫要求有着特殊的作用。

由于测定的方法有差异，同一粉料的比表面积有不同的数值，所以，采用同一方法测得数值的比较值，作为选粉依据，如表 11.1 所示。

电子显微镜扫描照片显示表面形貌：冲旋粉呈多棱状和蜂窝状，其表面自然比光平表面的面积大[1]。以寻常目光看，拉裂制成的粉自然比压碎制成的粉疏松、断面粗糙、参与化学反应更激烈。

**表 11.1　石灰石脱硫粉品质表**

| 序号 | 项目 | | | 冲旋法 | 辊磨法 | 对辊法 |
|---|---|---|---|---|---|---|
| 1 | 质量 | 比表面积 | 检测值/($m^2$/g) | 0.65 | 0.40 | 0.38 |
| | | | 比较值 | 1 | 0.62 | 0.58 |
| | | 活性 | | 2 | 3 | 3 |
| | | 粒级 | 范围/mm | 0～2 | 0～2 | 0～2 |
| | | | 粒径＜0.1mm 粉含量/% | 15 | 25 | 25 |
| | | 颗粒形貌 | | 蜂窝形、多裂纹 | 扁平、多光面 | 薄扁、光滑 |
| 2 | 单位能耗/(kW·h/t) | | | 9 | 14 | 25 |
| 3 | 使用可靠性 | | | 好 | 好 | 好 |
| 4 | 环保性 | | | 达标 | 达标 | 较差 |
| 5 | 脱硫效果 | | | 良好 | 一般 | 较差 |
| | 脱硫粉使用经济核算 | | | 节约型 | 普通型 | 超支型 |
| | 钙硫比相对降低值/% | | | 20 | 0 | −10 |
| | 脱硫粉消耗量减小值/% | | | 20 | 0 | −10 |
| | 煤耗下降量/% | | | 0.4 | 0 | −0.2 |

注:①比表面积比较值:能较准确地说明其脱硫活性的区别。设冲旋法为 1,以检测值相比,另二法较低,与之差 38%和 42%。

②活性级别:按美国 Ahlstrom 公司厂标,分 5 个等级,1 级最好,5 级最差。

③粒级:按美国 AM、FW 和中国 CS 曲线要求。

④形貌:根据扫描电镜照片。

⑤能耗:属一个确定的粉碎机组,从原料块至排出产品粉料,不包括原料准备和粉料外送。

物料的分形结构,如石灰石等矿物,宏观上体现出层理和解理等,微观上显示为晶粒、杂质等;经粉碎后,因受力状态各异,表面形貌相差甚远。根据分形理论和测试,物料受力引发的裂纹长度和缝隙大小以分维数表示[5],同应力比成正比。应力比就是应力值同物料强度值之比,即拉裂时拉应力同抗拉强度之比、压裂时压应力同抗压强度之比。石灰石是脆性材料,它的抗拉能力只有抗压能力的 10%,所以拉裂粉碎的应力比要比压裂粉碎的应力比大得多。仔细观察后发现,粉粒表面高低不平,呈三角形的较多,因为三角成形最节能,只要从三个方向突破就可以。由此获得较高分维数,裂纹长度更长、面积更大。经实测,分维数一般为 2～3,分维大的靠近 3,小的贴近 2。脆性材料的分维数为 2.0～2.7[5]。冲旋粉是拉裂粉碎获得,而辊磨粉是压裂取得,冲旋粉的分维数自然要大。其数字表示同钙硫比相对应。

宏观和微观、实测和理论上都说明,拉裂制取的粉料的比表面积比压裂制取的要大,即冲旋粉较辊磨粉拥有较大的比表面积。冲旋粉还有 1 个特性:粗、细颗粒的比表面积相差不大。缘由是：粗粒外比表面积小，内裂纹多；而细粒外比表面积大，内裂纹少。

4）脱硫活性

为鉴别脱硫粉质量，美国 PPC－FW 公司制定了脱硫活性分级标准。活性共分 5 个等级，如表 11.2 所示。

表 11.2 脱硫活性等级表

| 等级 | 反应能力指数 RI | 吸收能力指数 CI |
|---|---|---|
| 优秀 | <2.5 | >120 |
| 良好 | 2.5～3.0 | 100～120 |
| 中等 | 3.0～4.0 | 80～100 |
| 一般 | 4.0～5.0 | 60～80 |
| 差劣 | >5.0 | <60 |

美国采用的装备是模拟实际的小流化床锅炉。我国某公司也自制类似装备，也能测试，具体标准各有特色。

反应能力指数(RI)相对实质是钙硫比(物质的量之比)。吸收能力指数(CI)则相对表示 1kg 碳酸钙能吸收二氧化硫的量。各等级间的平均差数约为 20%，从而将活性体现为实际的脱硫能力，表达为脱硫效果和脱硫剂消耗量，具体阐明脱硫粉的品质。

冲旋粉活性好从其比表面积大上也得到了证实，已于前述。而且其数值比辊磨粉高出 38%，可以佐证美国对活性的实测值。同时，国内外还有各类实验和实测从不同侧面表明脱硫效果同比表面积的关系。比如，脱硫反应速率同比表面积平方成正比，钙利用率增大值同比表面积增大倍数的平方根成正比[1]等。冲旋粉的比表面积大、活性高、能耗低，在脱硫过程中能取得较佳的经济和社会效益。

5）粒度

粒度可随着炉况调节，但不能影响制粉生产，如不能有过大的产能变动、工艺不顺、设备运行不稳、威胁安全等。而对细粉(粒径<0.1mm)都有要求，一般含量<20%。冲旋粉粒度频率曲线图 11.1 有两个峰，第 1 个峰在 0.5～0.3mm(30 目)处，脱硫活性最佳处；第 2 个峰正好汇集细粉，截住其细化。而辊磨粉和对辊粉则无此双峰，只有单峰。控制细粉量的能力就差了。三种粉中，除冲旋粉外，另两种较难满足粒度要求。若想满足，往往会引起产能的大幅度下降，并导致粉利用率低和能耗高，降低了经济效益，增加了炉况调节难度。

### 11.1.2 经济效益

1）粉耗和煤耗

以小型热电站为例，展示冲旋粉的经济效益。

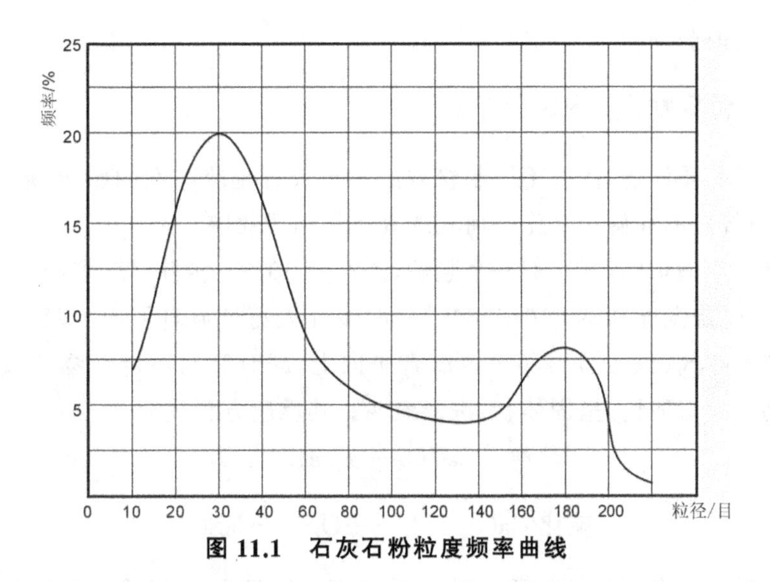


**图 11.1　石灰石粉粒度频率曲线**

某电站石灰石脱硫粉年需要量 $15\times10^4$ t。拟选用冲旋法和辊磨法生产自用脱硫粉，制粉线设在站内，需做比较，以表 11.1 为例。

两种方法生产的粉均可用于脱硫，但是活性有高低，技术上是明确的，经济上需做具体比较，现计算于下。

两种粉活性不同，钙硫比相差 20%(已述于前)。目前钙硫比一般为 2.0～2.5，那么，两种粉的钙硫比可设为：冲旋粉 2，辊磨粉 2.5。脱硫粉耗量相差 20%，年耗量少 $15\times10^4\times20\%=3\times10^4$ t，粉价 100 元/t，经济效益 $3\times10^4\times100=300$ 万元。

粉量减小，煤耗也随之下降。由脱硫粉引起的煤耗增加约 2%。粉耗下降 20%，煤耗减小 0.4%，即 5000t。煤价 400 元/t，经济效益 200 万元。

粉和煤两项节约 500 万元/年。

脱硫粉质量高，可节约 500 万元/年。

2) 单位能耗

表 11.1 中，冲旋粉和辊磨粉两种粉能耗相差 55%，经济效益[按厂内电价 0.4 元/(kW·h)]$(14-9)\times15\times10^4\times0.4=30$ 万元。

节能节约 30 万元/年。

冲旋粉同辊磨粉相比，可获经济效益 530 万元/年。单从脱硫剂品质高，就可节约这么多，如用于大型电站，效果更为可观。

### 11.1.3　技术效益和社会效益

环保对脱硫的要求日趋提高，努力增大脱硫效果已成为人们关注的重点，千方百计发挥脱硫粉效能是目标。所以，制备高品质石灰石脱硫粉，充分开发石灰石的天然脱硫禀性，就能获得最佳技术效益，冲旋粉正好拥有这种品性。

冲旋粉技术效益好，为环境保护提供有利条件，而且节能、低成本，自然具有获得良好社会效益的基础。

### 11.1.4 粉品质的炉内脱硫考证

脱硫粉的品质评述，体现不同制粉方法对石灰石脱硫本性的影响，落实到炉内脱硫过程，品质较佳的冲旋粉又将如何发挥其天然品质效应。

循环流化床锅炉的炉膛，似一个竖炉，高达数 10 米，燃料(煤、煤矸石、石油焦等)在其中流化，燃烧温度高达 800～1000℃，滚滚红火随气流自下向上翻腾。脱硫剂—石灰石粉料经空气压送进炉，随燃料流奔腾向上，同时又与燃烧产物二氧化硫化合，生成硫酸钙和亚硫酸钙，呈固体状，进灰渣斗。其反应方程式为：

$$\text{热解}\quad CaCO_3 \longrightarrow CaO + CO_2$$

$$\text{硫化}\ CaO + SO_2 + \frac{1}{2}O_2 \longrightarrow CaSO_4$$

石灰石粉这种含碳酸钙的固体粉末同二氧化硫这种有害的气体化合，经酸碱亲和的气固两相反应，将硫固定在硫酸钙和亚硫酸钙这些中性无害的物料中，达到脱硫的目的。至于脱硫效果，其决定因素已如前面所述。下边再来具体观察一下，在整个过程中，冲旋粉是如何表现出高脱硫活性和取得突出效果的。

(1) 粒度级配顺应燃料流化燃烧状态，充分发挥粗、细粉的脱硫作用。锅炉高的炉膛(即流化床)内，煤在流化态下燃烧，粗粒在下，细粒在上。石灰石粉喷进炉膛后，细粉上升得快，粗粉则慢些，并在上升过程中逐渐为脱硫所消耗，变成细粉，也形成粗在下、细在上的状态，同煤相对应。粗粒煤放出较多的二氧化硫。粗粒石灰石粉表面积较大，能捕获较多的二氧化硫。细粒的煤同细粒的石灰石粉一样，比表面积均增大，也正好能力相当。所以，粗、细粉都取得相同的脱硫效果。

(2) 颗粒比表面积和形貌强化了脱硫活性。石灰石冲旋粉的形貌好，表面积大，热解后生成更大表面，可吸附更多的二氧化硫。气固两相反应从表面开始，逐步向颗粒中心推进，属于缩核反应型，生成的硫酸钙或亚硫酸钙成薄膜状，黏在石灰石颗粒表面。由于碳酸钙的热解速度比氧化钙的硫化要慢得多，使热解同硫化几乎同时进行，其一步反应方程为：$CaO + SO_2 + \frac{1}{2}O_2 \longrightarrow CaSO_4 + CO_2$。所以硫酸钙和亚硫酸钙只有薄薄的一层，石灰石粉粒内芯仍暂是碳酸钙。随着颗粒的运动，硫酸钙和亚硫酸钙膜被擦落，露出新表面，再继续反应。所以，比表面积大，脱硫效果好。但是如果硫酸钙和亚硫酸钙膜没能脱落(因为它的摩尔体积比碳酸钙、氧化钙的摩尔体积大，生成的硫酸钙和亚硫酸钙挤在粉粒表层，不脱落)烧结成硬壳，阻断了气固两相反应，石灰石粉粒就处在被“烧死”的状态。这是伴随脱硫过程又不可避免的结果。尤其当床温偏高时，往往造成脱硫效果差、脱硫剂单耗高。而冲旋粉能避免和大幅度减少“烧死”状态的出现。且看其结壳后，颗粒温度未变，内部继续煅烧，产生的二氧化碳气体足可使裂纹发育良好的颗粒崩裂，振脱外壳，露出更多的新表面，再行气固两相反应，直至耗尽。概括地讲，石灰石脱硫属气固两相缩核反应，在向上飞扬过程中完成。它要经历下述几个阶段：①石灰石热散（热解和扩散）。其活性比直接使用石灰粉高约30%[1]。②吸附二氧化硫。③经气固两相化合反应形成硫酸钙和亚硫酸钙薄膜。④薄膜解吸（脱落）或⑤烧结（结壳）。⑥热爆裂。烧结后，石灰石热裂崩开，露出新鲜表面，比表面积还增大，继续重复进行脱硫反应，直至耗尽。详见图11.2。冲旋粉因具有良好的形貌，在锅炉炉膛内，经历各阶段时就能吸附更多的二氧化硫，能冲破烧结的障碍，显露新鲜表面，保持脱硫的高度活性。而另一些方法生产的粉，形貌差，比表面积小，吸附量小，裂纹发育较弱，结壳烧死。相比之下，冲旋粉形貌和比表面积强化了脱硫活性，充分发挥其脱硫天性，能达到更低的钙硫比、更佳的技术经济指标。

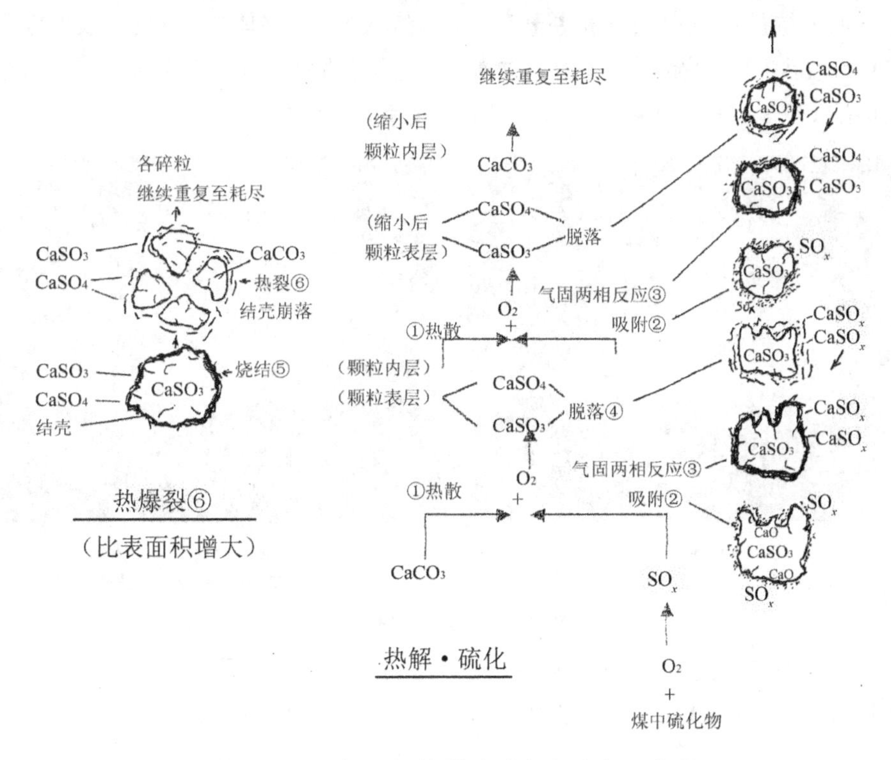


**图 11.2　石灰石粉粒脱硫过程各阶段示意图**

### 11.1.5　结论

冲旋粉的优良品质是冲旋制粉方法所赋予的，使石灰石脱硫的天然禀性获得充分开发利用。其成型机理就在于顺应石灰石的组织结构进行粉碎，获得其自然成形特性，使颗粒形貌突出其大比表面积和充分发育的裂纹，粒度级配呈宝塔形，而生产能耗又低。这些保证了石灰石的高脱硫效果，并在实践中得到了证实[1]。同其他制粉方法相比，冲旋制粉具有明显的优势，拥有较高的技术、经济、社会效益，为获得低钙硫比和满足不断提高的环保要求提供坚实的基础。

## 11.2 硅粉特性品质及其技术经济述评

### 11.2.1 硅的制粉性能及其物理基础

硅的制粉性能是指工业硅同粉碎和制取粉末工艺相关的性能。综合多方资料，包括自行测试数据，可做相应的归纳阐述。

(1) 金刚石型结晶。原子间共价键连接，结合力很强，类似金刚石，具有高熔点、高硬度、高强度等特点。结晶也像石墨，拥有高脆性、润滑性和爆炸性。因此，硅的力学性能显现为抗压和抗剪强度相差悬殊，晶面构效各异，整体似金刚石，表面像石墨。

(2) 等轴状和柱状晶粒。硅锭不同部位（芯部和周缘）各具等轴晶<1mm，柱状晶直径<1mm，长度<5mm（见图 11.3）。晶粒较小，强度较高。

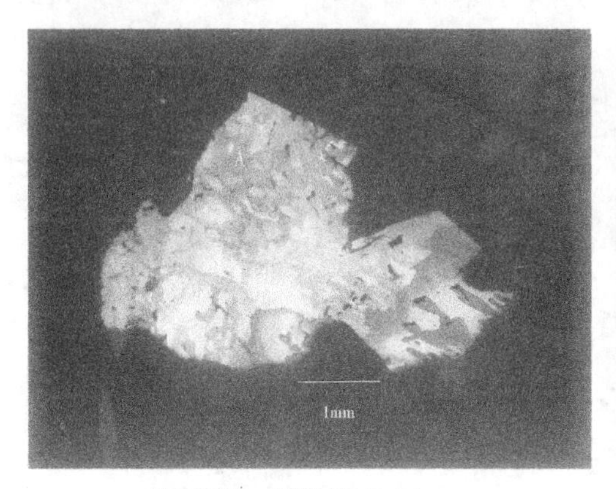


a. 硅粒粒径5mm[等轴晶0.08~0.4mm，周边多裂纹（上部A）]

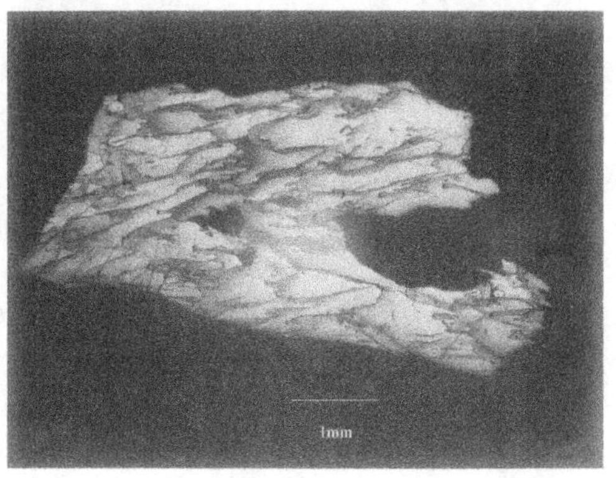


b. 硅粒粒径5.6mm[柱状晶：长2.4mm（最大），宽0.52mm（最大），周边多裂纹]

**图 11.3 硅粉金相图**

(3) 力学性能。抗压强度>抗拉强度>抗剪强度。抗压强度为 60MPa[14]。对外力（实验加载）的响应特性因力学性能而异，如图 11.4 所示。

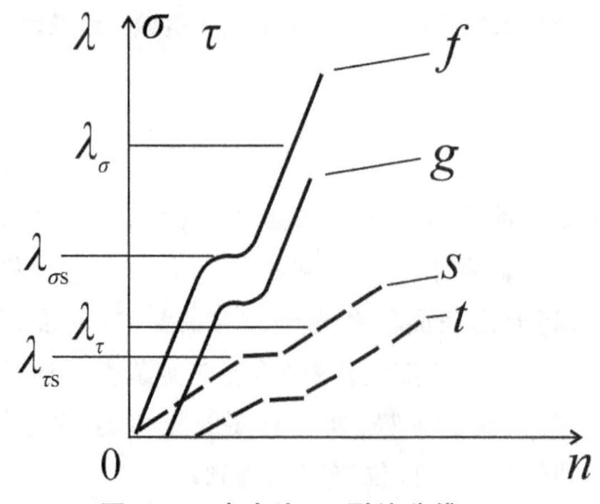


**图 11.4 应力比 λ -裂纹分维 n**

$n$ 为裂纹分维，即物料块粒的裂纹发育程度，数值愈大，裂纹愈宽、愈长、愈多、愈深。

压缩应力比：

$$\lambda_\sigma=\sigma_c/\sigma_{bc}$$

剪切应力比：

$$\lambda_\tau=\tau_c/\tau_b$$

式中：$\sigma_c$ 为压缩应力；$\tau_c$ 为剪切应力。

曲线 $f$、$g$ 分别为同一料块第 1 次、第 2 次压缩加载；曲线 $s$、$t$ 分别为同一料块第 1 次、第 2 次剪切加载。

加载过程 $\lambda_\sigma$ 比 $\lambda_\tau$ 增长快。其间，第 1 次加载比第 2 次加载 $\lambda_\sigma$、$\lambda_\tau$ 数值大。

$\lambda_{\sigma s}$、$\lambda_{\tau s}$ 分别为屈服应力比。较小应力获取较大粉碎效果，显示混沌效应。$\sigma_s$ 和 $\tau_s$ 为屈服限，对硅表现不明显。其中，$\tau_s$ 比 $\sigma_s$ 显示较大些，因为剪切时引起硅晶粉内位错较大。制粉过程中，利用劈切刀具可以找到这一屈服点，产生混沌现象，所谓顺碎、硅糊涂点，使能耗不增，产量直升。但是，料块碎裂后，愈细愈坚固，各项强度均提高。

(4) 密度。$2.3t/m^3$（块，20℃），$1.6t/m^3$（粉，块径 0.1～2mm，20℃），$1.2t/m^3$（细粉，粒径＜0.1mm，20℃）。均为近似值，必要时宜实测。

(5) 分形特性。硅同其他物料一样，其自然结构就是由小块硅组合成的，呈现为晶粒集合。晶粒有自己的特有形貌，都不是整形（球形、正锥形、立方形等规则形），而是非整形，即分形。由分形的集合就获得了分形特性。

①相似性。各分形组分都有相似性，如几何相似和物理化学相似。几何相似就是外形尺寸比例相近似，一般为 $L$（长）：$D$（宽）＝1：0.6，$D$（宽）：$H$（厚）＝1：0.6，近似黄金分割律。有的矿物料还都有一个三角形面。物理化学性质，比如软硬、颜色、密度、导电性、导热性、酸碱度等相似。硅制成粉之后，粉体就是硅的分形，颗粒间就具有相似性。相似，就不是完全一样，还有相异性，如二氧化硅含量不匀，颗粒轮廓各异，维数也不同。

②网络构造。众多分形组分结合成整体，呈网络状，似蜂巢，不过是非均匀性的。网络状结合面正是结构的薄弱环节，隐藏着各类纹理、裂纹、孔穴、杂质等，受损破裂，见图 11.3.

③性状动态。颗粒在继续粉碎时，其性能、状态随其分维不同而各有变化。如颗粒因含二氧化硅量不同，软硬和分维相异，力学性能变化就不尽相同。

④脆和硬复合性。硅的金刚石型结晶使其很硬（莫氏硬度 7 度）；同碳一样，又有润滑性和爆炸性。而分形结构使其很脆，两性结合形成脆硬复合体，呈现为又硬又脆，使其粉碎历程为脆软、脆硬、硬韧，体形愈打愈细，个性愈细愈强。硬性经历三个阶段：软、硬、韧。当然，这只是三个阶段相对比较而言，并非绝对如此。

### 11.2.2 硅制粉特性的演绎态势

制粉，首先是硅块体积改变，从大变小，由粗变细的历程，其性能也随之有相应的规律性嬗变，显示出性能演绎的特点。

例如，用块径100mm的硅块，制取40～200目粉，在对撞冲旋式粉碎机内加工历程的演变态势分列于表11.3。

**表11.3 硅制粉特性综合演绎态势**

| 粉碎阶段 | ① | ② | ③ | ④ |
| --- | --- | --- | --- | --- |
| 粒径(块径)/mm | 从100至<15 | 从<15至<8 | 从8至<3 | <3 |
| 性状 | 脆松 | 脆软 | 脆硬 | 硬韧 |
| 特性演绎态势 | 降低←硬→增大<br>增大←脆→减小<br>减小←滑→增高<br>减弱←爆→增强 | | | |

上述四个特性(硬、脆、滑和爆)在硅粉生产过程中都有典型表现。比如，硬，于刀具、衬板的磨损上极其明显；脆，粉碎速度稍增加一些，细粉量大增；滑，不仔细察看，难以发现，但只要用手一摸就感觉到，同石墨很相似；爆，当然是有条件的。此四个特性即为硅的制粉特性。其演绎态势自然成为粉碎工艺的重要约束条件。

### 11.2.3 基于制粉特性确定粉碎方法的主要内涵

按照硅制粉特性的演变，确定粉碎方法，包括刀具、速度等参数，总述于表11.4。

**表11.4 粉碎各阶段的因素配置**

| 粒径(块径)/mm | 粉碎方式 | 碎裂类型 | 粉碎速度/(m/s) | 刀具配置 |
| --- | --- | --- | --- | --- |
| ①从100至15 | 挤压 | 轧挤 | 低速 | 颚板或辊轮 |
| ②从15至8 | 拍击 | 拉裂 | 中速(<40) | 板刀 |
| ③从8至3 | 拍击+劈击 | 拉裂+剪切 | 中速(40～50) | 板刀+劈刀 |
| ④从3至0 | 劈击+对撞 | 剪切+拉裂 | 高速(>60) | 物料互击 |

值得一提的是，硅力学性能中，尚存“屈服”应变如图11.4所示，$\lambda-n$曲线上$\lambda_{\sigma s}$和$\lambda_{\tau s}$示出水平小段，印证其现存。但是，它太短促，难以定量和定位。从哲理看，这是混沌效应，用来提高粉碎参数，效果极佳。此时，选用的粉碎速度，就称为顺碎速度。基于硅的制粉特性，生产获取粉体，其品质有待进一步开发研究，尤其是在各类方法制取的硅粉中做全面深入的对比认识和有效应用，对硅粉工艺性能的提高极有裨益。

### 11.2.4 硅粉品质的技术经济述评

1) 硅粉的品质

(1) 硅粉的基本类别。可用于有机硅和多晶硅的硅粉，源于多种生产方法，在制粉原理上，基本分为三种：冲旋粉、辊磨粉和对辊粉。主要技术经济品质有活性、粒度、能耗、成本和环保性等。

（2）硅粉品质及其比较。三种粉具有的技术经济品质详见表11.5。

**表11.5　硅粉品质对比**

<table>
<tr><th>序号</th><th colspan="3">项目</th><th>冲旋法</th><th>辊磨法</th><th>对辊法</th></tr>
<tr><td rowspan="5">1</td><td rowspan="5">质量</td><td rowspan="2">比表面积</td><td>检测值/($m^2$/g)</td><td>0.66</td><td>0.42</td><td>0.36</td></tr>
<tr><td>比较值</td><td>1</td><td>0.64</td><td>0.55</td></tr>
<tr><td rowspan="2">粒级</td><td>范围/mm</td><td>0～0.35</td><td>0～0.35</td><td>0～0.35</td></tr>
<tr><td>粒径<0.1mm粉含量/%</td><td>15</td><td>20</td><td>18</td></tr>
<tr><td colspan="2">颗粒形貌</td><td>蜂窝形、多裂纹</td><td>扁平、多光面</td><td>薄扁、光滑</td></tr>
<tr><td>2</td><td colspan="3">氮保活性</td><td>良好</td><td>一般</td><td>差</td></tr>
<tr><td>3</td><td colspan="3">产品产量/(t/h)</td><td>3.5</td><td>4</td><td>0.5</td></tr>
<tr><td>4</td><td colspan="3">单位能耗/(kW·h/t)</td><td>13/26</td><td>28/68</td><td>44/120</td></tr>
<tr><td>5</td><td colspan="3">加工成本/(元/t)</td><td>120</td><td>240</td><td>180</td></tr>
<tr><td>6</td><td colspan="3">使用可靠性</td><td>好</td><td>好</td><td>好</td></tr>
<tr><td>7</td><td colspan="3">环保性</td><td>达标</td><td>达标</td><td>较差</td></tr>
</table>

注：①比表面积比较值：能较准确地说明活性的差别。

②氮保活性：硅粉经氮气保护后所拥有的活性。

③各制粉法使用设备是：∅500mm对辊机（22kW/60kW）、∅1250mm辊磨机（亦称立式磨等）（110kW/270kW），CXFL1200型冲旋式粉碎机（45kW/70kW）。括号内数值：分子指粉碎机主机功率，分母指整个制粉工艺作业线的功率。单位能耗亦以同样方式示于表中。

④形貌：根据扫描电镜照片。

⑤能耗和加工成本等属一个确定的制粉机组，从原料块至排出产品粉料，不包括原料准备和粉料外送。

⑥加工成本计算包括电耗、人工、折旧、大修四项费用。电价0.7元/（kW·h），折旧率7%，操作定员（两班总数）5人。

2）比表面积

硅同氯甲烷在流化床炉内的反应属于气固两相化学反应。它的速率程度同固体表面积平方成正比，且经理论和实践所验证。为提高有机硅单体指标，采用高比表面积的硅粉，是肯定有效的实用措施。可惜其重要性没被广泛认识到，实际应用时往往只求粒度和成分合格就可以了，殊不知粉的品质，尤其是表面结构对满足不断提升的要求有着特殊的效用。

由于测定的方法各异，同一粉料的比表面积有不同数值，所以，采用同一方法测得数值的比较值，作为选粉比较的依据，如表11.5所示。

电子显微镜扫描照片显示表面形貌：冲旋粉呈多棱状和蜂窝状，其表面自然比光秃表面的面积大(见图 11.5、图 11.6)。以寻常目光看,冲旋粉是拉切碎裂形成的,自然比研压形成的辊磨粉和对辊粉要疏松、断面粗糙、参与化学反应更激烈。

图 11.5 冲旋硅粉表面形貌

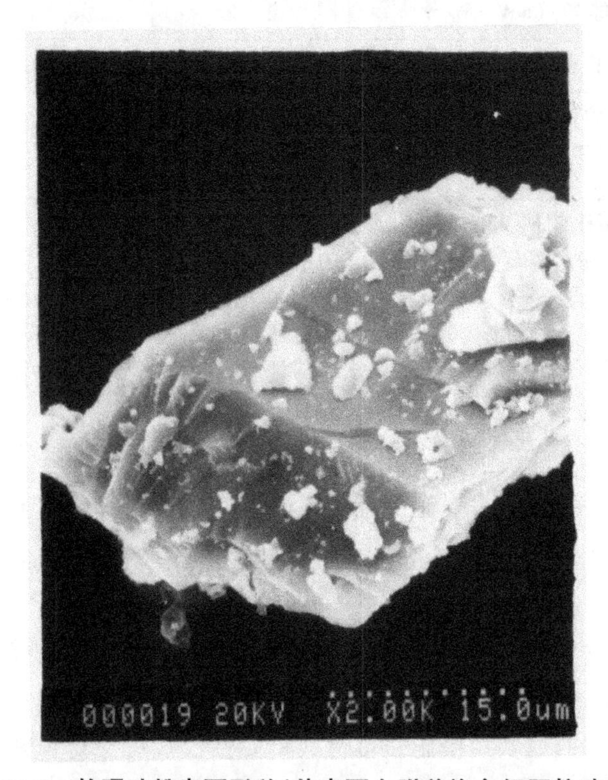


图 11.6 轮碾硅粉表面形貌(外表面上附着许多细颗粒硅粉)

物料的分形结构,经粉碎后,因受力状态各异,表面形貌相差甚远。根据分形理论和测试,物料受力引发的裂纹长度和缝隙大小以分维数表示,同应力比成正比。硅是脆性材料,它的抗拉能力只有抗压能力的 10%,所以,同样的力拉裂粉碎的应力比要比压裂粉碎的应力比大得多。粉粒表面高低不平，呈三角形的较多，因为三角成形最节能，只要从三个方向突破即可获得。由此获得较高分维数，裂纹长度更长、面积更大。经实测，分维数一般为2～3，分维大的靠近3，小的贴近2。脆性材料的分维数为2.0～2.7。冲旋粉是拉裂剪切粉碎获得的，其分维数比压裂取得的辊磨粉的分维数自然要大。

上述各点足以佐证冲旋粉比表面积比其他粉大。

3）粒度

图11.7是生产过程中粉碎机提供的包括粗细粉的原料粒度特性曲线。图11.8示出用于多晶硅的成品硅粉（40～180目）粒度特性曲线。运用准概率筛在$c-c$处割去+40目粗粒（回料），将其返回粉碎机再粉碎。同时，在180目（$d-d$）处筛去细粉，留下40～180目成品粉。原料粒度特性曲线显示出下列特点。

（1）原料频率分布图（见图11.7b）呈现三峰状态，都呈钟形。中间峰较高，呈窄底钟形。普通冲击粉均为单峰，其他方式也是单峰。

（2）原料频率分布图第1个低谷在$c-c$处切割，正好为黄金分割点（0.618）处，就在40目处。+40目粉系返回粉碎机的回料，占总体的40%；−40目粉进入成品粉，占60%。

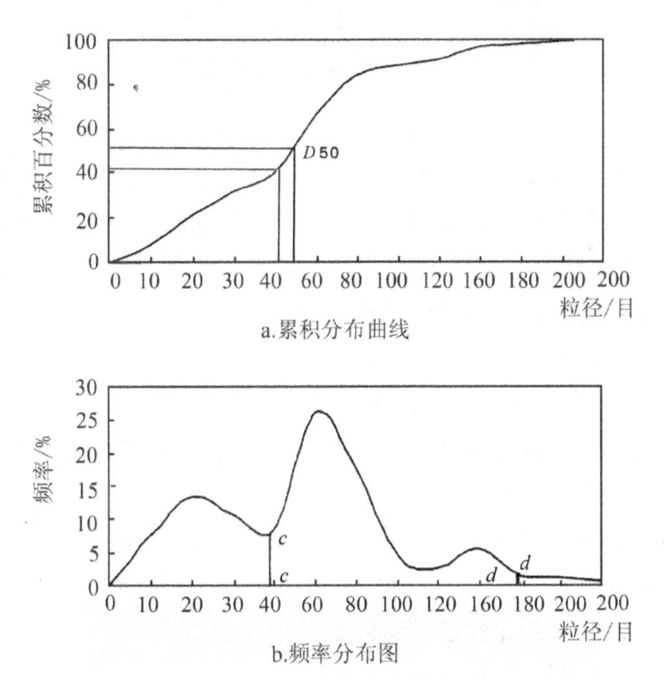

a.累积分布曲线

b.频率分布图

**图11.7 原料粒度特性曲线**

（3）原料粉体中径前后各10%的粉进入成品。中径粉具有代表性，其前后各10%的粉更是整体粉料的最佳部分。不让其返回再粉碎，对提高产品质量和产量的效果，已在实际生产中显示。

（4）在原料频率分布图第3个低谷的$d-d$处切去细粉。第3个峰体现约束细粉量的能力，防止粉碎。

(5) 成品粉中径为 60～80 目成品粒度特性曲线中，粒度分布集中，呈钟形，底较窄，竖向较高(实践要求愈高愈好)(见图 11.8)。

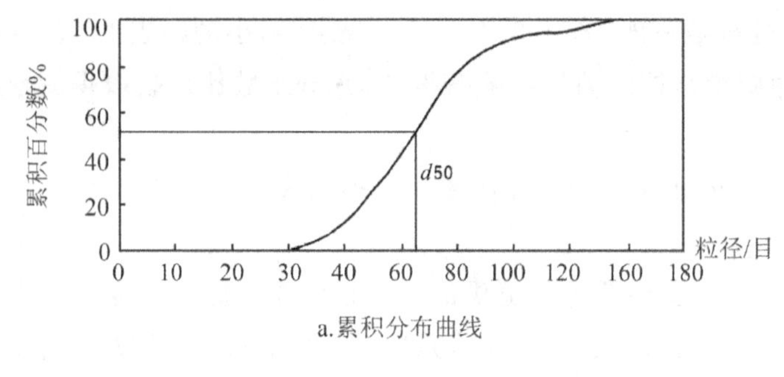


a.累积分布曲线

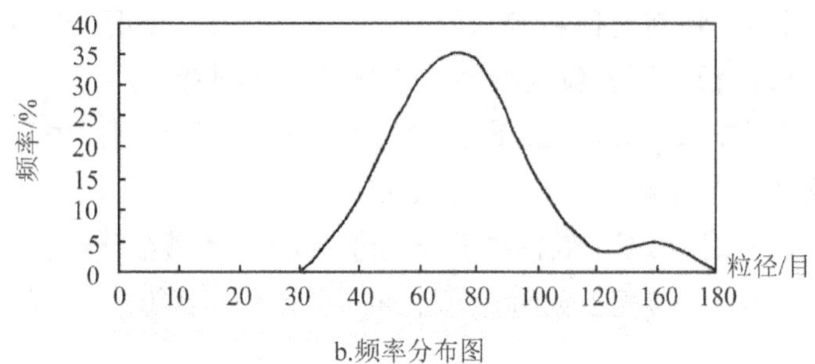


b.频率分布图

**图 11.8 成品粒度特性曲线**

4) 形貌

粉体外观呈金属光泽，颗粒表面粗糙，似蜂窝状。经电镜扫描拍摄显示(见图 11.5)，其表面坑洼，易于吸附更多的流态物质，极利于气固、液固两相反应(如有机硅单体合成反应等)，使硅得到充分完善的利用，为获得产品高成品率提供有利条件。而其他方法生产的粉，表面光滑，少有起伏(见图 11.6)。

5) 两项突出的理化性能

冲旋硅粉获得两项与众不同的理化性能。

(1) 不同粒度的成品粉颗粒具有相近的比表面积。粗粒内部裂纹发育很好，细粒内裂纹很少，可外部比表面积大。

(2) 成品粉化学成分得到提高。比如，化工用硅粉 B 组(牌号 5－5－3)，经选择性粉碎后，可以提高到 4－4－1，即机械法提纯。其他杂质的含量也会降低。

此两项性能的改善，同硅的显微组织的改变关系很大。

6) 化学反应高活性的基础

冲旋硅粉的特点可概括为：①硅的晶体组织结构中裂纹增多，但是，基本结晶组织——晶胞不变，晶粒变细，内能增高，天然反应活性进一步提高。②化学成分没有变劣，反而改善了。③形貌似峰峦起伏，似蜂窝状，表面粗糙、裂纹交错，拥有高原子态势构型晶面[11]，极利于气固、液固两相反应。④粒度按要求配置，调节参数，使特性曲线频率分布图前、后两低谷正是筛去粗、细粒的切割点，拥有高效粒度构型[11]。⑤比表面积($0.66m^2/g$)比常规硅粉大 30%～50%，有利于参与化学反应。

为使硅粉获得的以上五项特点，使其天然活性充分、有效体现，必须有相应的保证措施，评述于下。

7）工艺设备保证

保证硅高活性的条件和措施是多方面的，所采用的工艺设备则是其中重要的一条影响因素。因此，有必要对其工艺和设备技术进行一番考证。

（1）力能冲旋粉碎技术。基于对硅块结构和性能的研究，在粉碎机内建立不同能量区和刀具配置，使硅块得到不同程度的冲击力能，获得粗细搭配的粉末，符合用户对粒度和化学成分的要求。能量区的配置和调节，通过粉碎机相关参数来实现。经冲击，硅吸收力能后，沿着体内密布的微细纹胀裂，呈多棱的颗粒状，表面粗糙，如图11.5所示。由于没有受到强制的外力挤实作用，组织结构变疏松，构筑好高活性的基础，保证冲旋粉五个特点的形成，使化学反应活性随之提高，并且保持生产成品率>85%。可见粉碎过程都是顺应着硅本身的天然状态完成的。结果是：颗粒形貌、粒度组成、表面构型、粒度构型、比表面积以及化学反应活性，都保持着和超过原有的天然水平。

（2）黄金概率筛分技术。根据冲旋粉碎技术的原料粉特性曲线（见图11.7b），在线的准概率筛正好在40目低谷处（曲线上粉体质量的黄金分割点）筛去粗粒（回料），返回粉碎。该筛能将40目粉按比例做筛上和筛下分开，使粗粒回料量≤40%，中径前后10%（总共20%）的粉进入成品。这20%的粉是整批料中最具代表性的部分，其粒度和化学成分适中，既有粗粒的特征，又有细粒的特性。

对于200目左右的粉，用户可用新型筛分法（如摇摆筛）将其筛去。图11.7b上160～180目处有一小高峰，表示抑制了细粉量，减少了筛除量，增加了成品率。

（3）气流振动筛除细技术。冲旋制粉的选择性粉碎技术，使杂质大量转移至细粉（−160目）中，运用气流在扬灰部位将细粉吸走，其量约为5%。同时，在概率筛后再用专用振动筛将−160目粉筛去。于是，成品粉中细粉量就得到控制，外观上呈现铮亮的金属光泽。

8）氮保活性

为保护硅粉表面活性，减少氧化，有利于后续的有机硅生产，在制粉过程中或之后采用氮气等保护。冲旋粉在粉碎和斗提工序中能获得较好的氮保，温度低，同车间环境温度相近，进入仓泵后又是氮气吹送，所以，其活性很好，仍具有较暗的金属光泽。辊磨粉状况要差一些，因为必须采用气流分选，氮气要反复使用，硅粉和氮气料流在粉碎机和风机间反复循环使用，使温度增高并保持在80～100℃，硅粉表面氧化程度随温度升高的增大，金属光泽黯淡，从而影响其活性。对辊粉则难以氮保，氧化程度高。

9）能耗

力能冲旋技术运用冲击和旋流方法，使硅块吸收力能，随之碎裂成粉。与其他用压裂挤碎的方法（如辊磨等）不同，冲旋法是利用输入力能，拉（胀）裂、剪切硅块。硅的测试值中抗压性能比抗拉、抗剪性能高10倍以上，因此，拉裂剪切能耗比压裂的要低得多。

冲旋粉的生产能耗就明显低于辊磨、对辊,只有它们的 30%~50%(实测值)。

10) 成本

冲旋粉生产能耗、维修费用和基建投资费用都比较低(见表 11.5),成本相应就低。再加细粉(粒径<0.1mm)也少,成品率相对就高 5%。不过,当采用细粉生产有机硅单体时,细粉可多些,粉的加工成品率可高些,从而得以弥补能耗高的缺点。但是它的应用范围有限。而对于多晶硅等,则无此惠赐。

11) 环保与安全

冲旋粉碎采用封闭式常态非氮保生产线,配备工艺、除尘双用设施,使粉尘和噪声均达到环保要求。同时,还拥有相应的安全措施,防止硅粉爆炸。在机组上采用气流除铁防爆技术。气流使机组各处的粉尘浓度大幅度低于爆炸下限,除铁设施能及时吸除机组内的金属块,以及设备可靠接地防静电,避免火花的引发。由此摆脱形成爆炸三条件,保证生产安全。

机组采用开/闭环自动和连锁控制。气流系统设备则是负压和警报、自动停机控制,保证设备正常稳定和安全运行。

采用氮保生产方式,保证密封,合理充氮,严管氧含量,遵守安全规定,使生产顺畅、安全。所以,冲旋粉碎技术在常态和氮保条件下,均能保证产品特性品质。

### 11.2.5 经济效益

1) 节能

冲旋粉的单位能耗只有辊磨粉的 30%~50%。如按 40%计算,一台 CXL1200 型冲旋粉碎机的有机硅粉生产能力为 3t/h,按每年 6000h 计,年产约 $2\times10^4$t。单位能耗 26kW·h/t(表 11.5),年耗电量 $2\times10^4\times26=52\times10^4$kW,节约 40%,比辊磨粉节电 $21\times10^4$kW,折合 $21\times10^4\times0.7=15\times10^4$元,即每年电耗节约 $21\times10^4$kW,折合年电耗节约开支 15 万元。

2) 节约原料

冲旋粉成品率比辊磨高 5%,年产规模 $2\times10^4$t 粉可节约原料 1000t,硅块价约为 1 万元/t,计节约 $10^3\times1=1000$ 万元。再考虑反应活性,实践证明,有机硅单体产出率比球磨粉高 1/4(25%)。而比其他粉用量即使高出 5%,为保证产量相同,年节约硅原料粉 1000t,计 1200 万元。合计节约原料费用 2 千多万元。

3) 其他

基建投资、维修费等均可节约,数额也不小。暂且不列入比较。单就节能、节约原料两项,一台冲旋制粉生产线每年节约超过 2 千万元。

### 11.2.6 技术效益和社会效益

(1) 提高下游产品质量和产量。冲旋粉活性好,1993 年问世时就将 1t 硅粉产出有机硅单体从 3t 提高到 4t。2009 年又将单体质量指标提高了五个百分点。

(2) 为光伏业及有机硅业提供价廉物美的硅粉。光伏业需要硅粉原料，品质优劣直接影响太阳能电池性能。冲旋硅粉以其高天然活性赢得好声誉，被大量用于制作多晶硅，进而生产单晶硅，为绿色能源增长助力。对于有机硅业，也同样如此。

### 11.2.7　硅粉品质的实用验证

有机硅单体是生产有机硅产品的重要原料，它的质量和产量受硅粉和氯钾烷质量的直接影响。硅和氯钾烷及其间化学反应是决定因素，所以，硅固体和氯钾烷气体间的气固两相反应是单体生产的关键所在。从硅方面看，它的活性，即反应的可控制性和完善性，正是评判其品质的根据，活性就成为硅粉品质的最重要指标。冲旋粉的五项特性保证其优秀的活性品质，使其在有机硅单体生产中居于优胜地位。下面举几个实例说明其实用价值。

例如，浙江某厂多年前用冲旋粉代替球磨粉生产有机硅单体，1t 硅粉获 4t 有机硅单体，比球磨粉生产的 3t 高出 1t，即提高 25%。同时，所用流化床寿命长，过程易于控制。为此，当时的技术负责人怀疑：是否有催化剂，如锰等杂在硅粉中？是否粉碎机原先生产过锰粉，制硅粉时有残留锰粉混进？他随即到粉碎厂实地了解和考查。最后，他确定有机硅单位产量提高是因为冲旋硅粉活性高！

又如，2009 年某公司宣布，他们生产的有机硅单体指标比标准提高了五个百分点，达到国内最好水平。他们所用的正是冲旋硅粉，活性超高。

### 11.2.8　焕发硅的天然优良品质

硅在地球里含量很高，为人类社会的现代化做出的贡献也很大，在经济、科技、生产各行业都显现出巨大的作用，在文化和生活各领域更是业绩辉煌。硅，的确是值得称道的宝物。可是，要从矿石中提炼硅却不容易，要消耗大量的能源；要将其深度加工，还要付出很大的代价。它天生就很硬，而且又脆又滑，生就一副“刚强的骨架”。而制成冲旋硅粉后是光泽熠熠，银灰铮亮，化学活性高，制取能耗低，成品率高，成本低，为有机硅提供优良原材料，为我国生态和文明建设奉献一份力量。

# 参考文献


［1］常森.石灰石脱硫粉剂品质的技术经济述评.发电设备，2013，27(6)：436－439.

［2］常森.冲旋技术焕发硅的天然优质特性.太阳能，2013，13：41－44.

［3］科普一郎. 能量密码.赵良举译.重庆：重庆大学出版社，2014.

［4］常森.技术思维的旋律——场流论.中国工程师，1992，5：107－108.

［5］常森.运用应力分维理念增强粉碎效能.浙江冶金，2014，2：16－19.

［6］许作昱.一个比黄金分割率更有用的系数.硅谷，2010，8：23.

［7］杨书卷."看见"原子.科技导报，2012，Z1：28－29.

［8］求秋燕，常森.冲旋制粉机组对硅粉的提纯效果.有机硅材料，2011，4：284－285.

［9］饲料工业职业培训系列教材编审委员会. 饲料制粒技术.北京：中国农业出版社，1998.

［10］阮竞兰，武文斌.粮食机械原理及其应用技术.北京：中国轻工业出版社，2006.

［11］顾鹏程.合理选择筛选设备及其技术参数.现代面粉工业，2010(1)：22－24.

［12］段新豪，张春化.摇摆筛的发展现状和趋势.中国粉体技术，2014，5：81－83.

［13］唐敬麟.破碎与筛分机械设计选用手册.北京：化学工业出版社，2001.

［14］尹建华.半导体硅材料基础.北京：化学工业版社，2009.

# 下　篇

# 专题研究论述

# 硅粉(Ⅰ)

## 硅粉生产技术评说

**摘要：**介绍硅粉的工艺要求和生产技术，列出制粉过程中的重要技术问题及其解决措施。通过技术经济对比，对各种制粉技术做出评说。

硅的用途很广，对工业制品的意义也很重要。硅化学产品产量正在大幅度增长，尤其是利用有机硅的合成材料更为显著。目前，有机硅新型材料发展很快，市场广阔，获利可观。如美国道康宁公司、德国瓦克化学公司，法国罗地亚有机硅公司，日本倍越公司和泰国有机硅公司近年来发展较快，产品量大、品种多。我国有机硅行业，也是一片兴旺景象。在该类产品制作过程中，硅是主要原料，经常是散体状，即颗粒状，如硅砂、硅粉等。由于硅原料是高能耗产品，化学纯度高，成本高；而且，硅硬度高，制砂、制粉的成本也较高。硅原料的准备就显示出难度，经济效益逐步升高，引起国内外多方注意。就我国而言，硅块原料较多，吸引了好几家外商投资，如法国罗地亚有机硅公司同我国兰星总公司拟在江西和天津分别建设年产 10 万吨和 20 万吨的有机硅基地[1]。美国道康宁公司（全球最大有机硅生产商）也拟同中国以及同瓦克公司合建大型有机硅生产基地[1]。国内有机硅厂，如星火化工厂、新安江化工厂、吉化二厂等都在扩大有机硅生产规模。浙江省已将有机硅及其下游产品列入《先进制造业建设重点领域、关键技术和产品导向目录》。为了保证有机硅产品的质和量，都在建设相应的硅粉生产基地，如浙江开化元通硅业有限公司正在兴建全国最大的硅粉生产厂（5 吨/年）[1]。于是，硅粉的生产技术也成为相关的注视重点。本文就是对制粉生产技术做一番评论，提供厂家参考。

### 一、 硅粉生产技术简介

以硅块为原料生产硅粉，用于制取有机硅单体，有很多种方法，其中效果较好、应用较多的是雷蒙法、对辊法、盘磨法和冲旋法，使用的相应设备是雷蒙机、对辊机、盘磨机（立式磨）和冲旋机。就其制粉原理看，前三种是挤压粉碎，后一种是冲击粉碎。其就结构看，差异很大，各有优缺点，用于硅粉生产则显现出各自的适应性和技术经济性。为便于比较，将其汇总列于表 1。

**表1　有机硅用硅粉各种生产方法比较**

| 序号 | 项目 | | | 雷蒙法 | 对辊法 | 盘磨法 | 冲旋法 |
|---|---|---|---|---|---|---|---|
| 1 | 产品质量 | 比表面积/($m^2$/g) | | 0.26 | 0.36 | 0.42 | 0.57 |
| | | 粒级 | 范围/mm | 0～0.35 | 0～0.35 | 0～0.35 | 0～0.35 |
| | | | 粒径<0.05mm粉含量/% | <30 | <18 | <20 | <20 |
| | | 颗粒形貌 | | 扁平光面，少裂纹 | 扁平光面，少裂纹 | 扁平光面，少裂纹 | 蜂窝表面，多裂纹 |
| 2 | 产品产量/(t/h) | | | 1.5 | 0.5 | 2.5 | 2 |
| 3 | 单位能耗/(kW·h/t) | | | 25/85 | 44/120 | 44/108 | 22.5/35 |
| 4 | 加工成本/(元/t) | | | 180 | 270 | 300 | 120 |
| 5 | 工艺设备使用可靠性 | | | 可靠性较好，修理和控制较困难 | 可靠性较好 | 可靠性较好，检修工作量大 | 可靠性好，检修方便，刀具磨损较大 |
| 6 | 环保性 | | | 需特殊隔音，劳动条件较差 | 粉尘大，环保性较差 | 噪音大，粉尘大，环保性较差 | 环保性达标 |

注：①各制粉法使用的设备是4R型雷蒙机(37kW/170kW)、∅500mm对辊机(22kW/60kW)、∅1250mm盘磨机(亦称立式磨机)(110kW/270kW)、ZYF430型冲旋式粉碎机(45kW/70kW)。括号内数值：分子指粉碎机主机的功率，分母指整个制粉工艺作业线的功率。

②单位能耗用分数形式表示。分子指粉碎机主机的功率，分母指整个制粉制作业线的功率。

③形貌：根据扫描电镜照片。

④能耗和加工成本等：属一个确定的制粉机组，从原料块至排出产品粉料，不包括原料准备和粉料外送。

⑤加工成本：包括电耗、人工、折旧、大修四项费用。电价0.7元/(kW·h)，折旧率7%，操作定员(两班总数)5人。

## 二、硅粉的技术要求

按有机硅生产需要，对硅粉质量提出下述技术要求。

1. 化学成分。硅含量>99%，并符合相应国标。

2. 反应活性。参与反应，合成有机硅单体，形成各种硅成键，满足相应的质和量要求，达到规定的单位硅耗(kg/t)。

3. 粒度组成。按工艺确定硅粉粒度级配，如0～0.35mm。

## 三、化学成分

国家标准对硅含量的要求高(应达到99.0%，杂质总含量<1.0%)。各厂家对此是很认真的。

## 四、反应活性

硅粉活性就是硅粉参与化学反应，形成产品的能力。活性好的具体表现有两个方面：①能很快形成稳定的合成反应，而且易于控制。②反应完善，单位耗率低，即 1t 有机硅单体的硅粉耗量低。为了获得高活性硅粉，必须使下述各项达到最佳水平：化学成分、原料块制取方法、环境条件、下游产品生产条件、硅粉制取方法等。前四项在有关文献上均有详细解说。第五项，人们往往不予以重视。而该项正是制粉时需特别注重之处，潜力很大，有必要给予较详细的解说。

不同的制粉方法得到的硅粉活性是不一样的。判定活性的因素为粉粒的微观结构、比表面积、粒度级配和生产使用效果。现分述于下：

**1. 微观结构**

化学成分符合要求的硅，炼制时已获得最佳微观结构，保证其拥有参与合成反应的最佳活性，即其天性或自然性能。制粉时一定要尽量降低对其天然微观结构的劣化作用，减少其晶粒内部结构晶胞、嵌镶块的变形，使绝大部分硅粉仍保持原有的天然微观结构，基本稳住或提高其原有的活性。表 1 中列举的四法中，在这方面，以冲旋法为最佳，因为它利用凌空打碎硅块的方式，让其自身循着体内最薄弱环节碎裂，没有挤，也没有压，没有引起挤压产生的结构变形。

**2. 比表面积**

粉粒比表面积是单位质量所占有的表面积，以 $m^2/g$ 为单位。它是参与化学反应能力的重要指标。硅粉比表面积大，同氯甲烷等反应，接触面大，合成过程就更完善，更易控制，硅的利用率就高，硅的耗率就低，从而显示其活性高。因此，比表面积已成为硅粉活性的一个重要指标。表 1 中列出各类粉的比表面积，其中以冲旋粉为最佳。

**3. 粒度级配**

有机硅直接合成反应是流化态过程中分步完成的，物料粒度逐步变化，表面不断更新，连续反应，其粗细对反应及完全程度具有重要作用。所以，硅粉要粗细搭配成粒级，以便获得最佳效果。各厂家根据工艺要求，制定相应的粒度级配。因此，制粉方法必须保证粒度组成可调，而且得率要高，加工成本要低。硅是高能耗产品，价格高，其技术经济指标就具有更重要的意义。表 1 列出了有关数据。例如，国外某公司年产 10 万吨有机硅粗单体流化床使用的硅粉就是粒径 0.1～0.4mm 的占 85%以上的，实践证明其最适宜合成反应，效果最好。

活性高低的最终判定，还是取决于生产实践，即有机硅单体的质量、产量，以及在市场竞争中的能力表现。

## 五、表面保护

硅粉表面需要活性保护，其原则有二：①有利于合成工艺和操作，要求硅粉具有良好的活性。②有利于防爆，要求硅粉的活性不能太高。硅的氧化性能较强，尤其处于粉态，易致爆炸，酿成事故。由此，有两种制粉保护方式：①氮气保护。制粉系统通入氮气(氧含量7%)，使硅粉表面免受过度氧化，获得较好活性，又易于保持松散干燥，有利于输送和发挥活性。而氮气循环使用，如雷蒙机生产硅粉时，将大部分尾气接回系统，循环使用。②大气条件下封闭系统，不通保护气体，空气同硅同时进入制粉系统，保持负压运行，随后获得硅粉，排放空气(不循环使用)。如冲旋机制取硅粉时，定量给料，空气和硅块在机内运行，经粉碎、筛分获得产品，气体排空。

上述两法所得的硅粉有明显的外观异样：经氮气保护的雷蒙粉呈暗黑色；无保护气体的冲旋粉却是亮晶晶的。虽然前者有氮气保护，而后者是在大气氛围下。究其原因，还在于：氮气保护又加循环使用，制粉系统中温度逐渐升高，达到60～70℃。其中又不能没有氧气，硅粉表面氧化也就难免了。如果氮气不循环，则损耗太大，成本升高。冲旋机系统内温度降低，一般小于40℃，硅粉表面氧化程度就小得多了。此两法都在生产实践中应用，效益均不错；当然，硅粉加工成本相距较远。

## 六、 制粉刀具

直接对硅进行粉碎的零部件，称制粉刀具，通常有刀片、锤头、磨辊和磨轮等。因为硅较硬，粉碎抗力较大，刀具磨损也大，寿命都在100小时之内，所以，刀具的选用是突出的问题。当前常见两种使用状况：①采用刀片、锤头，硬度均低于60HRC，寿命较短，但价格低，更换方便，费用小，对成品粉的成本影响很小。②采用磨盘、磨辊或磨轮，硬度也在60HRC上下，寿命较长，但价格贵，更换费力费时，对成品粉成本影响较大。表1列出各种方法的加工成本，可作比较。刀具的选用受制粉工艺的控制。目前各种生产规模下使用的冲旋机，其制粉刀具是板块状的刀片(140mm×140mm×20mm)，常用高铬铸钢(为增长寿命，正在试用硬质合金、金属陶瓷等)，虽然比原来的价位高一些，可寿命增加了，技术经济指标还是相当好的。此外，随着材质的改进和制粉参数的调节，刀具寿命将会有较大幅度的提高。如使用盘磨机，其刀具则是磨盘和磨轮，质量较大(多在1t左右)，又带传动轴承部件，造价高，检修费用和技术要求也高，改进的难度和费用相应就高，而产生能力同冲旋机很相近。

## 七、 结论

1. 硅制粉的各种方法都具有自己的特点，可供对比选用。

2. 对比的项目最基本的是：硅粉质量(活性、粒度等)、单机能力、加工成本、使用可靠性和环保状况。

3. 从比较得出，推荐使用冲旋机。

## 参考文献

[1] 行业动态. 有机硅材料. 2004,18(6)：43.

# 冲旋粉碎硅粉的特性

**摘要**：介绍了采用冲旋式粉碎机组生产的硅粉的形貌、粒径、比表面积及其他性能，概述了冲旋制粉的原理。

**关键词**：硅粉，冲旋，粉碎，甲基氯硅烷，三氯氢硅烷

硅在地壳中的含量很高，为人类社会的现代化做出了很大贡献，在各行各业发挥着巨大的作用。可是，要从矿石中提炼硅却不容易，要消耗大量的能源；若将其深度加工，还要付出很大的代价，因为它本身硬件度很高，且又脆又滑。硅粉是生产有机硅单体甲基氯硅烷和生产多晶硅的三氯氢硅烷的基本原料。用于生产甲基氯硅烷和三氯硅烷的硅粉必须具备相应的技术性能，其中包括化学组成、粒径、形貌、比表面积、理化性能。这5项基本性能集中体现在硅粉的化学反应活性上。硅粉的化学反应活性不仅仅取决于化学成分和硅的冶炼方法，还与其形貌、粒径、比表面积有关。而硅粉的形貌、粒径、比表面积又与硅粉的粉碎方法密切相关。下面着重介绍冲旋式粉碎机组生产硅粉（俗称冲旋粉）的特点。

## 一、冲旋硅粉的形貌

冲旋硅粉的外观呈金属光泽。图1是其表面形貌的扫描电镜照片。

**图1　冲旋硅粉的表面形貌**

由图1可见，冲旋硅粉的颗粒表面粗糙，似蜂窝状。表面坑洼易于吸附更多的流态物质，极利于气固、液固两相反应（如有机硅单体合成反应等），使硅得到充分的利

用。而轮碾方法生产的硅粉表面光滑，少有起伏，表面附着许多细颗粒硅粉(见图 2)。

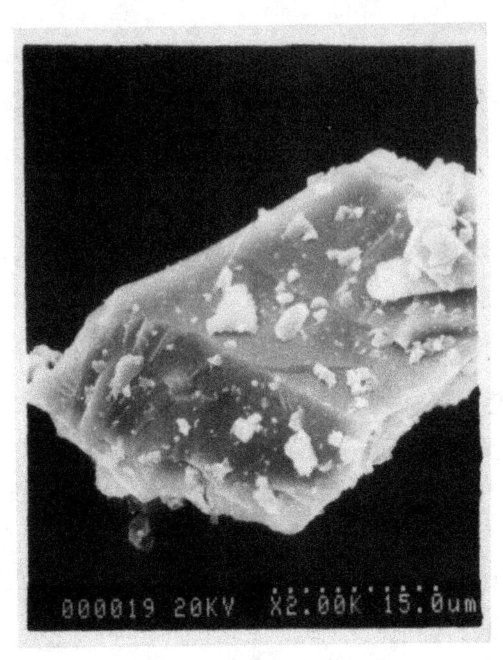


**图 2　轮碾硅粉的表面形貌**

## 二、 冲旋硅粉的粒径

图 3 是生产过程中粉碎机提供的包括粗细粉的原料硅粉粒径特性曲线。

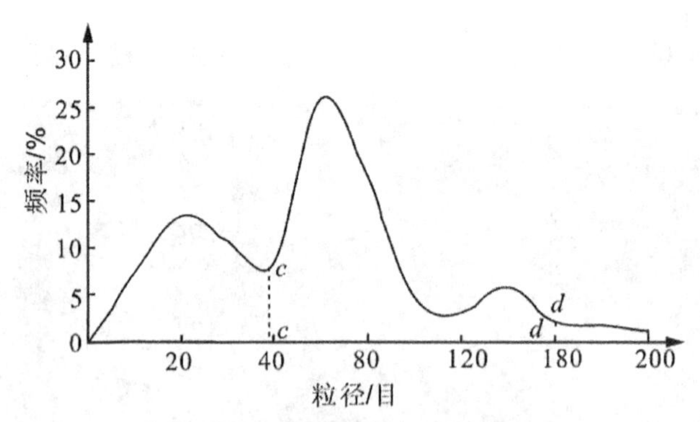


**图 3　原料硅粉粒径特性曲线**

图 3 显示下列特点。一是呈现三峰状态，都各自呈钟形。二是在第 1 个低谷 $c$—$c$ 处切割去＋40 目粗粒，正好是黄金分割点(0.618 近旁)，运用准概率筛割去的＋40 目粗粒(回料)的质量占原料粉总体质量的 40％；－40 目进入成品粉，其质量占原料粉总体质量的 60％。三是原料粉体中径($D$50 目)两边各 10％(总共 20％)的硅粉进入成品。这 20％的硅粉具有代表性，其粒径和化学成分适中，既有粗粒的特性，又有细粒的特性。四是在第 3 个低谷 $d$—$d$ 处切去 180 目细粉，第 3 个峰体现约束细粉量的能力，防止过粉碎。

图 4 为用于三氯氢硅烷生产的成品硅粉(40～180 目)粒径特性曲线。

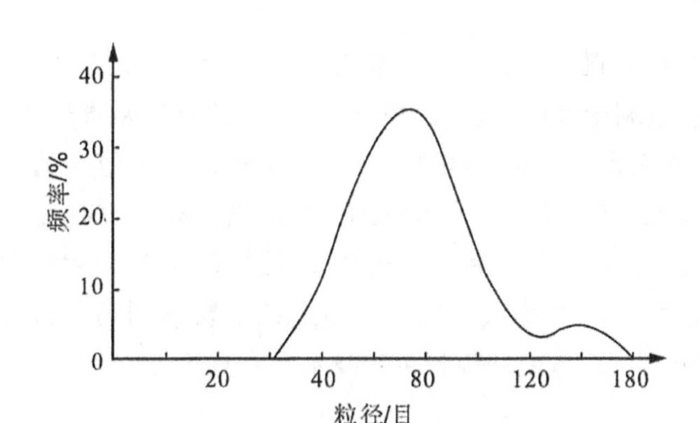


**图 4　成品硅粉粒径特性曲线**

由图 4 可见,粒径为 60～80 目的成品粉分布集中。

## 三、 冲旋硅粉的比表面积

经检测,60～100 目冲旋粉的比表面积为 $0.67m^2/g$,30～60 目冲旋粉的比表面积为 $0.65m^2/g$,平均为 $0.66m^2/g$;比其他方法生产的硅粉(如对辊、悬辊、立磨等)的比表面积高出 30%～50%。比表面积对硅同流态物的两相反应作用明显,是形貌的度量指标之一。

## 四、 冲旋硅粉的其他性能

冲旋粉具有与众不同的两项理化性能。一是不同粒径的成品粉具有相近的比表面积,粗粒内部裂纹发育很好,细粒内部裂纹很少,但外部比表面积大;二是成品粉化学成分提高,如牌号为 553 的硅块(即 Fe 含量≤0.5%,Al 含量≤0.5%,Ca 含量≤0.3%)经制粉后可以提高到 441(即 Fe 含量≤0.4%,Al 含量≤0.4%,Ca 含量≤0.4%),即机械法提纯。

## 五、 冲旋制粉的原理

保证硅粉活性高的条件是多方面的,而所采用的工艺设备是最重要的。冲旋式粉碎机组采用了力能冲旋粉碎技术。基于对硅块结构和性能的研究,利用粉碎机内建立的不同能量区,使硅块得到不同程度的冲击,获得粗细搭配的粉末。能量区的配置和调节通过设置粉碎机相关参数来实现。经冲击,硅吸收力能后,沿着体内密布的微细纹胀裂,呈多棱的颗粒状,表面粗糙。由于没有受到强制的外力挤实作用,硅粉组织结构变疏松,构筑起高活性的基础,保证冲旋粉的特点,且成品率大于 85%。

冲旋制粉的选择性粉碎技术使杂质大量转移至细粉(－160 目)中,运用气流在扬灰部位将细粉吸走,其质量分数约为 5%;同时,在概率筛后再用专用振动筛将 160 目粉筛去,于是成品粉中的细粉得到控制,外观上呈现铮亮的金属光泽。

## 六、结束语

冲旋硅粉的特点可概括为：一是形貌似峰峦起伏，似蜂窝状，表面粗糙、裂纹交错，反应活性提高，极利于气固、液固两相反应；二是粒径按要求配置，调节参数，使特性曲线前、后两低谷正是筛去粗、细粒的切割点，为散料自然组合的分界处；三是其比表面积比常规硅粉大，有利于参与化学反应；四是化学成分没有变劣，反而改善。例如，1993 年某厂用冲旋硅粉生产甲基氯硅烷，1t 硅粉可生产 4t 甲基氯硅烷；而用球磨粉时，1t 硅粉只能生产 3t 甲基氯硅烷。再加上冲旋粉碎制粉的成品率达到 85%～93%，能耗小于 20kW·h/t，使冲旋粉生产技术具有竞争力。

# 冲旋制粉机组对硅粉的提纯效果

## ——评述冲旋技术的提纯效用

**摘要：**冲旋制硅粉技术运用其选择性粉碎的功能，使硅粉的品位比硅原料高，使产品增值，却没有增加成本。

工业硅含有一定量的杂质（Fe、Al、Ca 等），限制其使用价值。产品杂质少，纯度高，质量高，价位也高。冲旋制粉技术在正常生产过程中能转移部分杂质，提高成品品位，不增加任何消耗。诸暨永博硅业有限公司采用冲旋制粉机组常年生产各类硅粉，其品位均比原料高，其杂质变动情况详见本文表 1。

上述提纯在粉碎过程中完成，只能出现在冲旋制粉机组中，而且不增加任何消耗和操作步骤，轻而易举地增加了硅的价值，体现出冲旋制粉技术的一大特点。为发展和提高这项有效技术，有必要做分析，叙述于下。

### 一、 硅块的组织结构

工业硅系结晶体，其杂质以不同的形态存在于硅晶体内外，如固溶体、晶间氧化物和金属化合物等。后两者均具有较高的脆性，系结晶体的薄弱组分。由于结晶过程和条件等不完全一样，杂质含量、品种和位置不同，硅块各组成部分的物理、化学性能就有相异之处，在受粉碎过程中的响应也就不同。

### 二、 选择性粉碎

针对硅的上述组织结构特点，冲旋制粉技术发挥其选择性粉碎的功能，使物料不同组分产生深浅各异的裂纹，继而裂变成不同的粒度。硅中杂质较脆，原在晶界上或晶粒内，受冲旋力能作用，易被从晶界或晶粒内外露打脱；硅粉成微细粉，被收集进入布袋器，成硅细粉。于是，成品粉中杂质大幅度下降，硅粉的品位提高。

### 三、 技术经济效益

1. 提高品位，就是提高质量。用同一种牌号的硅粉生产硅制品，其质量和产量指标肯定获得改善。

2. 提高了附加值。制粉厂增加了效益，而没有增加成本。

3. 细粉（布袋器中的粉）的杂质含量增大，成品粉的硅含量提高，而成品粉得率仍保持在 85%～93%的高位上。

## 四、 结论

冲旋式硅粉生产技术运用选择性粉碎，没有增加任何措施，在正常的生产过程中，顺畅地提高硅粉品位，获取良好的技术经济效益。

## 五、 硅粉化学成分分析报告

1. 原料硅块

块径≤120mm。

2. 成品粉

块径 40～160 目、40～120 目。

3. 杂质

铁(Fe)、铝(Al)、钙(Ca)。

4. 分析方法

Fe：1，10-二氮杂菲分光光度法。

Al：铬天青-S 分光光度法。

Ca：EDTA 容量滴定法。

5. 分析设备

TZZE 分光光度计。

6. 硅化学成分分析

硅化学成分分析见表 1。

**表 1 硅化学成分分析表**

| 样号 | 硅状态 | Fe 含量/% | Al 含量/% | Ca 含量/% | Si 含量/% | 相近牌号 |
|---|---|---|---|---|---|---|
| 1 | 原料块 | 0.479 | 0.609 | 0.332 | 98.58 | 5—5—3 |
| | 成品粉(40～160 目) | 0.272 | 0.451 | 0.140 | 99.13 | 4—4—1 |
| 2 | 原料块 | 0.393 | 0.543 | 0.400 | 98.66 | 5—5—3 |
| | 成品粉(40～160 目) | 0.383 | 0.415 | 0.076 | 99.12 | 4—4—1 |
| 3 | 原料块 | 0.371 | 0.381 | 0.140 | 99.10 | 4—4—1 |
| | 成品粉(40～160 目) | 0.332 | 0.351 | 0.130 | 99.23 | <4—<4—1 |
| 4 | 原料块 | 0.435 | 0.411 | 0.171 | 98.98 | 4—4—1 |
| | 成品粉(40～120 目) | 0.297 | 0.403 | 0.160 | 99.14 | <4—4—1 |
| 5 | 原料块 | 0.365 | 0.324 | 0.024 | 99.29 | 3—3—3 |
| | 成品粉(40～120 目) | 0.280 | 0.245 | 0.004 | 99.47 | <3—<3—3 |

注：为便于比较，“牌号”栏中显示“相近品牌”，即与规定的牌号要求相接近。若原料牌号达标，则相应提高一级。

## 参考文献

[1] 常森.冲旋技术焕发硅的天然优质特性.太阳能，2013，13：41－44.

# 冲旋技术焕发硅的天然优质特性

## ——评述高活性低能耗冲旋硅粉及其技术

**摘要：**有机硅和多晶硅用粉应具有的技术性能，集中体现为化学反应活性。冲旋粉拥有高活性和生产低能耗，同其他制粉方法相比，具有一定的优越性。

用于有机硅和多晶硅生产的硅粉，必须具备相应的技术性能，其中包括化学成分、粒度、形貌、比表面积、理化性能。这五项基本性能集中体现在硅粉的化学反应活性上。它是制取有机硅、多晶硅高质量的一个重要依据，是高能耗资源硅生产中高效利用的重要环节。但是，活性仅取决于化学成分和硅冶炼方法的观点值得商榷，有必要分项予以阐明。现以 CXFL 型冲旋式粉碎机组（浙江诸暨产，国内现用已有 50 多套）生产高活性、低能耗硅粉为例，叙述于下。

### 一、 冲旋粉

使用 CXFL 型冲旋式粉碎机组生产的硅粉，俗称冲旋硅粉，是利用该机组冲旋粉碎、准概率筛分等技术生产的硅粉，其形貌、粒度、比表面积检测结果附于后。

### 二、 形貌

冲旋粉外观呈金属光泽，颗粒表面粗糙，似蜂窝状，经电镜扫描拍摄（见图 1）显示，表面坑洼，易于吸附更多的流态物质，极利于气固、液固两相反应（如有机硅单体制成反应等），使硅得到充分完善的利用，为获得产品的高成品率提供有利条件。而其他方法生产的粉，表面光滑，少有起伏，如图 2 所示。

**图 1　冲旋硅粉表面形貌 SEM**

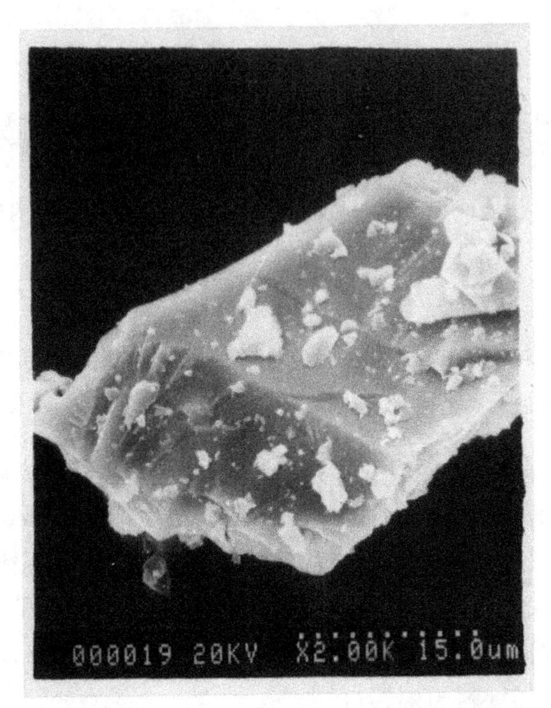


**图 2　轮碾硅粉表面形貌 SEM(外表面上附着许多细颗粒硅粉)**

## 三、粒度

粒度组成类别很多。经硅粉用户考核和制粉实践,可认定其中性质最佳者。图 3 是生产过程中粉碎机提供的原料粉(包括粗、细粉)曲线。运用准概率筛在 *c*—*c* 处割去+40 目粗粒(回料),返回粉碎机再粉碎。同时,在 180 目处(*d*—*d*)筛去细粉,留下 40～180目成品粉。原料粉特征曲线显示出下列特点。

1. 原料粉特性曲线(见图 3b)呈现三峰状态,都各自呈钟形。中间峰较高,呈窄底钟形。

2. 在原料粉特性曲线第 1 个低谷 *c*—*c* 处切割,正好黄金分割点(0.618)就在 40 目处。+40 目粉系返回粉碎机的回料,占总体的 40%,−40 目粉进入成品粉,占 60%(黄金分割点 0.618),符合物料组成的自然规律。普通冲击粉碎均为单峰,其他方式也是单峰。

3. 原料粉体中径(*D*50)前后各 10%的粉进入成品。中径粉具有代表性,其前后各 10%区域内的粉更是整体粉料中性能最佳的,符合二八定律。不让其返回后再粉碎,对提高产品质量和产量的效果,已在实际生产中显示。

4. 在原料粉特性曲线第 3 个低谷 *d*—*d* 处切去细粉。第 3 个峰体现约束细粉量的能力,防止过粉碎。

5. 成品粉中径在 60～80 目,粒度分布集中,呈钟形,底较窄,竖向较高。

图 4 示出用于多晶硅的成品硅粉(40～180 目)粒度特性曲线。

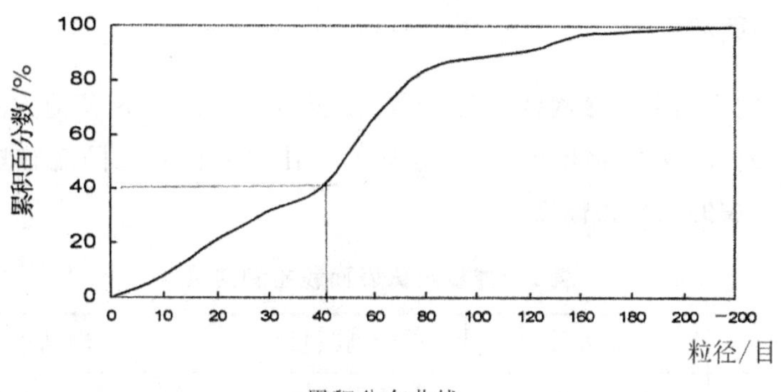


a.累积分布曲线

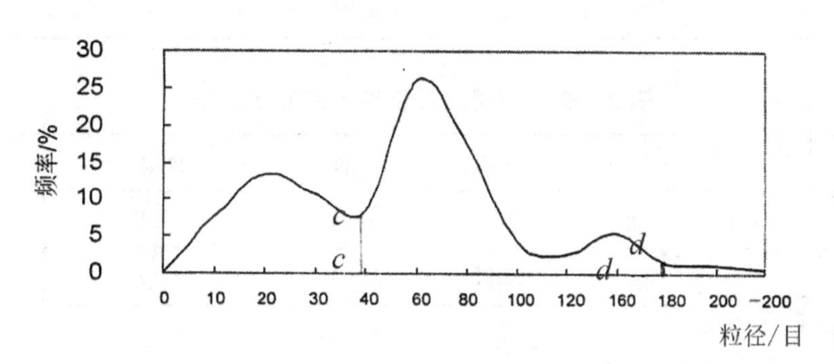


b.频率分布图

**图 3　原料粒度特性曲线**

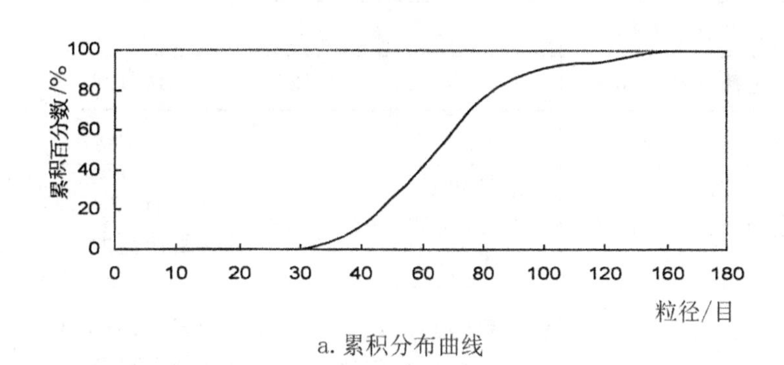


a. 累积分布曲线

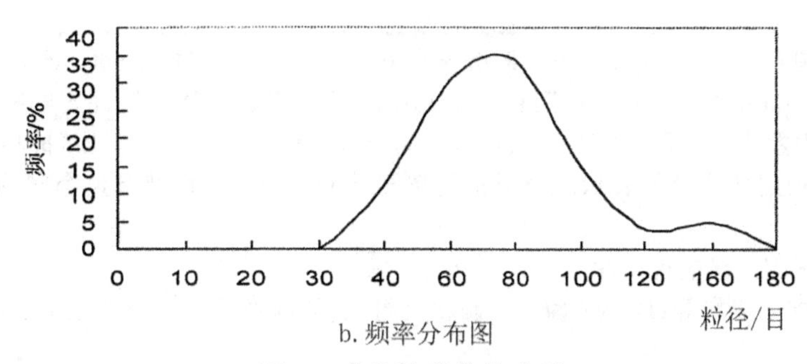


b. 频率分布图

**图 4　成品粒度特性曲线**

## 四、 比表面积

冲旋粉的比表面积经多次测定，约为0.66$m^2$/g(见表1)，比其他方法生产的粉(如对辊、悬辊、立磨等)要大30%～50%(见表2)。比表面积对硅同流态物的两相反应，作用明显，是形貌的度量指标之一。

**表1　冲旋粉比表面积检测结果**

| 检测编号 | 原编号 | 检测项目 | 检测结果/($m^2$/g) |
|---|---|---|---|
| 10—097—01 | 60～100目 | 比表面积 | 0.67 |
| 10—097—04 | 30～60目 | 比表面积 | 0.65 |

**表2　有机硅用硅粉各种生产方法比较**

<table>
<tr><th>序号</th><th colspan="3">项目</th><th>雷蒙法</th><th>对辊法</th><th>盘磨法</th><th>冲旋法</th></tr>
<tr><td rowspan="4">1</td><td rowspan="4">产品质量</td><td colspan="2">比表面积/($m^2$/g)</td><td>0.26</td><td>0.36</td><td>0.42</td><td>0.57</td></tr>
<tr><td rowspan="2">粒级</td><td>范围/mm</td><td>0～0.35</td><td>0～0.35</td><td>0～0.35</td><td>0～0.35</td></tr>
<tr><td>粒径<0.05mm粉含量/%</td><td><30</td><td><18</td><td><20</td><td><20</td></tr>
<tr><td colspan="2">颗粒形貌</td><td>扁平光面，少裂纹</td><td>扁平光面，少裂纹</td><td>扁平光面，少裂纹</td><td>蜂窝表面，多裂纹</td></tr>
<tr><td>2</td><td colspan="3">产品产量/(t/h)</td><td>1.5</td><td>0.5</td><td>2.5</td><td>2</td></tr>
<tr><td>3</td><td colspan="3">单位能耗/(kW·h/t)</td><td>25/85</td><td>44/120</td><td>44/108</td><td>22.5/35</td></tr>
<tr><td>4</td><td colspan="3">加工成本/(元/t)</td><td>180</td><td>270</td><td>300</td><td>120</td></tr>
<tr><td>5</td><td colspan="3">工艺设备使用可靠性</td><td>可靠性较好，修理和控制较困难</td><td>可靠性较好</td><td>可靠性较好，检修工作量大</td><td>可靠性好，检修方便，刀具磨损较大</td></tr>
<tr><td>6</td><td colspan="3">环保性</td><td>需特殊隔音，劳动条件较差</td><td>粉尘大，环保性较差</td><td>噪音大，粉尘大，环保性较差</td><td>环保性达标</td></tr>
</table>

注：①各制粉法使用的设备是4R型雷蒙机(37kW/170kW)、∅500mm对辊机(22kW/60kW)、∅1250mm盘磨机(亦称立式磨机)(110kW/270kW)、ZYF430型冲旋式粉碎机(45kW/70kW)。括号内数值：分子指粉碎机主机的功率，分母指整个制粉工艺作业线的功率。

②单位能耗用分数形式表示。分子指粉碎机主机的功率，分母指整个制粉制作业线的功率。

③形貌：根据扫描电镜照片。

④能耗和加工成本等：属一个确定的制粉机组，从原料块至排出产品粉料，不包括原料准备和粉料外送。

⑤加工成本：包括电耗、人工、折旧、大修四项费用。电价0.7元/(kW·h)，折旧率7%，操作定员(两班总数)5人。

## 五、 理化性能

冲旋粉有与众不同的两项理化性能。

1. 不同粒度的成品粉颗粒具有相近的比表面积。粗粒内部裂纹发育很好；细粒内裂纹很少，可外部比表面积大。

2. 成品粉化学成分含量提高。比如，化工用硅粉B组，牌号5—5—3，经选择性粉碎后，可以提高到4—4—1。此外，其他杂质的含量也降低了。所以，冲旋粉体现出理化性能的提高。

此两项性能的改善，同硅的显微组织的改变关系很大。

## 六、 冲旋粉高活性的基础

冲旋硅粉的特点，可概括为：①硅的晶体组织结构中裂纹增多，天然反应活性得到进一步提高。②化学成分没有变劣，反而改善了。③粉表面似峰峦起伏，似蜂窝状，粗糙，裂纹交错，极利于气固、液固两相反应（见图1)。④粒度按要求配置，调节参数，使特性曲线前后两低谷正是筛去粗、细粒的切割点，使硅的理化性能得到最佳的传承和提高。⑤比表面积（$0.66m^2/g$）比常规硅粉的大30%～50%，有利于化学反应。

缘于上述五个特点，使冲旋粉的天然活性拥有与众不同的基础。

实例1：1993年某厂用冲旋粉生产有机硅单体，1t硅粉可生产4t单体；而原来采用球磨粉，只能生产3t单体。

实例2：2009年，某厂以冲旋粉制单体（甲基氯硅烷）的主要成分二甲基二氯硅烷（简称二甲）得率达到90%（国际先进水平90%～94%）；国内先进指标是80%～85%。究其根本，正在于冲旋制粉（粉碎、筛分等）的工艺设备技术，都是顺应硅及其粉体的天然结构和禀性而设计的。

实例3：2014年，某硅业公司使用冲旋粉制三氯氢硅，转化率提高了5%，1t硅粉生产的三氯氢硅从原来的4.0t提高到4.2～4.3t。该产品5000多元1t，$5\times10^3\times5\times10^{-2}=250$ 元/t（增添的利润），如1月用1000t，则有25万元。2013年，江苏某硅业科技发展有限公司从辊磨粉改用冲旋粉也取得同样的结果。

实例4：2014年，内蒙古某公司改用35～325目（35～70目应占75%）的硅粉替代原来45～120目的硅粉制三氯氢硅，效果更佳。粉粗了，效果更好了。

## 七、 工艺设备保证高活性

保证硅高活性的条件是多方面的，所采用的工艺设备则是其中最重要的。因此，有必要对其工艺和设备技术进行一番考究。

**1. 力能冲旋粉碎技术**

基于对硅块结构和性能的研究，利用粉碎机内建立的不同能量区，使硅块得到不同程度的冲击，使位错积累的微观应力集中和裂纹等缺陷引起的宏观应力集中，得到较充分的发展。获得粗细搭配的粉末，符合用户对粒度和化学成分的要求。能量区的配置和调节，通过设置粉碎机相关参数来实现。经冲击，硅吸收力能后，沿着体内密布的微细纹（分形网络自然结构）胀裂，呈多棱颗粒状，表面粗糙（如图1所示）。由于没有受到强制的外力挤实作用，组织结构变疏松，构筑好高活性的基础，保证冲旋粉五项特点的形成，使化学反应活性随之提高，并且保持生产成品率＞85%。所以，冲旋粉碎过程都是顺应着硅本身的天然状态完成的。结果是，颗粒形貌、粒度组成、比表面积以及综合各项指标的化学反应活性，都保持或超过原有的天然水平。

**2. 黄金概率筛分技术**

冲旋粉碎技术给出三峰原料粉特性曲线图3b。在线的准概率筛正好在40目低谷处筛去粗粒（回料），将其返回粉碎。40目处是曲线上粉体质量的黄金分割点（如图3b所示）。该筛的特点是能将40目粉做筛上和筛下按比例分开，保证打得出来、分得开，使粗粒回料占比≤40%，使平均粒度（$d50$）前后各10%（总共20%）的粉进入成品。这20%的粉是整批料中最具代表性的部分（二八定律），其粒度和化学成分适中，既有粗粒的特性，又有细粒的特性，杂质（Fe、Al、Ca等）最少，所以，从化学和物理上考虑可以认为是粉体的精华。相反，如该部分落入粗粒回料中，返回再粉碎，就丧失了，又变细了。

200目左右的粉，用户可用新型筛分法将其筛去。图3b上160～180目处有一小高峰，减少了细粉量与筛除量，增加了成品率。

**3. 气流振筛除细技术**

冲旋制粉的选择性粉碎技术，使杂质大量转移至细粉（－160目）中，运用气流在扬灰部位将细粉吸走（其量约为5%）。同时，在概率筛后再用专用振动筛将－160目粉筛去。于是，成品粉中细粉含量就得到控制，外观上呈现出铮亮的金属光泽。

## 八、 冲旋粉低能耗的基础

力能冲旋技术运用冲击和旋流方法，使硅块吸收力能，随后胀裂成粉。与其他用压裂挤碎的方法（如辊磨等）不同，冲旋法是利用输入力能，劈裂硅块。硅的抗压性能系数比抗拉性能系数高10倍，因此，拉裂能耗比压裂的要低得多。冲旋粉的生产能耗就明显低于辊磨、对辊，只有其30%～50%（实测值见表2），约20kW·h/t。

## 九、 安全和防爆措施

硅粉生产必须有相应的安全措施，以防止硅粉爆炸。在CXFL型机组上采用气流除铁防爆技术。气流使机组各处的粉尘浓度大幅度低于爆炸下限和减少热量的聚集；除铁设施能及时吸除机组内的金属块，避免火花的引发。由此避免形成爆炸三条件，保证生产安全。

机组采用开/闭环自动和连锁控制，气流系统设备负压和警报、自动停机控制，保证设备正常稳定和安全运行。

## 十、技术经济核算

冲旋制粉的生产成品率达到85%～93%(有机硅粉更高),再加能耗低于20kW·h/t,活性高,使冲旋制粉的生产技术经济指标处于国内领先地位(见表2)。

## 十一、焕发硅的天然优质特性

硅在地球上的含量很高,为人类社会现代化做出的贡献也很大,在经济生产各行业都显现出巨大的作用,在文化和生活各领域更是业绩辉煌。硅,的确是值得称道的宝物。可是,要从矿石中提炼硅却不容易,要消耗大量的能源;要将其深度加工,还要付出很大的代价。对其高效开发利用正是我们的职责。它天生就很硬,且又脆又滑,生就一副"刚强的骨架"。而制成的冲旋硅粉更是光泽熠熠,银灰铮亮,品质精良,化学活性高,制取能耗低,成品率高,成本低。冲旋粉以其优良品质获得大众的认可。

## 参考文献

[1] 贾玉珍,周春艳,张桂华.硅粉质量对甲基氯硅烷合成反应的影响[J].有机硅材料,2007,21(3):134－137.

# 关注硅粉活性的功效及其评定

**摘要：**硅有着可贵的“品格”和昂贵的价格，一定要珍惜它，让它全力贡献天赋的优良品质性能。据此，有必要制定硅的活性标准，使有机硅、硅光伏事业更加兴旺。

有机硅、多晶硅、单晶硅和半导体组成一个庞大的硅产品体系，已成为国民生产和高新尖端技术的重要材料，为人类生活的改善和社会的建设做出重大贡献，是世界繁荣发展的奠基石之一。如果要探知这奠基石的关键材料来自何方？回答很简单：硅，它的粉料就是担当此重任的主要角色。硅很重要，硅粉更重要。话到此处，不妨审视一下硅的“品格”。让我们体会到，对硅必须珍惜，使其贡献出自然界赋予它的可贵性能。

## 一、 硅的“品格”可贵，价格昂贵

硅的“品格”指的是：①能发挥优势，开辟新材料领域。硅发挥自身特性，使“友好材料”——高分子材料获得更可贵的性能，开辟一个新的材料领域：硅高分子材料。典型的实例就是有机硅[1-2]。硅具有金刚石的晶体结构、“刚柔相济”的性格，将其特有的无机性能揉进高分子有机物里，获得拥有许多优异功能的有机硅合成物。硅是怎样揉进高分子材料的？如图 1 所演示的，凭借催化剂，硅（固体）同氯甲烷（气体）经气固两相催化反应，合成有机硅单体，进而制取有机硅材料。硅如合成的载体，将其刚性的无机特性赋予柔性的高分子有机物，从而获得特异功能材料。正像将硅熔进钢中，炼得优质硅钢，作用明显，身价倍增。硅的这种优化各类材料的“品格”，值得称赞。②借助优势，强化自身。硅优化了高分子材料，同时高分子材料也以自己特有的化学功能[9]使硅得到纯化（达到 99.9999999％的纯度），开拓出多晶硅、单晶硅的特异的光伏功效。硅就这样经历有机化和无机化，借助友好材料，发挥特异禀性，显现出优良的实用品格，使自己获得青睐。

对于硅，还必须提及它的生产成本。用优质石英经电炉冶炼，生产 1t 硅电耗超过 1 万度，价值近万元。制成粉后用于多晶硅，进而得单晶硅，价格 50 美元/kg，折合人民币约 300 元/kg，价值高，价格也高。有机硅状况也相似。

总之，硅拥有自然赋予的优异实用性能[4]，但是，硅及其产品又有着昂贵的“价格”。为更有效地利用硅，必须在各生产环节齐心协力下功夫，以提高产品的品位，以及倍加珍惜和积极提高硅的利用技术水平。对于我们硅制粉行业，当务之急就是充分开发硅的化学反应活性，提高制粉成品率和产能，为后续产品取得更佳的生产效果提供有利条件。为达到此目的，有必要了解一下硅在有机硅直接合成过程中的角色和作用。硅粉生产和技术，在整个有机硅、多晶硅作业线上，虽地位和价值不高，就像“小儿科”，但这个“小儿科”真的具有实质意义，小儿时期是人类打基础的阶段，作用非凡，直接影响后续工序，效用明显。

## 二、 硅在有机硅直接合成中的效用[1,5-9]

有机硅直接合成过程形象地显示于图1。它系多相催化反应。在流化床内，硅粉和氯甲烷借助催化剂铜粉，形成粉气团，在随着气流翻腾向上的过程中，实现硅粉(固体)和氯甲烷(气体)的气固两相催化反应。笔者将该过程采用空间放大、时间放慢的方法描绘成图1。图形分列成三部分：c为反应粉气团流化翻腾图，b为合成催化反应过程五个阶段图，a为直接合成甲基硅单体工艺流程图。三个图形的来历如下：从a反应环节抽出局部，得b；从b又抽出局部得c。为便于探索，在b图仅标出两个硅(Si)夹持一个铜(Cu)，周边吸附着氯甲烷($CH_3Cl$)，进行气固两相催化反应。在硅、铜比表面积最大处，吸附氯甲烷最多，形成数个反应活性中心，带动整体反应，如c图所示。该粉气团随流化床气流翻腾向上，反应的五个阶段(如b图吸附、内扩散、催化反应、外扩散、吸脱)就在运动中完成，获得的反应主生成物二甲基二氯硅烷$(CH_3)_2SiCl_2$(气体)经分离、过滤、冷却，最后冷凝得液态有机硅单体，沿着a图路线完成；过程中有好几种反应同时进行，生产出主、副产品。主反应为 $Si + 2CH_3Cl \xrightarrow[250\sim300℃]{Cu} (CH_3)_2SiCl_2$；副反应也以同样的方式进行，只是量少，性状各异。

从上述化学反应的5个阶段看，硅是载体，氯甲烷(气)围在它周边表面，完成全部催化反应。硅的品质，包括化学组成、表面性状、粒度组成、比表面积等，总体表征成反应活性，对于进一步提高直接合成效果具有关键性作用。这其中硅粉比表面积和细化晶粒扮演的角色尤其显眼，使硅细晶粒的天然活性充分发挥作用。比表面积大，吸附的氯甲烷(气)量多，反应活性中心多，反应态势旺盛，过程进展完善，生成物就量大质好(二甲收率高，原料单耗低，流化床开车时间长)。气固相催化反应过程显示表面的效用，其比表面积大小，更似催阵的战鼓、催春的雨雷，功效分明。与比表面积相关的粒度组成，对整个反应也具有相当的效用。流化床工艺要求硅粉粒度组成适度，其中45～200目粉占80%～85%，过粗过细均有限制。缘由之一是：粗粒比表面积小，细粒则大，可是易被带出反应区。

有机硅单体合成技术在不断完善和发展中，人们从生产工艺、装备、操作、原料等做多方努力，效果明显。时至今日，再如何下功夫呢？笔者认为，有必要认真地探讨一下硅粉品质的效用，望大家能仔细地听听我们制粉者的意见：硅粉的效用能为进一步提高有机硅单体的生产技术水平做出贡献。具体措施有：①商定“硅粉反应活性的参考标准”。②通过生产实践，对比各种方法制取硅粉的反应活性。③为选用硅粉的品质拟定具体内容，为有机硅提供最佳的硅粉。

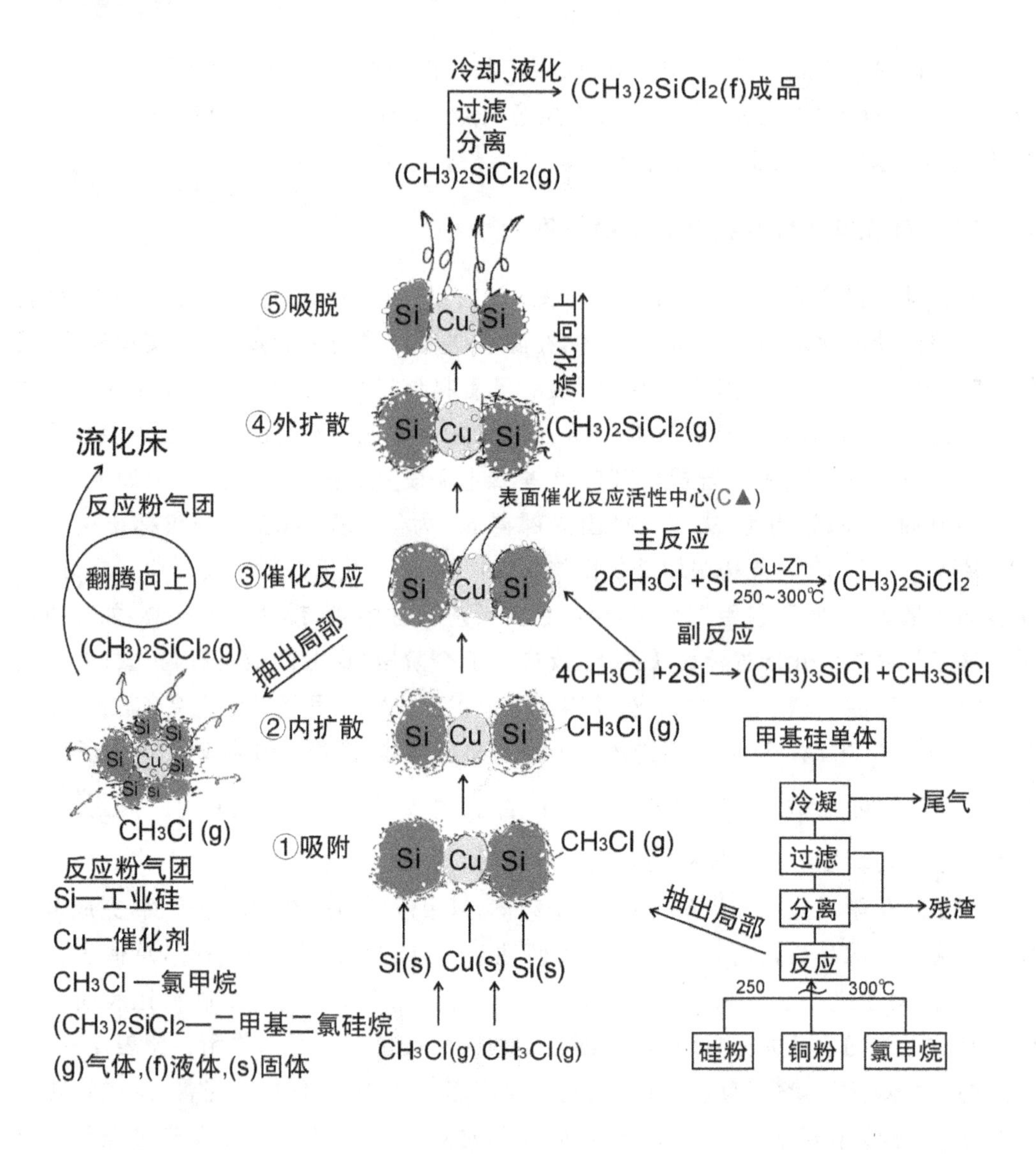


**图1　有机硅单体流化床直接合成反应过程形象图**

## 三、关于硅粉反应活性参考标准的思考

有机硅单体直接合成使用催化反应,其效能(选择性)和效率(反应速率)受多种因素影响。单就原料硅粉而言,综合性指标——化学反应活性具有决定性意义。而且,从前述反应过程五个阶段表明:粉体比表面积作用显著。当硅块冶炼方式、化学成分等已定的条件下,硅粉表面性状就拥有决定性意义。而它又取决于制粉方式。所以,反应活性实质上仍受制于制粉工艺方法,是可控的。拟定活性参考标准因此是实用的、可实现的,有积极引导效用,能给有机硅产业带来难得的经济效益。

拟定活性参考标准的必要性和现实性,为高品质硅粉的制取和选用提供准绳,让我们感到有责任、有义务根据亲身体会和认识提出具体内容。当前尚无类似标准可供参考。不过，有机硅单体直接合成采用催化反应，效果判定可以按照催化反应的热力动力学原则：最佳反应方向（效能）和速率（效率），审验反应活性，再参考美国Ahlstrom公司石灰石脱硫粉剂活性标准[10]，提出下述内容（见表1）。

**表1　依据上述两个指数建立有机硅用硅粉活性等级参考举例**

| 等级 | 反应效能指数 RI | | 反应效率指数 CI | |
|---|---|---|---|---|
| 优良（1级） | ＜1.2 | 平均级差/% | ＞4.2 | 平均级差/% |
| 良好（2级） | 1.2～1.6 | 15 | 3.5～4 | 10 |
| 中等（3级） | 1.6～2.0 | 20 | 3～3.5 | 15 |
| 一般（4级） | 2.0～2.4 | 25 | 2.5～3 | 20 |

(1) 反应效能指数(RI)：某一空间内，1个单元二甲基二氯硅烷所需硅粉的单元量，如以摩尔(mol)为单位，即为硅同二甲基二氯硅烷的物质的量之比。按反应方程的理论计算RI=1，该指数实质就是反应选择方向，获得二甲基二氯硅烷的量。

(2) 反应效率指数(CI)：某一时段内，1个单位硅粉能制取二甲基二氯硅烷的单位量。以千克(kg)为单位，则在某一时段里，1kg硅粉所制得的二甲基二氯硅烷的质量。按反应过程理论计算，1kg硅可制得4.6kg二甲基二氯硅烷，即CI=4.6。具体计算如下。

元素相对原子质量

| C | H | Si | Cl |
|---|---|---|---|
| 12 | 1 | 28.1 | 35.5 |

二甲基二氯硅烷$(CH_3)_2SiCl_2$相对分子质量$2(12+1\times3)+28.1+2\times35.5=129.1$

1mol　Si　　28.1g

1mol　$(CH_3)_2SiCl_2$　　129.1g

反应方程 $Si+2CH_3Cl \longrightarrow (CH_3)_2SiCl_2$

1kg Si产出 $4.6kg=\left(\frac{129.1}{28.1}\times1kg\right)(CH_3)_2SiCl_2$

上述参考举例的根据是：两指数等级间的差10%～25%。优良（1级）按理论值确定。至于各等级间的差值，按目前国内外达到的水平推出，最终尚需通过实测。测试的方法最好是建造仿真的小型直接合成流化床，测定各种硅粉，经比较分列活性等级。石灰石脱硫活性就是利用这样一台小型仿真的循环流化床锅炉测定的，效果很好。笔者提此建议，供专家们参考。经推算，多晶硅用硅粉活性和有机硅用硅粉活性标准各项是相通的。

当前，在暂缺的标准情况下，根据直接合成属催化反应的原则，硅粉比表面积对区别反应活性举足轻重，不妨以比表面积为准判定硅粉的活性。当然，比表面积测定必须在同一台仪器上完成。因为该种测定，随仪器方法不同，差别较大。同时，从实际使用中作出适当比较，最后判定活性。笔者曾作过一些常用硅粉的活性比较[4]，发现其同比表面积成正比关系。冲旋粉比表面积：30～60 目为 0.65$m^2$/g，60～100 目为0.67$m^3$/g，比其他方法生产的粉(对辊、悬辊、盘磨)要大 30%～50%。用冲旋粉制取的有机硅单体达到的指标较高。同时，还必须指出冲旋粉粗粒同细粒比表面积很相近。所以，可选用较粗的粒度组成，减轻了细粉在有机硅合成过程中的负面影响，使生产效果更佳。而对于硅粉制取，则成品率可进一步提高，即降低了成本，又充分利用了硅的优良品质，促进了有机硅合成技术水平。可谓一举多得。比表面积的效用确如本文所述。关于这一项优势，望能得到更多的实践验证。顺便提及多晶硅用硅粉，情况极相似，拟另文阐述。

## 四、 焕发硅活性，激励有机硅事业发展更旺盛

硅，外表银亮，坚硬刚强；悟性机敏，能有机化，又能无机化，能使“朋友”强化，还能让自己“净化”，显露出可贵的“品格”。它为人类做出许多好事，贡献不少。不过，它来到我们身边，身价昂贵。所以，我们应该珍惜它，好好地使用它。为此，除了认真选择最佳的化学组成、晶体结构、合成方法等外，焕发硅的活性正是一项不容忽视的重要措施，它更似催阵的战鼓、催春的雷雨。我们要尽快制定活性标准，作为硅粉品质重要指标，力求以最佳的活性满足有机硅、多晶硅等生产条件。让我们关注硅的活性，使它焕发出全部天赋特性，促进硅高分子事业发展更加旺盛。

## 参考文献

[1] 李贤均，陈华，付海燕.均相催化原理[M].北京：化学工业出版社，2011.

[2] 高正中，戴洪兴.实用催化[M].北京：化学工业出版社，2012.

[3] 平郑骅，汪长春.高分子世界[M].上海：复旦大学出版社，2004.

[4] 常森.冲旋技术焕发硅的天然优质特性[J].太阳能，2013，13：41－44.

[5] 贾玉珍，周春艳，张桂华.硅粉质量对甲基氯硅烷合成反应的影响[J].有机硅材料，2007，21(3)：134－137.

[6] 崔英，赵岩涛，崔华等.硅粉质量对甲基氯硅烷选择性的影响[J].吉林化工学院学报，2010，3：14－19.

[7] 方江南.对发展我国甲基氯硅烷生产的思考[J].有机硅材料，2003，17(1)：1－4.

[8] 朱晓敏，单基凯.有机硅材料基础[M].北京：化学工业出版社，2014.[9] 罗运军，桂红星.有机硅树脂及其应用[M].北京：化学工业出版社，2002.

[10] 常森.石灰石脱硫粉剂品质的技术经济评述[J].发电设备，2013，6：436－439.

# 运用应力分维理念增强粉碎效能

**摘要：**从技术认知、检测数据和分形、粉碎理论中，推导得应力分维理念，绘制应力-分维曲线。运用该理念分析、研究和探索解决粉碎过程存在的难题，如回料多、一次成品率低、多速粉碎、多冲切少压磨等，从而提高产品品质和粉碎效能，以及改进粉碎机设计。

物料粉碎能很形象地演绎分形理论，并获得深层的理论诠释，使粉料生产技术提升到新的高度。笔者拟就应力裂纹和分形维数关系进行探讨，引出其增强粉碎效能的措施。用活诸种基本粉碎方法，继而对照实际，以期达到提高产品品质（包括质量、产量、成品率）和降低能耗的目的。本文圈定的粉碎范围，是制取粒径＜2mm 脆性物料的粉体成品，如有机硅、多晶硅用粉，石灰石脱硫粉，铸铁粉和矿粉等。

## 一、 应力与应力比

对脆性物料块施加外力，产生应力，引发和加剧料块内的开裂。施力愈大，应力愈大，裂纹愈多，开裂愈大。当应力超过强度极限时，料块破碎；超过愈多，破碎愈烈，料块呈现粉碎状态。为便于阐明事理，常以应力比（$\gamma$）表示应力同物料强度极限之比。应力比可以理解为冲击强度，它既考虑施力一方，又考虑受力一方。按受力类别不同，将应力比表示于下。

压缩（抗压）应力比：

$$\gamma_\sigma = \sigma / \sigma_b$$

拉伸（抗拉）应力比：

$$\gamma_R = R / R_m$$

剪切（抗剪）应力比：

$$\gamma_\tau = \tau / \tau_b$$

式中：$\sigma$ 与 $\sigma_b$、$R$ 与 $R_m$、$\tau$ 与 $\tau_b$ 分别表示压缩（抗压）、拉伸（抗拉）和剪切（抗剪）应力和强度极限。

## 二、 分形维数与裂纹[1]

相对于规则形（整形）的圆球、正方、三角等，世间物体绝大多数是非规则形（非整形）的分形。整形容易标出三维；分形则需选定分数型空间维度，表征为分形维度（简称分维，符号 $W$）。比如，一条线维度是 1，一个平面维度是 2，一个分形立面维度应是 2～3 的分数，如可以表示成 2.1、2.2、2.8 等。

脆性料块的裂纹属于分形，它同料块裂面紧密相邻，其间分维应相同，也处于 2～3。按照黄金分割定律，自然分形平面大、小边之比 1.618，得立体大、小面之比 2.618。所以，立体分形分维为 2.6～2.7。此为自然分形立体分维。经粉碎后获得的粉粒，其外表面均系裂面，体内则隐布微裂纹和微裂面。它们也都由应力引发。同样的，可以分维为表征其开裂程度，印证应力的效能。可以认为，裂纹发育程度(包括长度、缝宽、缝深等)都同应力大小和种类成正比关系。

## 三、 分维与应力、应力比[2, 3]

分维($W$)表征裂面和裂纹，应同应力成正比，即 $W\propto\sigma$，$W\propto R$，$W\propto\tau$。在粉碎过程中，应力的效能又要通过应力比体现出来，已于前述。所以，可得出结果：分维同应力比成正比，即 $W\propto\gamma$。根据脆性物料，如硅、石灰石等原料粉碎的具体经验和有关分形损伤研究，以及凭直观感知，可以确认应力比-分维曲线(见图 1)的定性正确性。它是针对粉碎的。而当以裂纹发展为研究对象时，则应力和分维关系更切合实际。由此推导出应力-分维曲线(见图 2)。不过，三种应力所形成的应力-分维曲线各有特点。它们最大的区别是斜率和始点不一样：$\sigma$-$W$ 线最陡，始点最高；其次是 $R$-$W$ 线；再次是 $\tau$-$W$ 线。区别的基础是物料物性，脆性物料具有两项特点：①抗压强度极限＞抗拉强度极限＞抗剪强度极限。而且加载后，对抗能力随之增高，其幅度同强度极限一样，抗压强度最大，抗剪强度最小，如图 2 上 1、2、3 曲线。②每次粉碎后回料的对抗能力都会得到增强，因为随着粒度的缩小，内、外裂纹减少，维度降低，对外抗力随之加强，而且同外力成正比，如图 2 上 1′、2′、3′曲线所示。

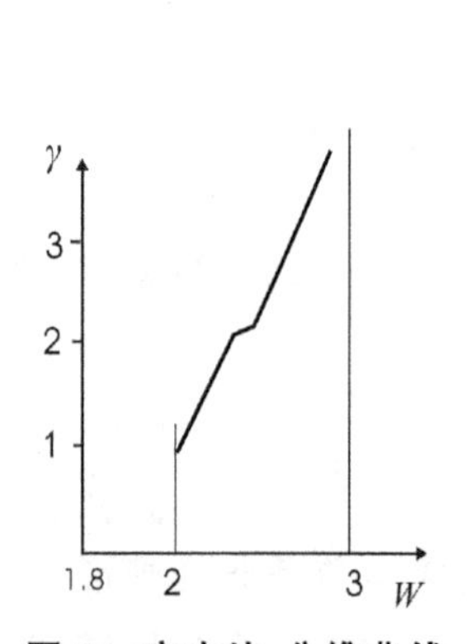


图 1　应力比-分维曲线

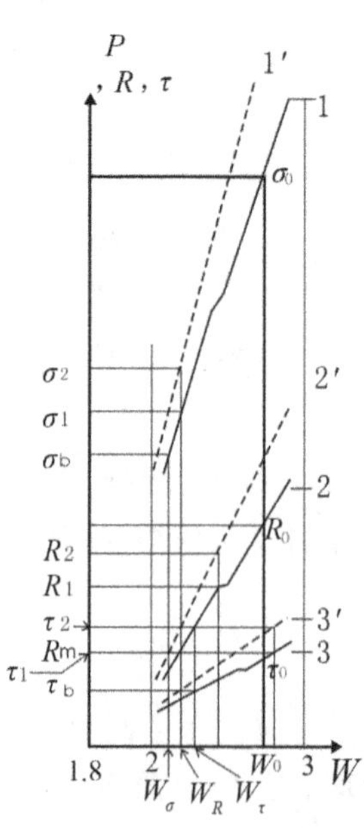


实线 1：$\sigma$-$W$ 曲线(压磨)；
实线 2：$R$-$W$ 曲线(拉伸)；
实线 3：$\tau$-$W$ 曲线(剪切)；
虚线 1′、2′、3′：硬化后的上述曲线；
$\sigma$：$\sigma_1$，$\sigma_2$ -压磨应力(硬化前后)；
$R$：$R_1$，$R_2$ -拉伸应力(硬化前后)；
$\tau$：$\tau_1$，$\tau_2$ -剪切应力(硬化前后)；
$\sigma_b$，$R_m$，$\tau_b$ -常态抗压、抗拉、抗剪强度极限；
$W$：$W\sigma$，$W_R$，$W\tau$ -常态强度极限下引发抗压、抗拉、抗剪裂纹的分维；
$P$ -粉碎、裂纹能耗

图 2　应力-分维曲线

由此两项特性得出如下三条。①数值不同，$\sigma_b > R_m > \tau_b$。②加工硬化程度（速率）不同，$\sigma > R > \tau$，曲线斜率也是同样的大小顺序。③上述三种曲线实质上代表三簇曲线，如 1—1′、2—2′、3—3′。1′、2′、3′曲线的 $\sigma$、$R$、$\tau$ 比 1、2、3 曲线的更强，$\sigma_2 > \sigma_1$，$R_2 > R_1$，$\tau_2 > \tau_1$。再粉碎一次，$\sigma$、$R$、$\tau$ 又要增强一些，形成曲线簇。

物料变形、开裂和粉碎消耗的能量（即能耗）同应力成正比。所以，就定性而言，可以确认能耗（$P$）与分维（$W$）关系同应力-分维相当，可以借鉴该曲线。

## 四、应力分维认知

由应力-分维曲线可以得出几点认知，可应用于增强粉碎效能。

认知 1：多冲切少压磨。在各种施力状态下，为制取同一粒级的粉体，即获取相同的粉碎效果，也就是同一分维，所需的应力和能耗以大到小排列是：压磨、拉伸、剪切（见图 2）；同一 $W_0$，$\sigma_0 > R_0 > \tau_0$。所以，一般状况下，应多用拉伸、剪切，少用压磨，即多拉碎、切碎，少压碎，简称多冲切少压磨的粉碎法。这有点类似“多碎少磨”（多破碎，少球磨，为节能），但在粉碎方面尚无此提法。

认知 2：冲切制粉较压磨稳定。调节粒度就是变动分维值，值大得细粉，值小得粗粉。为此，就得改变应力，增减输入的能量。但是能量改变的速率不一样，增减幅度相差很大，从而影响产量。比如，压磨石灰石粉往增粗方向调时，分维减小，粗粒量增加，结果是成品量减小，而且能量下降的幅度远远超过拉碎和切碎，产量大幅度下降。粒度合格，可产量满足不了要求，成为一个难题。而冲切法的波动幅度小得多，显得比较稳定。

认知 3：压磨、拉碎（击碎）、切碎、对撞等合理组配，提高粉碎效能。制粉生产线上，可用压磨供原料碎块块径＜40mm，粉碎机内采用两级速度击碎，以及切碎、对撞，提高一次成品率，减小回料量，提高产量。

## 五、应用实例

*例 1：石灰石脱硫粉的粒度调节*

循环流化床锅炉用石灰石脱硫粉，粒度经常要调整。其中一项为将＜0.2mm 粉含量从 30％调低至 10％。不同制粉方式会产生不同的结果。对照图 2 可知，降低细粉量，即减小分维。如用压磨和冲击两法。前者要沿 1 线降低压应力，后者要沿 2 线降低拉应力，很明显，前者降幅比后者大得多，因此，输入的粉碎能量下降得较大，直接影响产能。所以，压磨式适合生产细粉，而冲击式适合生产粗粉。用于石灰石的脱硫粉，对细粉是比较忌讳的，尤其是循环流化床锅炉，所以选用冲旋粉比较合算。

*例 2：多级粉碎*

粉碎物料制取粉末，实质是在物体内产生许多裂纹，由微而细，逐步扩散成裂纹网络，最终其整体物料碎裂成粉末。关键在于：利用最低能耗获得品质粉末。因此，就要抓住物料的特性。如果以机械粉碎为主，则要充分利用物料抗压、抗拉、抗剪等特性,把握其薄弱环节,施加粉碎力能。应力的分维功效指明了不同的抗裂性能。正如图 2 的三条线所示,符合前述认知 3。并在实践经验基础上拟定下述技术路线:原料块块径<40mm,制粉 40~200 目,采用 2 级冲击粉碎和 1 级劈切粉碎。可以减少-200目细粉量,能耗 8kW·h/t。全部三层粉碎刀具装在一个转子上。两级冲击粉碎速度不同,第 2 级为第 1 级的 1.4~1.6 倍,劈切粉碎速度同第 2 级冲击速度。其原因就是第 1 级粉碎后,粗粒料强度增高,用较大冲击速度产生较大冲击应力,才能达到原 1 级分维,获得与之相当的裂纹,使粗粒料粉碎。留下的粗粒料,强度将更大。宜用剪切应力,引发裂纹。所需能量较小而裂纹分维较大,获得粉碎效果。如此形成一机多级粉碎技术。

例 3:提高一次成品率

块料(块径<40mm)进入粉碎机,制取粉料(40~200 目),其成品量占 40%~60%,称一次粉碎率。过筛后,粗粒(统称回料)返回粉碎机继续加工。如何提高一次成品率,是生产中影响最终成品率和产量的重要环节。经过努力,到目前,一次成品率约为 50%,很难提高。无论何种制粉方式,都没有突破。原因何在? 说法不一。多方试探未见成效。比如,采用压磨式制取方式生产石灰石脱硫剂(粒径<1.2mm,其中粒径<0.2mm 粉的含量应<20%),成品率从 50%降至 40%。其他生产方式也相似,只不过稍好一些。一次粉碎率也不应太高,因为在机内连续打,会愈打愈硬,只要能达到 50%即行。留下的 50%中,有 10%已是“死硬派”,让其经筛分,返回斗提机,进碎料仓,进行时间松懈,降低硬化强度,降低抗力,返回再打,估计效果会更好些。回料强度有大硬、中硬、小硬。

从应力分维角度分析,回料粗粒绝大多数都是历经多次粉碎未成的颗粒,很坚硬。根源是:本身结构较致密,又经多次变形强化,各种抗力性能都增强,需要大应力比(大应力)引发相应分维值,要给予高速和大能量,使粗粒粉碎。问题是,要获取高速度,机械粉碎法已无能为力;采用气流粉碎,则细粉超标。例 2 中的多级粉碎技术,为此提供了一种方法。若要进一步解决问题,有待新型对撞机问世,利用机械粉碎中料打料的特点,将回料量降至<20%,较大幅度地提高一次成品率和产量。并且可以改善机械粉碎中高速度冲击产生的弊病,大幅度减轻粉碎器具(锤刀、衬板等)的磨损,使冲切制粉设备摆脱致命的缺陷——刀具寿命短。使用多方式粉碎后,拍击少了,冲切和料互击多了,作用应力小了,刀具受力也轻了,磨损自然就低了。

## 六、结束语

从技术认知、检测数据和分形、粉碎理论中,引出应力与分维理念,呈现应力和分维曲线关系。经实际应用于制粉生产,增强粉碎能效,获得正面肯定,得出如下成果。①多冲切少压磨。②降低回料量(从 50%减至 20%),较好地解决制粉的难题,改善产品品质和产量。③品评制粉基本方法,掌握其优缺点,有利于正确选用。④改进粉碎机的设计。采用多级粉碎、对撞粉碎等技术,改变原结构,提高技术性能,获取更佳产品品质。当然,除了应力分维理念,粉碎过程中物料性状的变化和产品粒度要求等,都对粉碎方式的合理配置有重要影响,值得更深一步的探究。

本文的基础主要是:多硅晶用粉和石灰石脱硫粉的生产实践和技术研究。多晶硅是光伏器件的原料,石灰石粉是燃煤锅炉的脱硫剂,都同能源、环保有关。因此,使它们发挥优良品质,为国家生态文明建设和美丽中国贡献微薄之力,是本文的目的。寻找和掌握新知识,增强自身能力,解决生产上的疑难问题,推动生产的进一步发展,正是运用创新驱动发展,描绘出粉碎技术前进的轨迹。

**参考文献**

[1] 李功伯,徐庆寿,徐小荷.分形与岩石破碎特征[M],北京:地震出版社,1997.

[2] 陈军.爆炸过程裂纹发展的高速摄影试验研究[J].北京理工大学学报,1998,18(2):243-246.

[3] 尹贤刚,李庶林,唐海燕,等.岩石破坏声发射平静期及其分形特征研究[J].岩石力学与工程学报,2009,28(2):3383-3390.

# 硅粉生产防爆技术的研究和实践

**摘要**：本文介绍硅制粉防爆技术研究和实践成果。阐述防爆的必要性、爆炸成因和应对策略。防爆方式有两种：常态和氮保。本文着重说明常态防爆技术。

## 一、 防爆的必要性

硅在常温、空气中表面都有氧化层，硅粉愈细，表面愈大，氧化程度也愈重，并随着温度升高而加深。而当达到一定程度后，会引发激剧氧化燃烧，爆炸，酿成事故。硅的氧化反应虽然比镁、铝、硅钙等粉料要缓和些，但是，也会造成重大人身和设备损伤。类似事故国内外屡见不鲜，已引起高度关注，必须采取有力措施（包括设施、技术和规章制度）预防其发生。

为减少氧化和改善后继工序，采用氮气保护硅粉的生产工艺。但是，氮保条件下同样需要防爆，否则，爆炸将更严重。这迫使部分人放弃氮保，仍用常态生产和防护。所以，氮保更应予以重视和严格管理。

鉴于常态和氮保的区别，将两者的防爆技术分别予以阐述。

## 二、 爆炸的条件（成因）

形成爆炸的三条件：粉尘细度和浓度、温度、氧气浓度。据报道，硅粉爆炸的条件有[1]：①粉尘浓度 100～160g/$m^3$（下限），细度－200 目（粒径＜0.075mm）；②温度 780～900℃；③氧气浓度＞10％（下限）。同时具备三条件就引起爆炸。最近，经多方汇集总结，我国已自订防爆条件[2-3]，详见本文附录 2。其中规定硅粉尘属危险级别：高，①粉尘浓度 125g/$m^3$（下限），细度中径为 0.021mm（相当于 325 目粉，其中径区的最细粉相当于 650 目粉）；②粉尘云引燃＞850℃，粉尘层引燃＞450℃；③氧气浓度＞8％。

对上述条件解释如下。

粉尘浓度和细度是爆炸的物质条件。粉末或粉尘爆炸的环境条件是处于和气体充分接触的粉尘云状态。只有细粉才能成浮云，且其单位体积内质量达到相当值。对硅粉有下限要求，而上限很难确定，有人认为是 1～6kg/$m^3$，不好肯定。

温度是爆炸的能量条件。对于硅，一般火花，如金属碰撞、摩擦产生的火星，静电火花，电火花，以及高热面、局部照射发热等就能触发爆炸。曾有一个测试数据：硅的最小点火能量 80mJ，而火星带有能量 1.76～1760mJ[4]。

氧含量是爆炸的环境条件。对于硅，氧含量要低于下限（10％）才不会触发爆炸。

硅粉爆炸三条件(成因),在国内外都得到验证。爆炸还有一个主观条件——麻痹大意。对于爆炸的防止,应思想上重视,规章制度上到位,尤其是维修防火、杜绝抽烟等。

## 三、防爆技术策略和措施

破解爆炸三个条件,确定相应的措施,完全能达到防患于未然。现将策略逐条分述于下。

**策略1**　保持粉尘浓度低于下限:取控制浓度 100g/m³,－200 目(0.075mm)。关于爆炸下限,我国对硅粉尘的规定为:浓度＜125g/m³,－325 目。从国际通用资料看,就是 100～160g/m³(－200 目)。应用该数据于硅粉生产实践,能得到验证。在我们冲旋机组上,已得到明确的答复。详细的具体措施述于后。为保证粉尘浓度低于下限,应在浓度最高部位设置粉尘浓度测定仪。国内产品能达到要求。

**策略2**　消灭火花和高热面。粉碎生产线内整体温度不高,一般情况下,将火花和高热控制好即可。为此,应充分利用冲旋粉碎设备特点(见图 1)[5],再加相应措施,消除引爆的能量:①粉碎机体内气料两相流做螺旋状运行,线速 50m/s 以上(15m/s 熄灭最低值),能熄灭火花,吹凉高热面。实际使用时,风力灭火机基本性能:20～25m/s 风速(距风机中心 2.5m 处),风量(出风口处)0.35～0.45m³/s(24m³/min,1500m³/h),风压 400Pa。风力灭火原理:高速强制气流(风压、风量)吹散燃烧物与火苗,用气流隔断它们。而机体底部有环形堆料,火星落到堆料上受凉,即刻熄灭,不会穿过溜槽进入斗提机。②溜槽上装设除铁器,以吸除从粉碎机下来的铁块,避免斗提机运转零部件同铁件碰撞而产生火花和高热面。③斗提机链斗传动带有过载保护,能避免机件非正常摩擦引发的高热面。④利用斗提机机体上最高和最低的两扇检查窗作为泄爆门,其面积符合泄爆要求,按数值泄爆面积 $S=(5\%\sim10\%)A$($A$ 为斗提机内腔容积)。⑤解除电火花。全部设备接地,收尘选用除静电布袋,解脱静电火花;电气设备全为防爆、防尘型,避免引发电火花。静电防爆技术详述于本文第 6 节。⑥检修动用电焊、气割等,会形成火花和高热面,一定要事先采取措施,将其隔离防护。⑦预防粉碎机打刀和降低打刀后果的影响程度。在粉碎过程中发生运转部件断裂,引起刀片、衬板等严重冲击碎裂损坏,易产生火花和高热面。所以,首先要预防,实施相应的管理条例。其次,事故发生时,要尽量减小损伤。如配置电耳,附于粉碎机体上,则可能立即消除和减轻打刀恶果。再次,使用柔性机件,如皮带传动、超载联轴器、过载保护等,及时终止打刀过程。

**策略3**　氮保使氧含量＜10%,配置相应装备和检测仪器,形成连续生产线。另设专题详述。

防爆的可靠性建立在防爆策略的实施上。根据硅粉生产工艺和实际条件,确实做好策略 1 与 2 或策略 3 与 2,即能取得可靠效果。重要的是,要有严格的安全操作规程,切实做好必须做的工作,认真落实各项措施。

## 四、常态防爆

### 1. 防爆技术原理

以防爆策略1和2作为技术基础，强化生产线通风系统，使粉尘浓度低于爆炸下限，达到安全系数 $\alpha=1.3\sim1.5$。安全系数 $\alpha$ 是系统爆炸粉尘浓度下限 $S_0$ 同粉尘浓度 $S$ 之比，即 $\alpha=S_0/S$。安全系数考虑的基础：①系统管道的堵塞会造成阻力增大。②风机的正常磨损。③外部天气的变化，尤其是暴雨、阴雨期间，空气潮湿，使风机风量下降。④硅块干燥度会影响细粉量，愈干愈细。系统内温度完全由生产线设备运行控制，如策略2所述能满足可靠的要求。为便于叙述，现以CXFL880型冲旋粉碎机列为例，将防爆技术研究和措施介绍于下。CXFL型冲旋式制粉生产线流程和通风系统如图1所示。

### 2. 粉尘量

−200目（粒径<0.075mm）粉尘集中在布袋收集器，最大量占产量的10%。以1t/h计算，10%为100kg/h。系统中不存在纯−200目的粉尘云，而是其中夹杂各种细粒粉。作为近似值，以15%的−200目粉尘表征整体，则粉尘量为150kg/h。CXFL880型机生产30～160目硅粉产量为2t/h，粉尘量为300kg/h。

### 3. 风量

为使粉尘浓度≤100g/m³，产量1t/h时，系统风量 $Q\geqslant\frac{150\times10^3}{100}=1500\text{m}^3/\text{h}$。按安全系数 $\alpha=1.4$ 计算，风量 $Q\approx2000\text{m}^3/\text{h}$，为便于记忆和使用，以1kg/h粉尘需10m³/h风量。按粉尘量得最小风量，再乘以安全系数1.3～1.5，即获得最佳总风量。如图1所示，以抽风管道、阀门和风机组成通风系统。按风量、风压要求选定4-68No4.5A型离心通风机，样本性能：风量5790～9702m³/h，风压2069～2657Pa。能保证使用中风量为4500～5500m³/h。并用风压检测风量，保证对风量的控制，使之稳定在给定范围内。

### 4. 风压检测

风量稳定对整个机列至关重要。为此，可选用多种方法，其中以风压监控较简便可靠。如图1所示，在两斗提机之间设差压变送仪和检测孔（两者相距>1.5m）。变送仪测量管内静压，将信号送至操纵室指示仪表上，供操作者调控风压。本机选用差压变送仪DP3S(0～4000Pa)。应用DP-3000型数字压力风速仪，配合毕托管，检测管内风压、风速，经计算得风量。当风量为4500～5500m³/h，对应的差压变送仪的指示值1800～1200Pa。如经调节未能改变风压超标趋势，必须停车处理。至此可见，防爆的核心在风压控制。

### 5. 风压控制

通风系统如图1所示。抽风点有S段块料仓、碎料斗提机（上、下两个点）、T段粉料斗提机（上、下两点）。各点设蝶阀调节风量。分管∅350mm，总管∅400mm，进袋

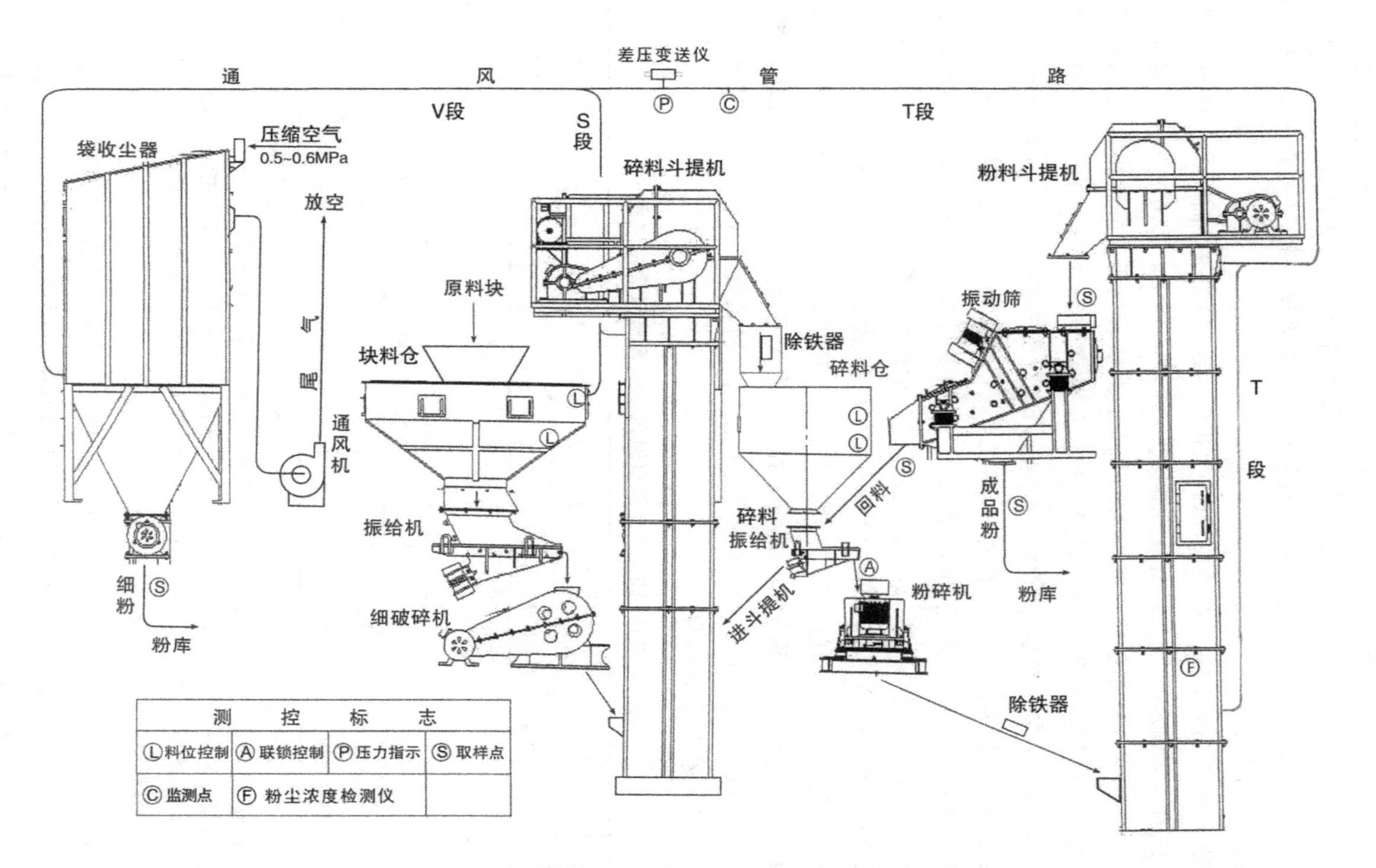


图1　CXFL型冲旋试制粉生产线流程和通风系统图(带测控点)

尘器，由风机抽净空气放空。粉料斗提机内细粉浓度高，导致火花、高热面发生的可能性最大。所以，抽去此处细粉，是落实防爆措施的重要部位。把差压变送仪置于此段近处，直接反映其风量，保证其在达标范围内。粉尘中90%来自这里。为确保斗提机粉尘浓度达标，可在其下部板链间插设粉尘浓度检测仪监测，若与差压变送仪协同配合对照，效果更佳。

选用风机4-68No4.5A的特性曲线(按风机样本绘制)如图2曲线①、②所示。②线是按①线的75%确定的，因为风机载荷最佳状态为75%上下。实用中，风机电动机电流基本稳定在10～11A，是额定电流14A的75%。风量和风压就根据②线控制，而③线则是差压变送仪指示风压所对应风量的风压风量调控线，即－2000～－1100Pa对应4800～6600m³/h，包含要求的4500～5500m³/h。操作中控制风压－1800～－1200Pa就有足够的安全保障。所以，安全系数$\alpha>1.4.$。根据实测，T段的差压变送仪风压和对应的风量：－1500Pa对应6600m³/h，－1800Pa对应5600m³/h，－2000Pa对应5000m³/h，在图2上分别标出a、b、c三点，连接，近似为直线。测a点的条件是：S、T、V三段管道清理干净；V段风机阀门全开；S段块料仓、碎料斗提机阀门开1/6；T段粉料斗提机上阀门开2/3，下阀门开1/2。再调节粉料斗提机阀门，获－1800Pa和－2000Pa，分别得风量。所以，③线称为风压风量调控线。当V段阻力增大(布袋堵塞、管道积灰等)，T段压力会随之下降。则可利用③线上风压和风量的线性反比关系获得e、d两点。运用上述数据，推导得到表1。

**表1 CXFL880型粉碎机通风系统风压风量控制表**

| 图中点号 | 差压变送仪(T段阻力)压强/Pa | 袋收尘前后阻力(V段阻力)压强/Pa | 总风压/Pa | 总风量/(m³/h) | 分段风量/(m³/h) | |
|---|---|---|---|---|---|---|
| | | | | | 碎料(S段) | 粉料(T段) |
| e | －1100 | －1500 | －2600 | 6700 | 1900 | 4800 |
| d | －1200 | －1400 | －2600 | 6700 | 1420 | 5280 |
| a | －1500 | －500 | －2000 | 7500 | 900 | 6600 |
| b | －1800 | －500 | －2300 | 6600 | 970 | 5630 |
| c | －2000 | －500 | －2500 | 5800 | 800 | 5000 |

注：①a、b、c、d 4点风压－1200～－2000Pa是根据制粉工艺操作选定的。处在该范围风压内，不会将－150目粉料吸进收尘器。利用各分管蝶阀适当调节可得。

②S段指碎料段，包括块料仓、碎料斗提机、碎料仓、破碎机等。T段指粉料段，包括粉料斗提机、振动筛、粉碎机等。利用两段各自的蝶阀调节，使前者风量是后者风量的10%左右。V段指S、T两端汇总管，包括接进和引出风机。

通风系统风压、风量保持稳定，对保证生产工艺顺行、产品质量和产量、安全和设备运行等都具有重要意义。而管道的通畅正是其中一项难以解决的问题。日常应多留意管道堵塞状况以及清灰设施的状态。常用有效的清灰方法是在管道定点处设置风口，定时打开，及时吹灰。也可在管道一定位置敷设压缩空气吹灰口，定时开放压缩空气清灰。

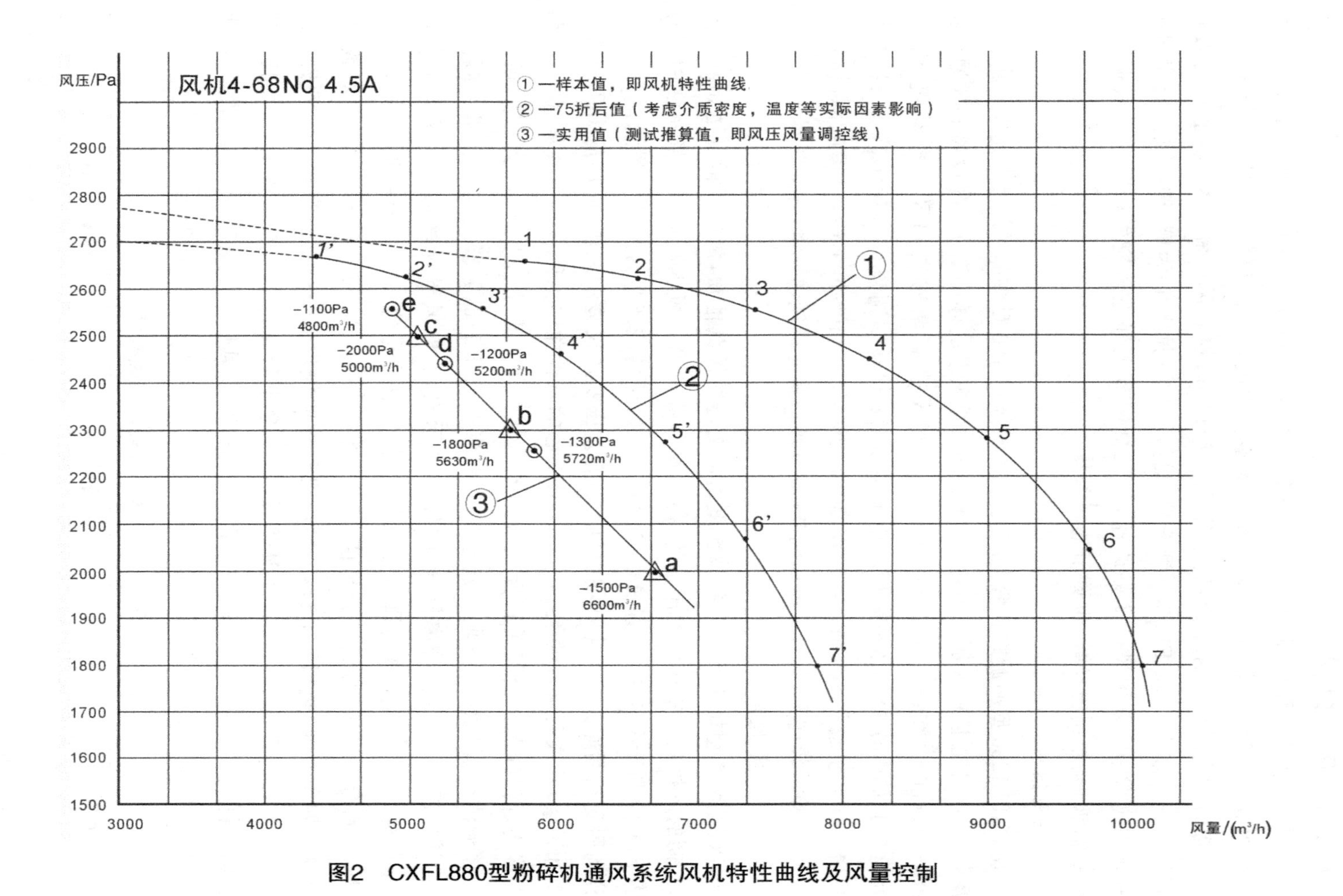


图2　CXFL880型粉碎机通风系统风机特性曲线及风量控制

**6. 变频调压防爆技术**

适用于硅粉生产的粉碎机应能制取各类粉末，其中有多晶硅和有机硅用粉。它们粒级组成各有特色，即粗、细组分极其繁多。为此，粉碎机就应有相配的结构和参数。防爆时就得适应这种生产特点，采用变频风机，控制风压和风量，将能更有效地达到目的。本技术以 CXFL1200 型粉碎机通风系统(见图 1)为例，按次展开技术研究和制定相应措施。采用风机变频调速，使风量调节更好地适应生产需求。根据不同的产品需求，调整制粉参数，也调节通风系统。

1) 应用案例

在 CXFL1200 型冲旋式制粉生产线上，生产 40～120 目多晶硅用粉：允许+40 目粉含量<3%；-120 目粉含量<10%，产量 2t/h。通风系统详见图 1。配设离心式通风机 5-60N5.7(8000～9000m³/h，5000～6000Pa)，配设变频调速三相异步电动机 YPF2-160MZ-Z(15kW，47.5Nm，380V，恒转矩调频 50Hz，恒功率调频 50～70Hz)，随带冷却用 G 系列变频电机通风机 G160A(80W，50Hz，380V，1300m³/h，50Pa，单接电源，恒速运转)。本粉碎机较前更完善，可灵活调节风机转速，获得最佳通风量，确保防爆。

2) 建立风量控制图表

CXFL1200 型机用于生产各种粒度组成的硅粉及其他粉，最高产量可达 3t/h。所以，配制的风机具有中压和大流量的特点，属非标产品。风机制造厂提供特性曲线载于表 2，并绘制于图 3 中，呈直线型①、②。同时，还需按产量合理调节风量。为此，需充分利用变频调速。粉碎生产线(见图 1)有差压变送仪显示风压，应用压力风速仪测风压和风量，获取风机调频 42、45、48、50Hz 后的特性曲线为图 3 的直线簇③，三条特性曲线均近似线形。变频后特性曲线绘制方法如下。取上述生产实际数据；通风系统管道清洁；风门状态：S 段块料仓和碎料斗提机开 1/6，T 段粉料斗提机上阀门开 2/3，下阀门开 1/2，旋风分离器全开(图中未示出)。取风机频率 42Hz，调节 T 段阀门，全开至开 1/6，各测得其风压和风量如表 3 中分母值；然后，分别取频率 45、48、50Hz，各测得其风压和风量(分母值)，获得图中 a—a′、b—b′、c—c′、d—d′四对数据，分别画出四条直线，呈相互平行状，同风机特性曲线近似平行，同 CXFL880 型机状况极相仿。T 段负压值除以 3，如上述增长外，也会下降。其原因是 V 段阻力(尤其是袋收尘器)增值较快，从 500Pa 到 1500Pa。此时，T 段风压和风量就减小，经推算，获近似数值，记于表 3 每栏内横线上及图 3a—a′、b—b′、c—c′、d—d′横线下。

**表 2　风机 5-60N5.7 特性数据**

| 风量/(m³/h) | 风压/Pa | 风量×0.75/(m³/h) |
| --- | --- | --- |
| 8200 | 7000 | 6150 |
| 9000 | 6000 | 6750 |
| 11000 | 4000 | 8250 |
| 12000 | 3000 | 9000 |

注：上述数据由余杭全盛风机厂提供。

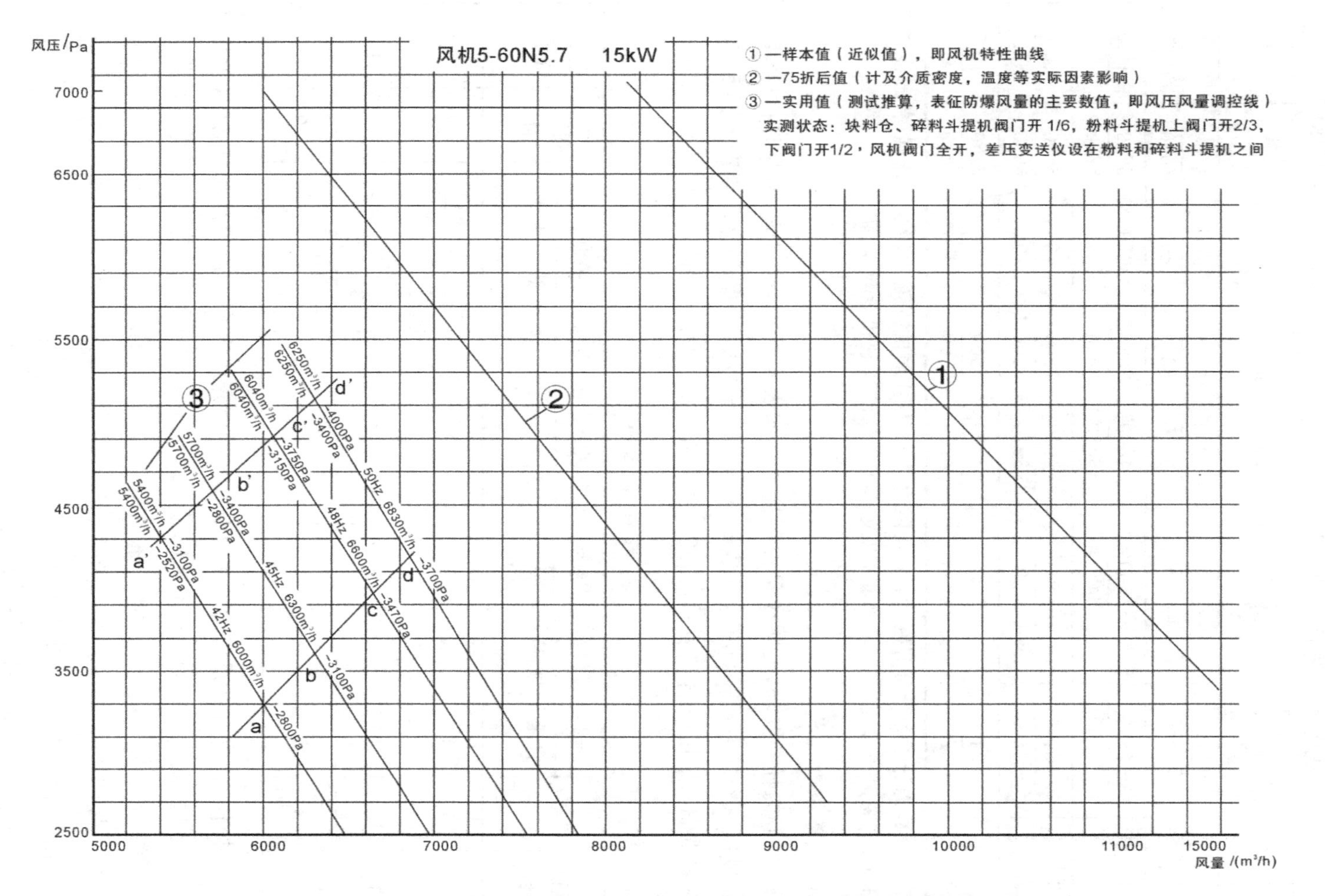


图3　CXFL1200型粉碎机通风系统风机特性曲线及风量控制

表 3 CXFL1200 型粉碎机通风系统风压风量控制表

| 图中点号 | 频率/Hz | 差压变送仪(T段阻力)压强/Pa | 布袋前后阻力(V段阻力)压强/Pa | 总风压/Pa | 总风量/($m^3$/h) | 分段风量/($m^3$/h) | | 功率/kW |
|---|---|---|---|---|---|---|---|---|
| | | | | | | 碎料(S段) | 粉料(T段) | |
| a | 42 | $\frac{-2520}{-2800}$ | $\frac{-1500}{-500}$ | $\frac{-4300}{-3300}$ | $\frac{8000}{8860}$ | $\frac{2600}{2860}$ | $\frac{5400}{6000}$ | $\frac{9.5}{8.2}$ |
| b | 45 | $\frac{-2800}{-3100}$ | $\frac{-1500}{-500}$ | $\frac{-4600}{-3600}$ | $\frac{7820}{8600}$ | $\frac{2070}{2300}$ | $\frac{5700}{6300}$ | $\frac{10.0}{7.8}$ |
| c | 48 | $\frac{-3150}{-3470}$ | $\frac{-1500}{-500}$ | $\frac{-4970}{-3970}$ | $\frac{7500}{8300}$ | $\frac{1460}{1700}$ | $\frac{6040}{6600}$ | $\frac{10.4}{9.2}$ |
| d | 50 | $\frac{-3400}{-3700}$ | $\frac{-1500}{-4200}$ | $\frac{-5200}{-4200}$ | $\frac{7500}{8200}$ | $\frac{1250}{1370}$ | $\frac{6250}{6830}$ | $\frac{10.8}{8.0}$ |

注：分数的分子和分母分别为：V段阻力最大/最小时的管道T段阻力压强(差压变送仪指示压强)和总风压(总阻力)、总风量，以及S、T两段的风量和能耗(功率)。

3) 风量控制技术

按1)节的任务要求，说明风量控制技术。如表4所示，产量为2t/h时，风机频率42Hz，风压－2500～－3100Pa，风量5400～6000$m^3$/h，确保安全。当产量达到3t/h时，频率50Hz，风压－3400～－4000Pa，风量6250～6830$m^3$/h。

表 4 防爆通风

| 多晶硅粉/目 | 产量/(t/h) | －200目粉尘 | | 爆炸下限/(g/$m^3$) | 安全风量/($m^3$/h) | | 控制值 | | 频率/Hz | 最小丰裕系数 $\gamma$ |
|---|---|---|---|---|---|---|---|---|---|---|
| | | 含量/% | 数量/(kg/h) | | 最低 | 最佳 | 风压/Pa | 风量/($m^3$/h) | | |
| 40～120 | 1 | 15 | 150 | 100 | 1500 | 2000 | $\frac{-2500}{-3100}$ | $\frac{5400}{6000}$ | 42 | 3.6 |
| | 2 | 15 | 300 | 100 | 3000 | 4000 | $\frac{-2500}{-3100}$ | $\frac{5400}{6000}$ | 42 | 1.8 |
| | 3 | 15 | 450 | 100 | 4500 | 6000 | $\frac{-3400}{-4000}$ | $\frac{6250}{6830}$ | 50 | 1.4 |

具体操作为：将风机频率确定在42Hz；各阀门开启度同前述检测状态，注视差压变速仪指示数值，应为－2500～－3100Pa，风量5400～6000$m^3$/h。若产量增加，就需要改变风机频率，比如产量3t/h，则需通风参数调为：50Hz，6250～6830$m^3$/h，－3400～－4000Pa。按图3中50Hz线检查运转状况。

4) 常态防爆控制技术参数的确定

综合前述内容，将常态防爆控制技术概括于下。

①确定风量 $Q$

$$Q=\alpha\frac{W}{B}$$

式中：$\alpha$ 为安全系数1.3～1.5；$B$ 为爆炸粉尘浓度下限（单位为 $kg/m^3$），取值 $0.1kg/m^3$；$W$ 为单位时间内运行的粉尘量（单位为 kg/h），一般取产量的15%。

如产量为3t/h，则 $W=450kg/h$，$Q=1.3\times450/0.1=5850m^3/h$。

概略地讲：1kg粉需 $13m^3$ 气；$W=450kg/h$，需气 $450\times13=5850m^3/h$。

②初定风压 $P$

$$P=P_1+P_2+P_3$$

式中：$P_1$ 为T段风压（单位为Pa）；$P_2$ 为S段风压（单位为Pa）；$P_3$ 为V段风压（单位为Pa）。

风压（即阻抗）$P$ 由旋风分离器、袋收尘器、阀门和管道阻抗组成。按常规，初定旋风分离器风压300～800Pa，袋收尘器风压500～1200Pa，阀门风压200Pa，管道T、V两段风压分别为<200Pa和<100Pa。所以，最大值 $P_1=800+200+200=1200Pa$，最大值 $P_2=200+100=300Pa$，最大值 $P_3=1200+100=1300Pa$。

此系统风压最大值初定为 $P=1200+300+1300=2800Pa$。

如果没有旋风分离器，则最大值 $P=400+300+1300=2000Pa$。

③选择风机

基于实际选用经验，按初定风量和风压选风机铭牌和性能。产能为3t/h规模，则风量 $Q$ 约为 $10000m^3/h$，风压 $P$ 约为5000Pa。按风量、风压，初定风机电动机功率

$$N=\frac{Q}{3600}\cdot\frac{P}{1000}=\frac{10000}{3600}\cdot\frac{5000}{1000}=13.9kW。$$

选用风机铭牌性能：$10000m^3/h$，5000～6000Pa，15kW。按经验推算如下简略计算公式，可供参考：

风机功率（kW）=风压（kPa）×产量（t/h）

④系统布置

按工艺布置将通风系统配合上去。选定差压变送仪和检测窗口位置，必要时增设粉尘浓度检测仪。可有多种选择，一般认为图1上所示比较实用。

⑤绘制风机特性曲线图

按风量要求确定风压范围。基础数据：风机铭牌特性和实测的风压、风量值。绘制风机特性曲线和通风系统风压风量调控线。

⑥通过实际生产校正通风数值，最后确定最佳风量和调控风压范围。校正操作室仪表数值和操作相应规定。

## 五、氮保防爆

氮气保护是有机硅生产所必需的。为保证原料硅粉的质量，制取原料硅粉时也用氮保。笔者同时为硅粉生产的防爆开辟了一条新路径，具有自己的特点，即以策略3、2为技术基础，和常态防爆迥异。其要点是：①机内保护气体中氧含量<10%，保持微正压0.01～0.02MPa。操作中应随时监视氧含量和压力变化。②当没达到氮保

条件时，绝对不允许开机，包括检修后单机试车，因为残存于机内的硅微细粉能随之扬起，机内抽风量又小，会聚集到某一死角，引发爆炸，投料生产则更加危险。③严格遵守氮保生产安全操作规程，包括氧含量的检测。氮保制粉工艺流程有多种，防爆各有特点，但其基本内容相近，如上3条。为进一步了解，详见氮保制粉技术（工艺和设备）。

## 六、 硅的静电防护原理

### 1. 静电的产生

硅粉（粒）在管道内流动，颗粒间、颗粒与管道内壁间互相摩擦，产生静电，流进容器（如储罐、仓斗等），并逐渐积蓄，当达到一定程度后，即产生电火花，于空气中引爆粉尘，导致可能事故。所以，一定要脱除静电。

### 2. 脱除静电的措施

硅的电导率（本征）$3.16\times10^{-4}$ S/m；工业硅因含杂质，电导率数值还会大些。作为半导体，使用钢管输送，只要完整达标接地，就可脱除静电，避免静电引爆危险。理由如下。经实测，当电导率（本征）$>10^{-6}$ S/m，管道、设备接地即能达到目的。比较得结论：硅输送管道、容器接地就安全了。

接地有要求：接地桩金属，深1.5m，导线截面积 $6\text{mm}^2$，或者直接接配电、控制室设备接地装置，经结构钢架、钢管等，遇非导体中间处应另找导线。硅系半导体比金属导体电导率低，一定要有专用接地装置。

### 3. 导电性能

硅本征电导率：$3.16\mu\text{S/cm}=3.16\times10^{-6}\text{S/cm}=3.16\times10^{-4}\text{S/m}$。

硅本征电阻率：$0.23\times10^{6}\ \Omega\cdot\text{cm}$。

电导率相当于电阻率的倒数，即$\dfrac{1}{0.23\times10^{6}}=4.3\times10^{-6}/(\Omega\cdot\text{cm})$，同 $3.16\times10^{-6}$ S/cm 相近。

按参考文献[6]，带电条件：电导率$<10^{-8}$ S/m，绝缘体带电。

接地去电条件：电导率$>10^{-6}$ S/m。

硅电导率：$3.16\times10^{-4}$ S/cm$>10^{-6}$ S/cm，能接地卸电。

## 七、 结束语

近十多年来，我国的硅粉生产获得较大发展，制粉技术也有长足进步，硅粉防爆措施也在逐步完善。经历了几起沉痛教训后，总结出好几种行之有效的防爆方法。笔者从本身经验、研究和实践中悟到一些知识，汇集成文，供相互借鉴，让我们共同将防爆技术和措施研究得更加深入、完善和有效。

**参考文献**

[1] 陈志希，陈厚道，许向明，等.粉粒气力输送设计手册[M].全国化工化学工程设计技术中心站，2001:26.

[2] 工贸行业重点可燃性粉尘目录(2015 版)[Z]. 2015.

[3] 工贸行业可燃性粉尘作业场所工艺设施防爆技术指南(试行) [Z]. 2015.

[4] 郭有林.硅粉加工生产过程中粉尘爆炸危险性分析与预防措施[J].化工安全与环境，2006，856(44:)：11－13.

[5] 常森.冲旋式工业硅制粉新工艺[J]，铁合金，1991，3:24－26.

[6] 杨伦，谢一华.气力输送工程[M].北京：机械工业出版社，2006:64.

## 附录 1　冲旋粉碎机常态生产的防爆安全设施和操作要点

(1) 设置通风系统和粉尘浓度监测。风量 2000m³/(h·t)，风压 4000～4500Pa，全生产线形成畅通气流，保证粉碎工艺，熄灭产生的火星，降低粉尘浓度。通风系统拥有压力传感和警报性能，操纵盘上设通风机电动机电流表。管路系统具有清除积尘设施。斗提机中部粉尘浓度最高区设置粉尘浓度测定仪。

(2) 配设除铁器。除已配原料碎块除铁器外，在粉碎机进斗提机溜槽上再配设一个强力除铁器，吸附刀片碎块、铁硅块、螺母等，避免落入斗提机后同金属机件相碰和产生火星。定时除去其上吸附的金属件。

(3) 斗提机配设上、下两个吸风口和两个泄爆口(利用原有维修门)。

(4) 布袋除尘器配设泄爆口，选用防静电布袋。

(5) 全线设备接地。

(6) 操作注意：①经常注意通风系统风压、风量动态，当风量＜2000m³/(h·t)时，查找原因，调整风阀，力求复原。如不奏效，停车处理。②按规定，调节好各阀门，重点保证斗提机抽风。③经常检查斗提机底部积料处温度。④及时清除铁器吸物。⑤关注粉尘浓度测定，并及时处置妥当。⑥维修操作时必须遵守相应规定。尤其是动火时，如电、气焊时等更需注意。

## 附录 2　两项安全规定

### 国家安全监管总局办公厅关于印发《工贸行业重点可燃性粉尘目录(2015 版)》和《工贸行业可燃性粉尘作业场所工艺设施防爆技术指南(试行)》的通知

(安监总厅管四〔2015〕84 号)

各省、自治区、直辖市及新疆生产建设兵团安全生产监督管理局：

为认真贯彻落实《国务院安委会办公室关于深入开展粉尘作业和使用场所防范粉尘爆炸大检查的通知》(安委办明电〔2015〕14 号)要求，深刻吸取江苏省苏州昆山市中荣金属制品有限公司“8·2”特别重大爆炸事故和台湾新北市八仙水上乐园

“6·27”可燃性彩色粉尘爆燃事故教训，更好地指导各地区和有关企业深入开展粉尘防爆专项整治工作，有效防范粉尘爆炸事故发生，国家安全监管总局组织制定了《工贸行业重点可燃性粉尘目录(2015版)》和《工贸行业可燃性粉尘作业场所工艺设施防爆技术指南(试行)》，现印发给你们。

各地区在实施过程中如遇到问题，请与国家安全监管总局监管四司联系(电话：010-64463303，64463783)。

安全监管总局办公厅

2015年8月25日

## 工贸行业重点可燃性粉尘目录(2015版)

### 一、确定原则

可燃性粉尘是指在空气中能燃烧或焖燃，在常温常压下与空气形成爆炸性混合物的粉尘、纤维或飞絮。

本目录所列粉尘仅限于冶金、有色、建材、机械、轻工、纺织、烟草、商贸等行业企业生产加工所涉及的爆炸危险性相对较高的可燃性粉尘。

依据国内外相关标准、文献和部分粉尘的实验参数，结合国内外粉尘爆炸事故案例确定本目录。目录中所列出的可燃性粉尘爆炸特性参数，为在某一工艺特定工段或设备内取出的粉尘样品实验测试结果。

### 二、各栏目含义

1. 序号：是指本目录中可燃性粉尘的顺序号。

2. 品名：是指可燃性粉尘的名称。

3. 中位粒径：是指一个粉尘样品的累计粒度分布百分数达到50%时所对应的粒径，单位：μm。

4. 爆炸下限：是指粉尘云在给定能量点火源作用下，能发生自持火焰传播的最低浓度，单位：$g/m^3$。

5. 最小点火能：是指引起粉尘云爆炸的点火源能量的最小值，单位：mJ。

6. 最大爆炸压力：是指在一定点火能量条件下，粉尘云在密闭容器内爆炸时所能达到的最高压力，单位：MPa。

7. 爆炸指数：是指粉尘最大爆炸压力上升速率与密闭容器容积立方根的乘积，单位：MPa·m/s。

8. 粉尘云引燃温度：是指引起粉尘云着火的最低热表面温度，单位：℃。

9. 粉尘层引燃温度：是指规定厚度的粉尘层在热表面上发生着火的热表面最低温度，单位：℃。

10. 爆炸危险性级别：综合考虑可燃性粉尘的引燃容易程度和爆炸严重程度，确定的粉尘爆炸危险性级别。

| 序号 | 名称 | 中径/μm | 爆炸下限/($g/m^3$) | 最小点火能/mJ | 最大爆炸压强MPa | 爆炸指数/(MPa·m/s) | 粉尘云引燃温度/℃ | 粉尘层引燃温度/℃ | 爆炸危险性级别 |
|---|---|---|---|---|---|---|---|---|---|
| 一、金属制品加工 | | | | | | | | | |
| 1 | 镁粉 | 6 | 25 | <2 | 1 | 35.9 | 480 | >450 | 高 |
| 2 | 铝粉 | 23 | 60 | 29 | 1.24 | 62 | 560 | >450 | 高 |
| 3 | 铝铁合金粉 | 23 | | | 1.06 | 19.3 | 820 | >450 | 高 |
| 4 | 钙铝合金粉 | 22 | | | 1.12 | 42 | 600 | >450 | 高 |
| 5 | 铜硅合金粉 | 24 | 250 | | 1 | 13.4 | 690 | 305 | 高 |
| 6 | 硅粉 | 21 | 125 | 250 | 1.08 | 13.5 | >850 | >450 | 高 |
| 7 | 锌粉 | 31 | 400 | >1000 | 0.81 | 3.4 | 510 | >400 | 较高 |
| 8 | 钛粉 | | | | | | 375 | 290 | 较高 |
| 9 | 镁合金粉 | 21 | | 35 | 0.99 | 26.7 | 560 | >450 | 较高 |
| 10 | 硅铁合金粉 | 17 | | 210 | 0.94 | 16.9 | 670 | >450 | 较高 |
| 二、农副产品加工 | | | | | | | | | |
| 11 | 玉米淀粉 | 15 | 60 | | 1.01 | 16.9 | 460 | 435 | 高 |
| 12 | 大米淀粉 | 18 | | 90 | 1 | 19 | 530 | 420 | 高 |
| 13 | 小麦淀粉 | 27 | | | 1 | 13.5 | 520 | >450 | 高 |
| 14 | 果糖粉 | 150 | 60 | <1 | 0.9 | 10.2 | 430 | 熔化 | 高 |
| 15 | 果胶酶粉 | 34 | 60 | 180 | 1.06 | 17.7 | 510 | >450 | 高 |
| 16 | 土豆淀粉 | 33 | 60 | | 0.86 | 9.1 | 530 | 570 | 较高 |
| 17 | 小麦粉 | 56 | 60 | 400 | 0.74 | 4.2 | 470 | >450 | 较高 |
| 18 | 大豆粉 | 28 | | | 0.9 | 11.7 | 500 | 450 | 较高 |
| 19 | 大米粉 | <63 | 60 | | 0.74 | 5.7 | 360 | | 较高 |
| 20 | 奶粉 | 235 | 60 | 80 | 0.82 | 7.5 | 450 | 320 | 较高 |
| 21 | 乳糖粉 | 34 | 60 | 54 | 0.76 | 3.5 | 450 | >450 | 较高 |
| 22 | 饲料 | 76 | 60 | 250 | 0.67 | 2.8 | 450 | 350 | 较高 |
| 23 | 鱼骨粉 | 320 | 125 | | 0.7 | 3.5 | 530 | | 较高 |
| 24 | 血粉 | 46 | 60 | | 0.86 | 11.5 | 650 | >450 | 较高 |
| 25 | 烟叶粉尘 | 49 | | | 0.48 | 1.2 | 470 | 280 | 一般 |

续 表

| 序号 | 名称 | 中径/μm | 爆炸下限/($g/m^3$) | 最小点火能/mJ | 最大爆炸压强MPa | 爆炸指数/(MPa·m/s) | 粉尘云引燃温度/℃ | 粉尘层引燃温度/℃ | 爆炸危险性级别 |
|---|---|---|---|---|---|---|---|---|---|
| 三、木制品/纸制品加工 | | | | | | | | | |
| 26 | 木粉 | 62 | | 7 | 1.05 | 19.2 | 480 | 310 | 高 |
| 27 | 纸浆粉 | 45 | 60 | | 1 | 9.2 | 520 | 410 | 高 |
| 四、纺织品加工 | | | | | | | | | |
| 28 | 聚酯纤维 | 9 | | | 1.05 | 16.2 | | | 高 |
| 29 | 甲基纤维 | 37 | 30 | 29 | 1.01 | 20.9 | 410 | 450 | 高 |
| 30 | 亚麻 | 300 | | | 0.6 | 1.7 | 440 | 230 | 较高 |
| 31 | 棉花 | 44 | 100 | | 0.72 | 2.4 | 560 | 350 | 较高 |
| 五、橡胶和塑料制品加工 | | | | | | | | | |
| 32 | 树脂粉 | 57 | 60 | | 1.05 | 17.2 | 470 | >450 | 高 |
| 33 | 橡胶粉 | 80 | 30 | 13 | 0.85 | 13.8 | 500 | 230 | 较高 |
| 六、冶金/有色/建材行业煤粉制备 | | | | | | | | | |
| 34 | 褐煤粉尘 | 32 | 60 | | 1 | 15.1 | 380 | 225 | 高 |
| 35 | 褐煤/无烟煤(80∶20)粉尘 | 40 | 60 | >4000 | 0.86 | 10.8 | 440 | 230 | 较高 |
| 七、其他 | | | | | | | | | |
| 36 | 硫黄 | 20 | 30 | 3 | 0.68 | 15.1 | 280 | | 高 |
| 37 | 过氧化物 | 24 | 250 | | 1.12 | 7.3 | >850 | 380 | 高 |
| 38 | 染料 | <10 | 60 | | 1.1 | 28.8 | 480 | 熔化 | 高 |
| 39 | 静电粉末涂料 | 17.3 | 70 | 3.5 | 0.65 | 8.6 | 480 | >400 | 高 |
| 40 | 调色剂 | 23 | 60 | 8 | 0.88 | 14.5 | 530 | 熔化 | 高 |
| 41 | 萘 | 95 | 15 | <1 | 0.85 | 17.8 | 660 | >450 | 高 |
| 42 | 弱防腐剂 | <15 | | | 1 | 31 | | | 高 |
| 43 | 硬脂酸铅 | 15 | 60 | 3 | 0.91 | 11.1 | 600 | >450 | 高 |
| 44 | 硬脂酸钙 | <10 | 30 | 16 | 0.92 | 9.9 | 580 | >450 | 较高 |
| 45 | 乳化剂 | 71 | 30 | 17 | 0.96 | 16.7 | 430 | 390 | 较高 |

注："其他"类中所列粉尘主要为工贸行业企业生产过程中，使用的辅助原料、添加剂等，需结合工艺特点、用量大小等情况，综合评估爆炸风险。

# 工贸行业可燃性粉尘作业场所工艺设施防爆技术指南(试行)

## 1　总则

为深刻吸取江苏省苏州昆山市中荣金属制品有限公司“8·2”特别重大粉尘爆炸事故教训,认真贯彻落实《严防企业粉尘爆炸五条规定》(国家安全监管总局第68号令)和《关于深入开展粉尘作业和使用场所防范粉尘爆炸大检查的通知》(安委办明电〔2015〕14号)要求,在深入分析近年发生的粉尘爆炸事故和涉及可燃性粉尘作业场所粉尘防爆安全管理现状基础上,依照《粉尘防爆安全规程》等有关标准规范,编写了《工贸行业可燃性粉尘作业场所工艺设施防爆技术指南(试行)》,以指导工贸行业粉尘涉爆企业在工艺、设备、管理等方面做好粉尘防爆工作,确保安全生产。有关防爆具体技术要求,以相关国家标准和行业标准为准。

## 2　安全管理

### 2.1　一般要求

2.1.1　涉及可燃性粉尘企业通过危险源辨识、粉尘爆炸性检测分析确定本企业粉尘爆炸性场所,并根据粉尘特性、爆炸限值制定相应的预防和控制措施及其实施细则,结合危险源辨识结果,制定检查方案和大纲。重点检查料仓、除尘、破碎等存在粉尘爆炸隐患的生产作业区域。全面排查治理事故隐患,从源头上采取防爆控爆措施,防范粉尘爆炸事故的发生。

2.1.2　企业针对实际情况普及粉尘防爆知识,吸取国内外同行业粉尘爆炸事故教训,使员工了解本企业可燃性粉尘爆炸危险场所和危险程度,并掌握其防爆措施;完善粉尘防爆应急现场处置方案,提高员工安全专业知识和应急处置能力;同时完善相关安全管理规章制度,建立粉尘防爆工作的长效机制。

2.1.3　安装有产生可燃性粉尘的工艺设备如装有抛光、研磨、除尘等设备的车间或存在可燃性粉尘的建(构)筑物如料仓等,应按照有关标准规定与其他建(构)筑物保持适当的防火距离。

在结构方面首选轻型结构屋顶的单层建筑;若采用多层建筑,宜采用框架结构并在墙上设置符合泄爆要求的泄爆口;如果将窗户或其他开口作为泄爆口,核算泄爆面积以保证在爆炸时其能有效地进行泄爆。

建(构)筑物的梁、支架、墙及设备等,在安装时应考虑便于清扫积聚的粉尘。工作区必须设置符合要求的疏散通道、撤离标志和应急照明设备。

2.1.4　在生产或检修过程中未经过安全主管批准,不得停止或更换、拆除除尘、泄爆、隔爆、惰化等粉尘爆炸预防及控制设备设施。

2.1.5　根据本企业可燃性粉尘特性对产生粉尘的车间采用负压吸尘、洒水降尘等不会产生二次扬尘的方式进行清扫,使作业场所积累的粉尘量降至最低。

2.1.6 粉尘爆炸危险场所严禁各类明火，在粉尘爆炸危险场所进行动火作业前，办理动火审批，清扫动火场所积尘，同时停止抛光、打磨等产生粉尘的作业，同时采取相应防护措施。检修时应当使用防爆工具，不得敲击各金属部件。

2.1.7 存在可燃性粉尘车间的电器线路采用镀锌钢管套管保护，设备接地可靠、电源采取防爆措施；严禁乱拉私接临时电线，电气线路符合行业标准。

### 2.2 积尘清扫

2.2.1 工艺设备的接头、检查门、挡板、泄爆口盖等封闭严密，防止粉尘泄漏，从源头上防止扬尘。

2.2.2 制定完善粉尘清扫制度，明确清扫时间、地点、方式以及清扫人员的职责等内容，交接班过程中做到“上不清，下不接”。

2.2.3 为避免二次扬尘，清扫过程中不能使用压缩空气等进行吹扫，可采取负压吸尘、洒水降尘等方式清扫。

### 2.3 动火作业

2.3.1 企业根据自身情况制定动火作业安全管理制度和操作规程。在粉尘爆炸危险场所进行动火作业前，报告企业安全负责人审批，并取得动火作业证。

2.3.2 凡可拆卸的设备、管道一律拆下并搬运到安全地区进行动火作业。在与密闭容器相连的管道上有隔离闸门的，确保隔离闸门严密关闭；无隔离闸门的，拆除一段管道并封闭管口或用阻燃材料将管道隔离。作业现场在建(构)筑物内时，打开动火作业点所处楼层10米半径范围内的所有门窗，便于泄爆；同时严密堵塞作业现场10米范围内的全部楼面和墙壁上的孔洞、通风除尘吸口，防止火苗侵入。

2.3.3 动火作业开始前，停止一切产生粉尘的作业，并清除作业点10米范围内的可燃性粉尘，用水冲洗淋湿地面和墙壁(遇湿反应的粉尘除外)；清除作业范围内的所有可燃物，不能移走的可燃建筑或物体用阻燃材料加以保护。

2.3.4 动火作业时，有安全员在现场监护，并备有适量和适用的灭火器材及供水管路，确保作业现场及时冷却和淋灭周围火星。

2.3.5 作业结束后，动火人员和监护人员要共同熄灭残余火迹，清扫作业现场，检查无残留火迹，确认安全方准撤离现场。

## 3 防爆安全技术

### 3.1 点火源控制

3.1.1 引起可燃性粉尘爆炸的点火源主要包括进入现场人员所携带的火种、发热设备设施、雷电、静电、生产中摩擦或碰撞产生的火花以及有自燃倾向粉尘的自燃。

3.1.2 任何人员进入可燃性粉尘的场所禁止携带打火机、火柴等火种或其他易燃易爆物品；与粉尘直接接触的设备或装置(如光源、加热源等)的表面温度低于该区域存在粉尘的最低着火温度。

3.1.3 存在可燃性粉尘的场所应尽量不采用皮带传动；若采用皮带传送，应当安装速差传感器和自动防滑保护装置，当发生滑动摩擦时，保护装置能确保自动停机。工艺设备的轴承密封防尘，如有过热可能，安装能连续监测轴承温度的探测器。经常检查轴承的温度，如发现轴承过热，能够立即停车检修。

3.1.4 有粉尘爆炸危险的建筑物应当设置避雷针、避雷带、避雷网、避雷线等可靠防雷措施。

3.1.5 有粉尘爆炸危险的场所所有金属设备、装置外壳、金属管道、支架、构件、部件等均采用防静电直接接地，接地电阻不得大于100Ω，不便或工艺不允许直接接地的，通过导静电材料或制品间接接地；金属管道连接处（如法兰）进行跨接。对于可能会因摩擦产生静电的粉末，直接用于盛装的器具、输送管道（带）等采用金属或防静电材料制成。

3.1.6 在粉尘爆炸危险场所的工作人员穿戴防静电的工作服、鞋、手套，禁止穿戴化纤、丝绸衣物；必要时操作人员佩带接地的导电的腕带、腿带和围裙；地面采用导电地面。

3.1.7 给料设备在加料时保持满料且流量均匀，防止断料造成空转而摩擦生热，同时在进料处安装能除去混入料中杂物的磁铁、气动分离器或筛子，防止杂物与设备碰撞产生火花；当粉料为铝、镁、钛、锆等金属粉末或含有这些金属的粉末时，采取有效措施防止粉末与设备摩擦，产生火花。研磨机如果研磨具有爆炸危险的物料，设备内衬选用橡皮或其他软材料，所有的研磨体采用青铜球，以防止研磨过程中产生火花。

3.1.8 在检修和清理作业过程中使用铜、铝、木器、竹器等防爆工具并尽量防止碰撞发生；在使用旋转磨轮和旋转切盘进行研磨和切割时采取与动火作业等效的保护措施。

3.1.9 进入粉尘生产现场的人员严禁穿带铁码、铁钉的鞋，同时不准使用铁器敲击墙壁、金属设备、管道及其他物体。

3.1.10 对于有自燃倾向的粉料，热粉料在储存前应设法冷却到正常储存温度。在储存过程中连续监测粉料温度；当发现温度升高或气体析出时，采取使粉料冷却的措施；卸料系统有防止粉料积聚的措施。

### 3.2 保护措施

目前粉尘爆炸保护措施主要有：泄爆、抑爆、隔爆、提高设备耐压能力或多种保护方案并用。

3.2.1 泄爆主要指在设备或建筑物壁面安装或设置泄压装置，在爆炸压力尚未达到设备或建筑物的破坏压力之前被打开，泄放内部爆炸压力，使设备或建筑物不致被破坏的控爆技术。

容器、筒仓与设备的爆炸泄压一般设置在阀门、观察孔、人孔、清扫口以及管道部位，泄爆口的朝向避免人员受到泄爆危害；如果被保护的设备位于建筑物内，采用泄压导管的方式将泄压口引到建筑物外。

有粉尘爆炸危险的房间或建筑物各部分的泄爆可利用房间窗户、外墙或屋顶来实现。泄压口附近设置足够的安全区,使人员和设备不会受到危害。

管道各段应进行径向泄压,泄压面积至少等于管道的横截面积。安装在建筑物内的管道设置通向建筑物外的泄压导管。

3.2.2　抑爆是指爆炸初始阶段,利用压力或温度传感器,探测爆炸发生后,通过切断电源、停车、关闭隔爆门、开启灭火装置等抑制爆炸的发展,保护设备的技术。

3.2.3　隔爆是指爆炸发生后,通过物理化学作用阻止爆炸传播的技术。可采用化学和物理隔爆或其他隔爆装置,目前广泛采用的是隔爆阀。

3.2.4　惰化是指在生产或处理易燃粉末的工艺设备中,采取其他安全技术措施后仍不能保证安全时,采用惰化技术。通常适用于筒仓、气力输送管道内部惰化,一般使用惰性气体如 $N_2$、$CO_2$ 等替代空气。

3.2.5　爆炸时实现保护性停车:应根据车间的大小,安装能互相连锁的动力电源控制箱;在紧急情况下能及时切断所有电机的电源。

3.2.6　约束爆炸压力:生产和处理能导致爆炸的粉料时,若无抑爆装置,也无泄压措施,则所有的工艺设备应足以承受内部爆炸产生的超压,同时,各工艺设备之间的连接部分(如管道、法兰等)和设备本身有相同的强度;高强度设备与低强度设备之间的连接部分安装阻爆装置。

## 4　除尘系统

除尘系统是利用吸尘罩捕集生产过程产生的含尘气体,在风机的作用下,含尘气体沿管道输送到除尘设备中,将粉尘分离出来,同时收集与处理分离出来的粉尘。因此,除尘系统主要包括吸尘罩、管道、除尘器、风机四个部分。

### 4.1　吸尘罩

在除尘系统中,粉尘入口处的吸尘罩内一般不会发生爆炸事故,因为粉尘浓度在这里一般不会达到粉尘爆炸的下限。但吸尘罩如果将生产过程中产生的火花吸入,例如砂轮机工作时会产生大量的火花,就可能会引爆管道或除尘器中的粉尘,因此在磨削、打磨、抛光等易产生火花场所的吸尘罩与除尘系统管道相连接处安装火花探测自动报警装置和火花熄灭装置或隔离阀。同时在吸尘罩口安装适当的金属网,以防止铁片、螺钉等物被吸入与管道碰撞产生火花。

吸尘罩的设置会直接影响产尘场所的除尘效果,设置时遵循“通、近、顺、封、便”的原则。

通:在产尘点应形成较大的吸入风速,以便粉尘能畅通地被吸入;

近:吸尘罩要尽量靠近产尘点;

顺:顺着粉尘飞溅的方向设置罩口正面,以提高捕集效果;

封:在不影响操作和生产的前提下,吸尘罩应尽可能将尘源包围起来;

便:吸尘罩的结构设计应便于操作,便于检修。

### 4.2　除尘管道

除尘系统管道发生爆炸的实例较多，主要是因为除尘管道内可燃性粉尘达到爆炸下限，同时遇到积累的静电或其他点火源，就可能发生爆炸；再者粉尘在管内沉积，当受到某种冲击时，可燃性粉尘再次飞扬，在瞬间形成高浓度粉尘云，若遇上火源，也容易发生爆炸。

4.2.1　管道应采用除静电钢质金属材料制造，以避免静电积聚，同时可适当增加管道内风速，以满足管道内风量在正常运行或故障情况下粉尘空气混合物最高浓度不超过爆炸下限的50％。

4.2.2　为了防止粉尘在风管内沉积，可燃性粉尘的除尘管道截面应采用圆形，尽量缩短水平风管的长度，减少弯头数量，管道上不应设置端头和袋状管，避免粉尘积聚；水平管道每隔6米设有清理口。管道接口处采用金属构件紧固并采用与管道横截面面积相等的过渡连接。

4.2.3　为了防止局部管道爆炸后能及时控制爆炸的进一步发展或防止爆炸引起冲击波外泄，造成扬尘，产生二次爆炸，管道架空敷设，不允许暗设和布置在地下、半地下建筑物中；管道长度每隔6米处，以及分支管道汇集到集中排风管道接口的集中排风管道上游的1米处，设置泄压面积和开启压力符合要求的径向控爆泄压口，各除尘支路与总回风管道连接处装设自动隔爆阀；若控爆泄压口设置在厂房建筑物内时，使用长度不超过6米的泄压导管通向室外。

### 4.3　除尘器

4.3.1　干式除尘器

除尘器中很容易形成高浓度粉尘云，例如在清扫布袋式除尘器的布袋时，反吹动作足以引起高浓度粉尘云，如果遇到点火源，就会发生爆炸，并通过管道传播，会危及邻近的房间或与之连接的设备。因此除尘器一般设置在厂房建筑物外部和屋顶，同时与厂房外墙的距离大于10米，若距离厂房外墙小于规定距离，厂房外墙设非燃烧体防爆墙或在除尘器与厂房外墙间之间设置有足够强度的非燃烧体防爆墙。若除尘器有连续清灰设备或定期清灰且其风量不超过15000立方米/小时、集尘斗的储尘量小于45千克的干式单机独立吸排风除尘器，可单台布置在厂房内的单独房间内，但采用耐火极限分别不低于3小时的隔墙或1.5小时的楼板与其他部位分隔。除尘器的箱体材质采用焊接钢材料，其强度应该能够承受收集粉尘发生爆炸无泄放时产生的最大爆炸压力。

为防止除尘器内部构件可燃性粉尘的积灰，所有梁、分隔板等处设置防尘板，防尘板斜度采取小于70°设置。灰斗的溜角大于70°，为防止因两斗壁间夹角太小而积灰，两相邻侧板焊上溜料板，以消除粉尘的沉积。

通常袋式除尘器是工艺系统的最后部分，含尘气体经过管道送入袋式除尘器被捕集形成粉尘层，并通过脉冲反吹清灰落入灰斗。在这些过程中，粉尘在袋式除尘器中浓度很有可能达到爆炸下限。因此，要加强除尘系统通风量，特别是要及时清灰，使袋式除尘器和管道中的粉尘浓度低于危险范围的下限。

在袋式除尘器内点火源主要是以下几种：普通引燃源、冲击或摩擦产生的火花、静电火花及外壳温度等。

(1) 普通引燃源。主要是外界的火源直接进入，特别是气割火焰和电焊火花。因为袋式除尘器一般为焊件，修理仪器时易产生气割火焰和电焊火花。企业应该加强安全管理，提高工人防爆意识，在进行仪器修理前及时清除修理部位周围的粉尘。

(2) 冲击或摩擦产生的火花。通常是由螺母或铁块等金属物件吸入袋式除尘器发生碰撞引起的火花，其消除方法主要是：在吸尘罩处设置适当的金属网、电磁除铁装置等，并且维修后及时取出落入管道中的金属物质，防止金属进入收尘管道和袋式除尘器中。其次，通风机最好布置在有洁净空气侧的袋式除尘器后面，防止金属异物与风机高速旋转叶片碰撞产生火花，并可防止易燃易爆粉尘与高速旋转叶片摩擦发热燃烧。最后管网内的风速要合理，过高风速可使粉尘加速对管道的磨损，试验表明磨损率同风速成立方关系，会给除尘器内部带来更多的金属物质。

(3) 静电火花。防止静电火花产生是预防粉尘爆炸的一个重要措施。可以将除尘系统的除尘器、管道、风机等设施连接起来作接地处理，也可采用防静电滤布或将除尘器的袋子用铁夹子夹牢后接地。

(4) 外壳温度。保持除尘器外壳的温度不能过高，由于大量粉尘被外壳内壁吸附，外壳温度过高使粉尘表面受热，获得能量后易发生熔融和气化，会迸发出炽热微小质子颗粒或火花，形成粉尘的点火源。

对于金属粉尘，如铅、锌、氧化亚铁、锆等，在除尘系统的灰斗中堆积时发生缓慢氧化反应，塑料合成树脂、橡胶等仍保持着制品加工时的摩擦热，此时应采取连续排灰的方法，勿使灰斗内积存过多的粉尘，并要经常观察灰斗及袋室内的温度。企业安装温度传感器，以便随时控制装置内的温度，防止积蓄热诱发火灾引起爆炸。

隔爆装置可以采用紧急关断阀，它是由红外线火焰传感器快速启动气动式弹簧阀而实现的。能够触发安装在距离传感器足够远的紧急关断阀，防止火焰、爆炸波、爆炸物等向其他场所传播形成二次爆炸，从而将爆炸事故控制在特定区域内，避免事态恶化。小型袋式除尘器易采用被动式有压水袋或阻燃粉末装置，粉尘为亲水物质易采用有压水袋，其他采用阻燃粉末装置；大型袋式除尘器易采用智能高压喷洒装置。

### 4.3.2 湿式除尘器

湿式除尘器是使含尘气体与液体(一般为水)密切接触，利用水滴和颗粒的惯性碰撞或者利用水和粉尘的充分混合及其他作用捕集颗粒，使颗粒增大或留于固定容器内达到水和粉尘分离效果的装置。能够处理高温、高湿的气流，将着火、爆炸的可能性减至最低。

湿式除尘器使用过程中要防止蒸汽凝聚成水滴，特别在负压时更应注意。由于湿式除尘器外壳常常会有空气漏入，使袋室气体温度过低，滤袋受潮，致使灰尘不松散，黏附在滤袋上，造成织物孔眼堵死，清灰失效或产生糊袋无法除尘，并且使除尘器压降过大，无法继续运行。因此加强除尘器和除尘系统的温度监测，以便掌握湿式除尘器的使用条件，防止水滴产生。

### 4.4　风机

除尘系统的通风机叶片应采用导电、运行时不产生火花的材料制造，通风机及叶片应安装紧固、运转正常，不应产生碰撞、摩擦，无异常杂音。

### 4.5　运行维护

4.5.1　企业生产之前至少提前 10 分钟启动除尘器，系统停机时应先停生产设备，至少 10 分钟后关掉除尘器并将滤袋清灰，将粉尘全部从灰斗内卸出。

4.5.2　除尘器启动后应定时检查，若有漏尘、漏风现象应立即停机处理。

4.5.3　应定时检查清灰装置，若脉冲阀或反吹切换阀门出现故障应及时修理。

4.5.4　检修除尘器时宜使用防爆工具，不应敲击除尘器各金属部件。

## 5　电气设备

### 5.1　可燃性粉尘危险场所区域划分

5.1.1　粉尘释放源按爆炸性粉尘释放频繁程度和持续时间长短分为连续级释放源、一级释放源、二级释放源，释放源应符合下列规定：

(1) 连续级释放源为粉尘云持续存在或预计长期或短期经常出现的部位。

(2) 一级释放源为在正常运行时预计可能周期性的或偶尔释放的释放源。如毗邻敞口袋灌包或倒包的位置周围。

(3) 二级释放源为在正常运行时，预计不可能释放，如果释放也仅是不经常且是短期释放。如需要偶尔打开并且打开时间非常短的人孔，或者是存在粉尘沉淀地方的粉尘处理设备。

(4) 压力容器外壳主体结构及其封闭的管口和人孔、全部焊接的输送管和溜槽、在设计和结构方面对防粉尘泄露进行了适当考虑的阀门压盖和法兰接合面不被视为释放源。

5.1.2　爆炸危险区域根据爆炸性粉尘环境出现的频繁程度和持续时间分为 20 区、21 区、22 区，分区符合下列规定：

(1) 20 区为空气中的可燃性粉尘云持续地或长期地或频繁地出现于爆炸性环境中的区域。

(2) 21 区为在正常运行时，空气中的可燃性粉尘云很可能偶尔出现于爆炸性环境中的区域。

(3) 22 区为在正常运行时，空气中的可燃性粉尘云一般不可能出现于爆炸性粉尘环境中的区域，即使出现，持续时间也是短暂的。

5.1.3　爆炸危险区域的划分按爆炸性粉尘的量、爆炸极限和通风条件确定。符合下列条件之一时，划为非爆炸危险区域：

(1) 装有良好除尘效果的除尘装置,当该除尘装置停车时,工艺机组能连锁停车。

(2) 设有为爆炸性粉尘环境服务,并用墙隔绝的送风机室,其通向爆炸性粉尘环境的风道设有防止爆炸性粉尘混合物侵入的安全装置。

(3) 区域内使用爆炸性粉尘的量不大,且在排风柜内或风罩下进行操作。

5.1.4 为爆炸性粉尘环境服务的排风机室,与被排风区域的爆炸危险区域等级相同。

5.1.5 一般情况下,区域的范围通过评价涉及该环境的释放源级别引起爆炸性粉尘环境的可能性来划分。

5.1.6 20 区范围主要包括粉尘云连续生成的管道、生产和处理设备的内部区域。当粉尘容器外部持续存在爆炸性粉尘环境时,划分为 20 区。

可能产生 20 区的场所主要包括粉尘容器内部场所,储料槽、筒仓等,旋风集尘器和过滤器,粉料传送系统等,但不包括皮带和链式输送机的某些部分,搅拌机、研磨机、干燥机和包装设备等。

5.1.7 21 区的范围与一级释放源相关联,并按下列规定:

(1) 含有一级释放源的粉尘处理设备的内部划分为 21 区。

(2) 由一级释放源形成的设备外部场所,其区域范围应受到粉尘量、释放速率、颗粒大小和物料湿度等粉尘参数的限制,并考虑引起释放的条件。对于受气候影响的建筑物外部场所可减小 21 区范围。21 区的范围按照释放源周围 1 米的距离确定。

(3) 当粉尘的扩散受到实体结构的限制时,实体结构的表面作为该区域的边界。

(4) 位于内部不受实体结构限制的 21 区被一个 22 区包围。

(5) 结合同类企业相似厂房的实践经验和实际因素将整个厂房划为 21 区。

可能产生 21 区的场所主要包括:当粉尘容器内部出现爆炸性粉尘环境,为了操作而需频繁移出或打开盖/隔膜阀时,粉尘容器外部靠近盖/隔膜阀周围的场所;当未采取防止爆炸性粉尘环境形成的措施时,在粉尘容器装料和卸料点附近的外部场所、送料皮带、取样点、卡车卸载站、皮带卸载点等场所;粉尘堆积且由于工艺操作,粉尘层可能被扰动而形成爆炸性粉尘环境时,粉尘容器的外部场所;可能出现爆炸性粉尘云,但既非持续、非长期、非频繁时,粉尘容器的内部场所,如自清扫间隔长的料仓(偶尔装料和/或出料)和过滤器污秽的一侧。

5.1.8 22 区的范围按下列规定确定:

(1) 由二级释放源形成的场所,其区域的范围受到粉尘量释放速率、颗粒大小和物料湿度等粉尘参数的限制,并考虑引起释放的条件对于受气候影响的建筑物外部场所可减小 22 区范围。22 区的范围按超出 21 区 3 米及二级释放源周围 3 米的距离确定。

(2) 当粉尘的扩散受到实体结构的限制时,实体结构的表面作为该区域的边界。

(3) 结合同类企业相似厂房的实践经验和实际因素将整个厂房划为 22 区。

可能产生 22 区的场所主要包括:袋式过滤器通风孔的排气口,一旦出现故障,可能逸散出爆炸性混合物；非频繁打开的设备附近，或凭经验认为粉尘被吹出易形成泄漏的设备附近，如气动设备或可能被损坏的挠性连接等；袋装粉料的存储间，在操作期间，包装袋可能破损，引起粉尘扩散；通常被划分为21区的场所，当采取排气通风等防止爆炸性粉尘环境形成时的措施时，可以降为22区场所。这些措施应该在下列点附近执行：装袋料和倒空点、送料皮带、取样点、卡车卸载站、皮带卸载点等；能形成可控的粉尘层且很可能被扰动而产生爆炸性粉尘环境的场所。仅当危险粉尘环境形成之前，粉尘层被清理时，该区域才可被定为非危险场所。

### 5.3　电气设备选型

5.3.1　在粉尘爆炸性环境内，电气设备必须根据爆炸危险区域的分区、可燃性物质和可燃性粉尘的分级、可燃性物质的引燃温度、可燃性粉尘云和可燃性粉尘层的最低引燃温度进行选择。爆炸性粉尘环境内电气设备的选型根据设备防护级别选择，应符合表1的规定。电气设备防护级别与电气设备防爆结构的关系应符合表2的规定。

5.3.2　安装在爆炸性粉尘环境中的电气设备必须采取措施防止热表面可燃性粉尘层引起的火灾危险。电气设备结构应满足电气设备在规定的条件下运行时，防爆性能没有降低的要求。

## 6　生产设备

### 6.1　料仓

6.1.1　料仓必须具有独立的支撑结构，设置泄爆门或泄爆口，将爆燃泄放到安全区域。

6.1.2　尽量减少料仓的结构的水平边棱，以防止积尘；同时设置通风系统，但必须避免扬尘。

6.1.3　粉体料仓产生静电的来源有三个：一是粉体物料在进入料仓前就带有；二是粉体物料与料仓壁之间的摩擦；三是粉体物料本身之间的摩擦。高度带电的粉体在料仓内的积累，能产生很强的静电场，由此易导致静电放电和燃爆事故。在设计料仓时，不仅要在外壁上设置静电接地板，而且要在其他附属设备上尤其是过滤器上设置静电接地板接地。

6.1.4　具有潜在自燃危险的粉尘必须储存于室外或独立的建筑内。如储存在室内，需要采取防止粉尘自燃的措施。为了防止粉料由于存放时间过长产生升温自燃现象，必须采用“先进先出”的原则设计。

### 6.2　筒仓

6.2.1　由于筒仓和输送系统及通风系统相连接，筒仓外发生的爆炸传播到筒仓内是完全可能的；如果爆炸在筒仓内发生，筒仓可能被炸裂，相邻建筑也会受爆炸波及，同时还有发生二次爆炸的可能。因此筒仓建筑物应为独立建筑物，筒仓的墙壁必须具有一定的抗爆能力，在爆炸压力被泄放至室外之前不致倒塌。同时，为了减少筒仓内粉尘积聚，便于清扫，仓壁、墙、地面必须光滑平整，能清扫的地方必须密封防尘。

6.2.2 筒仓内作业时，当粉尘浓度达到粉尘爆炸的下限浓度时，可能发生粉尘爆炸。就筒仓系统而言，容易引起粉尘二次飞扬的设备主要有：斗式提升机、刮板输送机、皮带输送机、初清筛和计量设备等，应根据各自的工作特点，在相应的部位设置吸风口。

6.2.3 为防止产生电气火花，在满足工艺生产及安全的前提下，应减少电气设备的数量，电气设备必须符合现行国家防爆标准。

6.2.4 机械摩擦发热最可能发生的地方是在散粮筒仓设备中的斗式提升机内和刮板机内。提升机和刮板机均必须采取相应的措施防止摩擦发热。

6.2.5 由于筒仓四周仓壁会受到粉料的压力，在仓壁设泄爆口是不可能的，因此，筒仓的泄爆口只能设在仓顶。另外，筒仓内除尘管道工作时粉尘浓度极高，一旦有火源进入管道，同样可达到粉尘爆炸条件。因此，筒仓除尘系统的管道应安装管体泄爆装置将爆炸冲击引向管道外。

6.2.6 筒仓要有良好的通风系统，以防止粉尘因长期储存而发热。特别是对于粮食筒仓，采用喷油抑尘的方式可以有效抑制粉尘飞扬，保持多个落差不扬尘。

### 6.3 给料设备

6.3.1 为防止在生产过程中由于掺入铁质或杂物产生火花，给料设备需除去物料中的金属杂质及其他杂物的装置。

6.3.2 为防止粉尘外溢，给料设备应尽可能密封并安装吸尘罩。

6.3.3 设备金属外壳、机架、管道等必须可靠接地，如若连接处有绝缘时必须有跨接装置，以形成良好的通路，不得中断。

6.3.4 注意防止给料过程中堵料。

### 6.4 输送设备

输送设备应尽量选用封闭式的运输设备；所用胶带等应采用抗静电、不燃或阻燃材料且不能采用刚性结合。系统内的闸门、阀门宜选用气动式，同时输送设备必须有急停装置和独立的通风除尘装置。

6.4.1 气力输送

(1) 气力输送设施不应与易产生火花的机电设备(如砂轮机等)或可产生易燃气体的机械设备(如喷涂装置等)相连接。

(2) 输送管道等设施必须采用非燃或阻燃的导电材料制成，同时应等电位连接并接地，以防止静电产生和集聚。管道的安装不宜穿过建筑防火墙，如必须穿过建筑防火墙，应采取相应的阻火措施。输送管道应按照国家相关规定开设泄爆口。在露天或潮湿环境中设置的输送管道还必须防止潮气进入。

(3) 风机的选型应满足粉尘防爆要求。吸气式气力输送风机必须安置于最后一个收尘器之后。风机应与生产加工设备连锁，风机停机时，加工设备应能自动停机。

(4) 为防止管道内积尘，应根据粉尘特性保证输送气体有较高的流速。在气流已达到平衡的气力输送系统中，如输送能力已无冗余，不可再接入支管、改变气流管道或调整节气流阀门。

(5) 当被输送的金属粉浓度接近或达到爆炸浓度下限时，必须采用氮气等惰性气体作为输送载体，同时，必须连续监控管道内的氧浓度。若输送气体来自相对较暖环境，而管道和除尘器的温度又相对较低时，必须采取措施避免输送气体中的水蒸气发生冷凝。

(6) 正压气力输送必须为密闭型，以防止粉尘外泄。多个气力输送系统并联时，每个系统都要装截止阀。

6.4.2　埋刮板输送机

(1) 埋刮板输送机是借助于在封闭的壳体内运动着的刮板链条而使散体物料按预定目标输送的运输设备。刮板输送机能传播爆炸，并可能造成设备撕裂、火灾或者喷出的粉尘造成二次爆炸。

(2) 刮板输送机的线速度不宜过高。如果线速度过高，则轴承会发热，一旦达到粉尘云的着火点，就可能发生粉尘爆炸。另外，线速度过高就会加剧粉尘的扬起，使粉尘浓度增高，加剧爆炸的危险性。

(3) 在埋刮板输送机进料点、卸料点和机身接料处设置吸风口，使机内的粉尘浓度降低至安全水平。因为进料点、卸料点和机身接料处是扬尘点。

(4) 为了防止设备破坏，在埋刮板输送机进料点、卸料点设置符合泄爆要求的泄爆装置。

6.4.3　带式输送机

在全封闭状态下，在进、出料口处容易形成粉尘；皮带与托棍、皮带与机体（因跑偏、气垫皮机气压不足等原因）摩擦会产生热量，形成点火源；另外，皮带摩擦还可使一些结块的粉尘暗燃，然后通过运输系统带到各个部位，从而引发起火、爆炸。

(1) 为了降低粉尘浓度，带式输送机进、出料口应安装吸尘罩。

(2) 为防止摩擦生热发生起火爆炸，在输送机上安装防止胶带打滑（失速）及跑偏装置，超限时能自动报警和停机；遇重载停车后应将胶带上的粉料清理干净后方可复位；所有支承轴承、滚筒等转动部件配置润滑装置。

6.4.4　斗式提升机

斗式提升机是用于垂直提升粉粒状物料的主要设备之一。由于在装料的过程中，斗式提升机的畚斗以较高的速度冲击物料，对物料造成一个很大的摩擦力与冲击力，以及由此造成物料间的摩擦，使物料间的粉尘飞扬出来；在卸料时，从畚斗中抛出物料也造成了粉尘飞扬，因此在斗式提升机内粉尘浓度是完全处在爆炸浓度范围之内的。为了控制粉尘外溢，斗式提升机都是在完全密封的状态下工作的，增加了爆炸的危险性。

(1) 斗式提升机的轴承上应加装测温装置，发现温度大幅度升高时，操作人员必须马上采取措施，防止轴承过热而达到粉尘云的着火点。

(2) 为了防止皮带跑偏与机壳发生摩擦,产生火花,头轮与底轮中至少有个带锥度的轮毂,同时操作人员要经常通过观察窗观察,发现跑偏及时调整;运行前对皮带进行适当张紧,防止皮带打滑时间过长,皮带轮发热达到粉尘云的着火点;当发生故障时应能立即启动紧急连锁停机装置。

(3) 在进料口前应安装磁选装置,防止铁磁性金属杂质进入机内与畚斗等发生撞击与摩擦而产生火花。此外,要经常利用机修时间检查畚斗与螺钉是否紧固,是否有脱落,防止畚斗或螺钉脱落与其他部件发生摩擦,产生火花。

(4) 尽量用非金属的畚斗,以防止碰撞与摩擦,产生火花。尽量采用具有导电性的输送带,可防止静电积累。设备的各部分都应该良好的接地。

(5) 严格禁止在斗式提升机的工作期间对其进行电焊、气割等操作,也禁止其他一切明火进入和靠近工作区。

(6) 经常对斗式提升机的内部与外部进行清理.不能让粉尘过多地、长时间地沉积。

(7) 为了减轻粉尘爆炸带来的损失,必须在斗式提升机上设置符合泄爆要求的泄爆口。机头顶部泄爆口宜引出室外,导管长度不应超过 3 米。如条件允许,应该将斗式提升机设置在室外,以减轻粉尘爆炸对其他设备及建筑物的破坏。

(8) 在斗式提升机机头与机座处装压力传感器,可以当机内压力发生变化时(爆炸初期),通过压力传感器在非常短的时间内触动灭火器阀门,向机内喷射粉状灭火剂。

(9) 为了降低粉尘浓度,提升机出口处应设吸风口并接入除尘系统。

## 6.5 粉碎(研磨)设备

6.5.1 粉碎(研磨)场所必须设置良好的通风和除尘装置,以减少空气中粉尘含量,选取相应防爆型电气设备。

6.5.2 为避免撞击产生火花,在粉碎设备入口前设置磁性等检测仪器将物料中的铁制或坚硬杂物除掉;同时选用橡胶内衬或其他柔软衬料的球磨机和不产生火花材料的球体,同时设置静电消除装置,并做好设备维护。

6.5.3 在粉碎过程中,尽量采用惰性气体保护装置,也可优先考虑湿法粉碎以避免扬尘。在粉碎、研磨时料斗不得卸空,盖子要盖严。

6.5.4 研磨后,应先冷却、后装桶,以防发热引起燃烧。

6.5.5 应注意定期清洗机器,避免由于粉碎设备高速运转、挤压、产生高温使机内存留的原料熔化后结块堵塞进出料口,形成密闭体,导致粉尘爆炸事故发生。

## 6.6 筛分设备

筛分设备在作业过程中,由于筛板的转动及下料的原因会产生较大粉尘浓度;由于筛板在运动时与驱动轮或从动轮产生摩擦热,以及静电放电或设备检修等,容易形成点火源。

6.6.1 为了防止大量的粉尘飞扬,应采用密闭的方式,即对设备及产生粉尘大的部位进行封闭式操作，同时在筛分场所设置通风除尘系统，以降低筛分场所粉尘浓度。

6.6.2　选用防爆型电气设备，经常对电气设备进行检查维修；筛分设备要接静电保护装置，避免静电和电气设备产生火花；同时由于筛分设备主要是机械性运动，必须对运动部件定期润滑，防止磨损发热形成点火源。

6.6.3　在检修前应清扫作业场所粉尘，检修时停止筛分作业。

## 7　设备检查与维修

7.1　定期对粉尘爆炸环境中的粉碎、研磨、干燥、运输等设备的传动装置（齿轮、滑轮、轴承等）、润滑系统以及除尘系统、电气设备等各种安全装置等进行检查、维护；对火花探测及自动灭火系统部件定期检查更新，及时更换被沉积物堵塞或腐蚀的喷水器和探头。

7.2　检修前清扫检修部位及周边范围内的积尘，检修时除拆卸指定的设备或部位外，尽量不要触动其他设备；检修部位与非检修部位保持隔离，并保证检修区域内所有的泄爆口处无任何障碍物。

7.3　严格按照设备维护检修规程和程序作业，在一个工房或一个系统内禁止进行交叉作业；在检维修过程中不应任意更改或拆除防爆设施，如有变动，必须重新进行检测核算，以保证各项性能符合防爆要求。

7.4　检维修过程中应当使用符合国家或行业标准的材料、填料、润滑油等维护材料和防爆工具。

# 硅粉活性对三氯氢硅合成的功效及其评定

**摘要**：硅有着可贵的“品格”和昂贵的价格，一定要珍惜它，让它全力贡献天赋的优良品质性能。据此，有必要制定硅的活性标准，使有机硅、硅光伏事业更加兴旺。

**关键词**：硅粉活性，三氯氢硅合成

有机硅、多晶硅、单晶硅和半导体组成一个庞大的硅产品体系，已成为国民经济和高新尖端技术的重要材料，为改善人类生活和建设福祉社会做出重大贡献，是世界繁荣发展的奠基石之一。如果要探知这奠基石的关键材料来自何方？答案很简单：硅。它的粉料就是担当此重任的主要角色。硅很重要，硅粉更重要。话到此处，不妨审视一下硅的“品格”。

## 一、 硅的“品格”可贵，价格昂贵

硅的“品格”指的是：①能发挥优势，开发新材料。硅发挥自身特性，使“友好材料”——高分子材料获得更可贵的性能，开发硅高分子材料，满足社会发展的要求，提高社会发展的水平。典型的实例就是多晶硅。硅具有金刚石的晶体结构、“刚柔相济”的性格，将其特有的无机性能揉进高分子有机物里，获得拥有许多优异功能的有机硅合成物。硅是怎样揉进高分子材料的？如本文图 1 三氯氢硅沸腾床直接合成反应过程形象图所演示的，硅(固体)同氯化氢(气体)经气固两相催化反应，合成三氯氢硅(多晶硅中间体)，进而制取多晶硅。硅将其刚性的无机特性赋予柔性的高分子有机物，获得特异功能材料[1-3]，正像硅熔进钢中，炼得优质硅钢。硅的这种优化各类材料的“品格”，值得称赞。②借助优势，强化自身。硅优化了高分子材料，同时高分子材料也以自己特有的化学功能[4]，使硅得到纯化，达到 99.9999999％的纯度，开拓出多晶硅、单晶硅特异性的光伏功效，硅的“品格”的确值得赞扬。硅就这样经历有机化和无机化，借助友好材料，得化工演变之机，发挥天赋的特异禀性，使自己获得世界的青睐，显现出优良的实用品格。

对于硅，还必须提及它的生产成本。用优质石英经电炉冶炼 1t 硅，电耗超过 1 万度，价值近万元。制成粉后用于多晶硅，进而得单晶硅，价格 50 美元/kg，折合人民币约 300 元/kg，价值高，价格也高。有机硅状况也相似。

总之，硅拥有自然赋予的优异实用性能[5]，更有有机硅、多晶硅和单晶硅显示其可贵的“品格”。为更有效地利用硅，必须在各生产环节齐心协力地下功夫，不仅提高其品位，而且积极提高硅的利用技术水平。对于我们硅制粉行业，当务之急就得充分开发硅的化学反应活性，提高制粉成品率和产能，为后续产品取得更佳生产效果提供有利条件。为达到此目的，有必要了解一下硅在三氯氢硅直接合成过程中的角色和作用。

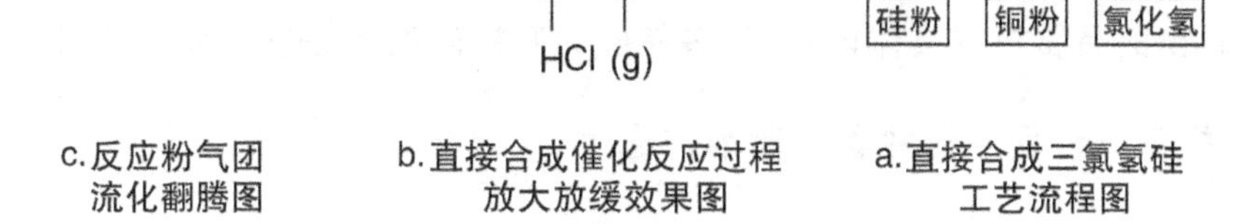


c.反应粉气团流化翻腾图　b.直接合成催化反应过程放大放缓效果图　a.直接合成三氯氢硅工艺流程图

**图 1　三氯氢硅(多晶硅中间体)沸腾床直接合成反应过程形象图**

## 二、 硅在三氯氢硅直接合成中的效用[2-3]

三氯氢硅直接合成过程形象地显示于图 1。它系多相催化反应。在沸腾床内，硅粉和氯化氢借助催化剂铜粉，形成粉气团，在随着气流翻腾向上的过程中，实现硅粉(固体)和氯化氢(气体)的气固两相催化反应。笔者采用空间放大、时间放慢的方法，将该过程描绘成图 1。图形分列成三部分：左侧 c 图为反应粉气团流化翻腾图，中间 b 图为合成催化反应过程五个阶段图，右侧 a 图为直接合成三氯氢硅工艺流程图。三个图形的来历如下：从 a 反应环节抽出局部，得 b；从 b 又抽出局部得 c。为便于探索，在 b 图仅标出两个硅(Si)夹持一个铜(Cu)，周边吸附着氯化氢(HCl)，进行气固相催化反应。在硅、铜比表面积最大处，吸附氯化氢最多，形成数个反应活性中心，带动整体反应，如 c 图所示。

该粉气团随流化床气流翻腾向上，反应的五个阶段（吸附、内扩散、催化反应、外扩散、吸脱）就在运动中完成，如 b 图所示。获得的反应主生成物三氯氢硅（$SiHCl_3$）（气体）经分离、过滤、冷却，最后冷凝得液态三氯氢硅，沿着 a 图路线完成；过程中有好几种反应同时进行，生产出主、副产品。主反应 $Si+3HCl \xrightarrow[280\sim320℃]{Cu+Si} SiHCl_3+H_2$；副反应也以同样的方式行进，只是量少，性状各异。

从上述化学反应 5 个阶段看，硅是载体，氯化氢（气）围附在它周边表面上，完成全部催化反应。硅的品质，包括化学组成、表面性状、粒度组成、比表面积等，总体表征成反应活性，对于进一步提高直接合成效果具有关键性作用[6]。这其中硅粉比表面积和细化晶粒扮演的角色尤其显眼，使硅细晶粒的天然活性充分发挥作用。比表面积大，吸附的氯化氢（气）量多，反应活性中心多，反应态势旺盛，过程进展完善，生成物就量大质好（三氯氢硅收率高，原料单耗低，沸腾床开车时间长）。气固两相催化反应过程显示表面的效用，其比表面积大小，更似催阵的战鼓、催春的雷雨，功效分明。与比表面积相关的粒度组成，对整个反应也具有相当的效用。沸腾床工艺要求硅粉粒度组成适度，其中 40～160 目占 80％～85％，过粗过细均有限制。缘由之一是：粗粒比表面积小，细粒则大，可是细粒易被带出反应区。冲旋粉则是粗和细同时发挥长处：粗的活性不丧，细粉附在粗粉上，吹不走，发挥特长，效果倍增。

三氯氢硅合成技术在不断完善和发展中，在生产工艺、装备、操作、原料等方面效果明显。时至今日，再如何下功夫呢？笔者认为有必要认真地探讨一下硅粉品质的效用：硅粉的效用能为进一步提高多晶硅的生产技术水平做出贡献。具体措施：①制定硅粉反应活性的参考标准。②通过生产实践对比各种方法制取硅粉的反应活性。③为选用硅粉的品质拟定具体内容，为多晶硅和有机硅生产提供最佳的硅粉。

## 三、 关于硅粉反应活性参考标准的思考

三氯氢硅直接合成使用催化反应，其效能（选择性）和效率（反应速率）受多种因素影响。单就原料硅粉而言，综合性指标——化学反应活性具有决定性意义。而且，前述的反应过程五个阶段表明：粉体比表面积作用显著。当硅块冶炼方式、化学成分等已定时，硅粉表面性状就拥有决定性意义。而它又取决于制粉方式。所以，反应活性实质上仍受制于制粉工艺方法，是可控的。拟定活性参考标准因此是实用的、可实现的，有积极引导效用，能给多晶硅产业带来难得的技术经济效益。

标准当前尚无类似的活性参考标准可供参考。不过，三氯氢硅直接合成催化反应，效果判定可以按照催化反应的热力动力学原则：根据最佳反应方向（效能）和速率（效率）审验反应活性，再参考美国 Ahlstrom 公司石灰石脱硫粉剂活性标准[7]，提出下述内容（见表 1）。

**表1　依据上述两个指数建立三氯氢硅用硅粉活性等级参考举例**

| 等级 | 反应效能指数 RI | | 反应效率指数 CI | |
|---|---|---|---|---|
| 优良(1级) | ＜1.2 | 平均级差/% | ＞4.2 | 平均级差/% |
| 良好(2级) | 1.2～1.6 | 15 | 3.5～4 | 10 |
| 中等(3级) | 1.6～2.0 | 20 | 3～3.5 | 15 |
| 一般(4级) | 2.0～2.4 | 25 | 2.5～3 | 20 |

(1) 反应效能指数(RI)：某一空间内1个单元三氯氢硅所需硅粉的单元量，如以摩尔(mol)为单位，即为硅同三氯氢硅的物质的量之比。按反应方程的理论计算，RI=1，该指数实质就是反应选择方向，获得三氯氢硅的量。

(2) 反应效率指数(CI)：某一时段内，1个单位硅粉能制取三氯氢硅的单位量。以千克(kg)为单位，则在某一时段里，1千克(kg)硅粉所制得三氯氢硅的千克量。按反应过程理论计算，1千克硅可制得4.8千克三氯氢硅，即CI=4.8。具体计算如下。

元素相对原子质量：C 12，H 1，Si 28.1，Cl 35.5

三氯氢硅 $SiHCl_3$ 相对分子质量：$28.1+1+3\times35.5=29.1+106.5=135.6$

1mol $SiHCl_3$ 质量：135.6g

反应方程　$Si+3HCl \rightarrow SiHCl_3$

1kg Si 产出 $\frac{135.6}{28.1}\times1=4.8$kg $SiHCl_3$

上述举例的根据是：两指数等级间差10%～25%。优良(1级)按理论值确定。至于各级间差值，按目前国内外达到的水平推出，最终尚需通过实测。测试的方法最好是建造仿真的小型直接合成沸腾床，测定各种硅粉，经比较后分列活性等级。石灰石脱硫活性就是利用这样一台小型仿真的循环流化床锅炉测定的，效果很好。笔者提此建议供专家们参考。经过核算证实，多晶硅和有机硅用硅粉的活性数据是相通的。

当前，在暂缺标准的情况下，根据直接合成属催化反应的原则，硅粉比表面积对区别反应活性有举足轻重的意义。不妨以比表面积为准，判定硅粉的活性。比表面积测定必须在同一台仪器上完成。同时，从实际使用中做出适当比较，最后判定活性。笔者曾做过一些常用硅粉的活性比较[5]，活性同比表面积成正比关系。冲旋粉比表面积：30～60目为0.65$m^2/g$，60～100目为0.65$m^2/g$，比其他方法生产的粉(对辊、悬辊、盘磨)要大30%～50%；冲旋粉制取的三氯氢硅达到的指标较高。还必须指出，冲旋粉粗粒的比表面积同细粒很相近。所以，可选用较粗的粒度组成，且细粉则有更多机会附着在粗粒上，不易被吹走，减轻了细粉在三氯氢硅合成过程中的负面影响，使生产效果更佳。而冲旋技术制取硅粉，则成品率可进一步提高，既降低了成本，又充分利用了硅的优良品质，促进了多晶硅合成技术水平，可谓一举多得。比表面积的效用确如本文所述。关于这一项优势，望能得到更多的实践验证。

## 四、 焕发硅活性，激励多晶硅事业发展更旺盛

硅，外表银亮，坚硬刚强；既能有机化，又能无机化，既能使“朋友”强化，还能让自己“净化”，显露出可贵的“品格”。它为人类做出许多贡献，不过，它身价昂贵。所以，我们应该珍惜它，好好地使用它。为此，除了认真选择最佳的化学组成、晶体结构、合成方法等外，焕发硅的活性正是一项不容忽视的重要措施。我们要尽快制定活性标准，使活性成为硅粉品质的重要指标，使硅焕发出全部天赋特性，力求以最佳的活性满足多晶硅等生产条件。

### 参考文献

[1] 邓丰，唐正林.多晶硅生产技术[M].北京：化学工业出版社，2009.

[2] 李贤均，陈华，付海燕.均相催化原理[M].北京：化学工业出版社，2011.

[3] 高正中，戴洪兴.实用催化[M].北京：化学工业出版社，2012.

[4] 平郑骅，汪长春.高分子世界[M].上海：复旦大学出版社，2004.

[5] 常森.冲旋技术焕发硅的天然优质特性[J].太阳能，2013，13：41－44.

[6] 李承业，张志中，王刚，等.合成甲基氯硅烷的高活性催化剂技术研究[J].化工科技，2010，18(5)：27－31.

[7] 常森.石灰石脱硫粉剂品质的技术经济评述[J].发电设备，2013，6：436－439.

# 硅粉品质活性与对撞粉碎效用

**摘要**：提高硅粉活性，找到最佳粉碎方法，解决颗粒粗、晶粒细的难题；探索活性检测方法，建议制定活性标准，为硅业产品和生产打下更好的基础。

硅是社会发展、科学进步和人们福祉改善的重要材料，对它的研究利用也已达到较高水平。人们已认识到：硅是天赐良品，能福泽人类；它拥有可贵的品格和优良的理化活性，能同有机高分子物亲合，又藉此无机化，提高自己的纯度和功能；同时，全球90%的太阳能发电材料为硅材料，硅已成为新能源的战略物资，可以认为人类进入了“硅器时代”。硅就是这样默默无闻地为我们服务。但是，硅的生产成本偏高，属于价格昂贵材料。对于这么一种“品格可贵、价格昂贵”的材料，我们必须充分地开发和使用。当前太阳能发电的成本是0.7元/(kW·h)，当降到0.3元/(kW·h)时，全国绝大多数地区，将比煤电便宜。为此，必须提高技术，使单晶硅晶体体积增大、纯度提高。目前，晶体炉生长36个晶锭，如能达到49或64个晶锭，成本大降。纯度99.9999999%要再提高[11]。

## 一、 焕发硅的可贵品格

硅制粉应满足硅产品的技术要求。它的可贵品格就是表现为能很好地达到粒度可调、成品率高、产能大、活性好、能耗低等。其中最重要的，也是最易被忽视的正是化学反应活性。可贵品格的核心也在于活性，关键在粉粗晶细。这有助于降低太阳能光伏材料成本和提高转换率，有利于硅业充分发展。

## 二、 高活性的影响因素

决定活性的因素有：硅粉的化学组成和结构、硅块炼制方法、环境条件和下游产品生产方式、硅粉制取方法等。前四项在文献上均有详解。第五项往往不受重视，而它正需要被特别关注。

不同制粉方法获得硅粉活性是不一样的，其相关影响因素为：粉粒的微观结构、比表面积、粒度级配等。微观结构就是硅的晶体组织结构，包括晶粒类型和结构、晶粒度、晶体物理化学性能等。其中尤以晶粒度，即晶粒粒度(粗细尺寸)及其均匀程度最为重要。晶粒细，颗粒分形分维数大，比表面积大；单位体积或单位质量所含晶粒量多，比表面积就大。晶粒细，则经历的粉碎变形量大，蕴含内能多，释放能量的势头大，表面活性更高，若均匀程度好，优势就更大了。当然，应在一定范围和条件限度以内，如纯度、粒度、温度等。这些细晶粒度和粉粒度如能中径集中，频率图呈宝塔形，则能更有效地焕发天然活性。

## 三、 高活性的诱发机理

硅粉高活性的因素，在后续产品的制取工艺中起到积极作用，表现很明显。如生产多晶硅和有机硅，都是以硅粉为原料，其用量很大，大都采用沸腾炉化学合成，其诱发过程实质是气固两相表面催化反应[2-3]。固体硅是反应的主载体，它的表面好似"化学战场"，表面形貌、性状就像"战场上的地形、地貌"一样影响"战果"。硅晶粒细，比表面积大，呈蜂窝状形貌，晶面(111)暴露量大，积蓄能量大，反应活性高，使催化反应活性中心量多、质高，反应过程易于控制、完善，产品成品率高、指标好、效果好，排渣量和硅含量减少。对活性的探讨研究、制粉工艺设备的改进及生产实践均证实硅粉获取高活性机理是正确的。后面将叙述此过程。其意义正似切碎食物对人类发展进化的效用。当然，它是在决定因素—— 硅的化学组成和结构的基础上，对焕发硅的天然活性起到重要的辅助作用。其影响程度，有待已经开展的实践考验。

## 四、 晶体组织结构是高活性的决定因素

### 1. 硅的晶体结构和性能

任何固体都是分形结构组成的，很大一部分系晶体，形成微观组织，长大成整体。其晶体呈现的结构和显微组织见图 1 和图 2。晶体结构组合顺序如下：晶胞→镶嵌块(亚晶)→亚晶界→晶粒→晶界→颗粒。

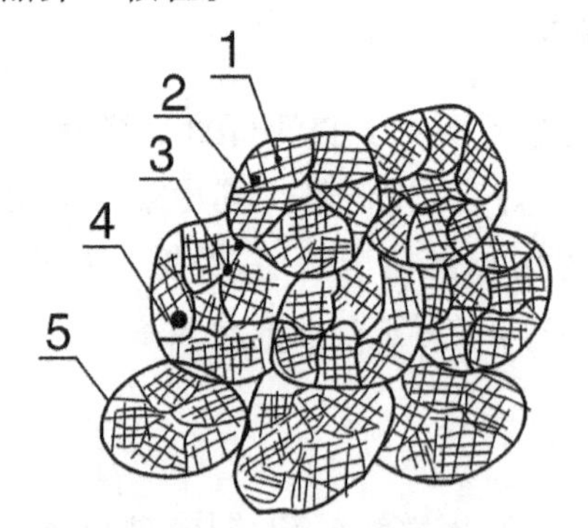


1-晶胞；2-镶嵌体；3-亚晶界；4-晶粒；5-晶界

**图 1　晶体结构示意简图**

a

b

**图 2　硅的显微组织(SEM)**

晶胞是晶体最小单元，由原子构成晶格，而杂质散嵌于其中和晶界上，形成了晶体中的缺陷，呈现为点、线、面和体状，是晶体中的薄弱环节，易遭损伤。

晶体各部分因内聚力结合成整体，可显现为各种粗细的颗粒、碎块和各种大小的固体物。其结合牢度由里往外减弱：晶胞、镶嵌块、亚晶界、晶粒、晶界、颗粒。所以，其解体过程，如粉碎等，就从外向里延伸。至于力学性能，从强到弱排序为：抗压—抗弯—抗拉—抗剪。

具体就硅的晶体结构描述于下。图 2 显示硅的晶粒形貌。硅碎块晶粒较粗，呈柱状晶＋等轴晶，粗细为＜∅1mm×4mm，如图 2a 所示。粉粒中则晶粒较细（见图 2b）。晶体有很多晶格，硅属金刚石型（见图 3），其空间任一硅原子周围都对称且等距地分布着另外 4 个原子，构成面心立方晶胞。晶格常数 5.43Å，硬度 60HRC（相当于莫氏硬度＞7 度），密度 2.3t/m$^3$，抗压强度 40MPa，制粉强化至 60MPa[4]。硅的晶体结构又同碳和铁相近，所以，它像金刚石那样坚硬，又似石墨和铸钢那样耐磨（＞3mm 的粗粒和＜1mm的细粒分别明显地显示此两种特性），确是硬、脆、滑和爆，由此可见结构对性能的影响。其力学性能从强到弱的顺序仍是：抗压—抗弯—抗拉—抗剪，其中，抗剪能力只有抗压能力的十分之一[5]。再加粒度＜1mm，其既硬化又韧化。所以细化加工难度大。

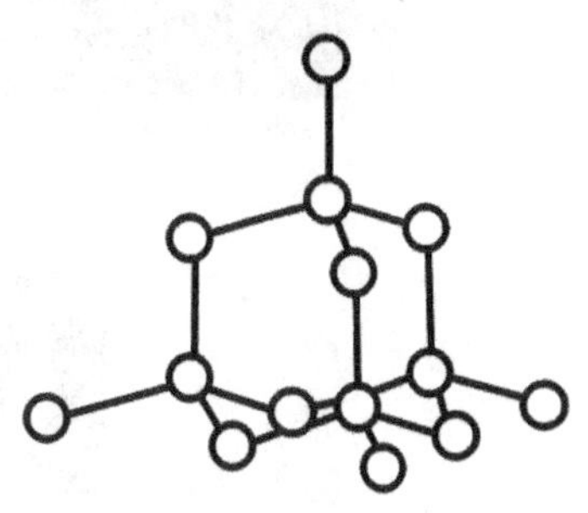

**图 3　金刚石型晶格**

**2. 硅粉碎的晶体响应**

1）*硅的粉碎过程*

以冲击为例，从宏观看，硅块受外力冲击，由冲击能转化而来的冲击力输入块内，产生应力，先于应变成应力波，沿力作用方向，引发裂纹、裂缝，使物料碎裂成粉粒和粉末，取得粉碎效果。按常理，宏观的现象和性能表现受制于微观的本质和结构，有必要从微观的晶体组织结构察看其变形碎裂的形象。

2）*硅晶体的粉碎*

常用的工业硅（俗称金属硅）属结晶型。硅质固体受到冲击，外力作用其上，引起晶体晶格位错变形，产生结构滑移。滑移即是晶体内部相邻部分的相对移动[6]。利用分子动力学仿真技术，可将硅受力变形计算出来。

位错首先出现在晶体结构的薄弱环节，如杂质、气孔和晶体的缺陷处。这些缺陷有晶界、亚晶界、晶粒内夹杂等，在晶界更为集中（见图 4）[7]。当外力逐步增大，位错和滑移量相应发展，晶界受损最大，产生裂纹、裂缝，继而碎裂。亚晶界也随着受损，镶嵌块主晶轴互相偏转，由小而大，晶粒开裂细化（如图 5 上呈直线缝隙处）；杂质、气孔等也随着开裂，如图 5 上裂纹、裂缝明显可见，晶粒碎裂。就这样，硅晶体被击碎，硅块碎化，完成粉碎过程。

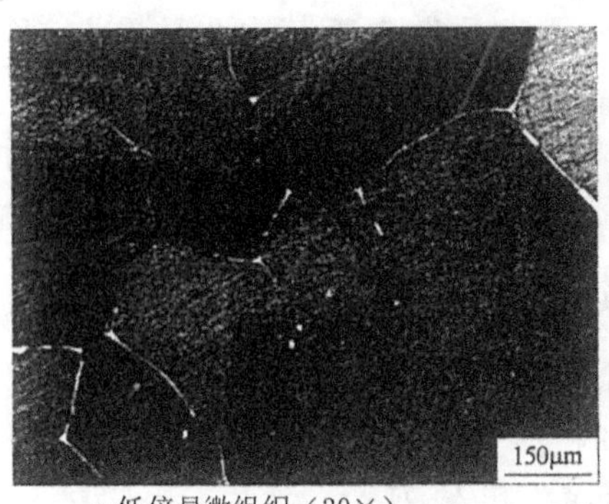


a.低倍显微组织（30×）

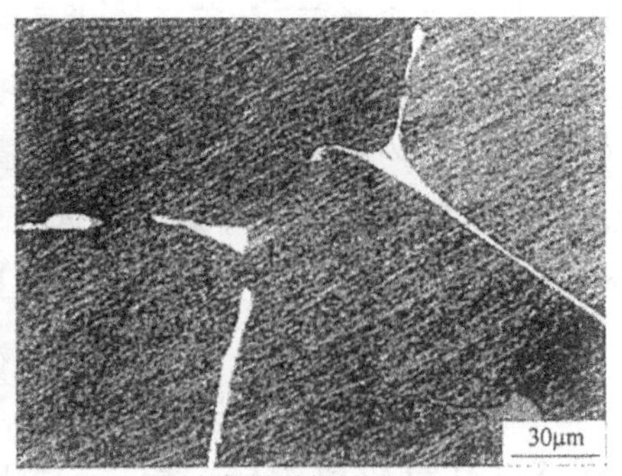


b.高倍显微组织（60×）

**图 4　硅晶界处杂质形貌图**

**图 5　对撞互击硅粉的金相显微图(150×)**

注：晶粒颜色不同，晶粒内裂纹两边颜色相同。裂纹宽度 15μm，窄的 3μm。

**3. 硅晶粒碎化的成型机理[8-9]**

硅粉碎的效果受制于硅本身的性能和外力作用方式。冲击粉碎则同物料力学性能直接有关，明显取决于硅的微观晶体结构。外加冲击引发硅的对抗，显示应力应变，晶体受迫变形，晶格位错滑移，晶面解理，薄弱环节孕发裂纹、裂缝，直到开裂；颗粒碎化，甚至晶粒细化。随着外力作用方式的不同，产生不同的损伤响应，体现不同的粉碎效果，包括粉体粗细、形貌和物理化学性能等。单就粒度组成而言，应用不同刀具就会有相异的结果。比如拍刀、劈刀、棒刀对硅的粉碎，分别诱发对晶体的挤压、拉伸、剪切等应力和变形，直到破裂碎化，制取各种品质的粉末，由此获取粉碎技术的效果、效率和效益。拍刀的拍击，对硅块多点面接触，以挤压为主，作用于晶体上，激发的抗压应力应变较大，能耗较高；当超过抗压强度后，晶界、亚晶界由位错滑移积累成裂纹、裂缝而开裂，立体伸展成树根茎状，沿晶体开裂，而剪切力较大，则穿透晶粒，生产得细粉料，而晶粒细化不多。劈刀的劈击，多点线接触，以剪切为主，作用于晶体上，引发剪切应力应变；而硅晶体抗剪能力最差，能耗低；于是，外力循着作用方向前行，沿途破开晶界、亚晶界，穿晶而过，“势如破竹”，裂缝数量不敌前述拍击量，平面伸展成树叶茎状，获取粗粒。而晶粒面对剪切抗力小，镶嵌块变形程度大，偏离晶粒主轴超常，使晶粒分裂细化，薄弱晶面，如(111)解理，蜕变成细晶粒。鉴于此，硅粉品质又提高了一大步，达到"颗粒粗、晶粒细"的优良界限。棒刀的效能则介于两者之间。

剪切碎化和细化晶粒实际应用的场合较多，诸如高压水流切割[10]和剧烈塑性变形技术等[11]。高压水流切割开挖矿石，水以高压穿入矿体，将石头切开成碎块后冲刷运走，效率相当高。剧烈塑性变形技术有多种模式，包括等径弯道挤压、高压扭转、累积轧制、等径角挤扭、三辊行星轧制等，都是因为塑性变形各部分之间变形速度不同，产生相对滑移，产生切割，剪切力使晶粒碎化、细化。关于剪切细化硅晶粒的论述，笔者拟在另一篇评述。

## 五、活性的检测

活性是硅粉品质的一个重要指标，对其检测则是一项值得研究的课题。有机硅和多晶硅用粉的活性检测，目前尚无定型的方法，但在生产实践中为必需的。笔者长期从事硅粉技术研究，认为有几种方法可供使用：X 射线衍射法、比表面积法、模拟法和金相显微法。

### 1. X 射线衍射法

应用 X 射线衍射仪测得硅晶粒平均粒径，并计算得相对值。设对撞互击粉晶粒粒径为 1，求得其他方式制取粉晶粒粒径同对撞互击粉的比值，即粒度粗多少。

以此数据表征活性，如表 1 所示。由于测试仪器和使用条件不一样，全国暂无统一标准，各地测得数据会有区别。不过，将在同一台仪器上获得的数据相比较，可以分出晶粒粗细和活性高低。

**表 1　硅各类制粉晶粒和活性检测数据比较表**

| 序号 | 检测方法 | 锤击（拍击） | 轮研（压击） | 冲旋（劈击） | 对撞（互击） | 活性比较 |
|---|---|---|---|---|---|---|
| 1 | X 射线衍射晶粒平均粒径的相对值 | 1.31 | 1.25 | 1.14 | 1 | 相对值小，晶粒细，活性高 |
| 2 | 金相图比表面积的相对值 | 0.58 | 0.4 | 0.62 | 1 | 相对值大，比表面积大，活性高 |

注：①晶粒平均粒径的相对值，即以对撞互击粉晶粒平均直径为 1，其他粉比其粗多少。晶粒细，比表面积大，表面能高，反应活性呈非线性增强。

②检测粉粒为 30～140 目，即近似 0.5～0.1mm。

③使用布鲁克 D8 Advance 型 X 射线衍射仪。

④比表面积采用 ASAP2020 表面孔径分析仪、Bet－$N_2$ 吸收法测得，再以对撞互击所得粉为 1，求得相对值。

### 2. 比表面积法

粉体比表面积测定的方法较多，可资选用的条件有：①硅粉的粗细。②能清除硅粉表面氧化物、氮化物等的薄膜。目前，全国尚无统一的测定标准，只能以同一台测定仪获得的数值做比较，区分活性高低。表 1 记录 ASAP2020 表面孔径分析仪、Bet－$N_2$吸收法测得数值的相对比较值。比值大，比表面积大，活性高。氮保生产的硅粉需经处理才可测定。

**3. 模拟法**

仿实际生产工艺过程制定模拟检测方法。以生产硅产品指标为依据，比较优劣。

**4. 金相显微镜法**

将硅粉(一定粒度范围)经相关处理(如抛光、腐蚀等工序)，制成试样，置于金相显微镜中，观察其颗粒、晶粒状态(包括形貌、晶粒粗细、表层裂纹与裂缝、开裂情况、晶界、夹杂、气孔、粉粒均匀度等)。并根据显微镜照片，对比不同方法制取的硅粉，定性和粗定量地了解其活性水平。实测金相显微照片上立磨粉和冲旋粉，取平均粒径60目粒体，得其平均晶粒分别为120μm和92μm。

检测方法较多，但均比较粗略，亟待专家确定。其中，制定活性标准是一条有效的途径。

## 六、 硅粉活性标准制定

活性的检测方法较多，但是，还得有统一标准来管控硅粉生产。

制定标准的范围：有机硅用粉、多晶硅用粉等。

制定标准的目的：①充分发挥硅的天然活性，提高有机硅单体、多晶硅中间体的质量和生产指标。②大幅度降低有机硅、多晶硅生产成本。③为降低环境污染、改善居住条件提供基础。

国土资源部杭州矿产资源监督检测中心(浙江省地质矿产研究所)已着手开展硅粉活性检测和标准制定工作。笔者会同其他硅粉生产者正配合他们开展此项研究。

## 七、 对撞粉碎技术应运而生

按照硅粉的活性诱发机理和品质要求，解决“颗粒粗、晶粒细”的难题，需要结合硅的机械物理化学效应性能(静与动态)，粉碎应建立在劈切施力方式上。纵观各类粉碎机及其粉碎方式，以冲旋粉最接近以上要求[12]，只要在各段和最后一段选用剪切应力为主的粉碎工艺，即能达到目的。由此研发出一套对撞(冲旋式)粉碎技术(包括工艺与设备，简称对撞粉碎技术)及应用对撞(冲旋式)粉碎机(简称对撞粉碎机)。

**1. 对撞粉碎机简介**

对撞粉碎机外形见图6，结构原理见图7。其结构和工艺过程简述于下。两个转子(1)各自传动，配22～45kW电动机两台，各带大、小刀盘，旋转方向相反，速度可调(500～1400r/min)。旋转中，料块经小刀盘(2)粗碎，继而冲向机壳(4)内壁衬板再撞碎，同时还有碎粒互击而粉碎。由于刀盘上装备粉碎刀具是倾斜定位的，旋转中产生机壳内侧的螺旋气流，带动碎料形成气料流，经大刀盘(3)冲击粉碎，又进入气料流。两大刀盘(3)相向旋转，气料凭由两股螺旋流正面对撞，互相击碎。大刀盘(3)上设有六组劈刀，形成多股螺旋气料流对撞，使碎料进一步粉碎，达到“粒粗晶细”的境界，然后经机体中心从下部中间排出。如此将100mm原料块先粗破再粉碎，经筛分后得到成品粉(如硅粉 45～120 目、60～160 目、45～325 目等,或更粗、更细)。

**图 6　对撞冲旋式粉碎机**

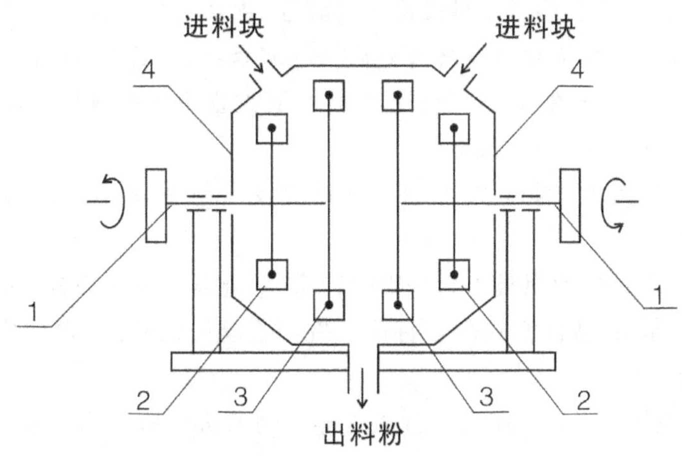


1-转子;2-小刀盘;3-大刀盘;4-机壳

**图 7　粉碎机结构示意**

**2. 对撞粉碎技术的优势效能**

对撞粉碎的特点:①两转子相向而转。②以劈击粉碎为主。大、小刀盘上全用劈刀,实施剪切粉碎。③最后的物料互击,实为剪切粉碎。④转子各自调速,实现互击和粗细互补,使对撞剪切粉碎拥有很好的灵活调节性。⑤粗、细粉粒比表面积很相近。由图 5 可见粗粒裂纹多;细粒裂纹少,可晶粒细。

上述结构和性能,使对撞粉碎产品达到"颗粒粗、晶粒细",使对撞粉碎的效能和产品品质、活性、产能、成品率等均居其他方法之上。按粉碎原理获得实用技术和生产设备,并且经实测、实用,对撞粉碎技术(工艺和设备)的优势效能得到证实。

## 八、 结束语

通过提高硅粉的品质活性的研究,提出粉碎的技术要求和认定最佳粉碎的方法。以此为基础,设计新工艺和新设备,并通过试验和生产确定对撞粉碎技术(工艺和设备)。经实践考验和完善,目前能满足生产和发展要求的新技术研发成功,并投入商业运行。它的功效概括于下。

(1) 促使粉碎制粉技术发展,使硅粉生产指标更加优化。

(2)为硅制品提供更佳的原料,取得更好的生产效益。

(3) 为制定硅粉活性标准筑牢基础,为最后确立标准贡献基础内容。

## 参考文献

[1]张冰清.99.9999999%这么纯,他们说,还不够[N].钱江晚报,2016-08-03.

[2]常森,余敏,余利方,等.硅粉活性对二氯氢硅合成的功效及其评定[J].太阳能2015,7:57-59,73.

[3]常森,余敏,韩荣生,等.关注硅粉活性的功效及其评定[J].有机硅材料,2014,6:455-458.

[4]常森.运用应力分维理念增强粉碎效能[J].浙江冶金,2014,2:16-19.

[5]尹建华,李志伟.半导体硅材料基础[M].北京:化学工业出版社,2009:19.

[6]郭晓光,张亮,金洙吉,等.分子动力学仿真过程中硅晶体位错模型的构建[J].中国机械工程,2013,9:2285-2289.

[7]韩至成,朱兴发,刘林.大阳能级硅提纯技术与装备[M].冶金工业出版社,2011:26-27.

[8]朱晓敏,章基凯.有机硅材料基础[M].北京:化学工业出版社,2013:1-2.

[9]周捷,王印培.晶粒度的分形特征研究[J].理化检验:物理分册,2000,2:107-110.

[10]付胜,段雄,吕东鸿.高压水射流粉碎矿物的机理研究[J].化工矿物与加工,2004,7:6-8.

[11]史庆南,王效琪,超华荣,等.大塑性变形的研究现状[J].昆明理工大学学报(自然科学版),2012,2:23-35.

[12]常森.冲旋粉碎硅粉的特性[J].有机硅材料,2011,1:33-35.

# 硅粉粒度优化控制技术

## ——高品质硅粉优化生产技术的研究

**摘要**：硅作为一种半导体，银光锃熠，十分美观。在近代，其成为竞相研究的对象，效用深广。笔者从事硅粉研究几十年，对之仍兴趣盎然。当今，有机硅、多晶硅、单晶硅、半导体器件都是科学、经济、军事和民生等重要领域不可缺少的基础材料，比如芯片等，硅的合理利用已成为应对世界竞争、发展的重要手段。因此，我们有责任打好硅产品原料的坚实基础，将硅粉制作好，拿出高品质的硅粉。

### 一、硅粉高品质生产的技术要求

影响硅粉品质的因素，除了化学组成和组织结构外，还有制粉加工方式。

1. 粒度组成。按下游(如有机硅流化合成)工艺确定，包括粒度范围、中径($d50$)。而中径区粉含量最佳为70%～80%，同时，中径可按需调整，此为中径集质特性。

2. 反应活性。暂无公认的标准。可按比较值选用。较为合理的参考标准是：比表面积大，粒粗晶细。常用的还是用X射线衍射仪和金相显微法测定晶粒尺寸和球度。晶粒愈细，比表面积愈大，活性愈好[1]。要做到粒度符合要求而晶粒要细，实属不易。

以上两项可以概括为八个字：粒度要“乖”，晶粒要细。“乖”是指粒度可控易调，比原先粒度要粗，又进了一步。

就硅粉生产而言，还得增加实际生产指标，否则就会无效益，无利可图。

3. 成品率、产能和能耗。在保证粒度要求的条件下，成品率和产能要高，能耗要低。当前，多晶硅用粉成品率≥88%，力争90%；产能2.8t/h，力争>3t/h(45kW粉碎机)。有机硅用粉成品率>99.8%，产能5t/h(45kW粉碎机)，能耗9kW·h/t。

综上所述，要取得高品质硅粉，生产中必须优化粒度控制，使粒度组成、反应活性和成品率、产能、能耗都达到较佳水平，质效均佳，缺一不可。

### 二、粒度优化控制的技术原理

要达到优势水平，就得遵循结构决定性能、性能体现结构的原则，从硅的结构着手，配置相应的工艺条件，顺较理想地达到粒度控制目的，并且按需、灵活地实施优化调控，满足下游产品工艺要求和达到制粉效益。

**1. 硅的组织结构**

任何物料均有自身特有的组织结构。

1）宏观结构

冶炼铸造硅锭粗破后拍摄的硅块如图 1 所示。其整体外观长期保持银灰色锃亮的美态，内部结构如金刚石般，既柔和，又硬脆，具有高耐磨、难粉碎的特征。

图 1　硅锭块(铸态硅块)

2）细观结构

根据分形理论和实际观察，硅的细观结构是晶体型，其铸锭碎块如图 2 所示：(a)铸锭外层，柱状晶<∅1mm×4mm；(b)铸锭内层，等轴晶 0.08～0.4mm。上述扫描电镜照片呈条和块状，晶粒之间明确分界（晶界），各呈相似外形的分形结构，晶界可视为网络，符合分形理论的要求。所以，硅的细观构造——晶粒＋晶界，显示硅的分形结构，如低倍的金相显微图所示。

a.柱状晶

b.等轴晶

图 2　硅锭晶态(SEM)

3）微观结构

仔细观察高倍金相显微图，能见到硅的微观结构。铸态硅经加工成碎粒，显示出硅粒由许多晶粒组成，其晶体结构如图 3 所示。

进一步分解，晶体结构如图 4 所示。其组成顺序（从外向里）为：硅颗粒→晶界→晶粒→亚晶体→镶嵌块（亚晶）→晶胞。详察图 3，可找出较典型、显示明确的晶粒结构，能见晶粒和晶界，硅颗粒含多颗晶粒，各显不同颜色，分别由晶界包裹；而晶粒拥有许多镶嵌块,以亚晶界间隔。

**图 3　冲旋硅粉的金相显微图(150×)**

注:晶粒颜色不同,晶粒内裂纹两边颜色相同。裂纹宽度达 15μm,窄的 3μm。

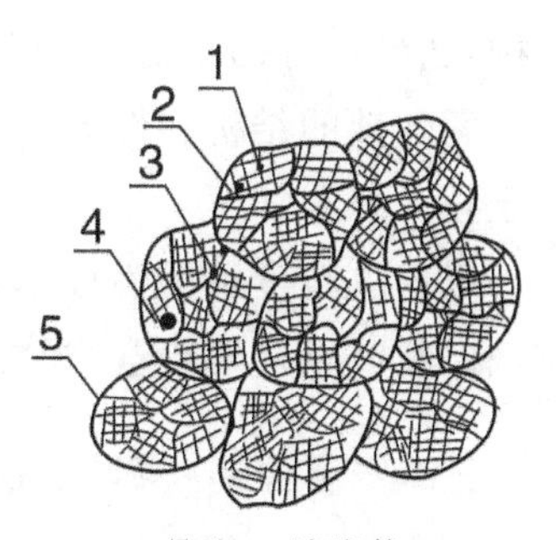


1-晶胞;2-镶嵌体;

3-亚晶体;4-晶粒;5-晶界

**图 4　晶体结构示意图**

镶嵌块则由晶胞组合而成,晶胞呈晶格。晶格又有许多形式,硅的微观结构最小单元就是晶格。硅的晶格为两重型。基本的是金刚石晶格,见图 5。同时,其空间任一硅原子周围都对称且等距分布着另外 4 个硅原子,又构成面心立方晶格。晶格常数 5.43Å。

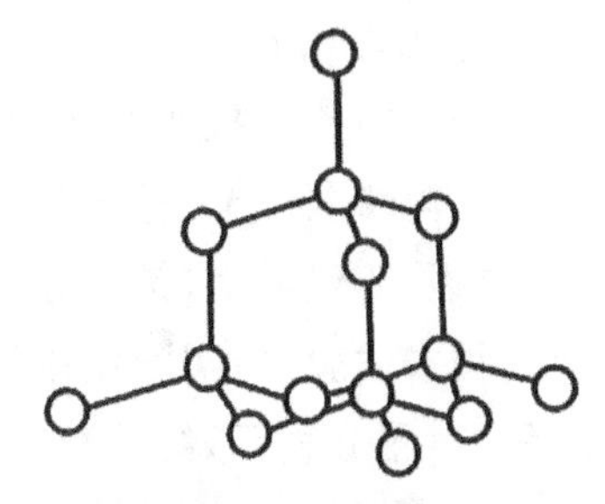

**图 5　金刚石晶格**

硅晶界处含杂质,如图 6 所示。

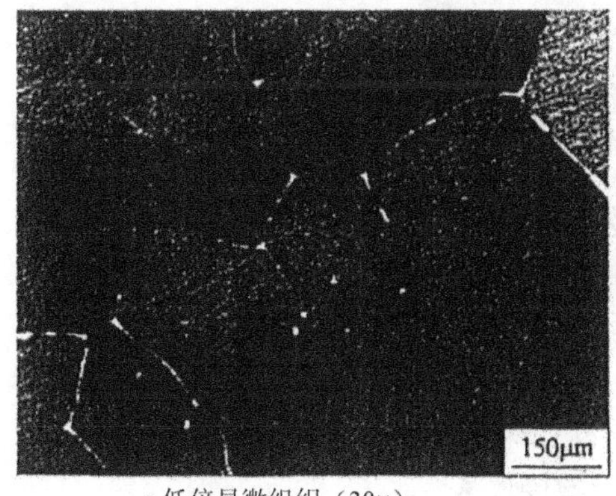


a.低倍显微组织(30×)

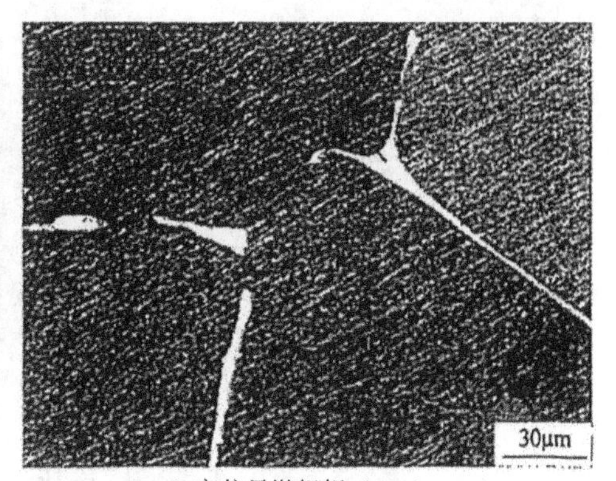


b.高倍显微组织(60×)

**图 6　硅晶界处杂质形貌图**

**2. 硅的制粉(粉碎)性能**

硅制粉的影响因素中,力学性能是权重指标。从结构因素分析,影响较大的有下述几项:①金刚石晶格和面心立方晶格。这使硅像金刚石那样坚硬,又似石墨和铸钢那样耐磨,表现为硬、脆、滑和爆。②晶体抗击外力的性能。从强到弱的顺序:抗压—抗弯—抗拉—抗剪,类似一般脆性材料。不过,抗剪能力只有抗压能力的十分之一。③晶体加工硬化性能明显。试样测试和粉碎加工都显示出硅随着外力加载(如载荷增大或载荷速率增大)而迅速硬化的特性。④典型的晶体分形碎裂性。硅晶体结构呈分形状。受外力作用,其力能输入分形网络,沿着晶体中缺陷和薄弱网络环节撑裂结构,达到粉碎的目的,正如图 3 所示的晶界和亚晶界裂纹、裂缝等。

凭借硅的结构和性能,合理地采取相应加工技术措施,满足硅粉高品质的要求,拟定技术思路如下。

以解决粒度组成为根本,并使成品率和产量达先进水平及,反应活性较高,能耗较低。粒度组成要符合"颗粒要'乖',晶粒要细",保证其他指标均较优。

## 三、"颗粒要'乖',晶粒要细"成型机理

想要控制粒度,首先要掌握硅的粉碎性能和选用相应的加工手段。性能取决于结构,加工手段体现为粉碎机具和粉碎参数配置。循着硅的结构实施有效加工,如拍击、劈击和棒击等冲击粉碎方式,获得高品质硅粉。对此过程分项叙述于下。

### 1. 拍击粉碎

拍击粉碎模拟如图 7a 所示。以放大的硅碎块模拟受外力加拍击力作用,其力能沿着块内薄弱环节,即硅晶体分形网络中的杂质、缺陷、晶界、亚晶界等,引发裂纹、裂缝、碎裂,历经萌生、扩张、延伸、闭合、分叉和贯通六段,使硅块终成粉体。图 7b 显示现场拍击试验中,实际使用拍刀击碎的硅裂状态。图 7a 中显示,裂纹、裂缝等较多,碎粉较多;图 b 显示,细碎粒较多,粗粒少。

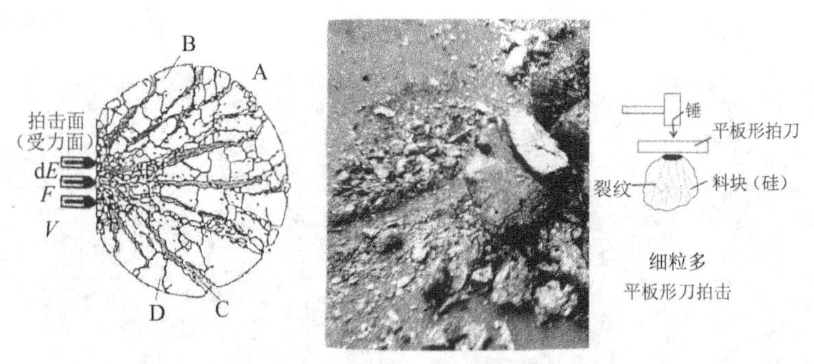


a.拍击碎裂模拟图　　b.现场拍击碎裂实验实景照片(硅)

A-料块;B-碎粒;C-裂缝;D-裂纹;d$E$-微动能;$F$-冲力;$V$-冲击速度

**图 7　料块拍击粉碎形象**

硅块拍击粉碎的物理模型和状态详见图 8。

(1) 拍击使硅料体内引发应力应变,从小到大,直至脆裂(详见图 8a 曲线 F)。限于测试能力,暂用推演方法。脆性物料的抗压测试应力-应变曲线和笔者所作的硅抗压测试应力-应变曲线的特点为:弹性变形区很小,塑性变形极小(以临界点表示)和碎裂有峰值,整个过程中硬化程度较大。硅正是如此表现其脆性。

(2) 拍击输入多路力能流,在硅料内激发应力应变,其变动过程如图 8a 曲线 F 所示。图中显示应力应变:从拍击接触点小量进入,逐步增大(呈现出曲线 F),使硅历经

裂缝的 6 个阶段，应力沿着薄弱的网络前行，直至通过中心，最后碎裂。当多路力能流同时作用，硅料循着作用方向产生裂纹网，粉碎成细粒。不仅如此，应力较大、传输迅速，而应变却慢；应力过后，硅硬化减退，强度下降，而吸入能量尚在，硅随即碎裂，成为细粉。该依据来自岩石、混凝土等脆性材料的性能研究，如巴西圆盘劈裂测试抗拉强度技术[2-5]：在劈裂试验机上，将夹具上弧形、角形等不同的劈裂头压在盘形试样圆周对称点上，经动载冲压，使试样碎裂，获得测试数值。由于劈裂头同试件接触区结构、性能迥异，碎裂发展状态和形貌、应力应变关系等都明显不同。其间弧形劈裂头引发试件应力从接触点向中心增大，在中心处爆裂。试样中心处碎裂最多，迎住对侧碎裂。而使用角形劈裂头的表现却有所不同，接触点处先开裂，碎裂成几大块“大块料”，裂峰直逼中心，同另一向裂缝相会，全体尖劈碎裂。此情此景同笔者现场实践拍碎、棒碎和劈碎的结果极度相似，见图 7、图 9。拍碎时硅块下部先碎裂，裂度也大；劈碎时硅块上部先裂，碎度比拍碎小；而棒碎居中。不同之处就在于劈裂测试时，试件中心和边缘对比；现场试验则是上、下部对比。那是因为前者用夹头，两端受力；而后者只是一端受击。两者的作用还是一样的。进一步审视在生产设备上使用的实际情况。拍刀打细粉，劈刀打粗粉。至于静压测试时，也是试样中心先被劈开。缘于上述实况，可以绘出如图 8b 所示的拍击粉碎过程中硅粉应力-应变曲线：由中心碎裂至全粒爆碎。拍打接触点多，作用的是多路，结果如图 8a 所示，裂纹网络密集，互相影响，碎裂成细粉。

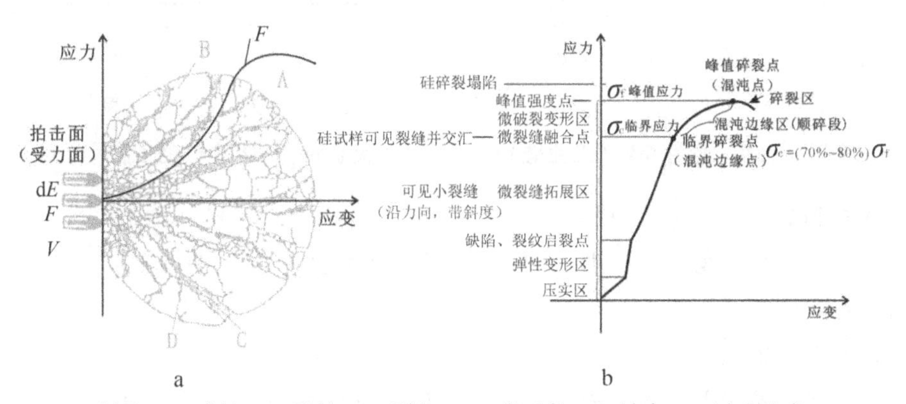


A-料块；B-碎粒；C-裂缝；D-裂纹；d*E*-微动能；*F*-冲力；*V*-冲击速度

**图 8　脆性物料(工业硅)拍击粉碎过程示意图(仿抗压测试)**

**2. 劈击粉碎**

劈击粉碎同拍击粉碎的不同之处在于所用的刀具是斧形劈刀，以其角形刀口剪切硅料，由此催生的应力应变、碎裂等同拍击粉碎就不相同了。从图 9a 可见，裂缝主干就几条，分支也比拍击粉碎的少，网络较疏。图 9b 显示，碎块较大，而细粉量少，显得粉料粗。裂缝主干取决于劈刀刃口，主干少，输进力能集中，而硅料抗击剪切能力低，易致裂。再加裂纹尖端的应力集中效应，尖劈碎裂发展迅速，直达终点。其应力-应变曲线显得低垂(见图 10b)，应力大，应变小；在硅料上，裂口就在劈刀切口附近，应力很快达到最大值，致使应变大而开裂。于是硅料碎裂成粗粉。

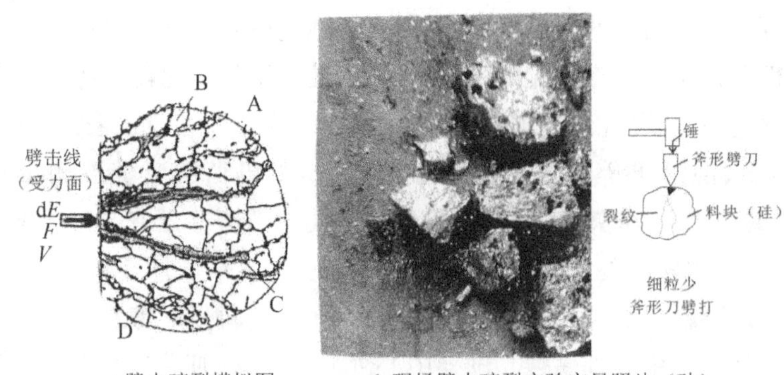


a.劈击碎裂模拟图　　b.现场劈击碎裂实验实景照片（硅）

A-料块；B-碎粒；C-裂缝；D-裂纹；dE-微动能；F-冲力；V-冲击速度

**图 9　料块劈击粉碎形象**

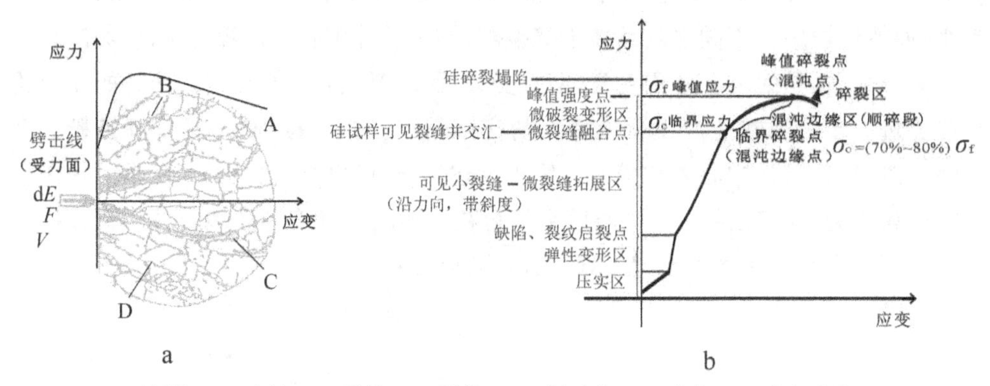


A-料块；B-碎粒；C-裂缝；D-裂纹；dE-微动能；F-冲力；V-冲击速度

**图 10　脆性物料(工业硅)劈击粉碎过程示意图(仿抗剪测试)**

**3. 棒击粉碎**

刀具的棒形介于角形和板形之间，由此可知制粉性能也介于拍击和劈击之间，获取粗细皆备的粉料。

**4. 冲击粉碎的功效**

前述三种粉碎加工均为采用不同刀具实施的冲击粉碎。其共同之处就在于冲击的粉碎功效，通过力能转换使物料块循着网络薄弱环节碎裂成粉体，比表面积增大，晶粒细化。基本保持其自然组织结构，天赋本能得以保持，并因获得输进能量而使化学反应活性增高。而粉体粒度则可通过冲击力能调节获得控制。

## 四、 粒度的学理控制

综合前述，硅的结构和性能决定的粉碎特性协同加工机具和粉碎参数循着三项理念[1-2]，运用辩证的哲理指导，获得硅粉粒度的学理控制方法。概括为下述 4 条：

(1) 粉碎方式决定粉的粗细范围：粗、中、细。拍击得细粉，劈击得粗粉，棒击得中粉。图 7a、b 与图 9a、b 形象地说明此理。

(2) 粉碎刀具刃口包角($\alpha$，见图 11a)确定粗、中、细的程度。包角是两刃的夹角，从 0～180℃由尖角到平板。随着包角增大，物料体中产生的裂缝增多，由此使得粉粒度趋细化。如文献[4]所述，引用其测试照片（见图 11）于下。

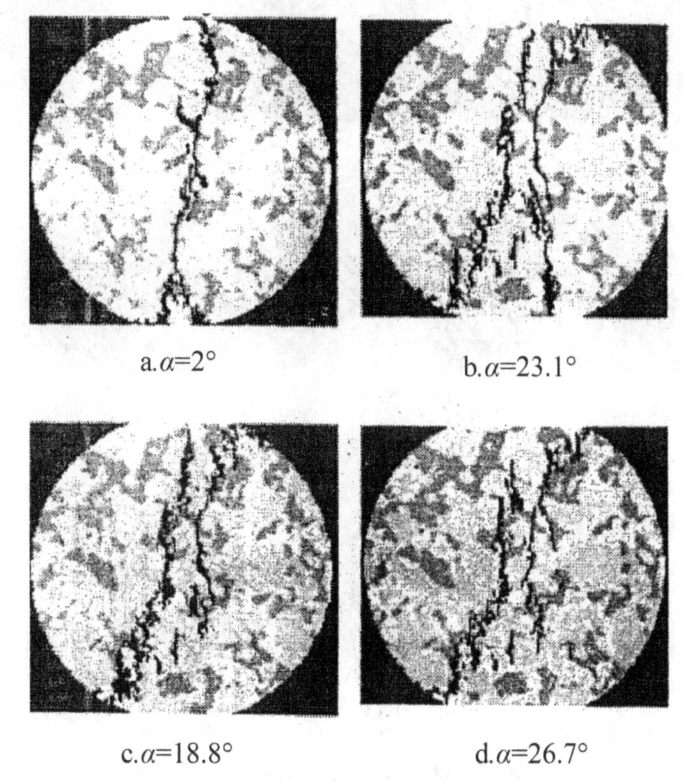


**图 11　刀具刃口包角对裂缝的影响**

此(1)、(2)两条，促使成就各类刀型的设计和使用，可称为“刀艺”。

(3) 粉碎速度配合刀具改变粉的粗细。在一定值内，速度高，粒度细（见图 12）。而当速度超过某定值后，全成细粉，因为物料达到顺碎段（见图 12c 中 31m/s 阶段）即混沌状态，都似拍碎一样。

用速度改变来控制复杂力学开裂过程，再配上给料量、抽风速度等，效果明确，可称为“参艺”。

(4) 粉碎流程强化粒度控制。粉碎流程设计将粉碎过程分列成几个阶段。硅具有加工硬化性能，就分设速度递增的粉碎阶段，即装设几个直径递增的刀盘，配置相应刀具。依此原理，我们建造了对撞式冲旋粉碎机，实现两段刀片冲击粉碎和一段物料粒间互相对撞粉碎。对撞提高粉碎速度，针对物料硬化后的性能，解决一次粉碎的合格粒度（即有效粉）增多和中径区料量集中（即中径集质特征）的难题。

流程设计落实到粉碎机结构和性能配置上，运用理论知识、生产实践经验体现在技术技巧上，称为“机艺”。

阐述至此，可见粒度控制的学理已融化在“三艺”——刀艺、参艺和机艺的底蕴里，显现出对撞冲旋粉碎粒度控制的实理。

a.混凝土　压碎

b.混凝土　劈碎

c.砂岩　劈碎（31m/s已临顺碎区）

**图 12　脆性材料碎裂粒度同冲击速度关系**

## 五、 粒度的优化控制实理

粒度控制优化技术经上述哲理和学理的探索，已明白透彻，并总结得实理的操作技巧——“三艺”。经几年的实际生产考验，“三艺”技巧也趋成熟。实际使用证明，“三艺”技巧是可靠实用的。硅粉生产指标、产品品质等均达在行业领先水平。实践证明，从粒度控制不断优化技术考察，所持冲旋粉碎理论是正确的，并显示于生产实际，将控制实理融于优化过程的实例（见后）中，体现出理论的魅力和实践的活力。

此处有必要对中径区料量集中（即中径集质特性）问题做介绍。根据硅粉下游产品多晶硅中间体和有机硅单体合成过程要求，硅粉料量在粒度中径区（$d50$ 前后各10％区域）集中，如 70％～80％是最佳值，效果最好，制粉中尽可能做到，为高品质的要求之一。

## 六、 硅粉集质控制

高品质硅粉要求高活性，制粉生产就得有相应的措施，以保证其兑现。除去化学成分要好之外，硅粉加工过程中更要维护其天然禀性，尽量避免损失。对撞冲旋粉碎技术已拥有相当的实用效能，满足硅粉集质要求。其中，粒度控制则是关键，能阐明集质控制的原理，分述于下列四项。

(1) 循黄金分割律初分优质。粉碎机分段粉碎，将硅块制成碎料，经筛分为回料(粗粒)和有效粉。分割比例最佳为 4∶6，依循黄金分割律。其中，40%较难碎，即杂质等多；60%较易碎，性能好些。这是初次选优，即初集质。

(2) 循二八律再分优质。有效粉拥有粒度组成，粗细在其平均直径(常用算术平均值，*d*50)前后各 10%范围内的粉是优中之优。它不软不硬、不粗不细，代表了全体硅粉的好性能，它的功能已经可代表整体的 80%。又一次选优，即二集质，对硅粉下游产品，如有机硅、多晶硅等生产而言，有积极意义。二集质不是无中生有，而是满足有机合成要求，系最佳吻合。为此，我们应用冲旋对撞式粉碎机的对冲技术，进一步选优。

(3) 循对冲律最佳集质。对冲概念原本来自金融业，是一种特殊的投资方式，凭着扬长避短、互相扶持的理念，获得不利条件下的效益。我们用于对撞冲旋粉碎机中两相向运行的转子，通过物料对撞冲击，改变粉体粒度组成，使原来较宽的粗细范围缩小。正如 *d*50 前后各 10%范围内的粉含量最初只有 30%～50%，经对冲调试后，稳定地达 70%～80%，极有利于硅充分发挥有机合成的突出功能，获取好指标。

上述三律形象地示意于图 13，其粒度分布似宝塔形或钟形。

(4) 循选择粉碎律提升硅粉原料牌号级别。冲旋粉碎技术具有选择性粉碎功能，将杂质碎成微细粉而进入布袋收集器，减少了成品粉中的杂质含量。一般能提高一个级别，有集质的辅助作用。

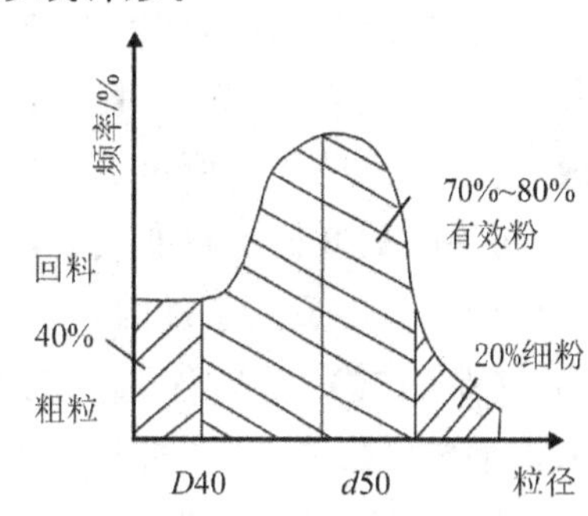


**图 13　粒度分布集质示意**

上述集质控制体现在粒度上，基本点就是中径区粒度的粉要占相当大的质量，最佳为 70%～80%，关键在于粒度调节。当然，这不是容易达到的！只有经过艰苦调试、积累经验和研究，才有可能。可是，从提出要求至今，已有 30 多年，尚未见到可喜的消息。难哪！笔者近年来关注粒度优化控制的研究和对撞冲旋粉碎技术的应用，初步掌握解决集质难题的方法，并在本文予以说明，供同行批评指正。

## 七、 粒度优化控制技术的应用

粒度优化控制技术从原理到措施均已落实到相关工艺和设备上。下面援引三个实例，展示其应用实效。

**【例 1】**西北某硅业公司装备一台 CXD880 型对撞冲旋粉碎机，用于硅粉生产，经试用，其指标已达较好水平，但还应继续提高。我们拟定的目标是：多晶硅用粉，粒度范围满足用户要求，中径区粉量＞70%，成品率＞90%，产能 3t/h。中径(*d*50)指粉平均直径；中径区是其两侧各10%粒度范围内，示为20% $d50$。为达到目的，拟分两步实施。近期目标：粒度范围满足用户要求，成品率>88%，产能2.8t/h。

借用“三艺”，采取的具体措施如下：

(1) 选用指掌刀。指掌刀是棒击加拍击，棒击碎料，棒列呈45°，实现驱击硅粒对撞。目的是保证粗粉量，减少细粉量。而掌面呈30°，保护固定螺栓螺母，并减轻对硅粒的滑擦，减少细粉量。

(2) 选用转子频率30/35Hz。两转子转速分别变频调速：一个大刀盘 $1480\times\frac{30}{50}=888$r/min，相当于41m/s；另一个大刀盘 $1480\times\frac{35}{50}=1038$r/min，相当于48m/s。试产后再用反演绎法调整，保证粗粉量，减小回料量，增加成品率[1-2]，并争取使20% $d50$ 的粉含量达到70%。

(3) 两双进料口。每个转子配两个进料口，增大粉碎量。原先为单进料口，只有两把刀工作，其余基本无功。立式冲旋机单转子配双进料品，效果明显，增大成品量，减少细粉量，提高成品率和产量。

**【例2】**浙江西部某硅业公司装备一套CXD880型对撞机用于生产试验。以其2014年8月29日的3#试验数据为基础，进行推算，过程如下。

配置相应刀具和试验参数：主机频率35Hz/35Hz，给料频率40Hz，试生产硅粉25～120目，其中+25目粉含量<5%，-120目粉含量<0%。试产得到统料，粒度组成如图14上曲线①所示。为提高成品率，运用反演绎[1-2]，在曲线①的基础上获曲线②，再在②的基础上得曲线③。只需注意中径 $d50$，其值逐步递增。曲线③的 $(d50)_2$ 左侧的粉已占成品总量的50%，$(d50)_2$ 右侧跨粒度15目到45目，粉量又增加20%多，于是 $(d50)_2$ 前后各10%范围内成品粉量已达>70%，满足对硅粉度集质分布(即所谓的宝塔形粒度)。再看图15，证实了所见。

**【例3】**再以有机硅用粉的对撞冲旋粉碎为例，探讨应用。

当前，CXD880型粉碎机用于有机硅用粉生产(-45目)，产量已稳在5t/h，成品率>99.8%。随着生产的发展，需要20% $d50$ 成品粉量>70%，细化晶粒，以期使下游产品有机硅单体生产指标(二甲收率)增高，渣中含硅量下降，硅转化率增大。需要采取相应措施。其中，最有效的调整方法当选粒度反演绎法[1]。利用当前实际生产条件，以实例粒度为基础，推导出统料曲线①—②—③、有效粉组成及其中径，绘于图16及图17上。运用中径控制粒度，使该区域质量集中，逐步达到20% $d50$ 粉含量>70%。由此预期：符合粒度范围的成品粉产量>6t/h，满足20% $d50$ 粉含量>70%的要求，能耗<8kW·h/t。有待生产实际验证。

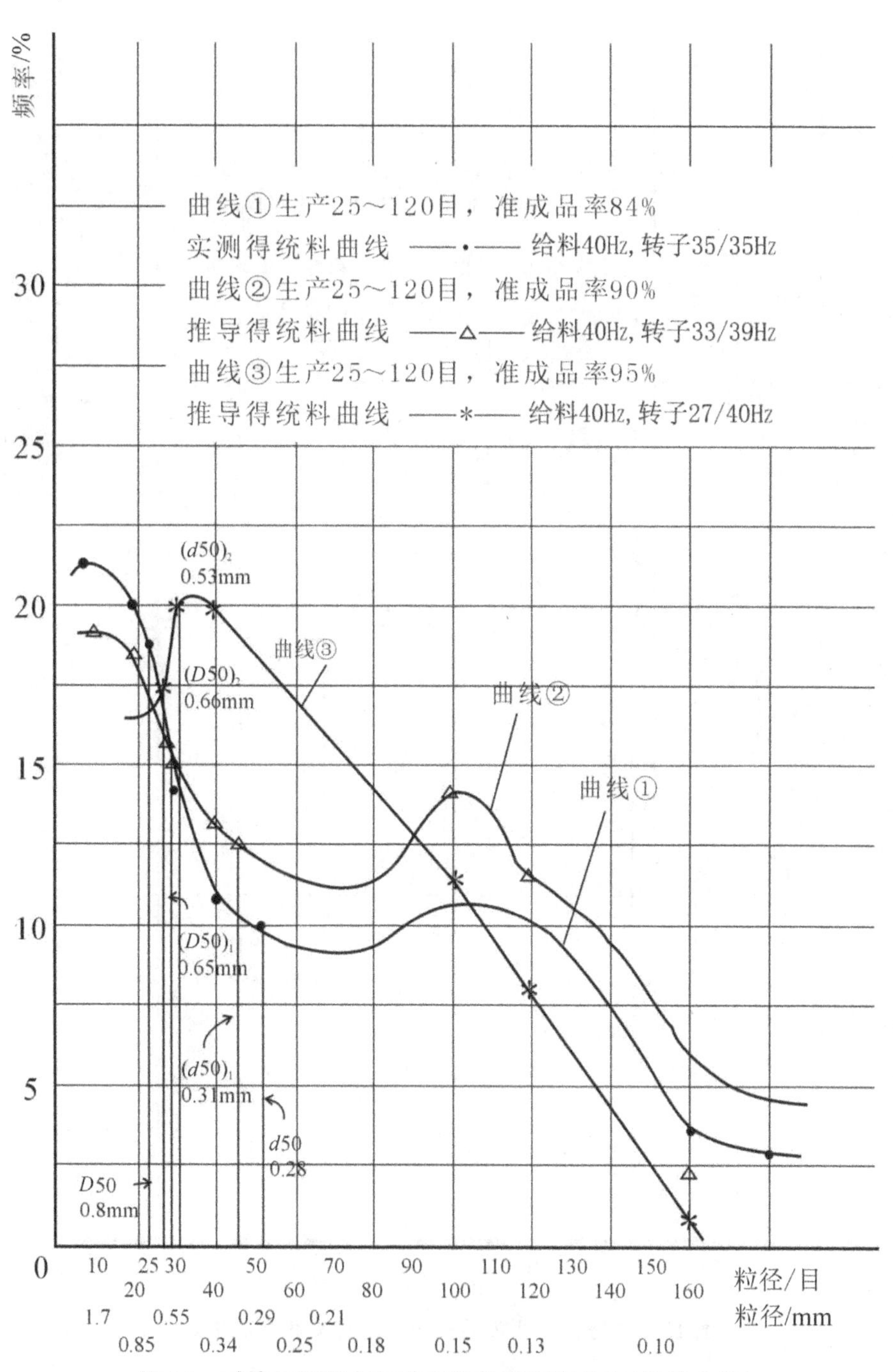


**图 14　对撞机制取多晶硅用粉粒度频率分布(特性曲线)**

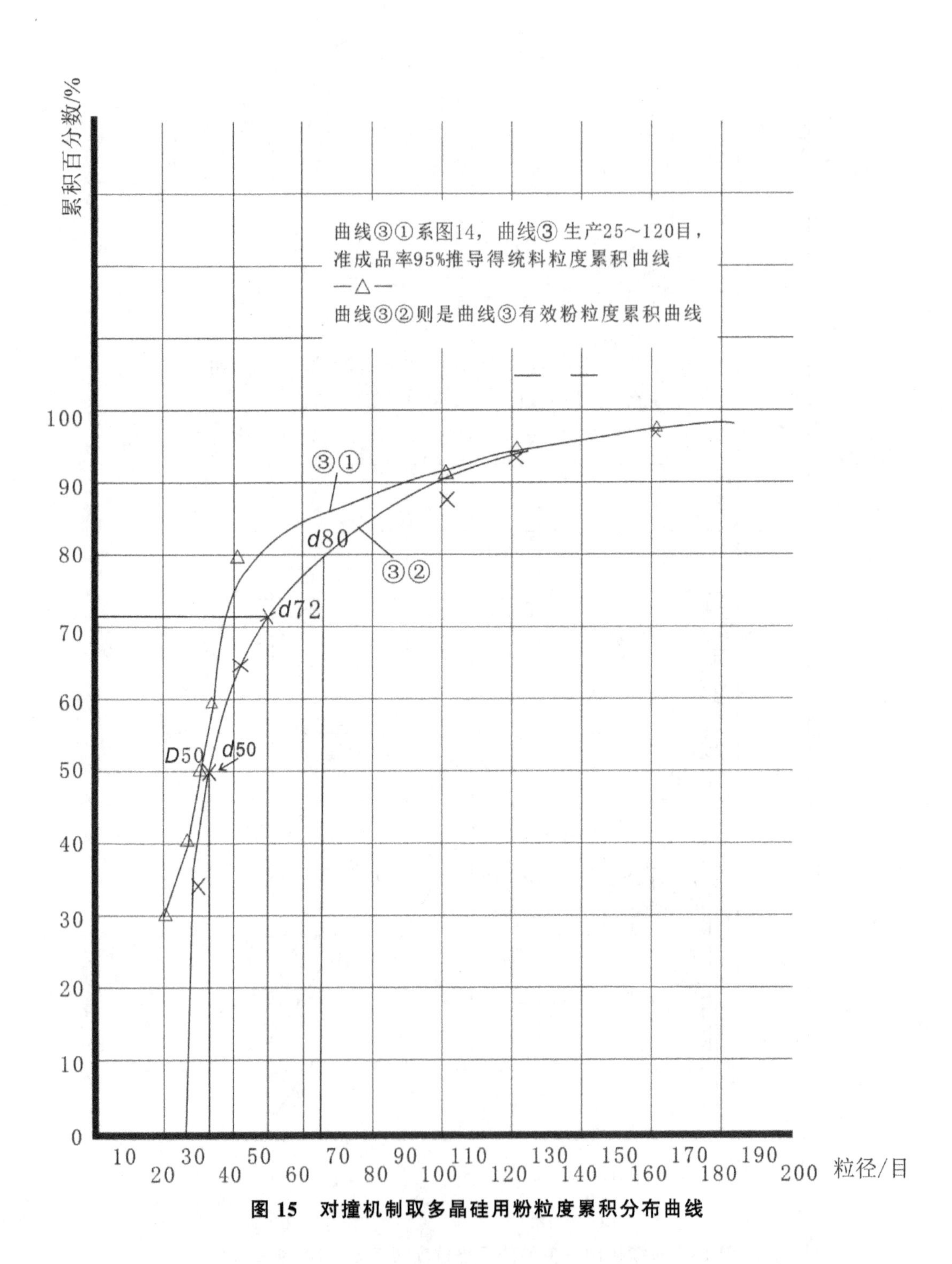


图 15 对撞机制取多晶硅用粉粒度累积分布曲线

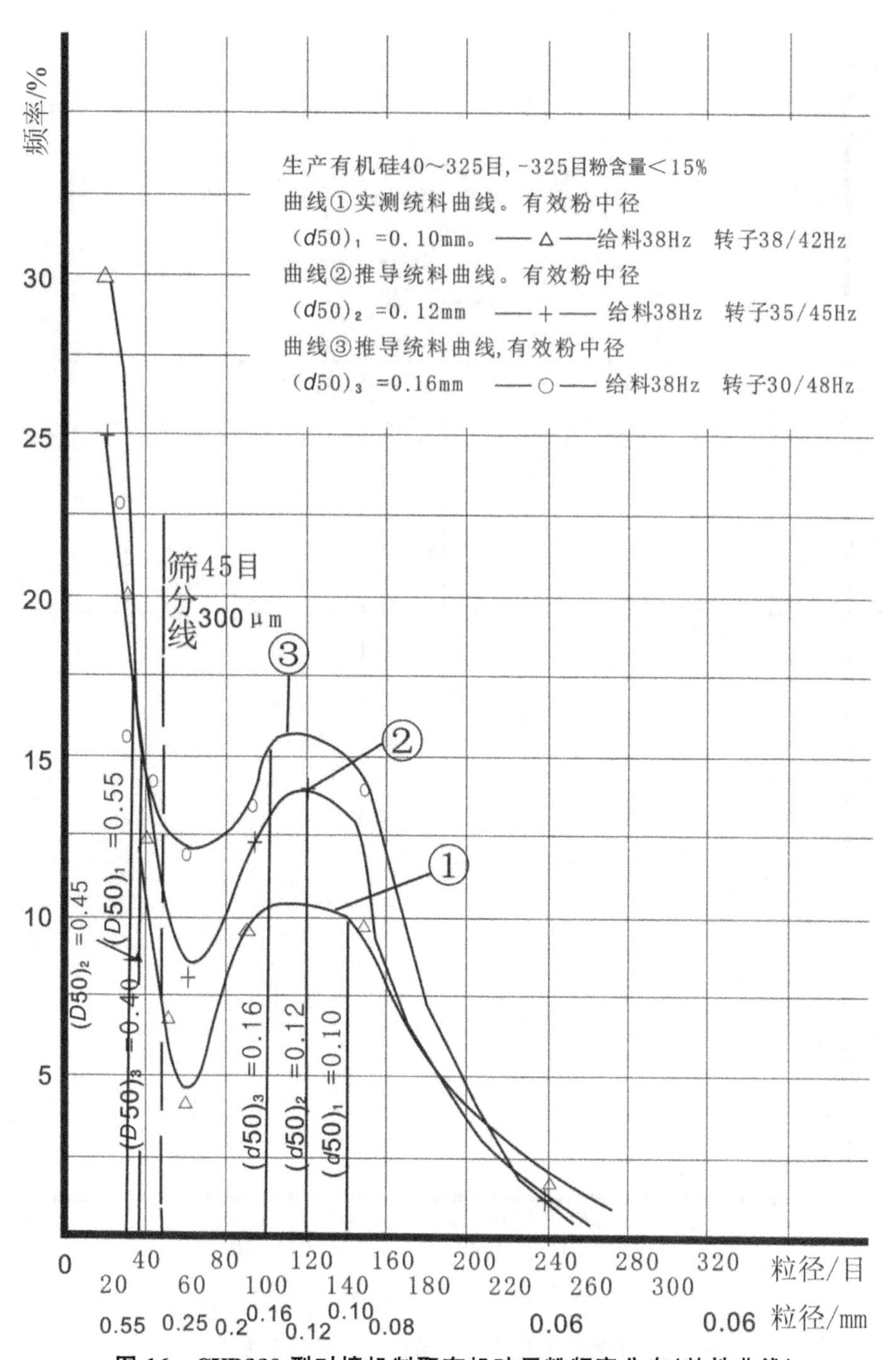


**图 16　CXD880 型对撞机制取有机硅用粉频率分布(特性曲线)**

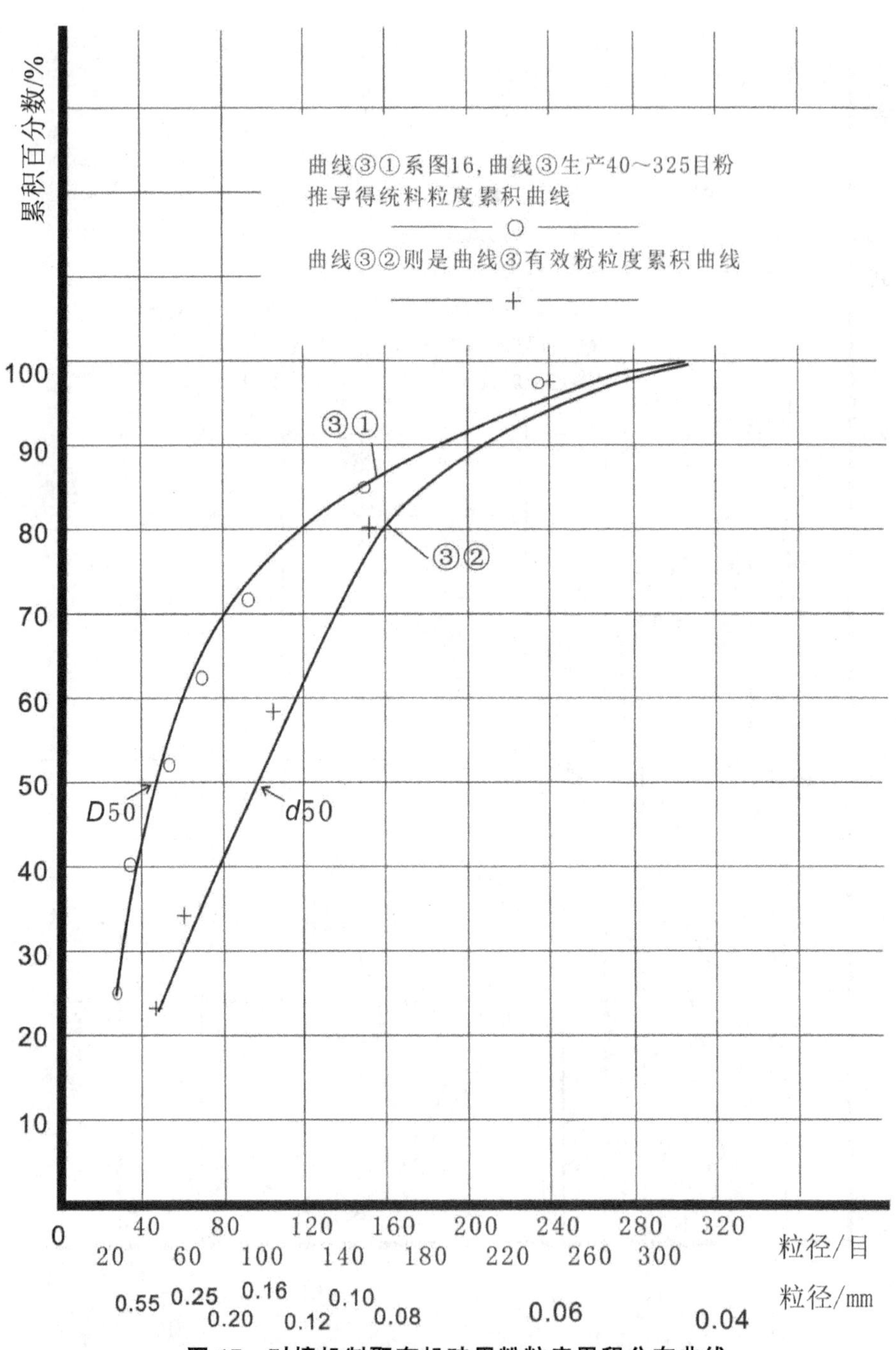


**图 17 对撞机制取有机硅用粉粒度累积分布曲线**

前述描绘了从细向粗求中径的方法。若反向演绎，从粗往细推演，则得到细中径，难度增高。但是，粒度中径集质可以为流化合成获得更佳指标，创造更有利条件。

## 八、结束语

硅粉生产作为硅业的基础，责无旁贷应提供高品质硅粉。多年来，我们做了许多研究、设计和生产工作，经实践总结得一套实用的知识、技术和经验，为生产提供技术支撑。

从实践和理论研究中得出结论：硅粉粒度优化控制内容丰富，措施有力，已成为保证产品高品质的最关键技术。而实施这项技术的工艺和设备都已在实际生产中应用，并已取得较满意的效果，但仍需要不断改进，不断创新优化，尤其是努力达到下列三条标杆。

(1) 粒度乖，晶粒细，尽力满足下游产品对硅粉粒度等方面的要求。

(2) 粒度特性曲线的关键——粒度，可控可调，能控能调。

(3) 生产指标，先进。

先天禀赋基因，缔造了优质硅；后天粒度优化，塑造了高品质硅粉。有机合成以科技艺术闻名于世，而为其提供高品质的原料硅粉可称为准科技艺术。艺术的总目标是服务于有机合成反应的优化：①充分焕发硅的优异禀性，在触体反应表面获得发挥。②粉的粒度和组配符合有机合成过程演化规律，拥有优良的可控性能。③随着合成工艺的完善，硅粉能紧紧跟上调控要求。

## 参考文献

[1] 常森，周功均，余敏.硅粉反应活性与对撞粉碎效用[J].有机硅材料，2017，1：43-47.

[2] 徐根，陈枫，肖建清.载荷接触条件对岩石抗拉强度的影响[J].岩石力学与工程学报，2006，1：168-173.

[3] 于庆磊，唐春安，杨天鸣，等.平台中心角对岩石抗拉强度测定影响的数值分析[J].岩土力学，2008，12：3251.

[4] 张少华，缪协兴，赵海云.试验方法对岩石抗拉强度测定的影响[J].中国矿业大学学报，1999，3：243-247.

[5] 赵光明，马文伟，孟祥瑞.动载作用下岩石类材料的破坏模式和强度研究.第十一届全国冲击动力学学术会议论文集，2013.

# 硅粉品质优化技术

硅是半导体，它的制品已深入我们生活、生产、科技、军事等各领域。硅拥有可贵的品格和优良的强化活性，能同有机高分子亲合，又能凭无机性提高自己的纯度和功能。我们从事硅粉研究的人，要尽一切可能优化其品质，为下游产品，如有机硅、多晶硅单体，获取更佳生产技术经济指标而努力。

所谓高品质，是有技术条件保证的。硅粉的高品质，首先要满足使用要求。笔者根据多年经验，综合提出优质硅粉生产的技术要求，供硅粉供给单位参考和硅粉使用单位借鉴。

## 一、 优质硅粉生产的技术要求

（1）原料。①化学成分和组织结构符合标准；

②块径＜30mm；

③抗压强度 $\sigma_b$＜40MPa；

④无硬块，包括铁、钢、铜等金属块，硅铁渣块等。

（2）粒度。①粒度组成：粒度范围和上下限。

②中径及其集质特性。

③可测、可控、可调。

以上 3 条表征硅粉的工艺功能活力，在下游产品生产过程中充分得到显示。

（3）活性。化学反应活性暂无公认标准，可按比较值选用。较合理的参照是：晶粒、比表面积、金相和放氢量互相验证，以比表面积大、晶粒细和放氢量大为高活性。如有条件，采用模拟法亦好。

（4）质效。制粉成品率、产能和能耗三项质量效能指标必须好，能满足硅粉生产单位要求，保证有效再生产。生产安全等当然应得到保证。

对上述四项需做相应说明，并以实例分项展述于后。

## 二、 原料

（1）化学成分。硅为结晶体。杂质的影响各异，在化工合成方面论述很多，要具体条件具体分析，步步探索完善。

（2）块度。制粉用硅碎块，一般经颚破机或其他破碎机完成，要求细粉尽可能少。其中还是颚破机较适合。块径当然小些好，可这样的话细粉又多了，故取块径＜30mm较合适。

(3) 抗压强度。$\sigma_b$<40MPa。属一般较松脆块料，硅铸块太硬、太坚固对粉碎、单体合成不利。

(4) 无硬块。硬块对制粉设备危害很大，只要原料管理不严，漏进硬块，击碎机内刀片、衬板等，就对生产造成损失，故障处理也很繁琐。

## 三、 粉粒度

当代有机硅和多晶硅单体(中间体)生产，主要采用流化合成工艺，对硅粉粒度例释于下。

| | 有机硅 | 多晶硅 |
|---|---|---|
| (1) 粒度范围(单位：目) | 40～200 | 30～120 |
| (单位：μm) | 340～75 | 550～130 |
| | +40 目粉含量<5% | +30 目粉含量<10% |
| | -200 目粉含量<15% | -120 目粉含量<15% |
| (2) 中径 $d50$(单位：目) | 80 | 40 |
| (单位：μm) | 200 | 340 |
| (3) 中径区 20% $d50$ 集质量 | 70%～80%(待定) | 70%～85%(待定) |

按二八律和黄金分割律，此处集中了粉体最佳部分[1]。按先进国家的企业标准，中径 250μm。按此可得集质 70%～80%，细化中径，则有待探究，难度很高。

上列数据属于一个实例。应用时按生产实际需要提出具体数据。它们作为一个系列数据(包括活性)，要深入考虑有机合成的流化反应工艺和设备[2]。这是一个技术性很强的课题，对其认识有一个过程。硅粉是主料，其结构、性能十分重要[3-4]，其中硅粉粒度要符合下列条件。①不能过粗，以免磨损流化反应器内冷却管；不能过细，以免堵塞流化通道；粗细搭配，各有所长。②适应流化温度和压力、临界流化速度和带出速度，促成最佳流化状态。粒度适当集中，呈集质的正态分布。粗粉和细粉分别发挥各自功效。③气固表面催化反应应综合各方条件，形成稳定的合成过程和设备运行，取得最佳指标(选择性、收率、转化率均佳)。因此，就提出前述粉粒度要求，使硅的反应活性充分发挥出来[3-4]。由于各地条件不同，粉粒度的具体数据也不能一样。即使在同一地方，同一生产条件下，工艺也需要变动。所以，粉粒度需随机改变。制粉工艺和设备应按要求调控。粒度优化调控显得尤为重要。

## 四、 化学反应活性

硅粉参与有机合成流化态反应，是主载体。它的气固两相催化反应要求有好的活性[3-4]。如何测定活性，目前尚未有公认的方法。就我们研究和应用的，有下列几种[5]。

(1) X 射线衍射法。应用 X 射线衍射仪测得晶粒平均粒径，计算相对值。设甲种粉晶粒粒径为 1，求用其他方式制取的乙种粉的晶粒粒径同甲种粉晶粒粒径之比值。

比值大于1,则乙种粉晶粒比甲种粉粗;小于1,则细。晶粒细,活性高;晶粒粗,活性低。此法还能测晶粒球度。球度高,晶粒细,单位体积内含晶粒多,活性好。

(2) 比表面积法。用表面孔径分析仪、Bet - $N_2$ 吸收法测得数值的相对比较值。比值大,比表面积大,活性高。氮保硅粉需经处理,脱去保护层,方可测试(氮保对活性不利)。

(3) 金相显微法。利用金相显微镜和电镜照片(SEM)测量晶粒平均粒径,做数值比较。数值小者晶粒细,活性高。

(4) 水溶胶测氢法。配置一套专用设备,将硅粉浸入盐酸液中,定时测定放氢量。量大为活性高。

(5) 模拟法。仿真小型流化床设备小规模测试合成反应效果,分辨活性。因实力有限,无法实现,预计效果是好的。

## 五、 质效

虽然硅粉生产有各自不同的条件,但它们均应该具备良好技术经济指标,质量和效果都应优化。成品率和产能要高:当前有机硅粉成品率>99.8%,产能5t/h(45kW粉碎机);多晶硅粉成品率≥88%,力争90%,产能2.8t/h,力争3t/h(45kW粉碎机)。而能耗和硅耗要低,有机硅能耗<9kW·h/t,硅耗<0.5%;多晶硅能耗<15kW·h/t,硅耗<0.5%。

上述四项技术要求对硅粉优化生产至关重要。业界从20世纪末用颚破机、锤破机、球磨机和雷蒙机等通用设备生产硅粉,经过廿多年实际发展,才逐步提出较完整的技术要求。目前,已有一批制粉新装备,如立式辊磨机、柱磨机、旋风磨、立式冲旋粉碎机和卧式对撞冲旋粉碎机等,分别用于生产各类硅粉。笔者以最新的卧式对撞冲旋粉碎技术在优质硅粉生产上的应用为例,予以说明。

## 六、 对撞粉碎技术的优化实效[6-7]

关于对撞冲旋粉碎机技术,在相关文献[5]中已做介绍。它能较好地满足四项要求,并达到较高水平。现分项阐述于下。

*1) 应对原料有足够能力*

原料块径一般<30mm,偶尔>30mm,但必须<40mm。用强磁除去铁块,但硅铁渣大块、铜块、不锈钢块等需在进生产线前除去,原料一定要整顿好。

*2) 粒度可调、可控、可测*

充分利用对撞机双转子三段粉碎和变频调整特性:①小刀盘低速,减细粉量;大刀盘中速,增中粉量;对撞减回料、增合格粉。②双转子相向、异速调中径及增强集质效应,达到20% $d50$ 粉含量=70%~80%[5]。按照有机合成生产,硅粉粒度组成随机变动,对撞机则能及时跟上,实时地完成任务,实效地显示着对撞粉的活性。

3）化学反应活性最佳

除模拟法测试不能实施外，经其他 4 种测试，对撞粉的晶粒最细、比表面积最大[5]，放氢量最多，都表征其活性最佳。当然，活性是天然禀赋。像优良活性炭、活性半焦等都具有石墨状微观晶粒结构，硅也是如此[5]。

活性还同后续加工和使用方法有密切关系，受粉体结构影响，包括粒度、表面、形貌、裂纹等（见图 1、图 2）。对制粉行业而言，在规定的硅质条件下，生产这样的最佳粉体是第一要务。反观对撞粉，上述诸方面均能高效做到。

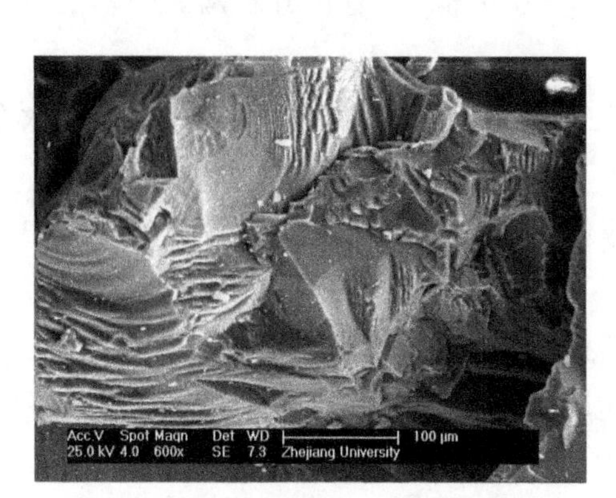


图 1　硅粉表面形貌(冲旋粉 SEM)

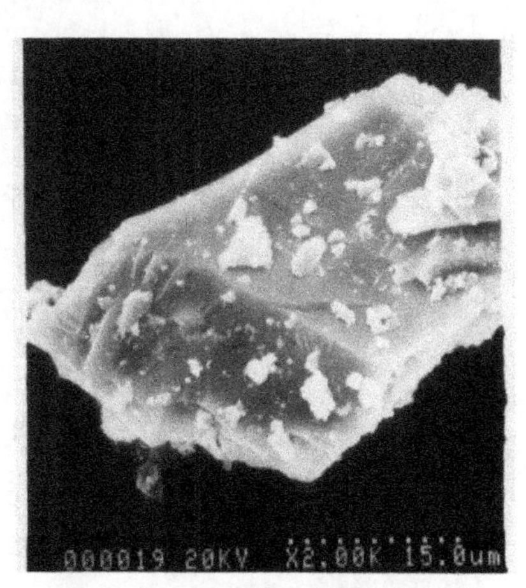


图 2　轮碾硅粉表面形貌 SEM
(外表面上附着许多细颗粒硅粉)

4）生产指标最佳，产品质量和生产效果最好

在平常生产中质效均能达到要求[1]，但是，有两个问题留待解决：①有机硅、多晶硅单体生产指标的比较，尚未真正兑现，需在同一生产线进行，改变硅粉品质引起的变化正待考查。②粉碎机用粉碎刀片，寿命有待提高。虽然刀片成本低、结构简单、更换方便，但是，还得不断改进。

综合上述可见：对撞粉碎技术拥有硅粉品质优化的实用和高效水平，胜过其他方法。

## 七、 结束语[8-9]

世间的产品，追求高品质是天经地义的，粉料行业也不例外。采用质地好的原材料，经最适当的方法加工，奉献出好品性。如面包粉，要加工成吸水活性最好的；油漆填料淀粉，要制成黏合活性最佳的；烟气脱硫粉，要制成拥有大比表面积的，如活性半焦、活性石灰等。正如炒菜，好料好手艺，才能炒出好菜肴。如果手艺不行，如果最好的料，也烧不出可口的菜来。因此，只凭硅成分好，而不注重制粉质效，功效很轻微。应是两者都要好！制出好粉，谈何容易！

硅粉生产企业要生存和发展，就得有高品质硅粉产品、良好的生产基础，应用优化的技术，获取先进的生产技术指标。对撞冲旋粉碎技术应运而生，该技术的核心，正是“粒度优化调控”。掌握它不难，但要细心，要钻研。犹如当今人们称：有机合成是科技艺术，那么，粒度优化调控则是技巧艺术。

**参考文献**


[1] 常森.冲旋技术焕发硅的天然优质特性[J].太阳能，2013，13：41－44.

[2] 方江南.对发展我国甲基氯硅烷生产的思考[J].有机硅材料，2003，17(1)：1－3.

[3] 常森，韩荣生，余敏，等.硅粉的活性及参考标准[J].有机硅材料，2014，28(6)：455－458.

[4] 常森，余敏，余利方，等.硅粉活性对三氯氢硅合成的功效及其评定[J].太阳能，2015，7：57－73.

[5] 常森，周功均.硅粉反应活性与对撞粉碎效用[J].有机硅材料，2017，31(1)：43－47.

[6] 常森，余敏.硅粉粒度优化控制技术[J].太阳能，2018(12)：29－33.

[7] 常森，余敏.硅粉粒度优化控制技术[J].太阳能，2019(1)：35－39.

[8] 朱晓敏，章基凯.有机硅材料基础[M].北京：化学工业出版社，2013.

[9] 邓丰，唐正林.多晶硅生产技术[M].北京：化学工业出版社，2009.

# 冲旋对撞粉碎技术的微观理论基础

## ——硅粉优化技术的深入研究

**摘要：**运用微观理论分析研究粉碎过程的宏观理念实践，论证和优化粉碎技术，提出高品质活性硅粉构型原理及其制取技术，使硅粉品质稳步提高。

硅粉主要用途系生产有机硅、多晶硅、半导体等，都有相应技术要求。经理论研究和实践总结，认为硅粉应具有高品质活性构型，即粉粒高原子态势构型和粉体高效集质构型。粉碎技术必须提供此等优化硅粉。冲旋对撞粉碎技术已能基本达到要求。其实施的具体技术已成形，生产实践证实能达到优化的生产指标，已处于当前硅业领先地位。为进一步改善，欲应用当代先进的微观理论和量子力学研究制粉技术，使其结构和功能更加优化。

为此，将优化思维体现在硅结构性能和粉碎力能功效的微观理论和量子力学研究应用上。硅的微观分析应从晶体结构和性能着手，从探索表面原子结构和有机合成构效着眼；力能功效分析则立足于量子力学原理的运用。最后，从两方面协配运作中，获取优化的措施和成果。

粉碎理论是分析研究的基础，从19世纪开始，百年来，形成经典四大假说：表面积假说、体积假说、裂纹假说、强度假说。经过长期粉碎实际考察，对于亚毫米级硅粉(有机硅等)，表面积假说和强度假说，即格里菲斯(Griffith)理论比较适用。笔者认为，需要吸纳此两个理论，增强宏观分析力度，融入微观研究，深入理解硅制粉技术。

### 一、硅晶体变形的力学基础

硅晶体属原子型，具有金刚石型，呈面心立方晶格，其力学强度基础就在原子组合的晶格结构和性能中[1]。在受力变形中考察其强度，为制粉技术开拓微观研究的新方向。笔者收集阅览有关技术资料[1-3]，选用经实践考核、理论考究，公认有效的知识、规律和原理，援引其中晶体原子结合力能，阐述于后。

透视硅晶体结构，定性地抽取原子间结合力和结合能(势能)等原子间距的关系展开探讨，以获取间距改变时，结合力能的演变情况，作为下一步硅粉碎的理论准备。按照公认适用的方式，仿制三幅图(见图1～图3)。显示出原子结合作用力和结合能等其间距的关系，正如粉碎力能同应力应变的过程，做解述于下。

1) 引力$F$、斥力$-F$，原子间距$a$：$a_0$为正常间距，平衡常态，无外力作用，即合力$(F-F)=0$，$a_m$为引力$F$和斥力$-F$组成合力$(F-F)$最大值时的间距。

2) 原子势能$P$：引力势能$P$和斥力势能$-P$。两势能互相作用，最大合成势能位

于 $a_0$，随 $a$ 增大而减小。

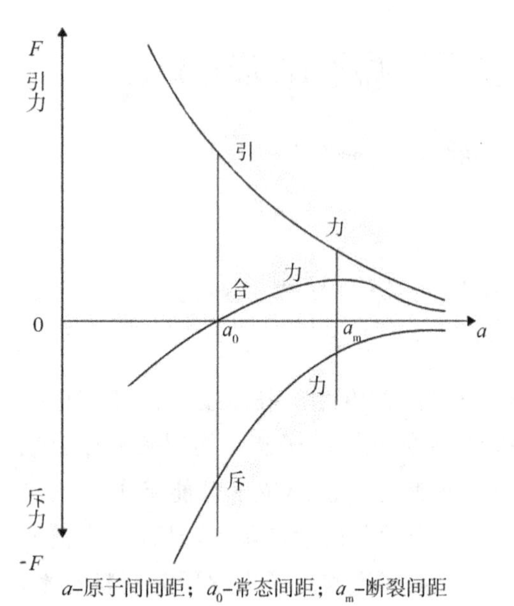


$a$-原子间间距；$a_0$-常态间距；$a_m$-断裂间距

**图1 晶体原子结合力与间距关系**

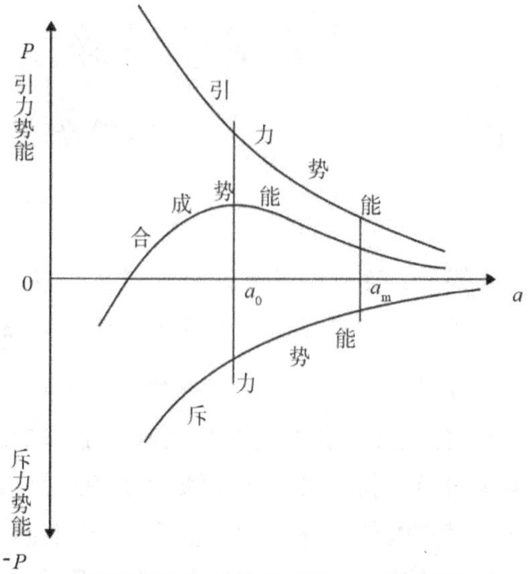

$a$-原子间间距；$a_0$-常态间距；$a_m$-断裂间距

**图2 晶体原子势能与间距关系**

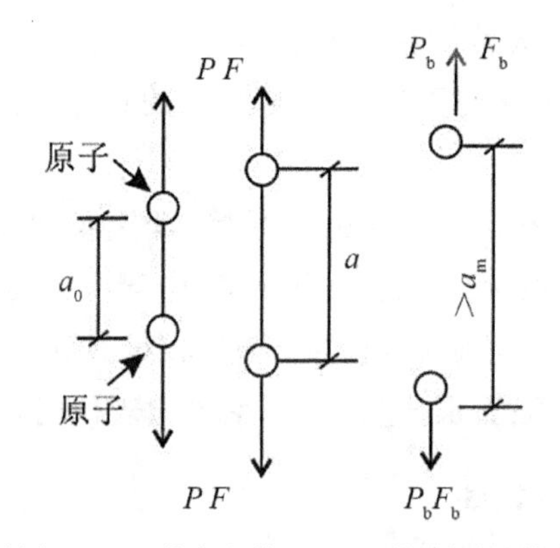


$a$-键长；$F$, $P$-外力和能；$F_b$, $P_b$-拉断时的外力和能

**图3 晶格原子键抗拉试验模型**

3）引力 $F$ 和斥力 $-F$ 于 $a_0$ 时平衡，合力为 0，晶体处于稳定状态，即常态。而当 $a$ 逐步缩小，引力和斥力都增大，不过斥力增值较快，超过引力，合力为斥力。当 $a$ 由 $a_0$ 增大，引力和斥力同程减弱，只是斥力更甚，其间，它们的差值——合力（引力）于 $a_m$ 时最大，继而再趋小。

4）引力势能 $P$ 和斥力势能 $-P$ 随原子间距 $a$ 变动。合成势能（引力势能）于 $a_0$ 时最大，原子间距增大或减小，势能均下降。物料粉碎指的是 $a$ 值的增大和减小，直到断裂。掌握其改变，获取控制规律，正是粉碎技术的实质所在。需要更形象地考察一下。晶体变形粉碎过程和机理。

为更深入理解晶体力学性能，拟在上述基础上，从原子间结合受拉、劈、切等外加力和能的表现，给予思想实验式表述；随后对照现实，判断其可信度，再用于物料变形和粉碎。这是因为物料受外力和能量作用，受损部位首先在原子键上，塑料和脆性都是这样。

**1.晶体抗拉强度探索实验**

设想晶体晶格中两个原子，带原子键连接，做抗拉试验，并仿应力-应变曲线，绘制其变形-力能曲线，如图 3、图 4 所示。

$a_0$ 时，原子处于晶格平衡位置上振动，很稳定，拥有的势能和动能均最低，电子云平稳运行。按图 3 受拉伸后，$a$ 延长，原子间常态距离 $a_0$（见图 4）增大至 $a_m$，原子间结合力最大，随拉力增大（$F_b$），切断键联结，外加拉伸能量 $Pb$ 为原子结合势能所吸收，如图 4 两曲线所示。原子键拉断，融进外能，本身势能和动能提高，原子的晶格振动增大，原子间和电子间关系改变，稳定性降低，原子活性增强。

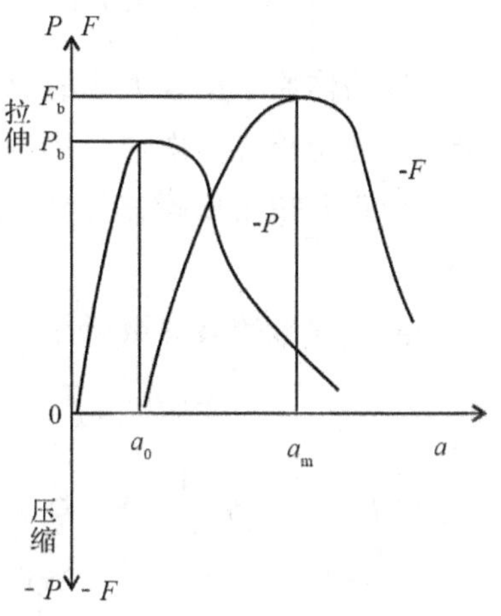


**图 4　晶格原子键拉伸变形力能曲线**

此为原子抗拉思想实验，仿硅抗拉试验绘制图 4，进而可帮助理解原子晶体的变形研究。

**2.晶体抗劈切强度探索实验**

设想硅晶体晶格两个原子，受劈切外力作用，发生如图 5 所示的原子键变形，因键短且脆，形成键的极小变形，而产生键内很大应力。此中原因，只要用力学平衡原理稍加分析即可得到。小劈切刀就能引发足够的键拉断力，正如上节所述。所以，硅的脆性使其抗劈切能力远比抗拉能力低。

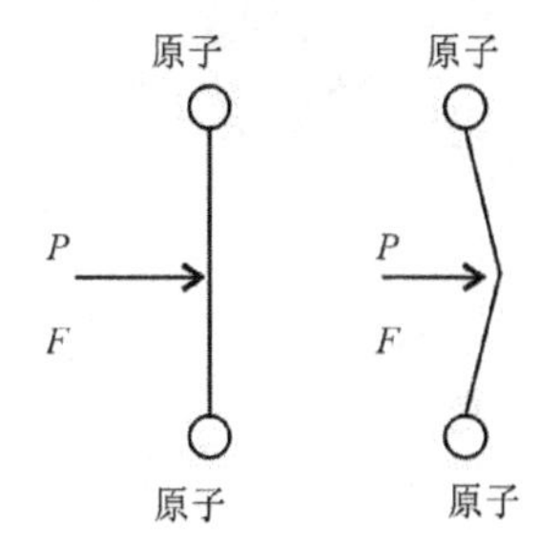


**图 5　原子键抗劈切试验模型**

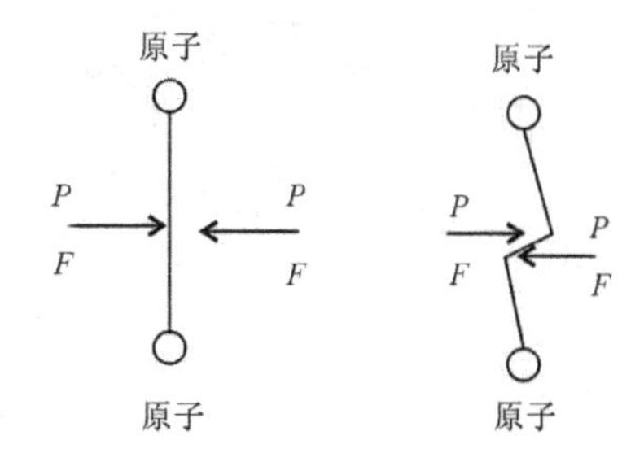


**图 6　原子键抗剪切试验模型**

**3.晶体抗剪切强度探索实验**

设想硅晶体晶格 2 个原子，受剪切外力作用，如图 6 所示，外加力 $F$ 和能 $P$ 作用在原子键上，2 对力能很靠近，方向相反，正像剪刀剪切状。原子间结合力与键上双向受外力方向是互相垂直的，硅性脆，变形很小，由此引起键上（2 个外力间）局部较大应力，极易将键切断。所以，抗剪切强度比抗拉强度要低得多，显得特别脆。

结合实际选取三种外力和能，了解晶体原子键变形状况，有利于从微观理解宏观，从基础掌握物料粉碎微观理论。

对于事物的分析研究，最佳方略是定性、定量双管齐下。但是，限于当前技术水平，还是先做定性了解，定量困难，理论与实际相距太大，况且，定性研究更迫切。

## 二、 晶体变形的力学模型研究

以晶体原子结合力能的思想实验和力学性能为基点，进行晶体各类变形的力学研究。硅粉碎过程中的变形基本上有三种形式：挤压、劈击、剪切。对撞冲旋粉碎中演示为正向拍击压碎、正向劈击切碎、正向劈击楔碎、斜向劈击剪碎和物料互击劈碎5种。

晶体变形碎裂的微观形态演示于图7～图9。

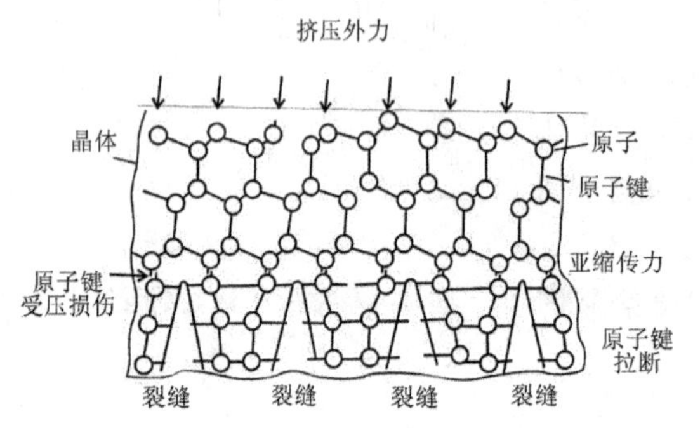


**图7 晶体挤压/拍压碎裂微观演示图**

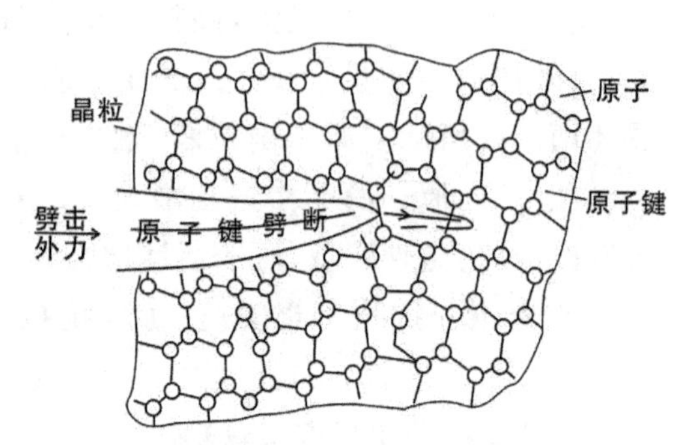


**图8 晶体劈击碎裂微观演示图**

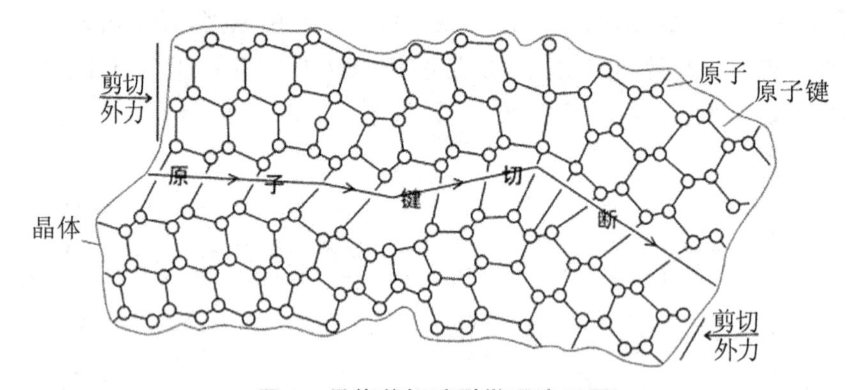


**图9 晶体剪切碎裂微观演示图**

采用空间放大、时间缓行，即微观放大、运作放慢的形式，将晶格、原子、原子键构成单颗晶粒，并将外加力能，如挤压、劈击和剪切外力作用于晶体相应部位，引发变形。按图分述于后。

**1. 挤压/拍击**

如图7、图10、图11所示，挤压外力多点施加于晶粒上，首先引起受压(迫击)面层原子晶格受压，原子键缩短，斥力增大，逼近附近晶格传递外力，引起原子外移(见图7)，拉伸原子键，直至断裂，现裂纹和裂缝，遭逢碎裂。挤压的外能随同外力，输入晶体，增大原子晶体内能。联想到硅抗压试验，其宏观表现正是先见外层开裂裂缝直下，继而斜向（约 45°）伸展、碎裂。抗压强度曲线（见图 10）记录应力应变变化，应力开始近直线增长，相当于晶体压缩、键变短、斥力增大；待到原子键不能再压缩，传力时，抗力不增，向周边晶格传力，稍有变形，但很小，显示出短暂的混沌临界顺碎段（见图 10），紧接着引起周边晶格原子键拉长，抗力增大，键受损，出现裂纹，转向 45°倾斜开裂，键被拉断，碎裂程度大、面积广，易得细碎硅粉粒，如图 11 所示。纵观相应内容，从微观结构了解宏观性能，掌握控制粉碎过程和成效的技术，获取高品质产品。

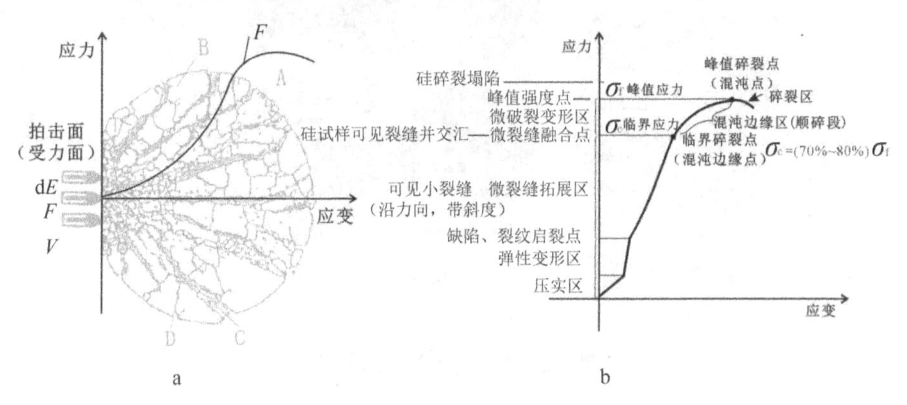


A-料块；B-碎粒；C-裂缝；D-裂纹；d*E*-微动能；*F*-冲力；*V*-冲击速度

**图 10　脆性物料（工业硅）拍击粉碎过程示意图（仿抗压测试）**

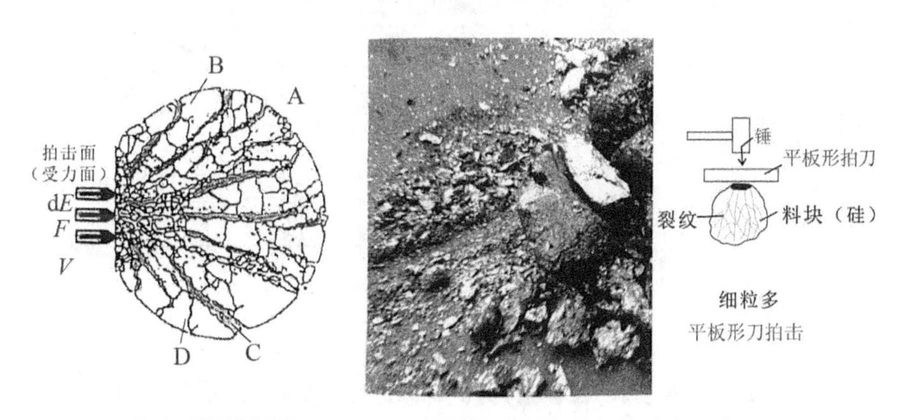


a.拍击碎裂模拟图　　b.现场拍击碎裂实验实景照片（硅）

A-料块；B-碎粒；C-裂缝；D-裂纹；d*E*-微动能；*F*-冲力；*V*-冲击速度

**图 11　料块拍击粉碎形象**

**2. 劈击**

如图 8 所示，外力正对晶体某局部劈击，似斧劈柴，劈击力和能使原子键受力，随着力的增大，切断原子键，一路楔进，撑开晶格两侧晶面，致使晶体裂开成缝，继而碎裂成碎料。可将微观过程显示于图 12、图 13 上，获宏观解析。其与挤压/拍击相比，有很大差异。从图 12a 可见，裂缝主干只条几条，分支也少，网络较疏。图 12b 显示，碎块较大，细粉少，粒显粗。裂缝就是由劈击外力开拓出来的原子键断裂处（见图 8）。裂缝主干处决于劈刀刃口，量少，力能集中，而硅抗剪切能力差，易破裂。再加上裂纹尖端应力集中效应，尖劈碎裂发展迅速，直达终点，其应力-应变曲线显得低垂（见图 13b），呈现为应力小变，应变大变。在硅料上劈刀切口处的应力很快达到最大值，致使应变大而开裂，图 13a 上曲线表明了此过程。于是硅粉碎成粗粉粒。

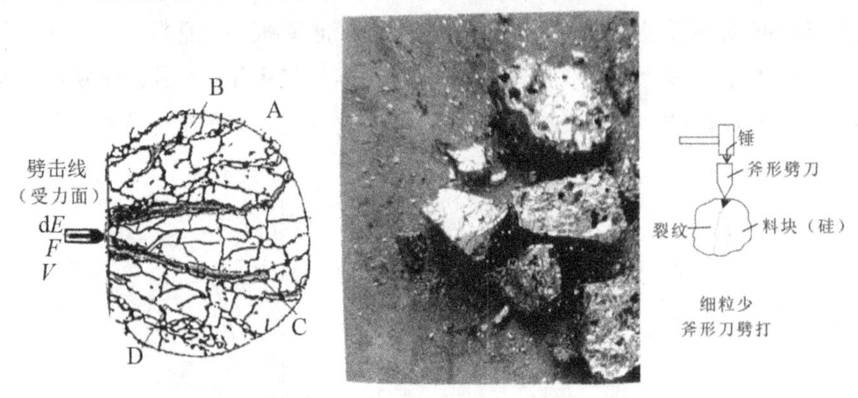


a.劈击碎裂模拟图　　b.现场劈击碎裂实验实景照片（硅）

A-料块；B-碎粒；C-裂缝；D-裂纹；d*E*-微动能；*F*-冲力；*V*-冲击速度

**图 12　料块劈击粉碎形象**

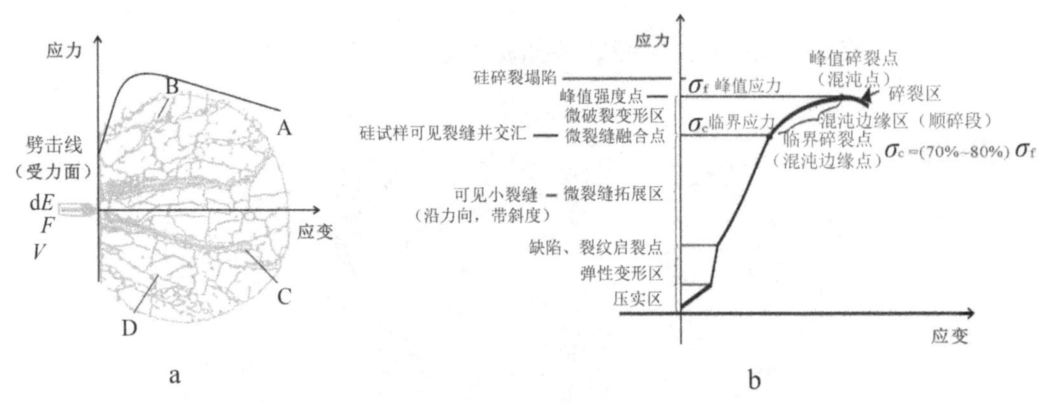


A-料块；B-碎粒；C-裂缝；D-裂纹；d*E*-微动能；*F*-冲力；*V*-冲击速度

**图 13　脆性物料（工业硅）劈击粉碎过程示意图（仿抗剪测试）**

**3. 剪切**

如图 9 所示，剪切外力施加于晶体对称局部，形成剪切，使晶粒两部分相对错位。但是，硅很脆，原子键很短，位错极小，促发剪切应力和应变，造成原子键被切断，抗剪能力还不及抗拉能力，外加力能，势如快剪沿微折线剪开硬纸板。晶体就如此碎裂。

上述三种晶体变形体现在 5 种粉碎方式中，就实质而言，正是冲击力能流，以冲击力为先锋，受能量驱使，按规律引发晶体变形，继发裂纹、裂缝而粉碎，获取符合要求的粉体。

对撞冲旋粉碎中，力能流又是如何实施效能，使物料晶体变成优质产品呢？有必要对此力能流进行深入探索和研究，阐明实际应用效能。

## 三、 力能流的粉碎效能

对撞冲旋粉碎应用的能量是冲击能，产生于粉碎刀具对物料的冲击、物料间互击及衬板反击，属于机械动能。它拥有能量的通性，又有自己的特性，称作冲击能量。冲击能量以力能流形式运行，实现其效能。现对其结构和性能分述于下。

**1.冲击能量结构**

能量物理学表达为 $P=\frac{1}{2}mV^2$。按量子力学，$\sum \mathrm{d}P=\sum V\mathrm{d}(mV)$，即动能由微动能组成。其物理意义就在于能量子 $\mathrm{d}P$ 是具有运行强度 $V$ 和运行幅度 $\mathrm{d}(mV)$ 的，既有冲击的强力优势，又拥有实力后盾，能共同发挥能量流的性能效用。正如流体必然拥有压力和流量，兑现效能。所以，冲击能量具有动能量子流形式：表达为 $\sum \mathrm{d}P=\sum V\mathrm{d}(mV)$，既拥有能量子特性，又具备波粒两象性，可以紧缩储存，展开成流，遵循能量原理。

**2.冲击能量的性能**

冲击能量有三项主要性能(针对粉碎加工)：物料的量子效应、低耗散性能和实现最小能量的选择性粉碎。

1) *粉碎物料的量子效应*

冲击动能的量子特性诱导出三项效应。

① 冲击粉碎硅块得硅粉。根据力学原理，在物料粉碎中，冲击能量 $P$ 以动能量子流 $\sum V\mathrm{d}(mV)$ 进入料体，其冲量 $\mathrm{d}(mV)$ 激发冲力 $F$，使料块产生应力、应变。其微观演示为以冲力为先导、能量子流为主导，对原子键实施挤压、拉伸、剪切等，通过相应刀具，引发裂纹、裂缝，终至开裂碎化，能量为晶体原子吸收。在此过程中，能量子流循着能量的有关原理，如耗散原理、能耗最小原理运用各类刀具实现功效。使物料处于选择性粉碎过程中，发生应变后物料硬化、提高化学反应活性等，都体现在粉碎粒度上，均与能量的量子效应有关。粒度调控是硅粉最紧要的指征，笔者运用量子效应攻克之。

② 冲击粉碎速度调控硅粉粒度。粉碎转子冲击物料的速度 $n$ 愈快，粉的粒度 $d$ 愈细，可表示为 $d\propto 1/n^2$，粒度与速度的平方成反比，可以改写为 $d=f(n,r)$，或 $d50\cdot n^2=c$，呈抛物线函数。其中，$d50$ 是粉体平均粒径；$c$ 为常数，对某台粉碎机，同一种硅料的 $c$ 为定值。多年生产实例证实此理不假，应用于生产，效果极佳。而其原理，来自量子力学。粉碎转子碰撞物料，输入动能，使动能量子流闯进物料，体现为 $\mathrm{d}p=V\mathrm{d}(mV)$，诱发料块碎化，量子流以动能强度项 $V$ 和动量幅度项 $\mathrm{d}(mV)$，像液体压力和流量那样发挥作用。细看此两项，可见冲击速度 $V$(动能主项)以两次方的方式影响粉碎效用，这就是粉碎效果的粒度同速度的平方的关系的由来。$V$ 是冲击速度，源自转子转速 $n$。所以，可换成粒度 $d50$ 同转速 $n^2$ 成反比，即 $d50\cdot n^2=c$。

基于速度调控粒度的量子效应,就可以实施粒度优化技术,调控最佳粒度,建立硅粉体高效粒度二八型集质构型,构建两项坚实基础之一。

现以对撞粉碎为例。两个转子各自转动,通过不同速度和刀具配置的配合,获得相应粒度。对照要求数值,选取平均粒径。再分别按 $d50 \cdot n^2=c$,求得两转子各自的转速。此理适用性强,凡是冲击动能粉碎,均有该项量子效应,可靠实用。

③冲击能量子流实现最小能量的选择性粉碎。它对硅块的效用,能使其晶面(111)大量暴露于粉粒外表面,使硅粉品质优化,获得硅粉粒高原子态势构型,打下另一坚实的基础。它实质上属于冲击能量性能的第三项(详后)。

**2) 动能低耗散性能**

能量耗散原理表明能量的共性:它的量和质都要改变;总量守恒,品质下降,冲击动能也不例外。

粉碎时冲击能量,传入块体起粉碎作用的能量占大部分,其余耗散为热能等。这是能量运动的自然规律,必然如此。冲击动能的品质是比较好的,但有耗散。不过,就制硅粉而言,有用功占绝大部分,比其他制粉方式,能量利用率要高很多。当然,要设法提高能量运用水平,充分发挥动能低耗散性能。

**3) 最小能量的选择性粉碎效能**

冲击动能呈量子流传入料体,遵循能耗最低原理,选择阻力最小路径前行。鉴于料块内晶体各部结合能量都是按能量最低原则兑现的,体现自然界的固有规律,于是,冲击能量子流就穿行于结合能最低部位,沿阻力最低路线,切断最弱的原子键,碎裂硅块,得粉体,显示出最小能量的选择性粉碎的效能。其体现实例,如本节 1)中③,形象描写于下一节。

## 四、 硅晶体粉碎过程的描述

生产现场硅碎成粉,同榔头敲碎硅块很相似,道理是相通的。运用已有的粉碎理论,如功耗面积假说和格里菲斯裂纹理论,从能量和力的作用予以说明:物料受力和能作用后引发裂纹、裂缝,细化晶粒,碎裂料块,整个过程均能被摄录成像,如本书下篇《对撞硅制粉品质对有机合成的实效评述》所述。

硅粉碎的宏观过程可以粗略看到,碎裂声也可隐约听到。那么,发生在粉碎区的硅和刀具是如何“斗法”的,“粉身碎骨”又是怎样形成的?这些看不见、摸不着的微观过程,就得运用前述微观理念进行演绎了。

采用对照法,将硅粉碎的宏、微观模型汇集于表 1。粉碎区形貌粗略可见,从单晶粒到晶体,进而可以考察粉碎在晶体中的逐步发展,显现出宏观的进程。硅是原子晶体结构,已如前述。遭到外部力和能量作用时,晶体受损,沿着薄弱环节,依次产生裂纹、裂缝,晶粒细化,终至成粉。晶体内按结合牢度从弱到强排列为:晶体缺陷—晶体杂质—晶界—晶粒—亚晶界—镶嵌块—晶胞晶面。从裂纹发展着眼,则是沿晶开裂和穿晶开裂两种。当缺陷杂质局限于晶界,沿晶开裂失效,继而在晶粒内成穿晶开裂。

**表 1　硅粉碎的宏微观模型**

| 序号 | 粉碎方式 | 宏观模型 | 微观模型 |
|---|---|---|---|
| 1 | 正向拍击压碎 | 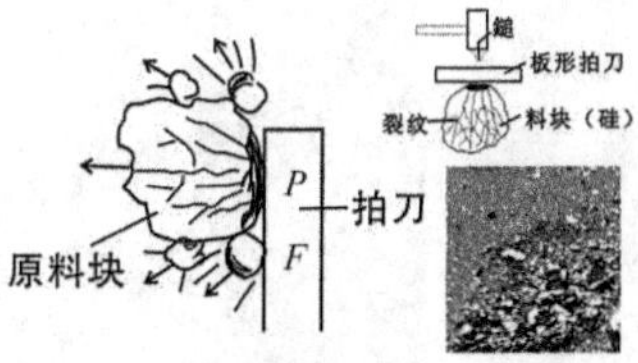 | 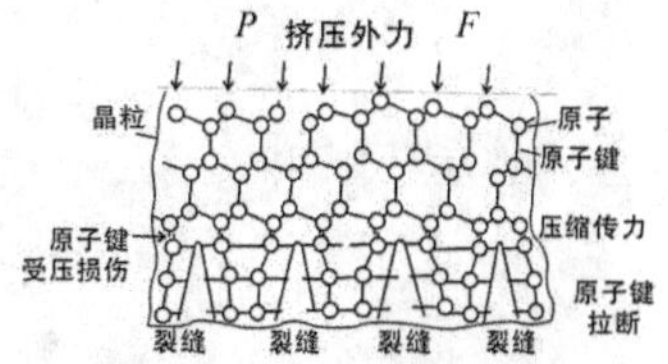 |
| 2 | 正向劈击切碎 | 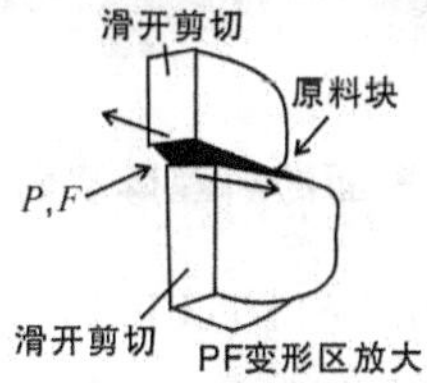 | 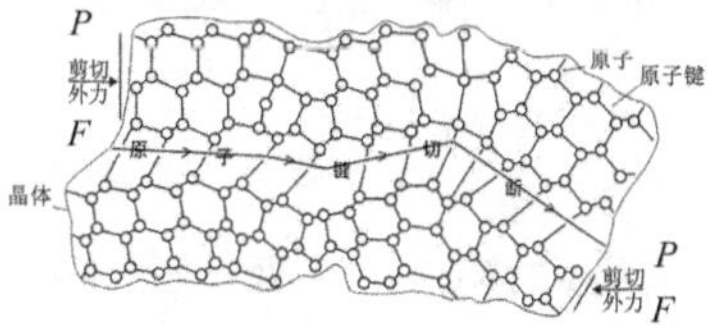 |
| 3 | 斜向劈击剪碎 | 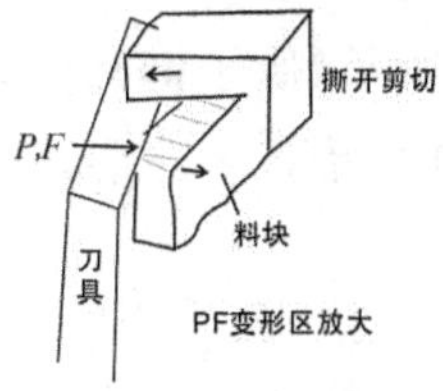 | 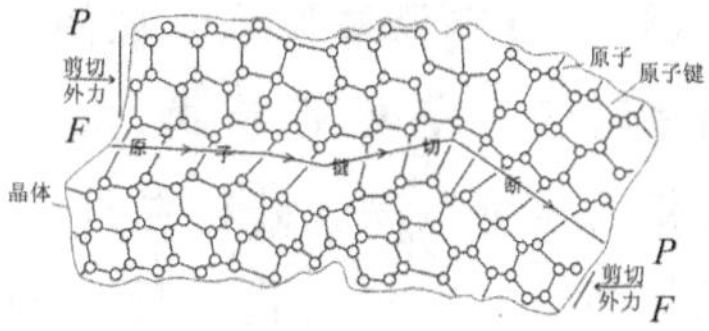 |
| 4 | 正面劈击楔碎 | 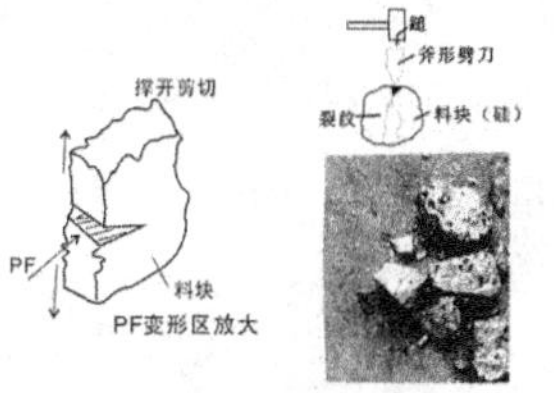 | 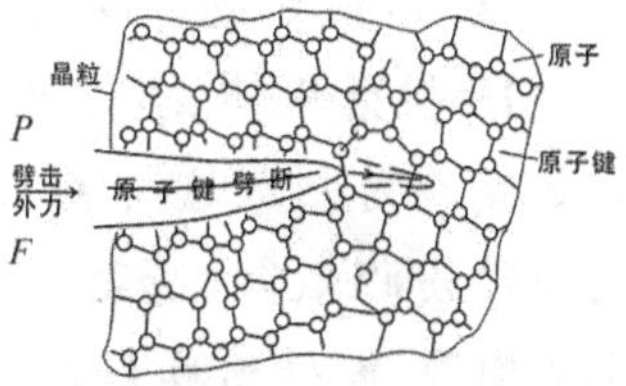 |
| 5 | 料块互击劈碎 | 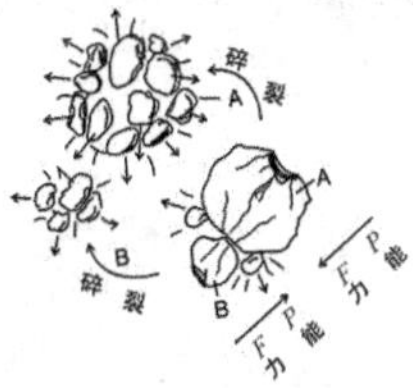 | 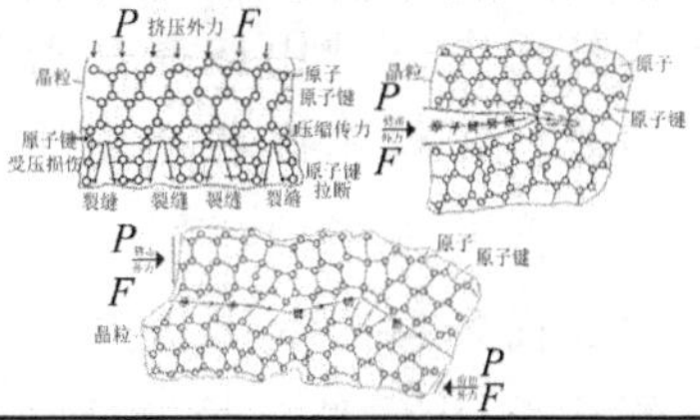 |

外部力能作用方式、方向、速度等均能影响裂纹发生、发展。像硅这样的脆性物，大量是产生内部裂纹、晶粒裂化、细化，直至脆性断裂，尤其是解理面连锁开裂，呈阶梯状(见图 14)。硅块碎裂初期，继薄弱的晶界等失效后，这些脆性解理面将大量涌现，在硅粒扫描电镜照片(SEM)上，明显可见。如图 14a、b 所示，表层的阶梯或峰谷相间充分显示，它们就是解理脆面，是硅晶粒里晶面(111,110)族。尤其是晶面(111)占比最大，约总表面的 50%。有关认证详见本书《对撞硅制粉品质对有机合成的实效评述》。硅粉粒表面性态，是产品质量的重要内容，获取高活性表面，则是粉碎技术追求的大目标。所以，深入考察粉碎变形过程，值得关注。因此，着重说明硅晶体晶面(111)与外加力能的选择性粉碎性能关系，以及对硅粉性态的重大影响。

a. 粗颗粒

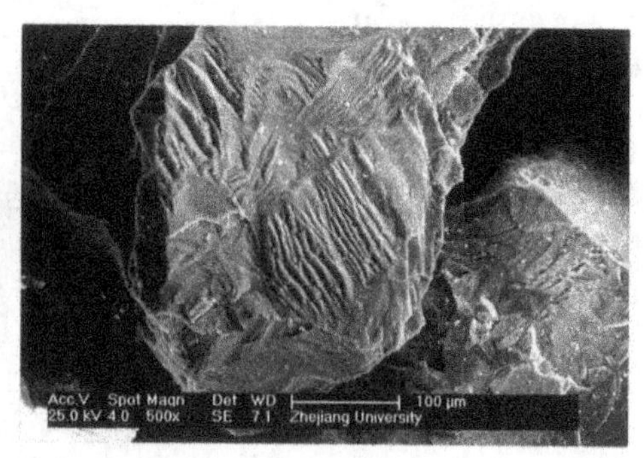


b. 细颗粒

**图 14　硅粒表面的解理碎裂面**

硅晶体的晶格有三个主要晶面:(100)(110)(111)。它们各具不同结构和性能。其中,晶面(111)上原子密度最大,晶面间距离最大,所以它是硅晶体的解理面,结合力最小,最容易被切分。如图 10、图 13 所示,原子键被劈切断,使晶面分离,而且分离面呈链锁状发展、阶梯式,如图 14～图 16 所示。于是,晶体的原子密度最高的晶面,外露的概率最高。硅粉粒外表面 50% 是晶面(111),参与化学反应的能力即活性,无疑是最好的。这对于合成新材料,如有机硅单体、多晶硅中间体等极为重要。为制取这种粉,冲击能量的选择性粉碎效能,造就了粉粒高原子态势构型,使硅粉具有高品质活性。矿物制粉中也常用选择性粉碎,由不同性能的物料制取各类粉体,尤其是分选分离共生矿物。用在硅粉上,多开发晶面(111),效果很好,选择性粉碎是基于"物质结合最低能量"这个自然准则上的,既然自然界物料常态稳定,其内能应是最低的。实际状况也证实此自然准则。物质构成和解体的能量应是相当的。那么,分离物料也遵循最低能量,耗能取最低。再反回来审视硅粉碎,外加力能当然趋向抗衡能力最差、消耗能量最低的方向进击,实现选择性粉碎。晶面(111)最弱,首当其冲,最易被突破和分离。外加力能呈动能量子流状态,穿插硅粒,其中最多的通道是晶面(111),一面一面地连续开裂,外貌呈阶梯式,如图 15、图 16 所示。选择性粉碎为制取高活性硅粉发挥重要作用。在此,也显示出微观理论对制取高品质硅粉的贡献。

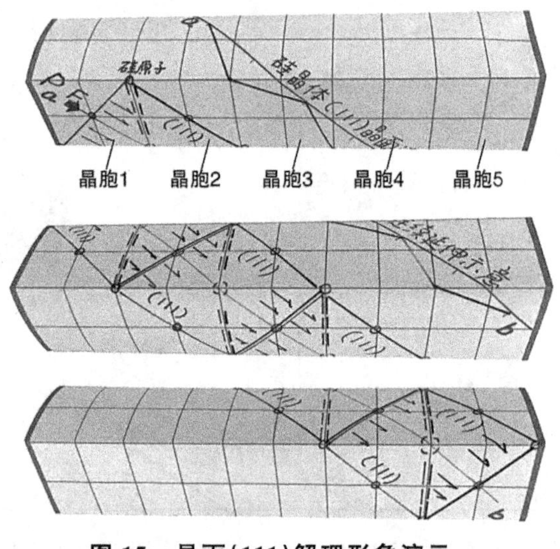


**图 15　晶面(111)解理形象演示**

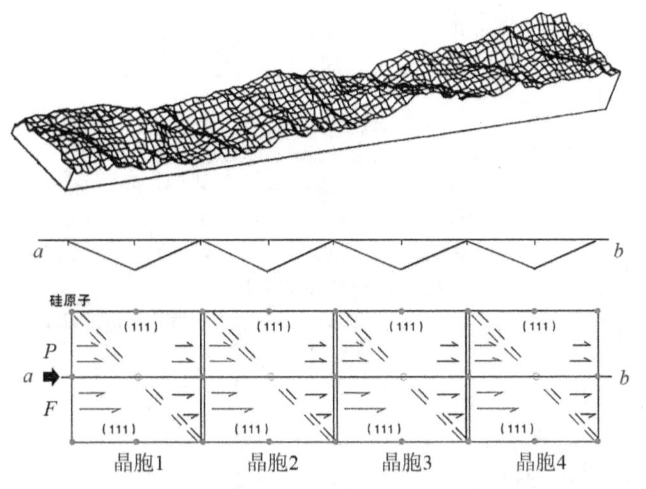


**图 16 硅晶体(111)晶面连续延伸示意**

至此,粉碎过程中硅粉粒形貌优化技术已阐明。下边则就过程中粉体整体粒度组成的优化做简要说明。

粉碎过程中获取各类粗、细粉体,即粒度控制是一项很重要的优化内涵。按工艺、产品要求生产相应粒度组成的粉料必须有一套有效的技术。根据前述能量性能可以应用硅粉粒度调控,获得高效粒度二八型集质构型,充分发挥其化学反应活性。不妨以 CXD880 型对撞冲旋粉碎机为例,阐述获取优化粒度组成的技术,充分体现宏、微观理论与实践结合的成效。

援引一例:要求生产有机硅粉 40～325 目,－325 目粉占比＜15％,$d50$≈0.15mm。

工艺安排:①备好硅块料,试生产小量 40～325 目粉。②测定其粒度组成,如图 17 曲线①所示。③根据粒度调控理论,将 $d50$ 逐步增粗,达到要求。④确定粉碎工艺参数,稳定生产,求得较高产量。

粒度调控:按实际生产结果,经理论推导,绘制图 17 曲线②、③,$d50$ 从 0.10mm,经 0.12mm,达到 0.16mm。而集质度 20％范围内粉占比＞70％。

结果:硅粉体具有高效粒度二八型集质构型。

硅粉碎的宏、微观过程,已粗略掌握,粉碎的实质已显露,能达到高品质活性硅粉构型,优化技术已基本成形,能满足产品要求,并经测试验证。对撞冲旋粉碎技术这颗“芥子”吸纳了微观量子理论这座“须弥山”的灵气,成长得更加茁壮秀气。

## 五、 微观理论对粉碎技术优化的理念实践

基于硅结构性能和力能研究,对其微观和宏观层面展开全方位探索,阐明其微观理论基础,并应用量子力学观点深入考查硅粉碎过程,明确了对撞粉碎技术实质,创建了硅粉高品质构型及其机理:微观保证高活性,宏观确保高效粒度。进而在多年硅粉生产实际和理论分析的坚实基础上,综合得到冲旋对撞硅粉碎技术优化的理念实践。由此,可以评述于下。

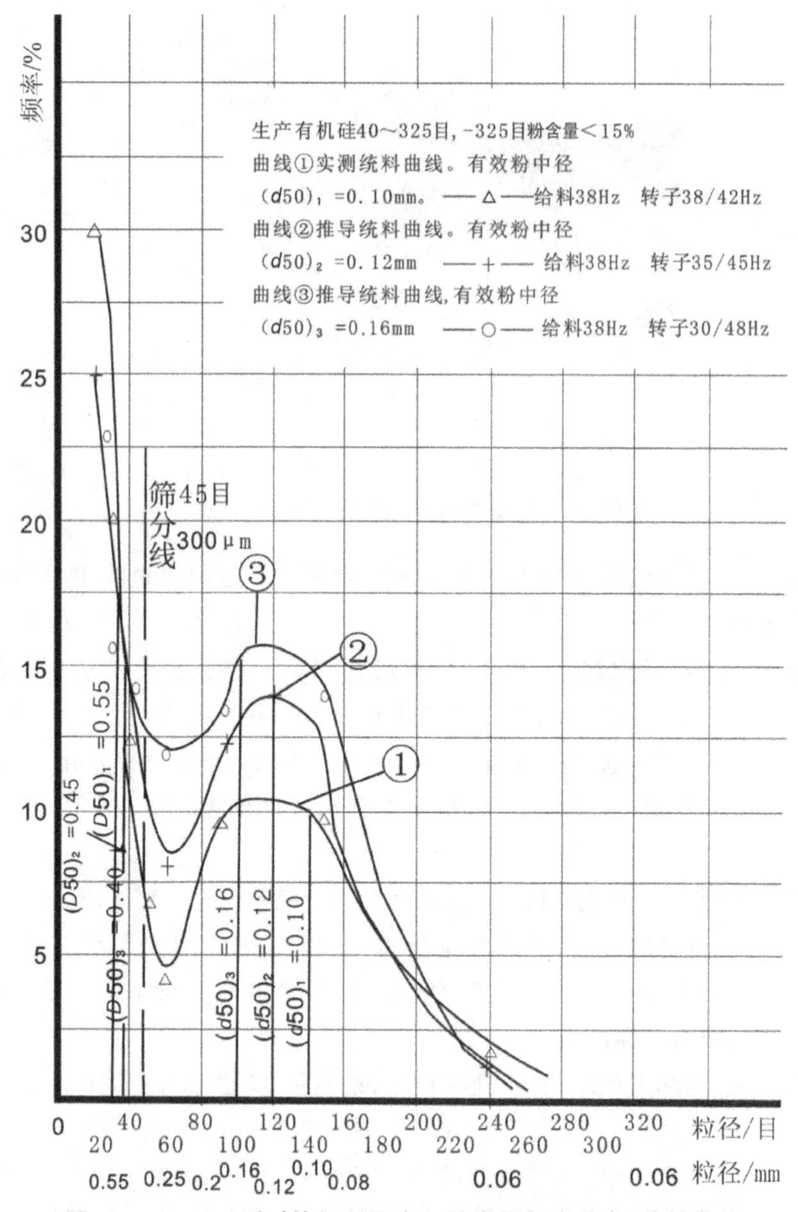


图 17 CXD880 型对撞机制取有机硅用粉频率分布(特性曲线)

1. 冲旋对撞硅粉碎技术已创立，从宏观和微观得到论证，具有坚实的理论和实践基础并已经市场证实，在国内广为应用，并闯进国际市场。

2. 有累积优化的工艺设备特性。累积的实质就在于优化因素互相促进。技术中的参数调控空间大、配合密切，粉碎设备结构和性能可随产品改进、可变性较大。硅的物性和粉碎力能的研究内容丰富，对技术发展影响也大。

3. 理论易懂可信，技术好学好用，实践有效实用。硅的微观结构和能量量子理论，以物理概念为主，进行当前研究，暂且少用数字模型，使两者关系易于理解和确立可信度。

将理论和技术落实到设备调控和操作上，易于理解和掌握，变得好学好用，应用起来得心应手。通过人工和自动控制实现制粉过程，效果看得见、摸得着。而产品提供有机硅、多晶硅单体/中间体生产的指标，逐步改善。所以，用户均表满意。

最后，似有必要提及经济社会效益。经生产实践考核，有机硅单体合成中，同冲旋粉比照，对撞粉硅粉单耗下降，达到 3kg/t(2019 年 8 月)。如按单耗 1kg/t 计算，就当前有机硅单体成本和销售价，年产 $20\times10^4$t 单体规模，年追加效益近千万元；若是 3kg/t，则效益太可观了。而冲旋粉单耗比研磨粉又少 2kg/t，效益同样可观。

愿冲旋对撞粉碎技术为硅业，为相关专业生产、科研的发展，贡献微薄的力量！

**参考文献**

[1] 刘志超，武良臣，薛铜龙，等. 物料粉碎设备设计理论及应用[M].北京：中国矿业大学出版社，2006.

[2] 郑水林，刘月. 超细粉碎工程[M]. 北京：中国建材工业出版社，2006.

[3] 李玉海，赵旭东，张立雷. 粉体工程学[M]. 北京：国防工业出版社，2013.

# 技术思维的旋律

## ——场流论

**摘要**：场流论的核心是工态场流模型和整体动态效应观点。在场流构成的整体模型之上，着重研究场流效应，确切地掌握设备运行的实际状况或者进行合理地想象，以及掌握对其结构、性能深入综合剖析的方法，从而达到一个新的技术水平。

### 一、 技术思维旋律的内涵

技术思维是了解、认识和解决技术问题的思考过程，即解决技术问题的思路。使思维沿着选定的路线运行，如同音符按旋律组合，演奏出乐章一样，显示为思维旋律，它的作用在于：①发挥正常认识和解决技术问题的引导能力；②发挥总结经验、改进技术、提高水平和不断创新的主导效能。

技术思维有明显的动态特性。如医学有三个逐步提高的思维模式：古代心身模式、近代生物模式和现代心身模式。机械学按进化顺序也有三种模式：仿人体模式、决定论模式和现代模式。本文拟就进一步发挥思维模式的作用，改变沿用的决定论模式，为机械学提出场流论，充实第三种模式，阐述其内容和应用，显露其思维旋律的内涵。

### 二、 场流论的主要内容

静态的机器是具有一定结构的实体，一进入运行状态，则成为机械工作体系的组合；以此实体为中心，形成一个完整的动态人工系统。这就是机械工作状态，简称机械工态，它容纳物质、能量、信息三要素，按各自的特色呈现为场流结构形式，如图1所示。机械工态包容七个场、三种流，分三个层次。七个场即机构场、物料场、介质场、应力场、机力场、温度场和控制场。它们在一定时空范围内分别体现物质的某种属性。前三场为实物层，最后一场属信息层，中间三场即是力能层。机构场是机械的机构实体，以功能结构为主要参量，是整个工态的核心。物料场有两部分：工艺物料和机械物料。前者是机器加工对象；后者是机器运行所必需的，如润滑油、冷却液等；两者各自成流，按一定路线运行。介质场是包围、充填机器内外介质的总体，成分和品种繁多，如空气、酸气、烟气、水液等。机力场以机构场为载体，以动力（传递扭矩、作用力等）为主

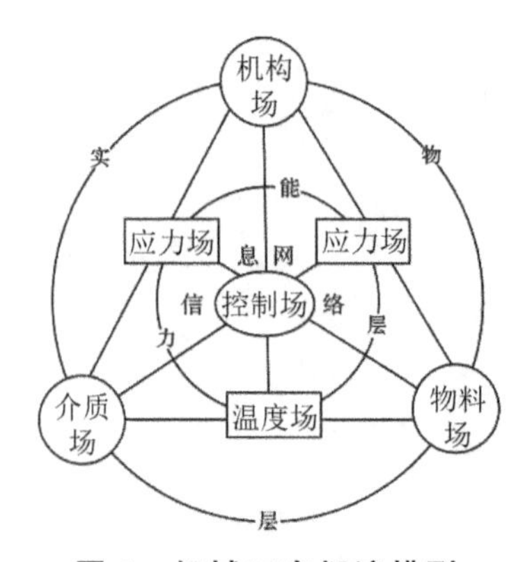


**图1　机械工态场流模型**

要参量。应力场(包括应变场)由机件和物料所承受应力(应变)的集体构成。温度场则是各部位温度的总成。控制场居于六场之上,凭借仪器、仪表、电脑或人工收集处理信息,实施相应的控制,保证机械工态的稳定。这些场的范围内外,以各种方式运行着物质、能量、信息三种流,形成场间的多种联系纽带和作用渠道。由此,场间相互作用经三流交换,影响各方结构和形状的动态,称为场流效应,如温度场效应、应力场效应等,体现为振动、温度、声响、磨损、变形、腐蚀等各类现象。场流效应又具有集中、耦合等特性,使其作用更加明显。这种场流结合系统的动态整体形成机械工态。场流效应则是其发展变化的实在内容,是其控制和调整的"旋钮",并且是其评价的依据。机器设备千差万别,都可以通过系统的层次分解、零部件的场流分析,描绘出工态场流结构模型。它的实质就是场流结合形貌,依附、表露于机械实体及其周围环境上,演示出机器动态立体图像,即把客观存在的机械工态通过分析、综合、思维和加工,深化为能反映其结构、状态、联系的思想模型,并衬托出其随时间、依部位而变动的特性。由此形成了在我们思维中运转的"透明的"机器,其场流运行状况一目了然。运用这种整体、系统、形象的综合方法研究机器设备,就形成了关于机械工态场流的论点,适用于机械研究和设备诊断。

上述场流论显示,它是机械技术的一曲思维旋律。笔者运用这一旋律,在机械设计、改进、调试、诊断等方面取得了良好效果。

## 三、 应用方面的简介

1. 机械设计。设计过程是按任务要求构思机械工态,拟定场流性状特点,构筑相应的拥有具体参数、受控制的场流模型。此为思想模型。再经思想操作体现功能和协调场流关系,表露场流效应,改变有关参数,达到工态最优化;然后,循着功能和场流性状特点寻得最佳机构场结构和参数,完成设计阶段的任务。

2. 技术改进。机械设备的技术改进包括改造,是挖掘潜力、开发性能的常用手段。如何有效地完成任务,历来为行家所注目。就实质而言,技术改进是"工态分解合成"的结果,即对工态进行层次分解和场流分析,在追查负效应根源中找出薄弱环节,进而提出修改方案,排除引发不良后果的因素,确定技术改进的最佳方案,并在实施进程中不断完善。

3. 调试。在人的参与下发挥控制场效能,调整各场内外关系,使场流效应平稳,参量显现于规定范围之内,从而使整个工态处于最佳运转状态,达到调试的目的。

4. 设备诊断。机构场和控制场的外部干扰和内在损伤,是场流作用的消极效果,它们的积累使机械工态产生局部异常和失调,形成功能障碍,进而促使结构发生变化,由此增强异常和故障的发展,反复循环,相互促进,最终酿成更大的故障,直至失效。设备诊断就是研究工态变化及其机理。它拥有两个主要内容:工态判别和机理分析(见图 2)。两者均包含理论、方法和手段,如状态检测、信号处理、识别判断和预测推论等。

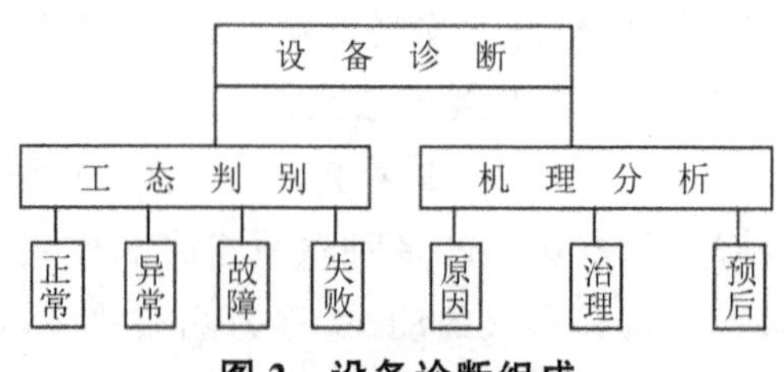


**图 2 设备诊断组成**

工态判别就是确定工态所处类别(正常、异常、故障、失效)和变动程度(定性、定量、定位的判断),适用于整机、部件和零件。判别的根据是工态的信息,经状态监测而得,来源于场流作用,其实质即是场流效应的各类表现,如功能变化、振动、温度、声响、变形、断裂、腐蚀、磨损、静电等。它们是通过感官观察、仪器测试和思维推测获得的。基于这些场流效应的信息及其加工处理,推导场和流的具体形貌,形成机械工态的模型,经同标准工态比较,做出工态判别,继而在工态模型基础上进行机理分析,查原因,知后果,定治理措施。凭借这样的判别和分析,形成了各类机械及其零部件(如轴承、齿轮等)的诊断技术。有必要着重指出,诊断技术就是建立在场流效应基础之上的。诊断就是从信息找场流效应,循效应而追究场间作用,确定工态判别和完成机理分析。

5. 模拟研究。设备状态参数(包括性能参数)是我们注意的中心,应力图使其最佳化,争取更好的技术经济效益。而影响状态的因素又往往是多方面的。这就成为控制调整中的一大困难。运用场流理论,发挥整体效应的观点,分析综合各方因素及其相互关系,以场流性状为基础,建立工态和状态参数动态的数学模型,利用电子计算机进行运算,取得最佳参数值。此过程即是模拟研究。场流理论同电子计算机相结合,将使模拟研究发挥很好的效应,更有利于避开实物为基础的原型探讨,大力发展模拟研究。这样做有两大好处:①节约物料和时间;②模拟实践代替原型实践,使研究方法更臻完善。

## 四、 思维旋律的主调

综上所述,作为技术思维旋律的主调,场流论的核心是工态场流模型和整体动态效应观点。这就是,在场流构成的整体模型之上,着重研究场流效应,确切地掌握设备运行的实际状况或者进行合理的想象,以及掌握对其结构、性能深入综合剖析的方法,从而达到一个新的技术水平。因此,同沿用的机械理论分析相比,具有下列特点。

1. 使我们形象、深刻地认识机械工态的系统层次结构及其间相互联系和作用,对研究的设备取得动态、整体、清晰的了解,更有利于电子计算机的应用。

2. 帮助我们全面、系统地掌握设备运行和控制规律,尤其是信息处理,实行有效的设备监测和诊断。

3. 使我们合理、完善地确定设备的结构和性能,获得最佳设计和技术改造,并有助于我们发挥创新能力。

# 硅粉(Ⅱ)

## 立式粉碎机转子的在线动平衡

**摘要**：通报粉碎机在线动平衡的“三点配重法”实际操作过程中获得的满意结果，为设备转子失衡提供易于掌握的动平衡校正技术。

CXL1500 型立式冲旋粉碎机用于生产各种粉料，如石灰石等、硅粉等非金属粉和铸铁等金属粉。2012 年初，某公司新上一条石灰石脱硫粉生产线，主机为 CXL1500 型粉碎机。因调试过程中未能及时发现隐患，酿成设备事故：粉碎机转子受伤，整机动不平衡，其轴承座水平振动速度值在常用转速 800r/min 时达到4.6mm/s，超过允许值 1.8mm/s。为保证正常的长期运行，必须进行动平衡校正。综合各方条件，决定现场在线完成校正，使粉碎机恢复到原来的工作状态。故障排除历程另述。

动平衡的校正方法很多，多方考虑，采用“三点配重法”。运用转子动力学有关理论和我们原有的技术知识，参照文献[1]，进行具体操作和计算。经过努力，一次性成功，使振动速度值稳定在 1.8mm/min 以下。

该法简便实用，值得推广。特将其总结叙述于下。

### 一、“三点配重法”实际使用

#### 1. 选择试重块

$$P=\frac{\mu_0 G}{2R\left(\frac{n_H}{3\times10^3}\right)^2}$$

式中：$\mu_0$ 为原振幅（单位为 $10^{-2}$ mm），$\mu_0=10.7\times10^{-2}$ mm；$G$ 为转子重量（单位为 $10^3$N），$G=20\times10^3$N；$R$ 为试重块固定半径（单位为 mm），$R=500$mm；$n_H$ 为额定转速（单位为 r/min），$n_H=800$r/min。

$$P=\frac{10.7\times20}{2\times5\times10^2\left(\frac{800}{3\times10^3}\right)^2}=3\text{N}\quad 相当于\ 300\text{g}$$

试重块受其定位需要、钢板尺寸等限制，设计成如图 1 所示。实际制成后，两块质量分别为：1＃块 445g，2＃块 655g。选 1＃块，取 445g。

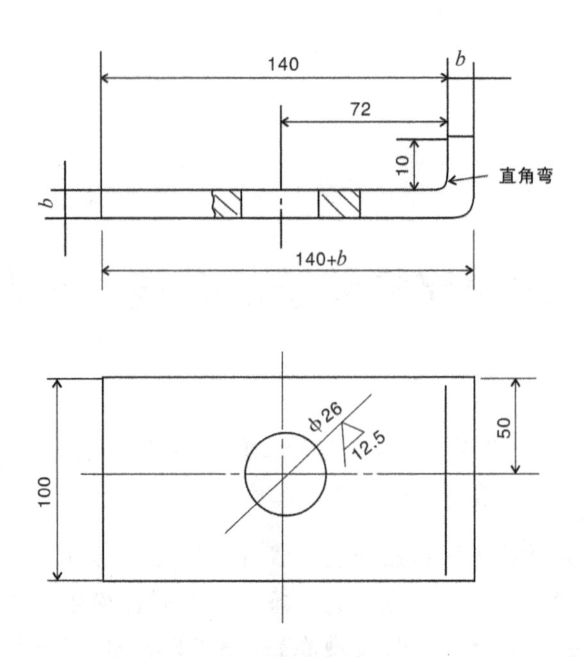


**图 1　试重块(材质 Q235A)(单位:mm)**

注:①用钢板制作,厚度 $b$=4mm 和 6mm 各制 1 件。②平直、光整、四周锉平即可。全部加工宜采用冷作。③直角弯采用冷作。如板太厚,可热弯,但是要保证平整。

**2. 选择试重块固定位置和测定振动位移**

转子有大、小两个刀盘,各装用于粉碎的 12 对刀片,分别编号 1～12。因此,试重块在 12 把刀片处选定了 3 个固定位置:4、8、12 号刀片处。将 1#块固定于 4 号位,开动粉碎机($n_H$),测得轴承座各方位的振动位移值。然后,将 1#块先后置于 8、12 号位,分别测轴承座上 7 个位置处的振动位移值,记于表 1 中。

**表 1　试重块测试振动位移值**

| 试重块固定位号 | 轴承座方位 | | | | | | |
|---|---|---|---|---|---|---|---|
| | 1 | 2 | 3 | 4 | 5 | 6 | 7 |
| | 振动位移/mm | | | | | | |
| 0 | 0.088 | 0.095 | 0.107 | 0.096 | 0.083 | 0.103 | 0.106 |
| 4 | 0.075 | 0.081 | 0.090 | 0.084 | 0.069 | 0.089 | 0.092 |
| 8 | 0.106 | 0.112 | 0.127 | 0.115 | 0.099 | 0.121 | 0.125 |
| 12 | 0.102 | 0.106 | 0.118 | 0.108 | 0.091 | 0.114 | 0.118 |

**3. 试重块产生振动位移值 $\mu_p$ 的计算确定**

将相关位移值表示如下。

$\mu_0$:试重前原有最大位移值,$\mu_0$=0.107mm。

$\mu_1$:试重测得的最大位移值,$\mu_1$=0.127mm。

$\mu_2$：试重测得的中等位移值，$\mu_2=0.118\text{mm}$。

$\mu_3$：试重测得的最小位移值，$\mu_3=0.092\text{mm}$。

$$\mu_p=0.578\sqrt{\mu_1{}^2+\mu_2{}^2+\mu_3{}^2-3\mu_0{}^2}$$

$$=0.578\sqrt{0.127^2+0.118^2+0.092^2-3\times0.107^2}=0.037\text{mm}$$

**4. 配重值和方位的理论计算**

配重　$W=\dfrac{\mu_0}{\mu_p}P=\dfrac{0.107}{0.037}\times4.45=12.87\text{N}$　　相当于 1287g

方位角 $\alpha=60°-\theta$

$$\theta=\cos^{-1}\frac{\mu_1{}^2-\mu_0{}^2-\mu_p{}^2}{2\mu_0\mu_p}=\cos^{-1}\frac{0.127^2-0.107^2-0.037^2}{2\times0.107\times0.037}=\cos^{-1}0.48=65.3°$$

$\alpha=60°-65.3°=-5.3°$

$\alpha$ 角应从 4 号位(位移最小)向 12 号位(位移居中)取。但是，负角就应反向。即在从 4 号位向 8 号位方向取 5.3°。对照粉碎机刀架结构，该方位就在固定 4 号刀片的刀座的一侧。可以利用 4 号位固定配重，做下一步的实例校验。

**5. 配重校平衡的实测**

以上述理论计算值为引导，进行校平衡实测。配重值设定为 2＃655g、3＃1170g，校验平衡状态。其中，655g 配重是事先已制作的；1170g 是(445＋655＋70)g(螺栓)之和；将它们按顺序固定于 4 号位，分别测得振动值。

3＃的实测振动值同理论计算值已很接近。可以确定该配重和方位是正确的。决定在 4＃刀片侧加固定配重。

**6. 固定配重的确定**

3＃配重的半径为 500mm，移至 4＃刀片处的半径为 370mm，所以，固定配重 $W_1=\dfrac{500}{3703}\times1170=1580\text{g}$ 应包括电焊缝重量。焊完后，实际配重为 1600g，标为 4＃配重，实测结果列入表 2，最大振动速度为 1.5mm/s，最大位移为 0.057mm。

**表 2　配重测试振动速度值和位移值**

| 配重块 | 轴承座方位 | | | | | | |
|---|---|---|---|---|---|---|---|
| | 1 | 2 | 3 | 4 | 5 | 6 | 7 |
| | 振动速度/(mm/s)<br>振动位移/mm | | | | | | |
| 2＃ | 1.8 | 1.9 | 2.2 | 2.1 | 1.6 | 2 | 2.3 |
| 3＃ | 1.0/0.031 | 1.1/0.037 | 1.5/0.055 | 1.4/0.051 | 1.0/0.038 | 1.1/0.040 | 1.10.040 |
| 4＃ | 1.1/0.044 | 1.3/0.048 | 1.5/0.057 | 1.3/0.050 | 1.0/0.039 | 1.4/0.055 | 1.4/0.055 |

在线动平衡至此已完成，其振动速度和位移均已达到标准规定的 1.8mm/s 和 0.08mm，可交付生产使用。

## 二、 生产实践的考核

动平衡完成后，用户立即将粉碎机投入试生产。经过 2 个 72 小时的“标定验收试生产”，结果是：工艺流程顺畅，设备运行平稳。其中，粉碎机振动值一直达标，说明在线动平衡的思路是正确的，采用的平衡方法是有效实用的。该机后经频谱测试，状态很好(见图 2)。

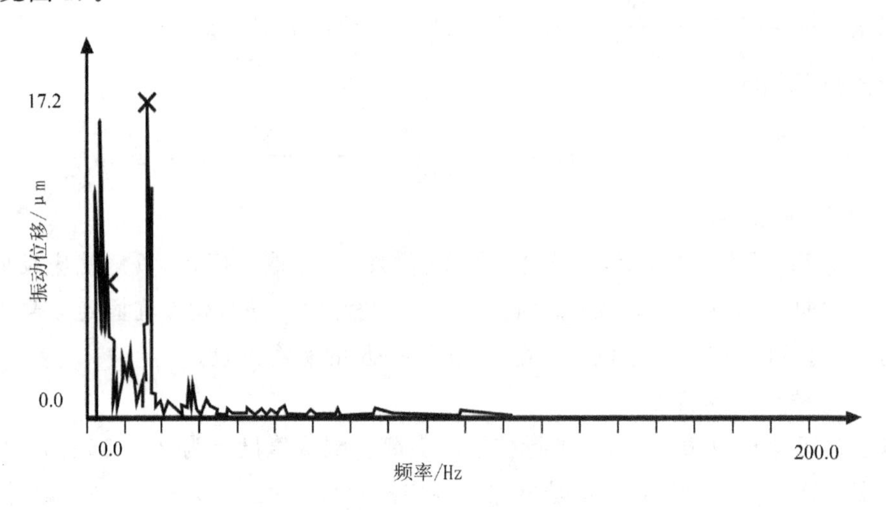


**图 2 粉碎机转子轴承座振动频谱(850r/min,190A)**

## 三、 对“三点配重法”的评价

1. 实用有效。该方法自 20 世纪 70 年代成形，一直为机械行业推荐使用，评价较高。使用者的主观因素是成败的关键，只要认真地去实践，定能得到良好的效果。

2. 该方法同频谱法相比，显得有点落后。使用现代仪器进行设备诊断，效率高，准确性高，但是，现代化设备尚未覆盖全国，人工现场动平衡还是一种解决问题的好办法。经频谱仪在线实测，结果示于图 2，达到规定标准。

### 参考文献

[1] 刘云.水轮发电机故障处理与检修.北京：中国水利电力出版社，2002.

# 硅制粉氮保技术

**摘要：** 阐明硅制粉氮保的目的。简述氮保的两种方式及其应用效果。着重强调氮保的安全操作。

氮气保护条件下生产硅粉，简称“硅制粉氮保”，用于冲旋制粉生产线，已经获得良好业绩，证明是成功的，基本成熟。依据冲旋制粉机列的两种型式：卧式和立式，分别采用两种氮保方式：循环式和直流式。

## 一、 氮保的目的

氮保可以保护硅粉表面，减轻其氧化程度，使之保持良好的化学反应活性。无氮保的常态条件下制得的冲旋粉[1]所禀赋的天然活性，已是其他方法生产的粉末所无法比拟的。以其为原料获得的下游产品（如有机硅单体等）指标都很好。再加氮保，则更有利于其发挥天然活性，效能会更高。同时，氮保也是制粉过程中的防爆措施，可加强安全生产条件。

## 二、 循环（整体）式氮保

### 1. 系统循环机制

以CXF600D型冲旋式硅制粉机列（卧式）循环式氮保系统为例，如图1所示，在常态（非氮保）机列通风系统上增添相应设备，构成氮气循环系统，即以常态机列[2]为主（风机能力12000Pa，9000$m^3/h$），增设混合罐、减压、装置、调节阀门和压力仪、流量仪、氧量仪等。系统从外部接入氮气源（0.4～0.7MPa），再分成两路。1路：减压后（≥0.1MPa）进入粉碎机出轴（Y2）和振给器（Y3）三点作气封用，阻断空气侵入和防止机组循环氮气和硅粉外漏，起密封作用；另1路（0.4～0.7MPa）：经混合罐同循环气混合，送往粉碎机进料口（Y1），压力调节到使机内保持正压0.01～0.02MPa，减少空气侵入。内部循环气料从粉碎机出，沿∅300mm管道进旋分器，卸下粗粒后，气料携细粉出旋分器，从顶部∅400mm管道送达布袋收尘器；经布袋净化，留下细粉，干净的循环保护气循∅400mm出口管被抽进离心风机，再压送至混合罐，补进新鲜氮气后再进粉碎机，成一个循环。因管路不可避免地会漏入空气而增大了循环气料量，在离心风机往回送风时，需将此多余气体放空，随之损失了部分氮气，需待补充。布袋收尘器清灰用氮气接点（Y4），成品粉外送也用氮。

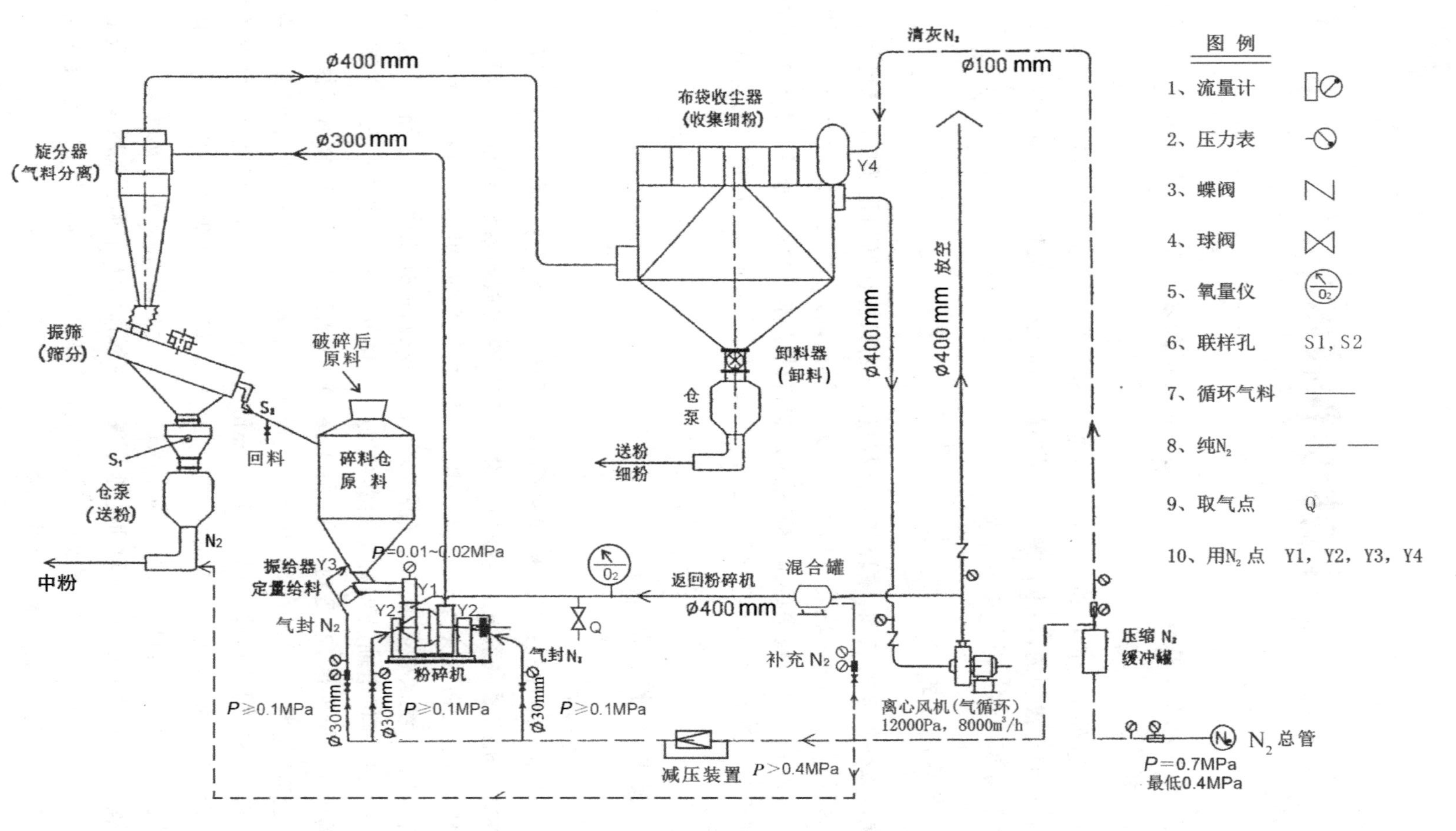


图1 卧式CXF600D型冲旋式硅制粉机列循环式氮气保护系统图

### 2. 系统调节

为保证系统正常运行，设置一整套调控、检测设备和仪表，均已示于图1。图例示出各类设备和仪表。氧含量和压力均显示于机列操控室。氧含量应为5%～10%；高于此，则增大硅表面氧化和爆炸的危险程度；低于此，则硅遇空气时，表面激烈氧化。氮气耗量受氧含量控制。当系统密封较差，耗量增大，直接关系到加工成本。至于系统里的氮气压力，取决于：①轴头密封。若结构完整，用于气封的流量小、压力低。②粉碎机正压的保持程序。③布袋收尘器清灰效果。反吹清灰使用氮气，其压强同收尘器结构直接相关，应为0.4～0.6MPa。

系统实际使用情况表明：①实用可靠。没有出现过爆炸，虽然有时氧含量超出规定范围。究其缘由，就在于工艺特点——气流输送。系统封闭，粉碎、分选、收集过程中均有气流参与，其流速均超过15m/s，能熄灭各类火花和吹凉高热面，避开爆炸三条件。②氮气耗量较高。粉碎机轴头和各辅助设备密封不完善，有待改进。再加循环气料流量大，放空气量相应也大。因此，氮气耗量较大。③纯氮气耗量：补气量＜300$m^3$/h，气封100$m^3$/h，清灰60$m^3$/h，合计＜460$m^3$/h。随着密封结构的完善，氮耗将大幅度下降至30%～40%，有待今后努力。

## 三、 直流(局部)式氮保

### 1. 系统直流机制

以CXFL1200型冲旋式硅制粉机列(立式)直流式氮保系统为例，如图2所示，在常态(非氮保)机列上增设氮气直流系统，即以常态机列为基础，增加减压装置、调节阀门、压力表、流量计、氧量仪等。不过，通风系统相应有别，其中，风管缩小，吸风位置改动，通风机性能为2500～3000$m^3$/h、2600～3000Pa。机列设备全部密封。其中，斗提机密封较复杂些。从外部接入氮气源(0.4～0.7MPa)，分两路。1路：减压后(0.01～0.02MPa)经振给器(Y1)点送入粉碎机，保持微正压状态(阻止空气侵漏入机)，纯氮进机后与原有氮保气体混合，同硅粉一起进入斗提机，充盈其空间，此处氧含量应为5%～10%。由氧量仪在线分析，数据传输至操作室控制台，氮保气体从斗提机上部穿过下料槽落入振动筛，再循回料槽透过碎料斗提机进料口，上升至出料口，下行到碎料仓，吸入通风管路，带着从块料仓来的粉尘，吸入袋式收尘器，滤净后放空。氮气的流程较长，渗漏是难免的。虽然开始段具有微正压，也会逐步消失，且转动部分渐次磨损，间隙增大，氮保气体的氧含量趋向增高。另1路：纯氮气(0.4～0.6MPa)进入袋收尘器，用以布袋清灰反吹，混入氮保气体放空。系统中按要求配置各类阀门、检测仪器。

这样的机制使纯氮消耗保持在100$m^3$/h以下，成本较低。

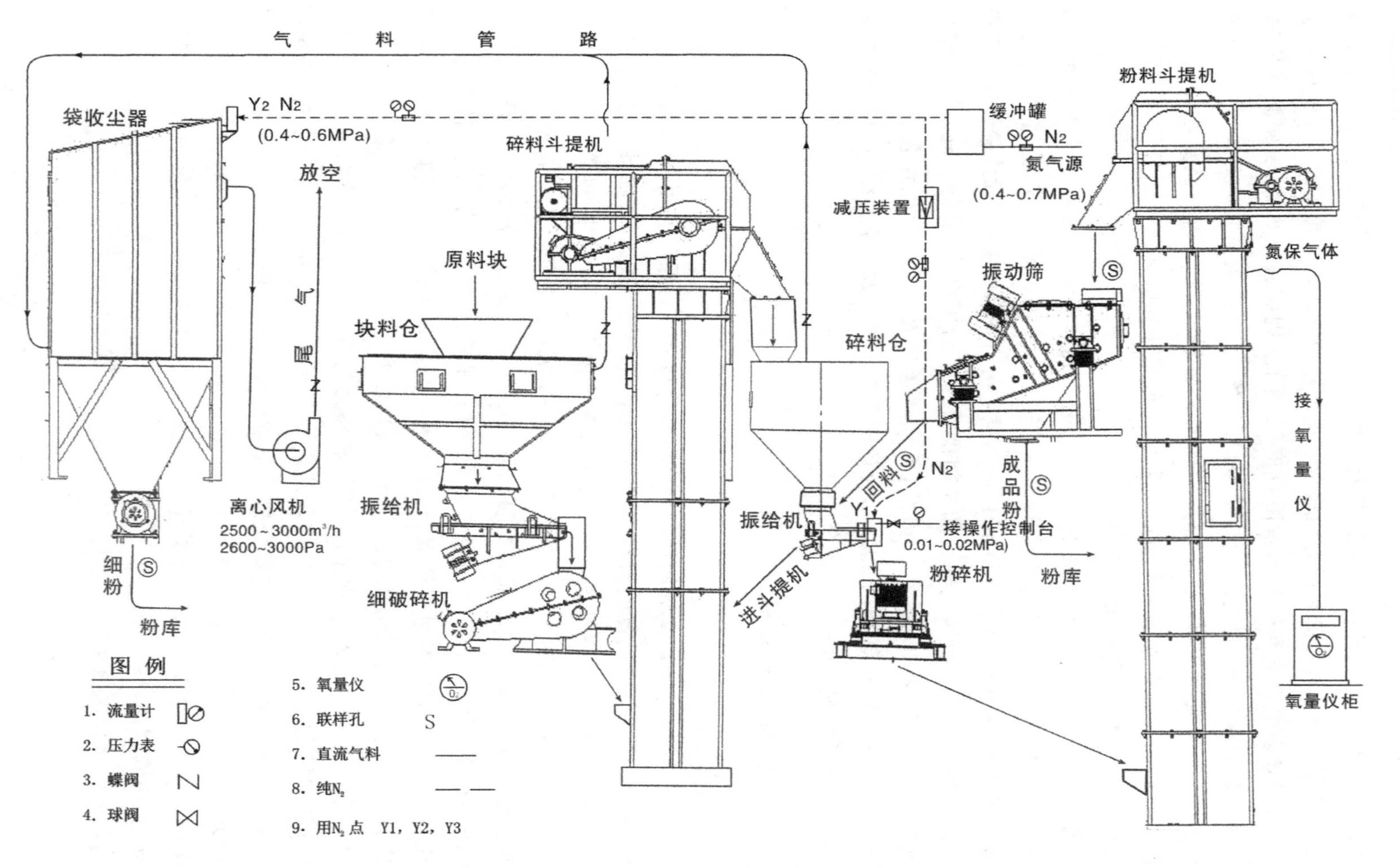


图2 立式CXFL1200型冲旋式硅制粉机列直流式氮气保护系统图

**2. 系统调节**

系统气量和压强的调节至关重要。除了定时检测氧含量外，必须重视气量和压强。压强包括纯氮气源压强 0.4～0.7Pa，保持微正压 0.01～0.02MPa 和布袋清灰反吹压强 0.4～0.6MPa。利用纯氮气充填和补给系统，其气量的调节很要紧。而气量的调节就得运用系统的通风功能。纯氮的消耗量正是其功效高低和系统质量的指标。用最小的纯氮量，保持最佳的氮保状态，正是系统调节的目标。因此，氧含量、压强和氮耗三个参数按随机工况和发展趋势进行综合调整，显示操作的技术水平。

**3. 硅粉氮保技术实例简介**

形式：局部充氮。

氮气：纯氮气，由制氮车间供应。

1) 氮保系统主要组成、性能和参考价

(1) 50$m^3$ 储气罐　　压强 0.8MPa　　1 台　　10 万元

(2) 氧气检测仪(柜)　　2 台　　16 万元(每台机组)

(3) 管路配置(包括压力表、流量计等)　　2 万元(每台机组)

(4) 用气量　　机组保护　　80～120$m^3$/h，最大 150$m^3$/h(充气)

(每台机组)　　布袋清灰　　60$m^3$/h

机组进气口　　1 号管设于粉碎机振给料斗上

各设压力表、流量计，保持系统内微正压 100mmHg，总流量 80～120$m^3$/h

(5) 氧浓度监测

检测两处：①进料口；②振动筛回料出口　　氧含量应＜8%，当 10%时停车

(6) 机组无氮保部分的抽气量　　2000$m^3$/h　　配备除尘器

2) 氮气系统

(1) 纯氮气　系统内局部通氮

①粉碎机　0.11MPa，80～120$m^3$/h，斗提机处检测　　氧含量＜8%

②布袋清灰　1$m^3$/min(60$m^3$/h)

(2)氮系统

①50$m^3$ 储气罐(包括硅粉送入罐车)　0.8MPa

②分支：a. 进粉碎机振给器，备有降压、调量作用

b. 斗提机处设氧气检测仪(柜)1.2×0.7$m^2$，设于机旁

c. 布袋清理用气

## 四、 氮保操作要点

氮保操作融入机列操作中。其要点有三：①开车前必须置换系统内气体，使氧含量 5%～10%、微正压 0.01～0.02MPa；否则，不许开车。②运行中保持条件。③停车后逐步减小氮气耗量，最后关实氮气源。④既然是氮保，就得坚持按章办事，千万别疏忽。沉痛的教训不能忘记。

## 五、 结束语

前述两式氮保分别适用于两式冲旋制粉工艺。循环式氮保配设于卧式冲旋制粉机列上,实现氮保大气料流在粉碎、分选和输送各环节的功能;假如用直流式氮保,则氮保气体大量放空,氮气损耗大,成本增加。但是,直流式氮保配置于立式冲旋制粉机列,是很适当的。机内没有气料流分选和输送,只需少量氮保气体运行,排空气量很小,氮气损耗极其有限。因为它们是配合制粉工艺的,所以不能单独比较其技术经济指标。

## 参考文献

[1] 常森.冲旋技术换发硅的天然优势特性[J].太阳能,2013,13:41-44.
[2] 常森.冲旋式工业硅制粉新工艺[J].铁合金,1991,3:24-26.
[3] 常森.硅粉生产防爆技术的研究和实践[J].化工安全与环境,2014,39:11-15.

# 对撞冲旋粉碎技术述评

**摘要：**综合六个层面的述评，认定冲旋制粉技术又提高到对撞制粉技术的新水平，更有利于发挥硅的天然优良品质及硅的开发应用。

硅粉生产当前的任务，是提高品质、成品率、产量和降低能耗，从而使有机硅和多晶硅等生产获得最佳效果。因此，对各种制粉方法都应给予评价。对撞冲旋粉碎机是继卧式和立式冲旋粉碎机之后的第五代设计，新近才试用成功。现分六个层面对其性能和功效做一番评论，以便业界交流和选用。

对撞冲旋式粉碎机见图1。结构原理如图2所示。

**图1　对撞冲旋式粉碎机**

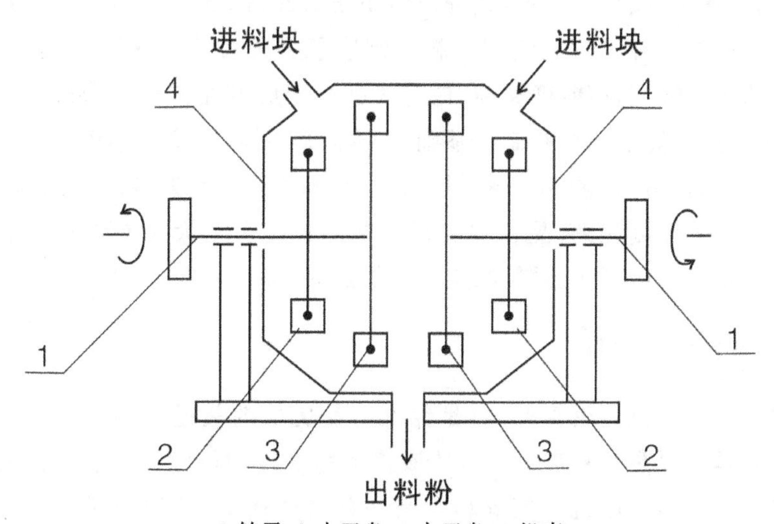


1-转子；2-小刀盘；3-大刀盘；4-机壳

**图2　对撞冲旋式粉碎机结构原理**

对撞冲旋粉碎的过程简述如下。

两个转子(1)各自传动(电动机 22～45kW 两台),各带大小刀盘,旋转方向相反,旋转速度各自可调(500～1000r/min)。在旋转中将料块经小刀盘(2)粗碎,继而冲向机壳(4)内壁衬板再撞碎,同时还有碎粒互击而粉碎。由于刀盘上装备的粉碎刀具是倾斜定位的,旋转中产生机壳内侧的螺旋气流,带动碎料成气料流,经大刀盘(3)冲击粉碎,又进入气料流。两大刀盘(3)相向转动,气料流呈对撞的两股螺旋流,使碎料对撞而进一步粉碎,然后从机壳下部中间出料口排出。如此将 100mm 原料块经破碎后的碎块(块径＜20mm)粉碎,经后续筛分得要求的成品粉。比如,硅粉 45～120 目、60～160目、45～325目等,或更粗、更细。

根据此方案已建成试验机和生产用机 CXD 型对撞冲旋粉碎机,电动机 2×22kW,转子∅880mm、∅600mm 两只,并经硅粉生产实践证明获得了很好效果。其主要技术性能见表 1。经参与者总结,从六个层面评述于下。

## 一、 产品优质的程度

以硅粉为例,产品优质的标准:①化学成分。符合国家标准。②粒度组成。满足用户要求。③成品率。保证生产盈利最佳值。④能耗。愈低愈好。⑤化学反应活性。正在拟定标准,约定暂以粉体比表面积衡量。从此 5 条看,除第 1 条是硬性规定外,余下 4 条暂无标准可循。但是,可以利用对比方法,选取最佳粉料。按不同方法制取的硅粉,差别较大,不妨列表对照它的优质程度(见表 1)。

粒度组成是粉体结构的一个重要指标,对下游产品质量和产量极具效用,是厂家严格要求的。所以,最佳粒度组成是硅粉生产的追求目标,不仅如此,粒度组成还与时俱进,逐步改变,总趋势是粒度范围窄,粗细范围缩小,达标的难度不断增高。与此相应的是,标准高了,成品率低了,经济效益下滑。总之,粒度调控事关大局! 对撞冲旋粉碎机对解决这一难题自有绝招。新近创造了一种对冲粉碎法,即利用双转子双向双速协同的对撞方式,使粒度调控、提升成品率变成可控的技术,解决了制粉的“瓶颈”。而化学反应活性在原冲旋制粉基础上又提高 15%,就获了硅粉“粒粗而密,晶细而匀”的制粉最高境界。“粒粗而密”是指粒度频率曲线呈尖塔形,中径附近粉量集中。“晶细而匀”表征晶粒细,晶粒本身尺寸和晶粒间尺寸大小差异小,且粗、细粉比表面积相近。粗粒比例可适当增大,生产效果趋好。

## 二、 技术优势的稳度

对撞冲旋式粉碎机运用对冲法,是保证产品优质的关键一项,称得上技术优势。但是产品是否具有很高的稳定度?需从该技术的学理、哲理和实践三方面进行考究,后边将详细予以描述。该机设在硅粉车间一条生产线上,并排的是另一条立式冲旋粉碎机,均正常生产。

有机硅、多晶硅用硅粉生产效果的比较见表 1。

**表 1　有机硅、多晶硅用硅粉生产效果的比较**

<table>
<tr><th rowspan="2">序号</th><th rowspan="2" colspan="3">项目</th><th rowspan="2">辊磨法</th><th colspan="2">冲旋法</th></tr>
<tr><th>普通式</th><th>对撞式</th></tr>
<tr><td rowspan="5">1</td><td rowspan="5">产品质量</td><td colspan="2">比表面积/($m^2$/g)</td><td>0.42</td><td>0.66</td><td>0.79</td></tr>
<tr><td colspan="2">平均晶粒直径/Å</td><td>4772</td><td>4550</td><td>3823</td></tr>
<tr><td rowspan="2">粒级</td><td>范围/mm</td><td>0～0.35</td><td>0～0.35</td><td>0～0.35</td></tr>
<tr><td>粒径＜0.05mm 粉含量/%</td><td>＜20</td><td>＜10</td><td>＜5</td></tr>
<tr><td colspan="2">颗粒形貌</td><td>扁平光面，少裂纹</td><td>蜂窝面，多裂纹</td><td>蜂窝面，多裂纹</td></tr>
<tr><td>2</td><td colspan="3">产品产量(t/h)</td><td>4</td><td>2.5～3.5</td><td>3.5～4</td></tr>
<tr><td>3</td><td colspan="3">成品率/%</td><td>80～85</td><td>85～90</td><td>85～90</td></tr>
<tr><td>4</td><td colspan="3">单位能耗/(kW・h/t)</td><td>28/68</td><td>13/26</td><td>11/25</td></tr>
<tr><td>5</td><td colspan="3">加工成本/(元/t)</td><td>240</td><td>120</td><td>100</td></tr>
<tr><td>6</td><td colspan="3">工艺设备使用可靠性</td><td>可靠性较好，检修量大，机械化程度较高</td><td>可靠性好，检修方便，刀具磨损较大</td><td>可靠性好，检修方便，刀具磨损较大</td></tr>
<tr><td>7</td><td colspan="3">环保性</td><td>噪音大，粉尘大，环保性较差</td><td>环保性达标</td><td>环保性达标</td></tr>
</table>

注：①制粉使用设备：∅1250mm 辊磨机(亦称立式磨机)、CXL1200 型冲旋式粉碎机、CXD880 型对撞式冲旋粉碎机。

②单位能耗用分数形式表示。分子指粉碎机主机功率，分母指整个制粉制作业线功率。

③形貌：根据扫描电镜照片。X 射线衍射仪测定平均晶粒直径。

④加工成本：包括电耗、人工、折旧、大修四项。电价 0.7 元/(kW・h)，折旧率 7%，操作(两班总数)定员 5 人。

由表 1 可得出以下结论。冲旋粉同辊磨粉相比：①成品率高 5%～10%。②能耗低，成本低。③产品活性高。晶粒细、含能高；中间体生产指标高 5%。④装备技术水平适当。

## 三、 经济效益的裕度

对冲粉碎法能获得相当高的成品率和产量，同时能耗也较低。对硅粉生产，影响经济效益的主要指标是成品率(俗称得率)。硅价格昂贵，硅块近万元 1t，成品粉增值 20%，细粉(不合格粉)减价 60%，相差 80%。比如 1t 硅块，价值 1 万元。若成品率 80%，成品粉价值 1t×80%×1.2 万元/t＝9600 元，细粉价值 1t×20%×4000 元/t＝800 元，合计 9600 元＋800 元＝10400 元。如成品率 90%，成品粉价值 1t×90%×1.2 万元/t＝10800 元，细粉价值 1t×10%×4000 元/t＝400 元，合计 10800 元＋400 元＝

11200元。两种成品率相差800元。若一条生产线日产30t,则日效益差24000元,年效益差720万元。对冲法能将多晶硅常用粉的成品率提高至90%。近似地讲,成品率每提高1%,年产$1\times10^4$t,年利益100万元。反过来说,细粉率每降1%,就是成品率提高1%。

至于能耗,单就粉碎机对比(见表1)看,差额为17kW·h/t,按电价0.7元/(kW·h)计,差值17×0.7=12元/t。若日产30t,日差值12×30=360元,年差值13万元,节能$17\times10^4$kW·h。如果按生产线计算,数额将增加3~4倍。

再考虑到产量,就相当于增加生产线数量。规模愈大,效益愈大。

产品优质的程度、技术优势的稳度和经济效益的宽度是保证生产发展兴旺的主要标志。而它的基础,从技术角度看,正在于:学理的高度、哲理的深度和实理的程度。当然,经济、管理等也是很重要的。

## 四、 力能学理的高度

优质的硅粉,首先是化学成分符合国家标准,这由硅块生产来保证;其次就是粉的性能优异,这依赖于制粉方法。我们采用对撞冲旋粉碎技术,有必要把该技术包容的学理详细地分几个方面审视一下。

### 1. 硅的结构、性能

硅是加工对象,首先必须清晰了解和掌握它的性能和动态变化。硅是晶体,冶炼铸造获取硅块,晶粒粒径一般<4mm,属分形网络结构,体内裂纹、裂缝、孔隙等较多。受外力加工,沿着裂纹等碎化成碎料,进而成粉。同时,它也硬化,对抗碎裂的能力增大,颗粒愈小愈硬。随着粉碎,晶粒逐步错位细化成微晶粒$3\times10^3\sim9\times10^3$Å(相当于$3\times10^{-4}\sim9\times10^{-4}$mm)。此时,物理、化学、机械性能均得到强化,化学反应活性也提高了。这充分显示机械物理方法对化学效应的激活作用,已为理论和实践所证实。使机械粉碎制取的硅粉,在品质、技术经济指标上,均优于其他方法,如电解、化学法。这对于硅粉很重要,使其用途极广。

根据物料加工硬化性能的变化,粉碎机内分成三段粉碎:低速(小刀盘)、高速(大刀盘)和最高速(对撞)。其区别取决于粉碎速度(刀片冲击和物料互击),通过改变粉碎速度,输入逐步增大的冲击能量,以适应物料动态性状。

在生产实践和理论研究中,发现硅有一短暂的屈服限,稍加负载应变很大。制粉过程中,在一定条件下,如粉碎速度65~70m/s,用劈力制取有机硅粉时,其产量由2.5t/h直升至3t/h,提高20%;而电机电流却不见增大。此处即屈服限起作用。在石灰石脱硫粉制取中,也同样发现此类现象。我们称它为“顺碎”。今后拟在对撞机上使用,让两个转子同向或相向转动,获取细或粗的高产量硅粉。

### 2. 力能流学说的应用

针对硅的结构性能,采用对撞冲旋粉碎技术施加力和能的方法,使粒度组成、成品率、能耗和活性都达到良好指标。该法的理论基础是力能流学说。根据该学说设计新型刀具、组合形式和施加力能方式。循着硅料在机内的动态变化(粗细、软硬等)调控刀具配置、力能输入、粉碎组合方式及粉碎参数,从而减少细粉和回料,使力能流像线切割刀一样沿着硅分形网络制取优质硅粉,并获得最佳成品率。

此前分析研究粉碎,大都从"力"的角度出发,也考虑"能"的作用,没有形成系统的思路。如今通过粉碎过程的宏观和微观探索,应用现代的分形理论、晶体结构和性能知识、量子理论等,借助现代测试仪(如 SEM、CT、X 射线衍射仪、比表面仪等),获取大量可靠数据,同时与制粉实际相结合,建立了力能流学说,使技术水平提升到一个新的学理高度。

## 五、 辩证哲理的深度

辩证哲理对于对撞冲旋粉碎技术的研发有着重要影响,体现在分析研究的深入展开和各类难题的完美解决。现就以对冲粉碎法为例,叙述于下。

粉碎是物料同刀具双方互相作用的结果,遵循对立统一法则,具有客观规律性。人们根据规律,可以设计出很多粉碎过程创造条件,调控双方因素,促进发展,获得不同的粉碎效果。此为矛盾对立又统一的成果。因此,过程的设计和调控的制定显得极为重要。刀具的改进和运行参数的变动显出威力。其中,如对冲粉碎运用双转子双速度双方向运行的过程,让刀具以不同速度打击物料块,获得粗颗粒和细颗粒两股气料流,又经对撞极大地改变粒度组成;继而混合,互相添彩,获取不同的结果。这里刀具和物料、物料和物料发生对击,粗转化为细,相互混合,粗细互补,充分体现了矛盾对立统一的形象,正所谓"和而不同,方成大同"。

## 六、 理念实践的梯度

对撞冲旋粉碎技术得到学理和哲理的论证、实践的验证。从实践中获得理念,继而在理念指引下展开研发,对冲粉碎法的成效已于上述。它们不是仅在实验室条件下、小型试验设备上完成,而是在具有规模的生产作业线上实现的。因此,研究开发已处于较高水平,只待长期生产的考验,从而进一步提高技术水平和生产经济指标。

综合六个层面的评述,可以认为冲旋式硅制粉技术又提高到对撞的新水平,更有利于发挥硅的天然优良品质,以及硅的开发应用。

# 粒度之谜

## ——探究冲旋粉碎粒度和成品率调控艺术

**摘要：**粉体粒度组成是产品的一项关键指标，是目前制约成品率的“瓶颈”。而其调控难度很大，经探究，将实践和理论相结合上，提出调控原理和方法，寻求粒度、成品率和产能的最佳组合。

物料粉碎的粒度调控是一道难题，时至今日尚无能够完善的解决方法。制粉，尤其是制取硅粉时，粒度达标、成品率高、产能三项宜同时满足，生产效果才好。其中，粒度达标，能满足使用要求是最基本的。但是，必须保证成品率也要高，否则就要亏本。粒度是成品率的根基。不仅于此，粒度要求随着发展而改变，总趋势是愈来愈高。粒度调控也因此能被称为“艺术”。

多年来，笔者应用冲旋制粉技术，生产过许多“性格各异”的物料粉，即按粒度技术条件，顺着粉碎工序，循着演绎方法(见图 1)，将硅块(块径＜100mm)粉碎至粉料。粉料是生产出来了，只是探索性生产试验成本较高，为改善这种生产模式，启用反演绎法(见图 2)。接下去将展开生产试用，锁定典型粉料生产过程，采用反推的工序法则反演探究，制定措施，循着力能流学说，定性定量实现力能场，使粒度演绎得以量化。

为使正、反演绎“听从指挥”，应先对粉碎空间实施的工序关系，以粒度调控技术为核心，展开较详细的分析研究。

### 一、 破识“谜”途

为破解粒度之谜，拟定相应途径。首先，配置刀具和选择粉碎速度，确定物料粒度中径($d50$、$D50$)。每种刀具都有相应的速度，获取相应要求的中径，并改变细粉含量，使之不受速度影响，即让频率曲线细粉部分稳定。其关系需经实际测定，建立数学模型。粉碎空间均可建立模型，利用反演绎[1]，由要求粒度组合倒推得制粉工艺设备参数，再通过实践，就地修正，获得较满意的答案。

为阐释粉碎正、反演绎，需对一些问题做相应研究。

### 二、 粒度同速度关系

#### 1. 粒度-速度数学模型

从众多冲旋制粉实践中，摸索到一些规律。以硅为例，根据其粒度同粉碎速度的关系可建成超线性数学模型。

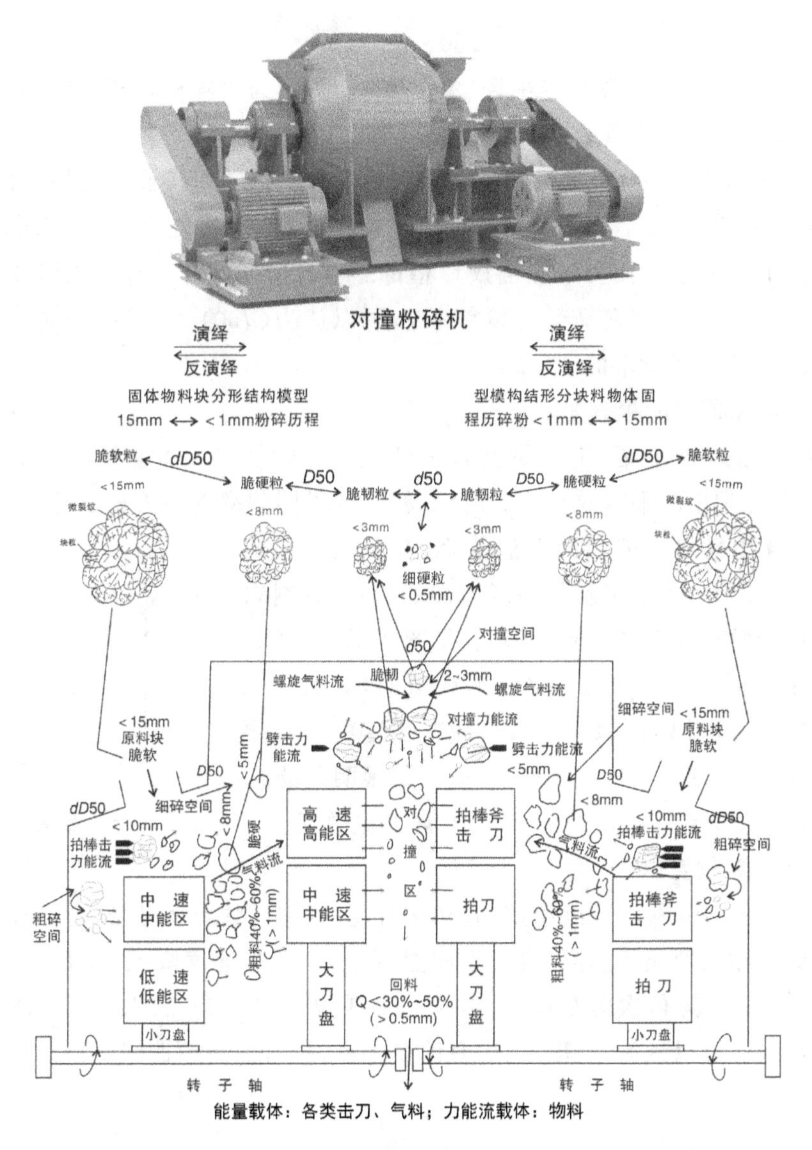


**图 1　冲旋对撞粉碎过程演绎模型**

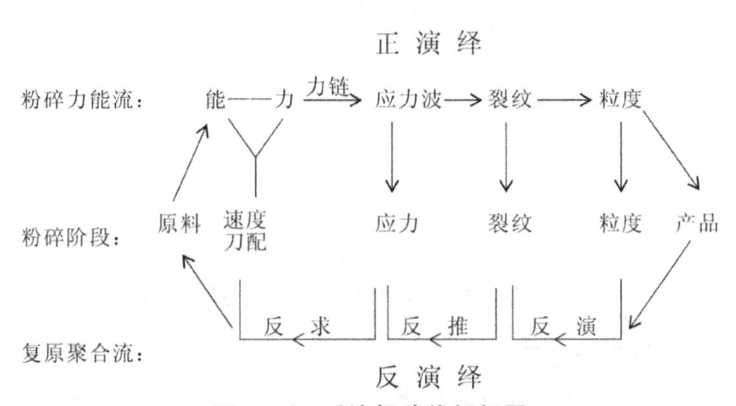


**图 2　正、反演绎路线解析图**

$$d50 \cdot n^2 = C$$

式中：$d50$ 为粉碎后物料颗粒群中径（单位为 mm）；$n$ 为粉碎机转子转速（表示粉碎速度，单位为kr/min）；$C$ 为常数（单位为 $mm \cdot kr^2/min^2$）。

常数 $C$ 对具体某一台粉碎机是一个实测的定数。它同粉碎设备和原料的结构、性能、运行参数等直接有关。但是，以 $d50$ 和 $n^2$ 成反比关系为基础，取一个实测数据为底，按反比关系计算待定值，则可解脱常数 $C$ 值的影响。即 $(d50)_1 \cdot n_1{}^2 = (d50)_0 \cdot n_0{}^2$，已知 $(d50)_0$ 和 $n_0{}^2$。由于 $n$ 随调节的频率确定，可以认为 $(d50)_1 \cdot \nu_1{}^2 = (d50)_0 \cdot \nu_0{}^2$。按要求的 $(d50)_1$，即可得欲求的 $n_1$ 和 $\nu_1$。

该数学模型成立的根据是：

（1）符合粉碎效果（粗和细）同能量消耗成反比的规律。而能量与转子转速的平方成正比，即与频率的平方成正比。所以，粉碎效果同频率的平方成反比。

（2）符合物料加工硬化的自然法则，并经大量检测试验所证实。同时，体现出硬化强度增加的趋势，物料粉碎效果呈现为抛物线衰减分支的形象（见图 3），而粉碎机转子调速性能正好与之相应。当转速较低时，其增加的速率比转速高时增加的速率要大，对物料强度的影响要明显，正好同物料硬化相对应。所以，效果是很明确的。

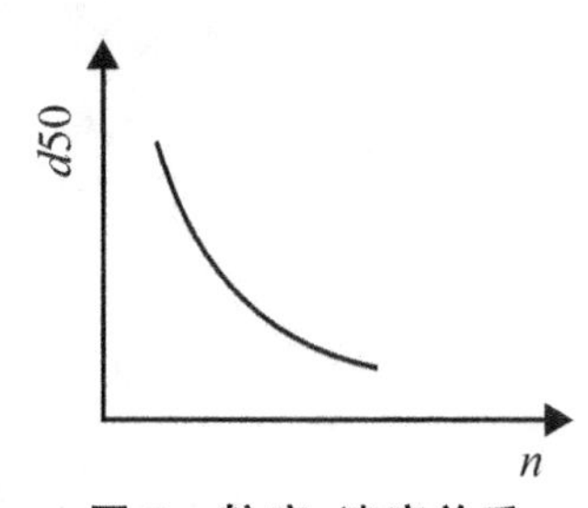

**图 3　粒度-速度关系**

（3）基于大量粉碎数据的统计归纳，属经验总成。

**2. 速度控制粒度组成**

冲旋粉碎提供粉料的粒度组成，其实例粒度-频率曲线显示于图 4。如图 4 所示，不同速度拥有相近的起伏形象（设刀具配置不变）。随着速度降低，物料粒度趋粗，如图 4 中曲线 1、2、3、4 依次向左移位，中径 $d50$-1、$d50$-2、$d50$-3、$d50$-4 数值和粒度频率都渐次增大。可以认为，速度变化，只改变中径，基本保持原曲线形貌。

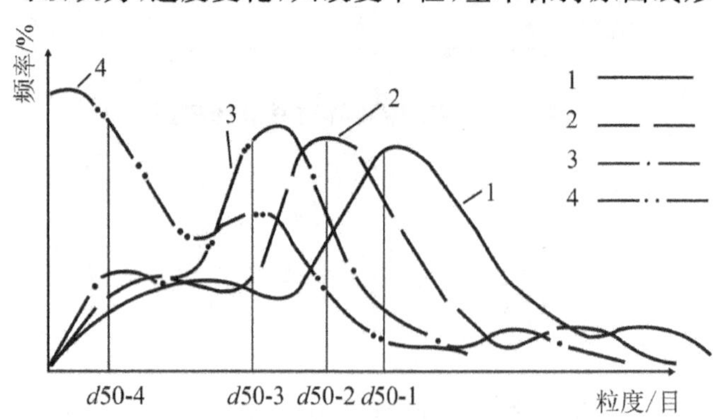

1-速度 $n_1$；2-速度 $n_2$（$<n_1$）；3-速度 $n_3$（$<n_2$）；4-速度 $n_4$（$<n_3$）

**图 4　速度调节粒度的超线性关系曲线（示意）**

**3. 对撞速度对粒度的影响**

冲旋对撞粉碎中，机内气料形成的螺旋流拥有独特效用。在物料粉碎后期，颗粒小于 3mm 时，硬度和强度均增高较多，刀片冲击难以实施细碎，有必要运用气料流对撞，使其进一步细化。气料对撞时，碰撞速度成倍增大。不必提高刀具速度，甚至降低转子转速，保持机械运行稳定，只是两个转子相向运转，进而调配两转子不同转速，实现对冲粉碎，效能又将改观。如此，既提高生产能力，又促进成品率，一举两得。当然，运用要适时适位，效果则是明确的。

## 三、 粒度同刀具关系

粉碎粒度受刀具影响很明显，多年生产实践已充分验证，得到确切答案。从理论上讲，如力能流学说及相关研究均印证其有效性，且实际生产也已提供足够的总结材料，详见表 1。

**表 1　常用刀具粉碎效果汇总表**

| 刀型 | 主要粉碎方式 | 主要碎裂方式 | 冲击界面 | 最佳粒度 | 粉碎线速度/(m/s) | 粉碎成品率/% | 粉碎产量 |
|---|---|---|---|---|---|---|---|
| 拍刀 | 拍击 | 先挤压后拉伸 | 多点面 | 偏细 | 高 40～60 | ＞90 | 高 |
| | | | | 细 | 中 50～750 | ＞80 | 中 |
| 劈刀 | 劈击 | 剪切 | 多点线 | 较粗 | 高 50～80 | ＞80 | 中 |
| | | | 多条线 | 粗 | | ＞85 | 高 |
| 棒刀 | 主劈辅拍 | 主切辅拉 | 多点线 | 偏粗 | 中 50～60 | ＞85 | 高 |
| | | | | 较细 | 高 60～70 | ＞80 | 中 |

注：从上到下粒度细粗顺序：偏细—细—较细—偏粗—粗—较粗。

粒度同刀具关系详见本书专题论文《冲旋制粉的刀艺》。拍刀打细粉，劈刀打粗粉，撞刀打中粉。图 5 形象地显示粒度同刀型的关系，不同刀型获取相应粒度组成。平板形拍刀提供细粉（见曲线 a）；斧形劈刀提供粗粉（见曲线 c）；棒形刀处于其间，提供中粉（见曲线 b）。它们的特点是：整体上改变粗细。进一步研究可以发现（见图 5）：改变速度，如降速，$n_d < n_c$，则曲线 c 往左移，呈曲线 d，使粒度粗化更明显，强化了刀具的效能。

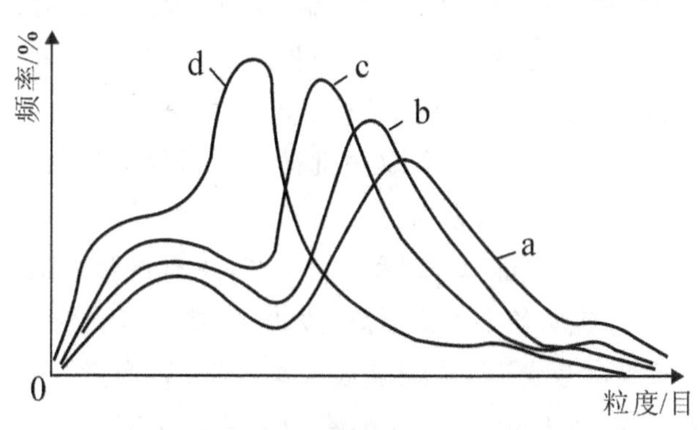


a-板形拍刀；b-棒形撞刀；c-斧形劈刀；d-斧形劈刀（$n_d < n_c$）

**图 5　刀型调控粒度的超线性关系曲线示意（示意）**

从实质而论，速度同刀具是密切相关的。刀具是实现力能输入物料体内起作用的方式，体现力能的不同品位。可以认为力能值和品位决定粒度。

同粒度相关的因素很多，深入了解各因素，确切掌握其效用，以丰富的实践和理论知识，破解粒度调控之谜，获取扩展粉体成品率这个“瓶颈”的技术。

## 四、 正向演绎破解“粒度之谜”

综合运用实践积累的经验和掌握的理论知识，按力能流学说，参照冲旋粉碎腔内力能布局，选定刀具组成和转子转速，配置相应筛分和抽风设施，将物料块制成需要的粉料。以下例阐明之。

当前常用三氯氢硅(光伏行业)的硅粉，要求40～120目粉，＋40目粉含量＜5%；－120目粉含量＜10%。我们应用CXD880型对撞机生产，其模型示于图1。选定制粉措施：①刀具。小刀盘2圈，各4把棒刀，拍刀防护兼送气料；大刀盘6组指掌型刀(2把棒刀并列成45°，成斜向拍刀，根部用拍刀防护兼助螺旋气流)。②转子转动频率45Hz时，1332r/min，大刀盘刀片外圆端线速度60m/s，对撞速度60×(1.5～2)＝90～120m/s。③平动方形摇摆筛1836型1台，配4层网(10、35、60、120目)。④普通离心风机，风量8000～10000m³/h，风压5000Pa。⑤给料频率40Hz。

选定依据：①刀具。从物性考虑，颚破机刚破下的硅碎块表层松弛，若使用拍刀，会使细粉量增多；若用斧形刀，下料过粗；故用棒刀最佳。又因进料口宽，棒刀接料面窄，故用两排。大刀盘用指掌刀打硬粒，减少细粉，又能鼓动螺旋风(两刀盘相向旋转)，使坚硬的碎粒互击，细化粗粒。如此配置的刀具基本保证图1所示的粒度范围。②转子速度保证粉碎力能，使物料在机内相应部位获得能量，促成粒度组成达标。③平动筛发挥多层网优势，同粉碎机密切配合，达到＋40目、－120目。选用4层网：10、35目网筛去＋40目粉；60、120目网筛去－120目粉。网目择优极为重要。④风量大小随产量、粗细适当使用，并保证2000m³/h对1t/h成品粉。⑤给料频率40Hz，保证产量。在设备允许范围内，提高给料量能增进产量。所述数据记入表2。此中关键之处在统料和有效粉中径。按拟定的上述措施，实行试粉碎，映射在图1，呈正演绎模型。各粉碎空间均有物料粒度显示。向机内投料10～20min后，过程稳定，取三个样：统料(粉碎机出料口)、回料(筛机粗粒返回粉碎机进料口)和成品粉(筛机成品出料口)。必要时间断地(间隔10min)再取两批样。筛析得平均值，同成品技术要求相对照，查实差距，改善措施，直到满足为止。

但是，这仅是破解“粒度之谜”。实际正规生产，还有产量、成品率指标必须达标。在选定粒度方案后，就得启动各方因素，综合发力，完成任务。对CXD880型对撞机而言，动用给料量、风量等参数调节，达到准成品率＞85%，产量＞2.2t/h。其调节参数记录于表2，实测统料中径$D50=1.0$mm，有效粉中径$d50=0.2$mm；转子转动频率45Hz时，小刀盘刀片线速度40m/s，大刀盘刀片线速度60m/s；给料频率40Hz。

## 五、反向演绎破解“粒度之谜”

从正向演绎积累的经验中，为突出粉碎效果，暂不考虑筛分，均以统料为分析研究对象，除去粗粒，留下的应是筛取成品的粉体（称为有效粉），而其中符合粒度范围的粉所占比例，称准成品率（准得率）。

反向演绎顾名思义就是对正向的逆向行事，即从要求的粒度出发，向中间、最初物料（原料）状态反推。根据图1，设想物料从原出料口以螺旋流绕机内大刀盘空间，盘旋经过小刀盘空间直至原进料口，物料由粉（统料和成品粉中径均符合要求）成粒（见图1），进而成块。成品经历一系列结合复原，合格粉聚拢成物料块。每一步中，粒度是如何改变的？需要什么样的粉碎参数？最后将它们串联在一起，反过去推导出从原料制取成品，综合得到的参数和措施。

再以实例反向演绎。正演绎得硅粉40～120目。现反演绎，任务是生产30～120目粉，+30目粉含量<5%，-120目粉含量<10%。以其统料有效粉粒度组成为基础，经比较，初定其有效粉中径$d50=0.33$mm，统料中径$D50=1.65$mm，期望成功。缘于此，采取以下措施：①刀具配置照旧。②转子转动频率35Hz，转速1036r/min，小刀盘刀片外圆端线速度33m/s，大刀盘刀片外圆端线速度48m/s，对撞速度48×(1.5～2)=72～96m/s。③平动方形摇摆筛1836一台，配10、25、60、120目网。④风量、风压照旧。⑤给料频率仍为40Hz。

选定的根据：同正演绎的区别仅是粒度，由此提出两条：①降低粉碎速度是主要的。②筛网用25目，则是经验积累的结果。减速使$d50$变粗，用速度对粒度调控方式，按公式$(d50)_1/(d50)_0=\nu_0^2/\nu_1^2$和$T_1/T_0=\sqrt{\nu_0}/\sqrt{\nu_1}$（经验归纳公式），即$(d50)_1/(d50)_0=T_1^4/T_0^4$实施速度对准成品率（准得率）调控方程。式中：$d50$为中径；$T$为有效粉的准成品率（准得率）；$\nu$为转子调整用频率；0和1分别表示前、后两例。

求得粉碎参数（速度）和准成品率，经筛分满足提出的生产要求，完成从结果求得应采取的措施，获取合格产品。此为反向演绎法。分别由统料和有效粉的中径求出转子转动的频率值。

(1) 统料 $\nu_1^2=\dfrac{(D50)_0}{(D50)_1}\times\nu_0^2, \nu_1=\sqrt{\dfrac{(D50)_0}{(D50)_1}}\times\nu_0=\sqrt{\dfrac{1}{1.65}}\times45=35.0\text{Hz}$

(2) 有效粉 $\nu_1=\sqrt{\dfrac{0.20}{0.33}}\times45=0.78\times45=35.0\text{Hz}$

从统料和有效粉获得一致的转子转动频率35Hz。

预期准成品率 $T_1=\sqrt{\dfrac{\nu_0}{\nu_1}}\times T_0=\sqrt{\dfrac{45}{35}}\times85\%=1.13\times85\%=96\%$

为获得要求的粉30～120目，+30目粉占比<5%，-120目粉占比<10%，需用转子转动频率35Hz，给料频率40Hz；预期准成品率96%（暂不涉及筛分，均以统料分析）。

笔者欲以此演绎法破解粉碎“粒度之谜”，并将相关数据记入表2。

**表 2　对撞机粉碎空间粒度演绎模型数据表**

| 物料 | 粗碎空间 $dD50$ | 细碎空间 $D50$ | 对撞空间 $d50$ |
|---|---|---|---|
| 粒径≤15mm(原料) | 8～10mm | 5～8mm | 2～3mm |
| 40～120目<br>(+40目粉含量<5%,−120目粉含量<10%)(成品) | | | |
| 刀型 | 外圈两排棒击<br>内圈拍击(小刀盘) | 气料互击<br>衬壁反击 | 外圈双排指掌刀拍击<br>内圈拍击(大刀盘)<br>气料对撞互击 |
| 粉碎速度 | 40m/s(实测) | 互击 50m/s,<br>壁击 30m/s | 刀击 60m/s,<br>互击 100m/s |
| 转子转动频率 | 45Hz(实测) | | 45Hz |
| 运行料 | 给料 40Hz | 统料 $D50$<br>1.0mm(实测) | 有效粉 $d50$<br>0.20mm(实测) |
| 准成品率 | 85%(实测) | 产量 | 2.2t/h(实测) |
| 筛网 | 10/35/60/120 目 4 层 | | |
| 物料 | 粗碎空间 $dD50$ | 细碎空间 $D50$ | 对撞空间 $d50$ |
| 粒径≤15mm(原料) | 8～10mm | 5～8mm | 2～3mm |
| 40～120目<br>(+40目粉含量<5%,<br>−120目粉含量<10%)(成品) | | | |
| 刀型 | 外圈两排棒击<br>内圈拍击(小刀盘) | 气料互击<br>衬壁反击 | 外圈双排指掌刀拍击<br>内圈拍击(大刀盘)<br>气料对撞互击 |
| 粉碎速度 | 33m/s(实测) | 互击 45m/s,<br>壁击 25m/s | 刀击约 48m/s,<br>互击 80m/s |
| 转子转动频率 | 35Hz(实测) | | 35Hz |
| 运行料 | 给料 40Hz | 统料 $D50$<br>1.65mm(理论) | 有效粉 $d50$<br>0.33mm (理论) |
| 准成品率 | 90%(理论) | | |
| 筛网 | 10/25/60/120 目 4 层 | | |

## 六、提高准成品率的应用实例

### 1. 选取实例

2014 年 8 月 29 日进行 CXD880 型对撞粉碎机研究试验。机上配置刀具：大刀盘眼镜型棒凸刀，小刀盘两排劈刀。试验参数：主机转子转动频率 35Hz，给料频率 40Hz，生产得硅粉 25～120 目，其中＋25 目粉含量＜5%，－120 目粉含量＜0%。

统料粒度筛析于下。

| 粒径/目 | 20 | 25 | 30 | 40 | | 100 | 120 | 160 | -160 |
|---|---|---|---|---|---|---|---|---|---|
| 粒径/mm | 0.85 | 0.80 | 0.55 | 0.36 | | 0.15 | 0.13 | | |
| 质量(取统料1000g)/g | 432 | 30 | 127 | 106 | | 114 | 103 | 25 | 63 |
| 含量 | 44% | 3% | 11% | 11% | | 12% | 10% | 3% | 6% |
| 有效粉含量 | | 5% | 20% | 20% | 47% | 21% | 18% | 5% 9% | 11% |

准成品率84%，准细粉率16%

其中，统料中径 $D50$＝0.80mm；有效粉（25～120 目）中径 $d50$＝0.28mm。

按统料分析，有效粉 25～120 目中的准成品率（准得率）占 47％，－120 目为细粉，占 9％，获准成品率（准得率）为 47/（47＋9）＝84％。绘成特性曲线（如图 6 曲线 1 所示）。为达标，需减少细粉量，并尽量提高成品率。

**2. 提高准成品率（准得率）**

上述实例是正演绎。以其为基础，寻求使准成品率从 84％提高至 90％的方法。

求解：采用反演绎法，设定提高成品率的粒度组成如下。拟以改变粉碎速度提高成品率。增速可细化粗粒，减少回料，减小统料中径 $D50$，因而增大有效粉中径 $d50$，即＋25 目粉减少，只是，能否使－120 目粉相对减少，即粉变粗，则有待两转子巧妙配合。只是，不可超标。着眼点在统料和有效粉中径，以适当增减中径为手段。至此，可以进行粉碎速度计算。

运用现有生产经验，分析综合有关数据。在前述基础上，绘得理想特性曲线（见图 6 曲线 2）。

其粒度筛析如下。

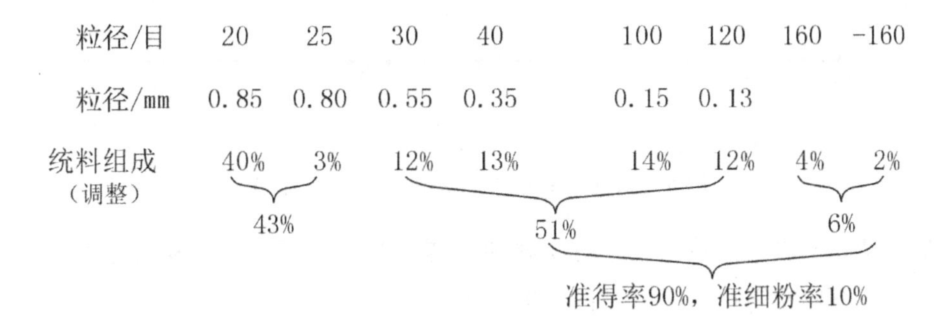

| 粒径/目 | 20 | 25 | 30 | 40 | 100 | 120 | 160 | -160 |
|---|---|---|---|---|---|---|---|---|
| 粒径/mm | 0.85 | 0.80 | 0.55 | 0.35 | 0.15 | 0.13 | | |
| 统料组成（调整） | 40% | 3% | 12% | 13% | 14% | 12% | 4% | 2% |
| | 43% | | 51% | | | | 6% | |

准得率90%，准细粉率10%

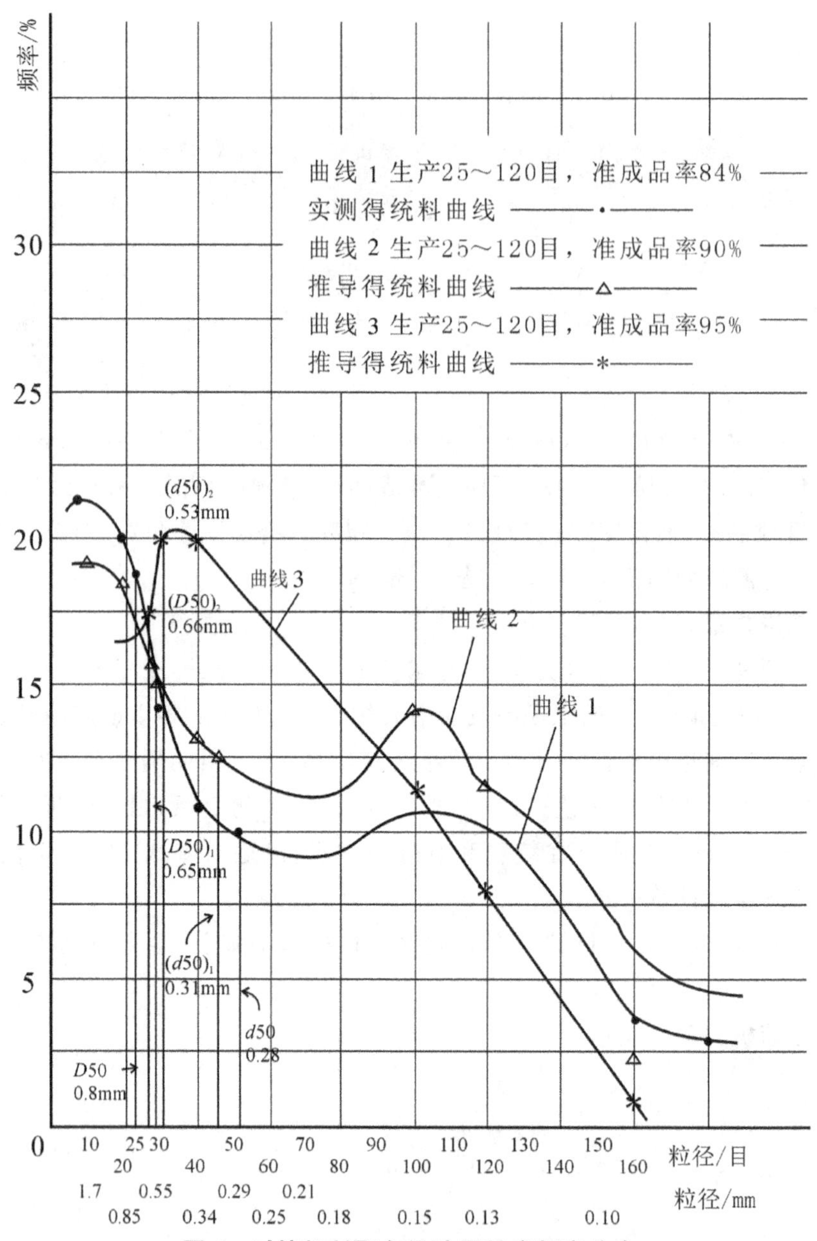


**图 6　对撞机制取多晶硅用粉度频率分布**

进而计算其粉碎参数。设理想粉料加工速度为 $n_1$，统料中径为 $(D50)_1$，$(D50)_1=0.65\text{mm}$，有效粉中径为 $(d50)_1$，$(d50)_1=0.31\text{mm}$。

统料：

$$D50 \cdot n^2=(D50)_1 \cdot n_1^2,\quad n_1=\sqrt{\frac{D50}{(D50)_1}} \cdot n$$

$$\nu_1=\sqrt{\frac{0.80}{0.65}} \cdot \nu_0=\sqrt{\frac{0.80}{0.65}} \cdot 35=1.1 \cdot 35=39\text{Hz}$$

有效粉：

$$d50 \cdot n^2 = (d50)_1 \cdot n_1^2, \quad n_1 = \sqrt{\frac{D50}{(D50)_1}} \cdot n$$

$$\nu_1 = \sqrt{\frac{0.28}{0.31}} \cdot \nu_0 = \sqrt{\frac{0.28}{0.31}} \cdot 35 = 0.95 \cdot 35 = 33\text{Hz}$$

两转子转动频率从 35、35Hz 调 33、39Hz，升降率 35/33＝1.06，39/35＝1.11。

按统料和有效粉中径获取两种粉碎速度，两转子转动频率分别为 39、33Hz，其线速度分别为 50、42m/s。给料量不变。利用对撞双转子不同速度配合，可以获得更好的粒度调控，增大成品率。不妨称之为“对冲法”，有关学理容后评述。效果明显，将结果示于图 6 中，曲线②比曲线①高很多，粒度增粗，成品率亦将进一步提高。

**3. 提高准成品率的试产结果**

就统料中准成品率而论，在 CXD880 型试验机上，经多次测试，可获得结果于下。

(1) 测试条件。硅块粒径 100mm，颚破成粒径＜30mm 碎料；产品粒径 25～120 目，＋25 目粉占比＜0%，－120 目粉占比＜0%；CXD880 型对撞机，试验生产线。

(2) 给定粉碎参数。给料频率 40Hz，粉碎机两个转子以相同和相异速度(以频率/线速度表示)相向旋转的对冲法获得不同准成品率。结果如表 3 所示。

**表 3　对冲法对准成品率的影响实例**

| 频率 | 准成品率/% |
|---|---|
| 两转子同速 35Hz(48m/s) | ＞80 |
| 转子 38Hz(50m/s)和 32Hz(44m/s) | 约 85 |
| 转子 40Hz(52m/s)和 30Hz(41m/s)，上、下限 50～25Hz，给料 35～45Hz | ＞90 |

相异两转速的搭配需经实际考核才能有效。

(3) 刀具均为棒形刀。大刀盘用指掌刀，形成对撞。

(4) 改变刀具和机内结构，消除不良因素。改进后，准成品率能提至 95%上下，使成品率增至 90%。

**4. 提高成品率(得率)**

在上述提升准成品率(准得率)的基础上，增高成品率(得率)，是对冲粉效用的最现实的评价。

上例(生产 25～120 目硅粉)已获准成品率 90%，准细粉率 10%。为获取最终成品率，尚需考虑制粉系统内(旋分器、布袋器等)细粉量，约为总量的 3%～6%。现取 5%，则成品率为 90%×(100%－5%)＝85.5%，细粉率为 10%×(100%－5%)＝9.5%。由统料分析，改变参数，将准成品率从 84%提高到 90%。然而，实际只有 85.5%[90%×(100%－5%)]。为使成品率达到 90%，准成品率应提高到 95%(90%→95%)。如何达到？首推反演绎法，从统料组成到粉碎参数、刀具配套、筛网配置和风量做一系列安排。此处暂限于统料组成和粉碎参数。其他留在以后再议。具体推演操作如下。

成品粉要求：25～120 目，+25 目粉占比<0，-120 目粉占比<0。频率分布图见图 6。

为便于对照，将上例粉料粒度、准成品率引述于下。

主机 33/39Hz 给料 40Hz

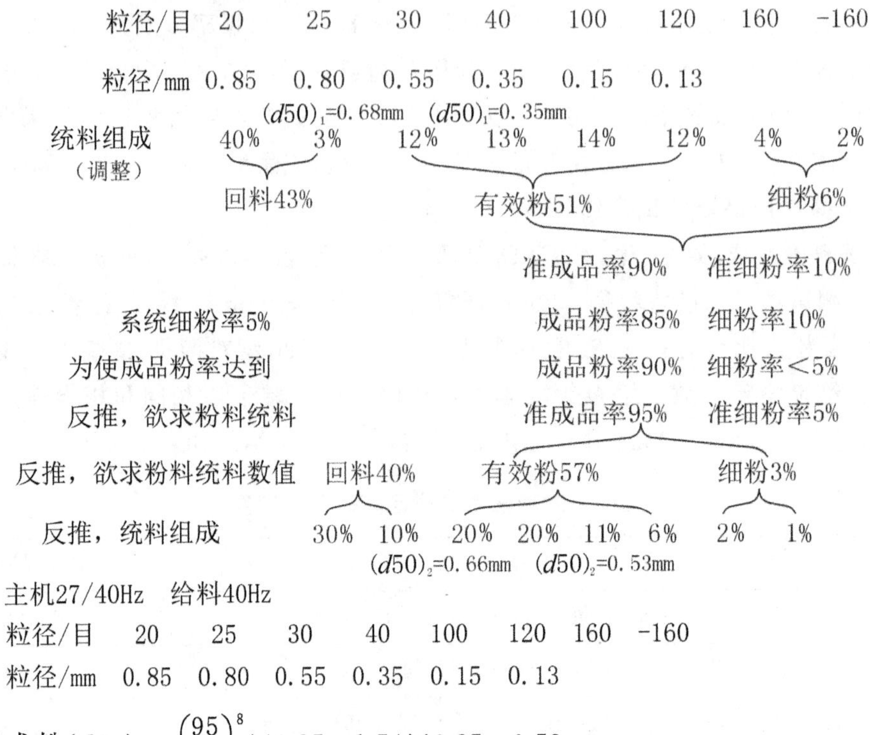


欲求粉$(d50)_2=\left(\frac{95}{90}\right)^8\times0.35=1.54\times0.35=0.53\text{mm}$

根据$(d50)_2=0.53$mm，粗定有效粉粒度组成和回料组成如上，其中$(D50)_2=0.66$mm。

两项速度均调整：

33Hz→27Hz，降率 33/27=1.22

39Hz→40Hz，升率 40/39=1.03

按 $d50$ 和 $D50$，分别求出两转子转速。

$$低转速频率\ \nu=\sqrt{\frac{0.35}{0.53}}\times33=27\text{Hz}$$

$$高转速频率\ \nu=\sqrt{\frac{0.68}{0.66}}\times39\approx40\text{Hz}$$

为使成品率达到 90%，必须使准成品率为 95%，其两转子转动频率应为 27、40Hz。此处显示对冲法的过程。正是它能解“粒度之谜”，使成品率提高到 90%，“望穿秋水”变成现实。类似推演已在 CDX880 型对撞粉碎机上使用，效果良好。但此项推演有待稳定生产实践验证。我相信很快就会有结果。

### 5. 对冲法粉碎过程和学理

在反演绎推算有力的支援下，对冲法为提高成品率做出很大贡献，使异速对撞发挥出独特的功能。

1）冲旋对冲粉碎过程

粉碎是物料受外力后变形碎裂的过程，是物料对抗外力的结果，体现出物料同外力的对抗，呈现为矛盾现象。循着物性巧妙地运用外力，制取要求的粉料，正是生产技术的本意。我们在冲旋式粉碎机上，以转子产生的外力实施对撞技术。其中两个粉碎转子以不同的速度相向运转，不仅有冲旋粉碎，而且最后使物料对撞，减少回料量，提高成品率和产能。为此，必须调控粉碎参数，尤其是速度，以期获得最佳粒度组成和成品率。所以，粒度和速度就成为一对至关重要的互相制约的因数。粉碎速度高，物料粒度小，反之亦然，并决定成品率和产能。但是物料粒度组成依后续的产品要求而变动，往往难达到粒度、成品率和产能全方位最佳水平。例如硅粉，主要品种有两个：有机硅粉和多晶硅粉。前者偏细，后者偏粗。通常是粒度达标，而成品率和产能过低。目前多晶硅粉的成品率最高是85%。冲旋式对撞粉碎对提高成品率做出贡献。方法很简单：两转子相向旋转，按指定的速度各自冲旋粉碎物料，最后驱使物料对撞粉碎，获取所需粒度和最佳成品率、产能。

影响对冲的因素较多，诸如速度、刀型、给料量等。在遵循物性的基础上，调控上述因素，使对冲法拥有很大的灵活性和效能。

2）对冲法的学理

对冲粉碎分两步进行：第一步冲旋粉碎。两转子分别以高、低速实施冲旋粉碎，各自打细和粗（相对而言）粉。第二步对撞粉碎。两转子分别以高、低速实施对撞粉碎，高速转子以其刀具和驱动的螺旋气料流细粒对撞低速转子旋送过来的气料流粗粒，即高速的细粒和低速的粗粒相撞。而细粒比粗粒硬，强度相对高一些，尺寸比约为2。粗粒被撞碎，其破碎比肯定比细粒大。于是，粗粒回料减少，而细粒不会碎得过细，有效粉量增大。这样利用对撞粉碎的两个转子所具的特性，发挥各自所长，冲抵不利因素，避开过粗过细，最后以物料对撞赢得高效率，全过程正好体现出对冲法的学理内涵。

3）对冲取名的解释

“对冲”为金融界中为规避风险而创造的一种投资方法。这种方法就是常说的利用好条件，使互补互利。以中国哲学看，是刚柔相济、软硬兼施、虚实结合，和辩证法的矛盾对立统一原则相符合。就对撞粉碎过程，选用“对冲”这个词更贴切，既独立又联合，既发挥特长又互相消长，而对撞更是对冲的核心。既然是对冲，我们就可以调控，使之迸发最佳活力。

## 七、 未完的结束语

笔者经探究，已经掌握了一些粉碎粒度之谜的内涵，但有待继续！不过，冲旋制粉是特例，已有多种方法，尤其是对冲法可以揭示获取制粉粒度之“谜底”的多条途径。“谜”途曲径可以通幽，“桃花源”会闪现美景！使粉碎力能流和物料变形碎裂按设计路径传递——这就是获得粒度粗细的准则。

**参考文献**

［1］刘晓宇.向工程设计完全解析［M］.北京：中国铁道出版社，2010：2－5.

# 物料粉碎的力能流研究

## ——关于力能流粉碎过程学说及理论的探讨

**摘要**：从实践中体现力能流的存在及其在物料粉碎上的独特效能。理论的探索证明冲击粉碎中力能流的性状及其参数的定性效用，是控制粉碎过程的理论根据。而力能流学说将粉碎过程描绘得形态逼真、机理透视得更清晰，促使粉碎技术不断进步。

冲旋粉碎技术积累了多年的经验和理论知识。以“力能流”为“手术刀”，用于掌握与解剖冲旋粉碎技术，以期提高到“力能流粉碎理论”，更好地指导物料粉碎技术，包括工艺和设备的研究、设计和使用。固体物的粉碎是一个过程，看起来挺简单，可是，充分发挥其优势，获取最佳技术经济指标，却相当复杂。自古至今对其解释众说纷纭。笔者冒昧，通过冲旋粉提出对粉碎过程的见解和设计计算的思路。

通常粉料采用机械粉碎法，其中最关键的是能和力的合理使用。由此，提出物料粉碎的“力能流学说”。

### 一、 物料粉碎的“力能流学说”[1-4]

#### 1. 力能流的行踪形象

物料粉碎过程中，机械力和能量是很重要的因素。冲旋粉碎[5]中，力和能的效用更明显。就用于硅粉在线生产的冲旋式对撞粉碎机为例(见图 1)，两个转子居中，相向高速运转，其上各设一对大、小刀盘，配置粉碎刀具，按要求调整，如拍击刀、棒击刀、斧击刀等。各类刀组装位置分别具有高、中、低速度和能量，转动中冲击物料激发力能流，体现不同的粉碎效果。物料块从两端入口加进，经小刀盘刀具粗打，旋送至大刀盘刀具细碎，从下部出料。硅块从粒径 15mm 至＜1mm，其历程示于图上方。硅块经历了三个基本阶段，以性能硬化为序：脆软、脆硬、硬韧。物料块愈打愈硬。为满足产品生产要求，必须调控力能流。参数和刀型等就得灵活改变，唯一不变的是大、小刀盘线速度相异。另一面，使力能流粉碎效能与物性变化相适应，在机体腔内形成梯度，以期获得最佳结果。另一方面，转子旋转中，刀具引领气料流呈螺旋状，有较高速度，蓄含能量。当气料流碰撞机壁衬板和物粒互撞时，引发力能流，粉碎物料。其效果又同气料流速度和衬板面状态有关系。而两大刀盘相向运转，形成气料螺旋流引向对撞，冲击速度成倍增大，力能流的实力也将大增，粉碎效果势必超强。物料从下部出料，送往过筛。整个加工过程可看作物料块同力能流较量的经历。概括地讲，粉碎机两个转子相向高速运行，在机体内建造了能量场，形成高、中、低梯度能量区，又有气料流呼啸风旋；呈流线的刀具打击物料，输出动能，引发冲力，粉碎物料；同时，激起的气料螺旋风，使物粒对撞互击，衬板反弹，动能互换，力透料背，继续粉碎。图 1 形象地演示出力能成流，穿插物料，获取冲旋粉。

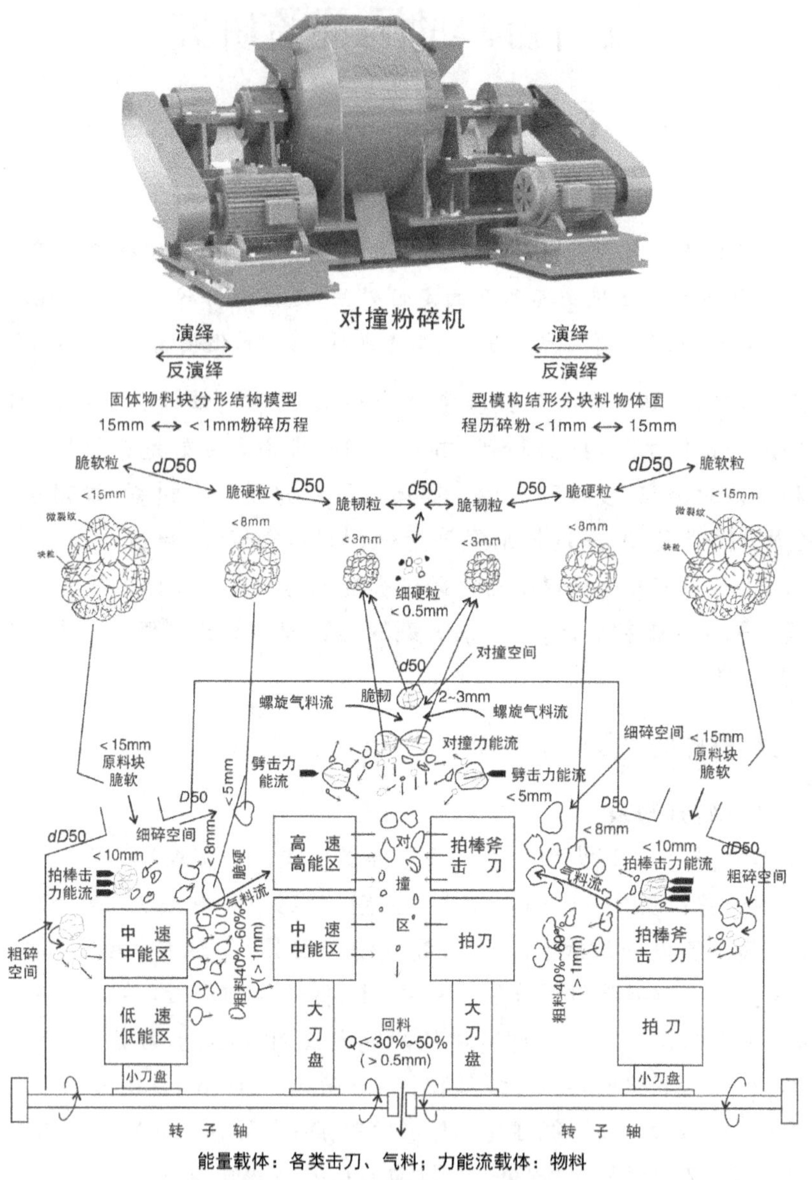


**图 1　冲旋对撞粉碎过程演绎模型**

纵观粉碎理论的发展，经典三理论从体变形、面变形和裂纹切入物料粉碎能耗研究，取得奠基效果。但是，笔者从事制粉生产实际，深感必须切实解决产品质量、产量、成品率等问题，所以，在经典理论的基础上，结合最新技术发展，应用现代技术，根据自己的实践，提出粉碎的力能流学说。

**2. “力能流学说”的基本点**

力和能是粉碎物料的两个机械动力量，以能为主、力为辅，蓄势蕴力，相得益彰，由能获取力，力助能做功，效用紧相随，组成力能流，引发和扩展裂纹、裂缝，实现可控的物料粉碎，获取需求的粉体材料。力能流基本点分述于下。

(1) 力和能两个机械变量，是粉碎物料的超线性动力因素。力和能来自粉碎刀具撞击，料粒对撞互击，衬板反弹。两者功效紧密相连，自行组合成力能流。

(2) 力能流四要素。力有三要素：作用点、方向、大小。能受力之助，其能量子演绎出能的四要素：作用域、指向、大小和速度。指向比方向宽，不像力的方向，直指前方，能本身没有方向性，只因受力影响，作用方向跟着向前，所以，称为“指向”。组合而成的力能流就具有作用域、指向、大小和速度四个要素。

(3) 力能流功效体现为产生裂纹的疏密、覆盖空间大小和网裂特性等。其影响因素有：①力能本身要素。②受击物的理化力学性能。③粉碎刀具、冲击方式、受击面性态。④最小耗能法则。⑤时空效应，包括力能流运行空间、密度、冲击频率，物料运行空间。

(4) 力能流实施功效经过的路径，是其引发应力应变留下的轨迹，借用细观力学的词汇，称为力链或力迹，表明各点应力应变紧接形成的链状结构。遵循最小能耗原理，沿最薄弱环节网络，引发裂纹、裂缝，呈网状，形似树根、树叶茎、水帘、瀑布等多种型式的网裂，使物料粉碎，沿设定方向扩散。

(5) 控制“力能流—力链(力迹)—网裂”，实现各种型式的粉碎，获取各类粉碎效果：粒度、成品率和产能。实现可控粉碎技术。而实现控制最积极、最有效的因素就是粉碎速度。为形象地理解力和能组成的力能流，不妨用汽车作比喻：利用发动机里汽油的能量开动汽车，产生拖动力，使汽车跑起来。能产生力，力带着能，实施汽车运送功能，汽车行走就是力能流的运动。控制力能流，就如驾驶好汽车，安全可靠。

## 二、 力能流学说的基础

提出力能流学说的基础有三：实验测试佐证、理论分析印证和生产实践验证。

### 1. 实验测试佐证

最简单的实验为用锤敲碎石：一锤子(力能流)下去，石头就会裂开，出现多条裂纹、裂缝，再打一锤，石头就碎了。脆性物料，如岩土、岩石、混凝土等，大量地应用于道路、桥梁、建筑、矿冶等行业，随受各类载荷或加工改变结构和形体，其中不乏开裂损伤。为保证其可靠性，划清使用范围，需要进行机械强度测试，以掌握损坏过程。自 20 世纪末以来，在材料研究上，应用带加载装置的扫描电镜(SEM)、计算机断层扫描机(CT)等，实时实地地拍摄材料加载中结构应变的图像。如图 2 所示为利用扫描电镜对大理石受载破损进行研究，录制下一系列照片，充分演示带割缝岩石受单轴压缩中由微细观裂纹发育至宏观断裂形成的过程[6]。载荷逐步增大，自无载(见图 2a)至最大值 94.25MPa(见图 2e)，裂隙随之发生、发展、延伸、会合，由窄而宽，曲折蜿蜒，循力而行。卸载后(见图 2f)细缝收敛。类似研究也获得同样结果。这充分说明物料，尤其是脆性物料，都表现出相近的损伤过程，体现出力能的作用，演示出固体物料受载后激发裂纹，并随载荷的增大而逐步发展的“力能触发物料开裂的物理模型”，最终成粉体。此处单轴压缩来自外加能量转换。

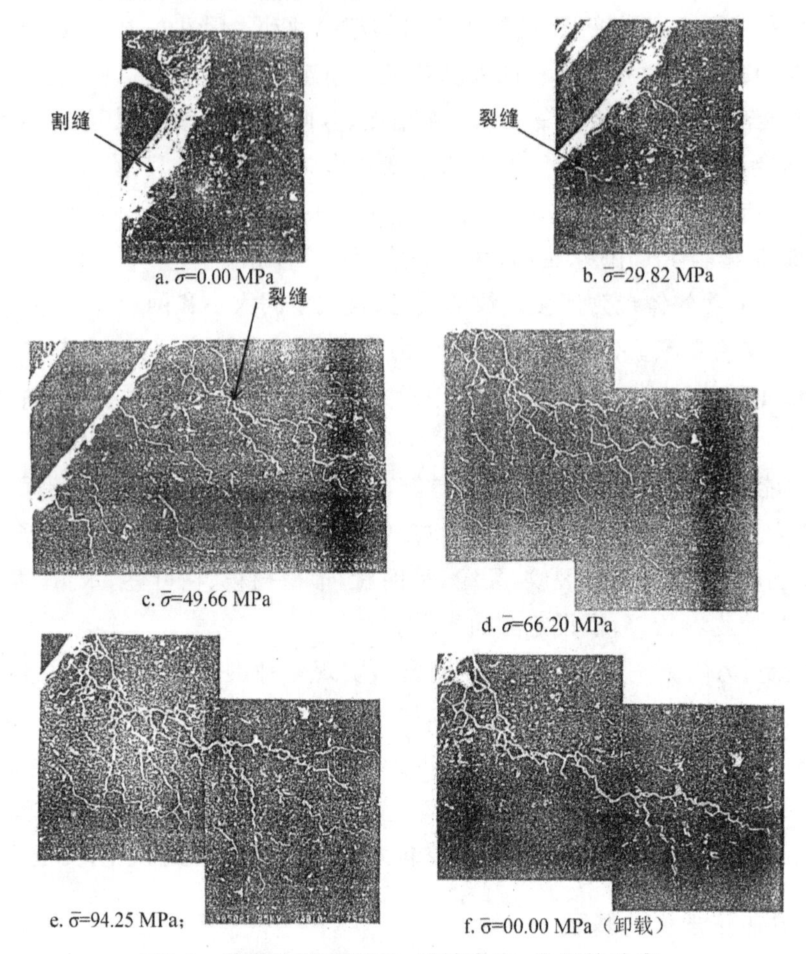


**图 2　载荷作用下裂纹、裂缝发育、发展的动态**

又如图 3，利用扫描电镜和光弹测定仪器录下外力引发的应力应变，以应力波形式循物料组织传递，再经离散元模拟，绘成裂纹(缝)、位移和接触力图，显示力能流呈现的物理模型[7]。

图 3 的三列图形分别代表不同的外力 $P$ 加载速率下裂纹(缝)、位移和接触力的分布。随着加载速率的提高，三组数列随之增强(线段变粗)。同一试样在外力 $P$ 逐步增大的加载条下，从两端挤压，在其内部分形单元之间传递 $P$ 的作用力(接触力)，其传递方式呈放射曲折前进型，成束状，主干沿 $P$ 力方向，旁枝分叉、强度渐衰。由外力 $P$ 引发接触力，产生应力应变，物料单元受逼向两侧位移(拉伸)，随加载速率的增加逐步增大。裂纹进而萌发、扩展，直到开裂，显示出裂纹轨迹。该图同样暗示物料受载损坏的物理模型，形象地描述分形网络结构在力能作用下的破损过程。

再如图 4 所示，对岩石冲击载荷下，观测碎屑形成现象[8]，通过实验装置获得结果。冲击载荷以其加载速率 $V$ 表示。$V1$ 冲击小，只出现轻微裂纹；当 $V2$ 至 $V6$ 逐次增大，则屑碎渐次变细，颗粒增多。用同类砂岩样品、同样大小，测试表明，冲击载荷

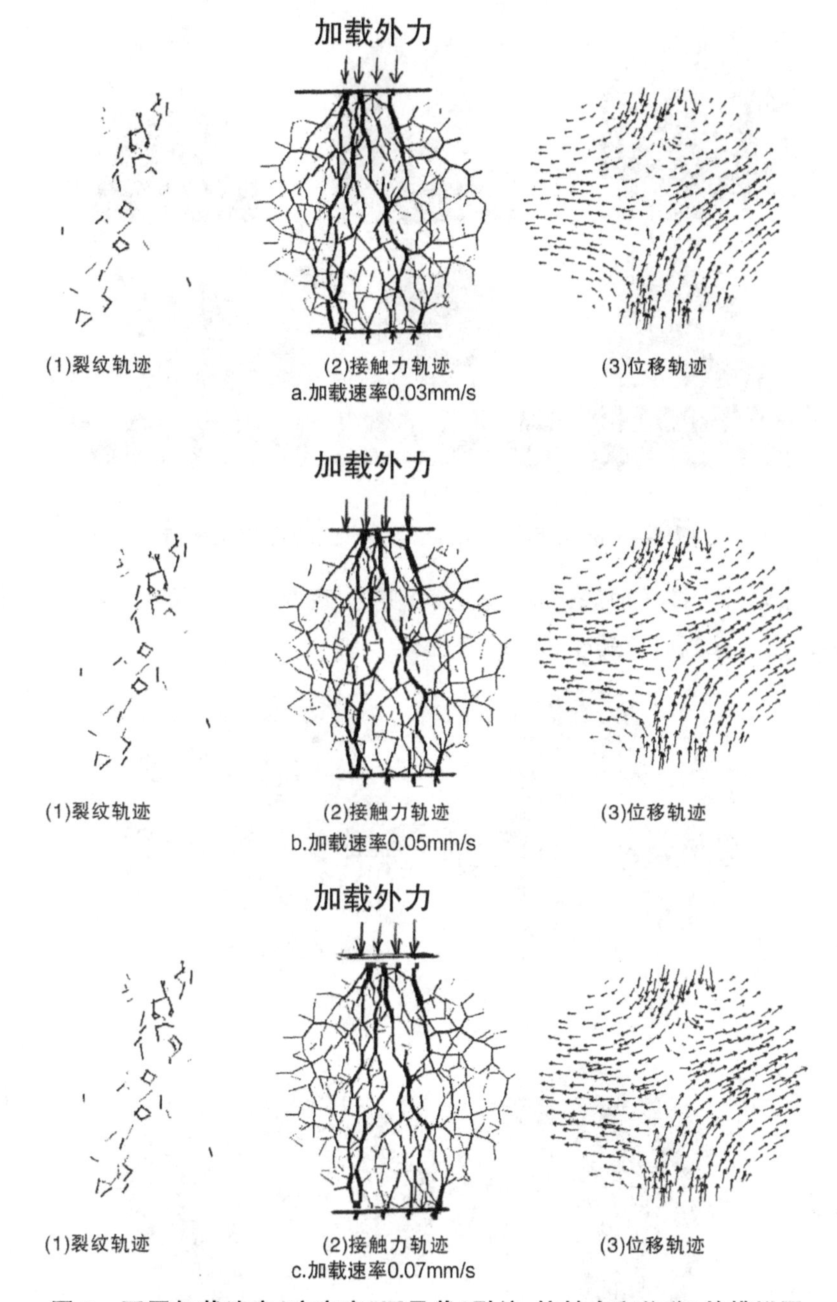


**图3　不同加载速率(应变率)下承载(裂纹、接触力和位移)的模拟图**

愈大,碎屑愈细,即物料粉碎程度同载荷成正比。类似的试验也取得相同的结果,体现出力能的作用,显示出固体物料受载后,冲击能量、引爆冲力激发裂纹,并随着载荷的增大而最终导致碎裂,演绎得"力能碎裂物料的物理模型"。

上述物理模型明确地描绘了固体物料受载损伤的过程。由能得力,将微细观损伤发展至宏观开裂粉碎历程呈现于眼前。

对模拟图(见图3)做进一步研究,外载荷在物料微细观颗粒间作用,传递接触力,在宏观上显示传递路径,称为力链(如图5中黑色线条),其延伸方向指示接触力方向,

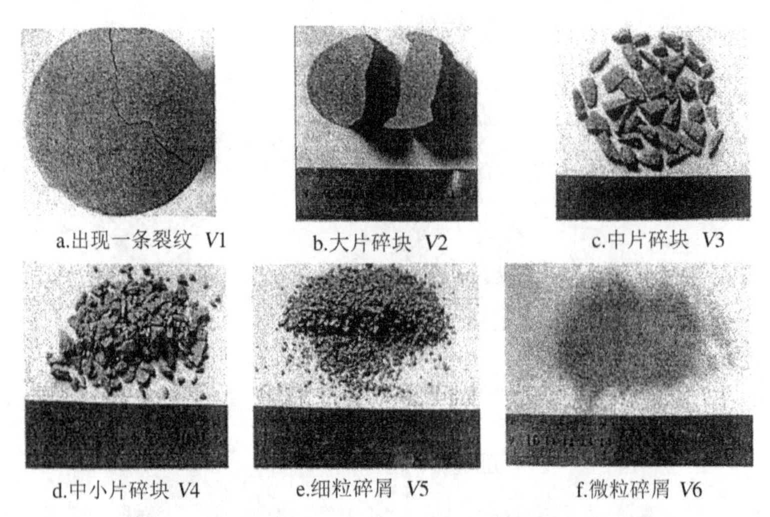


**图 4　冲击载荷下岩石破碎后产生的棵粒及碎屑**

其粗细表示强弱。力链随加载速率(应变率)变化,两者成正比关系。形象地讲,(a)是缓冲(慢速冲击),(b)和(c)是碰撞,(d)是爆炸。

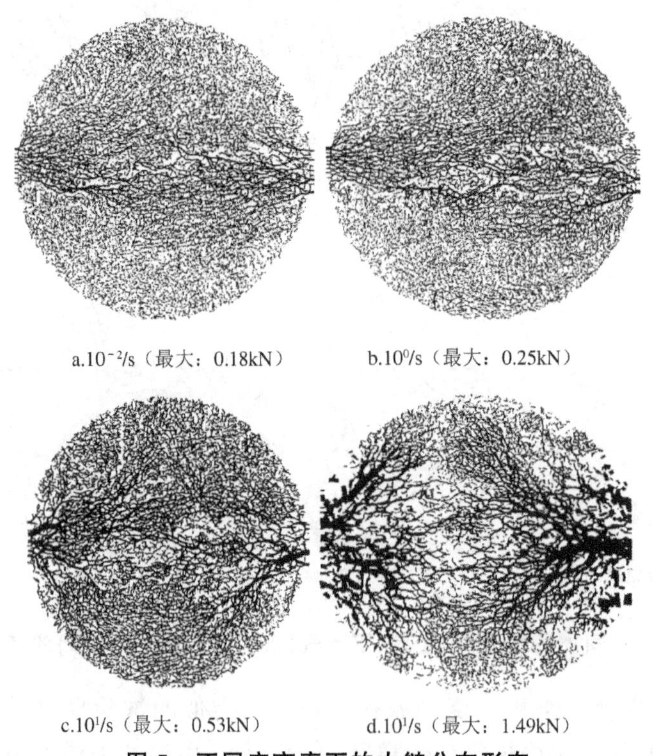


**图 5　不同应变率下的力链分布形态**

由此深入考究,外载循力链作用,产生应力;以应力波形式引发沿程物料结构的应变。外载引发的应力和应变超过材料强度以后,物料微细观层次结构由裂纹经裂缝而至开裂,酿成宏观层次的破裂损坏。再观察物料的粉碎,只是这个过程强烈和急速的发展后爆发性的损伤而已。

前述实验和分析形象地表明，外加的力能流引发物料的损伤，从裂纹发展为裂缝，直到开裂，成碎粒，其损伤程度和裂度随着力能的加载速率提升而加剧。力能的运行路径则是力链，又沿着外力方向曲折前行，总指向不变，显示出兼有力和能的特性，互相配合，可称为“力能流”。因此，可以应用力能流的观点来认识、掌握物料损伤现象及对其分析、研究，并应用于物料粉碎技术。上述实验表明，外载以力能流作用于物料，使之处于应变状态，并随外载超额，引起物料结构循网络开裂直至碎裂的临界应变状态。所谓粉碎，就是物料内部已裂变粉末应变临界状态的解体，显露成粉体而已。

类似实例很多，如钻探凿岩、打油井等都关系到损伤岩体、破碎岩块，都能佐证力能流的功效。不仅在脆性物料上，而且在韧性物料上也发现同样现象。如美国学者运用极高速摄像技术，玻璃被子弹穿透而开裂瞬间的状态拍下，附着在玻璃面上的水膜拉出锥形，并显示其上裂纹，详见图6。冲击使物料强化而变脆，韧性变脆性。

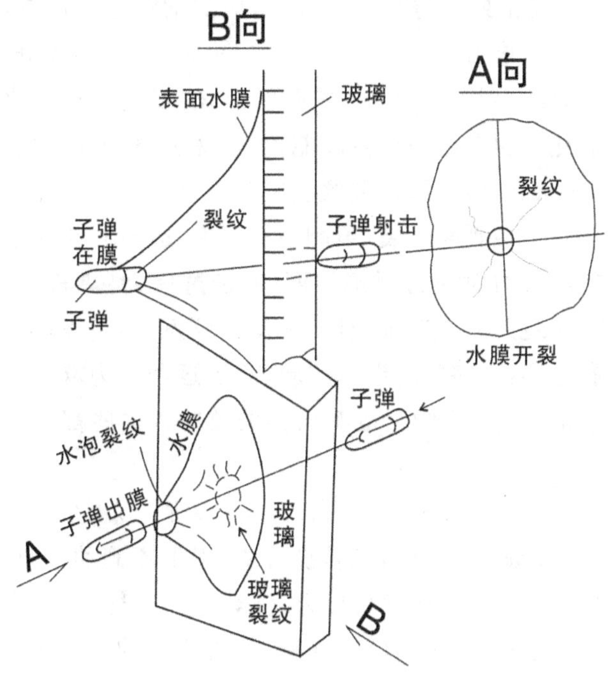


**图6　子弹碎透水膜状态**

**2. 理论分析印证**

实验和实践都告诉我们，在粉碎过程中，力能是最积极的主导动力，值得深入研究。掌握了力能，就能更好地实施物料粉碎技术。因此，有必要展开对前述实验和实践的理论分析和验证。就实质而言，粉碎属于物料损伤的结果，宜运用损伤力学进行探索。问题的焦点在于外载如何作用，又怎样作用于损伤和破坏物体。对此论述较多，但多偏理论，实际应用时难点多。而笔者认为，粉碎的动力是力能流，易于理解，拟定的学说要如实地印证粉碎过程和有效地掌握粉碎技术。正如我国古代水利专家的“束水攻沙”技术，将沉积河底的砂泥利用水的力能予以疏浚，极易于理解和实施。

如今我们“束力能，攻金石”，利用机器的力能提高产品质量。

力能流学说的理论根据是三项理念的前两项，它们是物料的分形网络结构和力能的流变转换性状。有关三项理念，详见另文。下面展开其对力能流的印证阐述。

物料冲旋粉碎的根本原因是输入能量。输入方式和效果虽是多种多样的，但其基本过程——力和能的作用及其转换，引发物料变形、碎裂是确定的，其实质可概括为“力能的流变转换性状理念”。它的主要内涵源于力学碰撞原理的推导，分述于下。

(1) 能量是能量子流。电流是电子流，光线是光子流。根据量子理论，能量是能量子流。比如，冲击粉碎的动能就是其微动能组成的能量子流。按力学理论动能 $E=\frac{1}{2}mV^2$，其微分 $\mathrm{d}E=V\mathrm{d}(mV)$ 即为微动能。$\mathrm{d}(mV)$ 是微动量，$V$ 是粉碎速度，是最有效的因素。

(2) 能转化为力。受击处，能量子微动能对应的微动量在冲击速度的驱动下，产生冲量，引发冲力，能转化成力，随之穿入物料块，示为力链，沿着分形网络发展，激发应力和应变收入能量，使物料晶体变形，显现位错，微细观缺陷恶化，损伤放大，整体开裂直至粉碎宏观恶化。而正是力转换成能，循着物料薄弱环节(分形网络)，如此继续前行，沿途改变物料状态，引(促)发裂纹、裂缝、开裂、碎裂，实施粉碎过程。其间最需关注的现象是料块受击后延时开裂，声响不轻。究其缘由，正是能转化为力。如硅块受击硬化，强度增高，应力没超过对抗强度；冲击过后，料块软化，而体内吸收能量尚未散去，转化为力，超过此时的对抗强度，促使裂纹发展，引发响声。可谓能与力转化之印证。在粉体技术中，许多学者做过实验，阐述运用压力释放效应实现脆性物料开裂、破碎、粉碎等效能[11]，且热能等也有同样的效能。这些都体现出能与力的转化关系。

(3) 能和力的有效配合。能量以自己的容量为后盾，以派生的力(示成力链)为向导，经实施相应调馈模式，通过不同流变转换方式，引发不同的物料变形，获取不同的粉碎效果(见图 1、图 4、图 6)，真是宏观见力，微观藏能。这其中，力能的性状四大要素(大小、方向、着力点、速率)显示出巨大作用，如对物料的作用力有压、研、拉、劈、切等，得到的效果差异明显(见图 7)。形象地讲，力能就像连发的子弹流，头尾紧接；以携带的能量为依托，以力为导向，沿着物料薄弱的分形网络，引(促)发裂纹、裂缝，遵循最小能量和最小能耗的自然法则，完成粉碎任务。但是，子弹流的威力受发射的枪支、子弹和使用技术等影响，相异是很大的。力能流同样受四大要素控制，效果不同。其内容相当丰裕，值得深入探索。

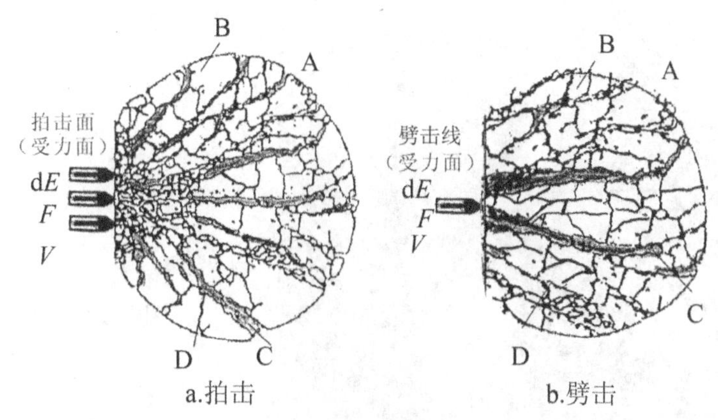


a.拍击　　b.劈击

A-料块；B-碎粒；C-裂缝；D-裂纹；d$E$-微动能；$F$-冲力；$V$-冲击速度

**图 7　物料受击动力模型**

由此可见，该理念的功效就在于：运用力能的流变转换性状，灵活掌握力和能的转换方式，针对物料分形网络结构，以最低能耗制取最佳品质的产品。形象地讲，力能流正如高压流采矿，利用高压水流，冲击岩石，压力高，流量大，能量足，转换成冲力大，袭入裂缝，潜行钻进，劈开岩石成碎屑。水流压力愈大，流速愈高，流量愈大，力能愈大，冲碎效果愈佳，碎屑愈细。控制高压水参数就能改变劳作效果。力能流就像高压水流，调节其四大要素（大小、方向、作用域和速率），即能获得不同的粉碎结果：粒度、成品率、产量，以及设备性能的发挥、工艺的改善。

## 三、 生产实践验证

力能流的粉碎效用，在冲旋制粉生产实践的三个主要方面（俗称粉碎三要素，即物料性能、机器参数和刀具型式）上，已逐步得到显现。最初，刀具只用平板形的，如锤头、平板形刀片等，在力能流学说推导下，开始使用斧形、圆棒形刀具，获得粗细可控的粉料。目前已形成三种基本刀型，效果很好（见图 8）。从粉碎效果看，平板形刀对料块冲击点多，力链多而重，裂纹交错，多而宽，碎裂密集，出粉细。斧形刀对料块冲击点集中，力链少而重，裂缝分叉轻，少而宽，碎裂疏散，出粉粒粗。而棒形刀则介于前两者之间。控制粒度是生产关键之一。在选用刀具基础上充分发挥力能流的四大要素，尤其是速率，效果很明显。灵活地运用力能流学说，就可以获取更实惠、更先进的生产技术。

力能流学说应用发展历程可分成三段：①中高速拍打时段，呈现拍打动力模型。使用平板形刀片，以中高速拍打。擅长制取细粉，如 50～325 目粉，生产效能高。此时力能流显示于图 2、图 4、图 5a、图 7a、图 8a 上。裂纹网络密度高，覆盖面宽，碎裂空间大，物料成细粉概率大，粒度细，成品率高，产量高。但是，用于粗粉，如 40～120 目、40～140 目粉，效果就差，伴生细粉量大，经济效益变差。②低中速劈打时段，呈现劈切动力模型。使用锤片形刀片，以低中速劈打，解决了粗粉生产效能低的问题，通过小规模试验到推广应用。此时，力能流如图 5b、7b、8c 所示，力链、裂纹和位移都显得

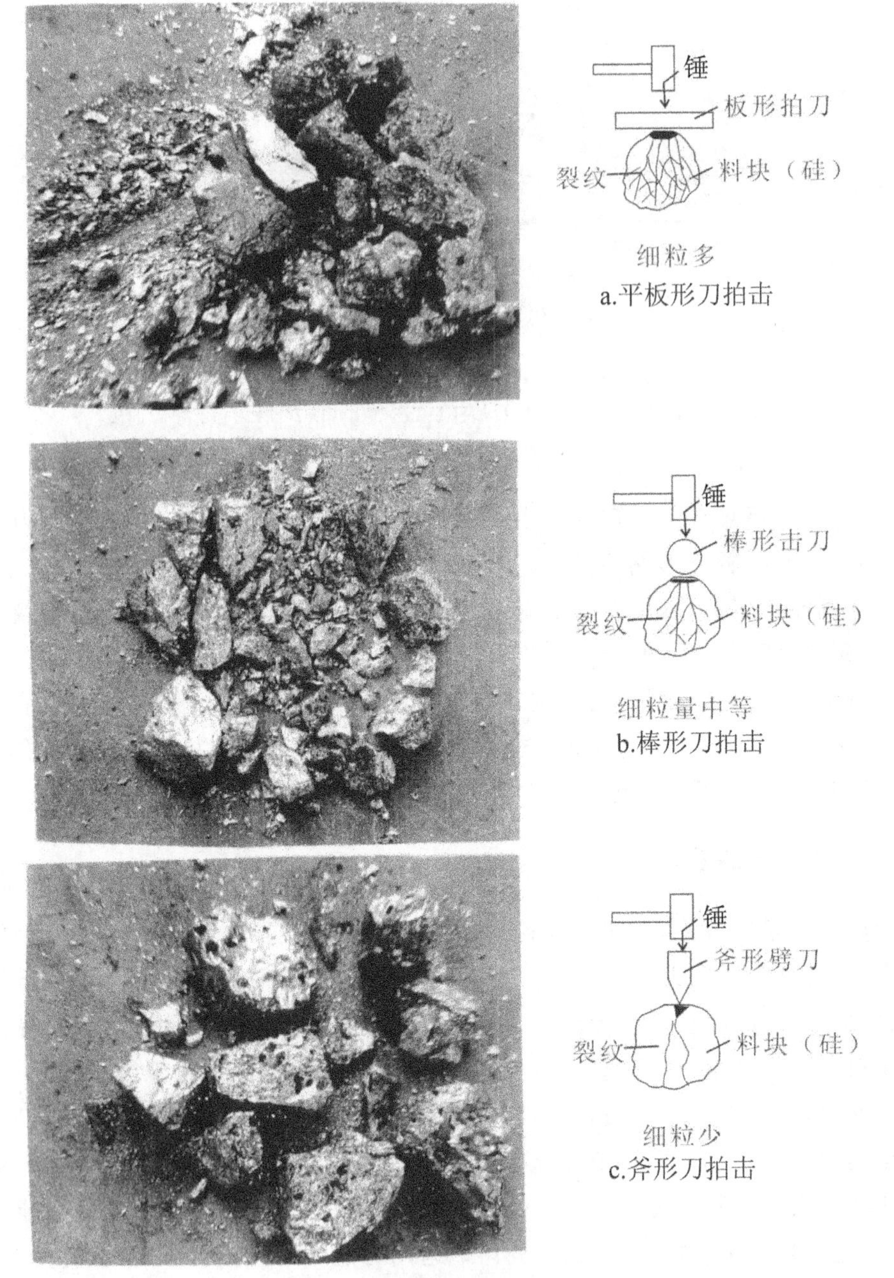


**图 8　基本刀型的粉碎效果**

粗(图上线条),即强度大,裂纹网络密度较小,覆盖面变窄,破裂空间窄小,物料成粗粉概率大,粒度粗,使粗粉成品率大幅度提高,从 70%多增长到 80%多,产量高。③多速组合刀片复式拍劈时段,呈现复合动力模型。上述两时段中,拍击和劈击分别取得好效果,并且显示出各自优缺点。组合刀片复式拍劈冲击物料,得到粗粒以改善拍击制粉较细的缺点,成品率增高,此时,力能流图同上,只是图 7a、图 7b、图 8b 状态同存于粉碎空间;同一颗粒能交错经历拍击和劈击,获取整体混合的结果。

随着动力模型组合和时段交替,制粉生产技术逐步提高,装备水平升级,生产规模扩大。在上述刀具配置基础上，依据物料性能，许多粉碎参数，如转子转速、给料量、风量、筛分等都可按实际给予调节。像冲旋对撞粉碎技术（工艺和设备），可以配置多种刀型，各运行参数范围可调，粒度、成品率、产量均占榜首。力能流得到生产实践的验证。至于力能流学说的应用实例，容后详述。

力能流用于辊压粉碎也是有效的，只是用压缩能量代替冲击能量，区别仅在于加载速率较低，粉碎功效以压碎为主。

## 四、力能流学说的动力学应用分析

力能流学说为物料粉碎过程提供形象的描述，通俗地显示为宏观用力、微观用能、控制用速度。循此，对粉碎能量和力的功效和消耗，拟作动力学粗浅分析。粉碎机将外加能量输至转子刀盘刀具和螺旋气料上，经冲击，能量钻进物粒体内，分别消耗于物料应变（弹塑性变形、裂纹、裂缝、碎裂）、碎粒间摩擦、碎粒飞溅、发热和辐射等。力能流携带能量，冲开物料薄弱环节，沿分形网络碎裂成粉末，完成粉碎功效，其有效能耗，尚无确切数据，但凭有关报道[9]，对脆性物料而言，占80%以上。不过，就力能流粉碎物料过程探索，前述各项能耗都是必然伴随的，都应计入有用范畴。至于粉碎能量和粉碎力的理论计算，条件不够，尚需充实，需要有关物性、变形参数、工艺设备参数、损伤力学等的准备。可是，生产发展、业务开拓都亟待解决问题。所以，当前最宜使用实测方法，先利用积累的有关冲旋粉碎机生产和试验测定资料，汇总粉碎三要素各种配置状态下的参数，进行动力学分析比较研究，求得数据（绝对值和相对值）。具体实施记述于下。

首先，于粉碎过程中测定所需数据，如用应变仪测应力应变；用电表测传动电机电流，用专用仪器测风速、风压等；然后，以数字模拟计算粉碎各参数，由测试和统计获得单位能耗（单位产品质量的电耗），数值有先进、中等、落后之分，根据其为指标选用或校正粉碎机传动电动机容量；再以选定的电机和粉碎速度为根据，进行机件强度计算，避开粉碎能量和力的理论计算。当然，有些参数可以使用相对比较法确定数值。就当前实践看，作为实例，援引拥有软、硬代表性的两类典型物料硅和石灰石的数据，列于表1。

**表1　典型物料粉末生产单位粉碎能耗(普通型冲旋粉碎机)**

| 物料 | 产品 | | 单位能耗/(kW·h/t) | 用途 |
|---|---|---|---|---|
| | 粒径 | 要求 | | |
| 工业硅 | 50～325目(300～45μm) | +50目，-325目粉含量<10% | 15～20 | 有机硅用粉 |
| 工业硅 | 40～140目(375～93μm) | +40目，-140目粉含量<10% | 12～15 | 多晶硅用粉 |
| 石灰石 | <1.5mm | <0.1mm粉含量<20% | 6～12 | 锅炉脱硫粉 |

我们根据此法，设计和建造了逾百台冲旋粉碎机。总评价是选用电动机功率拥有25%的裕量。当然，技术在进步，新型粉碎机的指标必定再上台阶。

## 五、 力能流学说在粉碎技术中的效用

粉碎技术要为社会提供高质量、低成本的粉体材料，其中最主要的参数是粒度、成品率、产量和性能。为此，人们总结了很多经验，研究过很多问题。但是，应用粉碎基础理论指导实践的研究，相当乏力，对粉碎作用力、能耗，尤其是粗细度的掌握，都停留在纯理论上，或某一专用产品范围内，实用性窄。而社会生产很需要技术理论的指导。因此，笔者从生产实践中深刻体会到问题的实质，积累资料，力图弥补这个缺陷，将实践和理论结合，提出"力能流学说"。本着"金诚所致，金石为开"的信念，在丰富实践的坚实基础上，发展学说、假说，向高层次理论攀登，深入剖析事物规律，最后总能练就打开"金石"的本事。

力能学说从理论同实践的结合上已经表明在粉碎技术和生产中的四大效用：①全面深入地认识和理解粉碎过程及其机制。②有效、持久地调整好粉碎三要素(物料加工性能、机器运行参数和粉碎刀具配置)，使物料循固有性能受载应变状态(网络裂纹构成)，最有利于粉碎成要求的粒度调控范畴，以及提高成品率与产能。③巧妙经济地选择最佳粉碎刀具造型。④节能环保地选定产品能耗、传动电动机和制粉系统设计。

为充分发挥这四大效用，关键是在操作调控上掌握好粉碎速度，再围绕它配置刀型、给料量、风量等辅助项。概括成一条：力能流学说的基础在理论和实践的结合，实际使用于制粉生产技术聚焦于一点——粉碎速度；其形象为粉碎腔内力能流演绎模型(见图1)中的速度场(高、中、低、速)。

## 六、 结束语

实践(生产和实验)中体现力能流的存在及其在物料粉碎上的独特效能。理论的探索证明冲击粉碎中力能流的性状及其参数的定性效用，是控制粉碎过程的理论根据，并为深入完成其动力学任务打下基础。在力能流学说这面镜子里，粉碎过程描绘得更逼真，粉碎机理透视得更清晰，为剖析、掌握粉碎三要素(物料加工性能，机器运行参数和粉碎刀具配置)提供明确的线路图[5,10,11]，促使粉碎技术不断进步，发挥冲旋制粉技术优势，为我国粉体工程做出贡献，使力能流学说可以挺立在坚实的基础上。不妨自立目标：驭力能之势，掌粉碎之效，束力能，碎金石，献品牌，笑眉剑在鞘，争锋业界！

## 参考文献

[1] 唐欣薇，秦川，张楚汉.基于细观力学的混凝土类材料破损分析[M].北京：中国建筑工业出版社，2012：160－161.

[2] 周筑宝.最小耗能原理及其应用[M].北京：科学出版社，2001：7－17.

[3] 朱汉华，周智辉，范立峰，等.土木工程结构变形协调与受力安全[M].北京：人民交通出版社，2014：12－13.

[4] 张志镇，高峰.岩石变形破坏过程中的能量演化机制[M].北京：中国矿业大学出版社，2014.

[5] 常森.冲旋技术焕发硅的天然优质特性[J].太阳能，2013.13：41－44.

[6] 赵永红，黄杰藩，王仁.岩石微破裂发育的扫描电镜即时观测研究[J].岩石力学与工程学报，1992，11(3)：286－288.

[7] 李蕊，常明丰，李彦伟，等.沥青混合料裂缝扩展过程细观力学模拟[J].交通运输工程学报，2011，11(6)：8.

[8] 杜晶，李夕兵，宫凤强，等.岩石冲击实验碎屑分类及其分形特征[J].矿业研究与开发，2010，30(5)：20－21.

[9] 谢强，姜崇嘉，凌建明.岩石细观力学实验与分析[M].成都：西南交通大学出版社，1997：72.

[10] 常森.运用应力分维理念增强粉碎效能[J].浙江冶金，2014，2：16－19.

[11] 付胜，段雄，吕东鸿.热力辅助高压水射流超细粉碎矿物实验[J].北京矿业大学学报，2007，33(12)：1258－1262.

# 对撞粉碎的功效研究

**摘要**：对撞粉碎能获得最佳动能利用，充分发挥对冲粉碎功效，达到“粒粗而密，晶细而匀”的制粉最高境界。

对撞粉碎中物料颗粒互击，实际表明，粉体粒度和晶粒度均可调控，使其成品率和产能达到最佳值。良好的功能，体现突出的功效，需要分析研究、总结提高，达到更高的技术水平。

**1. 物料颗粒互击模型和力能分析**

以硅粒为例展开描述。

对撞机的两边各自驱送大刀盘粉碎后的物料至中部，两边气料（物料和气流）呈两股螺旋流围绕转子沿轴向45°螺旋角绕转急行，互相碰击，以致碎裂的细粒四散飞溅互击的粉末，吸入螺旋流中心，经出料口送出机外。螺旋流特点：①45°螺旋流是动能最佳方向。②引起各股流中粗、细分层互击，即保持粗细层，效能更高。③中心尚有拽引力，把粗碎块吸过来，甩向周边进入螺旋流。其互击状态有二（见图1）：物理模型正撞（对心）和斜撞（偏心）。按工艺，两颗粒1和2，其外形为粒径5～6mm和2～3mm，同为硅质，质量$m_1=(2\sim3)m_2$。设置速度$V_2=1.5V_1$。所以，颗粒1的硬度低，只有颗粒2的1/2。如果颗粒1硬度为60HRC，则颗粒2就近100～120HRC。而对撞时，高速度使硬度瞬间提高，两者硬度差会更大，从而像子弹射穿脆性物体一样，击碎对方。硅粒对撞符合物理学中的物体碰撞规律，过程也分为两个阶段：压缩和恢复。压缩程度很小，恢复后基本上分裂为更小的颗粒。

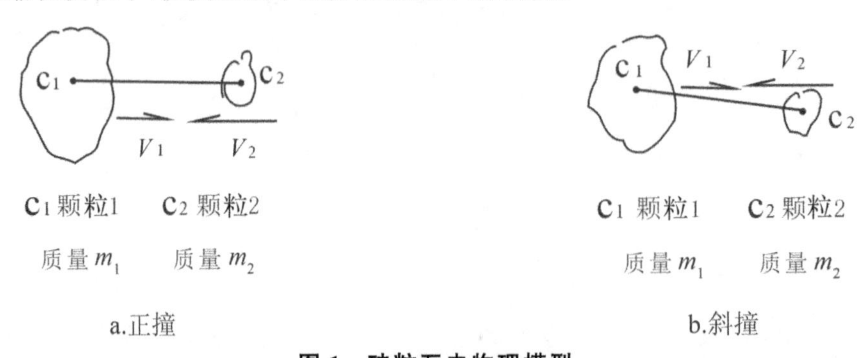


**图1 硅粒互击物理模型**

根据这样的特点，对其做力学分析，寻求粉碎力能流数值，分别考察正撞和斜撞，以及刀具冲击。

**2. 正撞**

欲求对撞后颗粒吸取动能，用于粉碎的能量。为此，放大、放慢对撞过程：硅粒相向碰撞时，互相接近而挤在一起，获瞬间同一速度 $V$，此时动能转化成冲力，将能量传入颗粒。传入的动能应是撞击前后动能之差，演示如下。

撞前：$W_1=\frac{1}{2}m_1V_1{}^2+\frac{1}{2}m_2V_2{}^2$，$V_1$ 与 $V_2$ 反向，所以计算中取 $-V_2$，则 $V_2$ 为绝对值

撞后：$W_2=\frac{1}{2}(m_1+m_2)V^2$

吸收能量 $W=W_1—W_2$ 用于粉碎，求解 $V$。

按动量守恒定律 $m_1V_1—m_2V_2=(m_1+m_2)V$ 得：

$$V=\frac{m_1V_1—m_2V_2}{m_1+m_2}$$

$$W=\frac{1}{2}m_1V_1{}^2+m_2V_2{}^2—\frac{1}{2}(m_1+m_2)(\frac{m_1V_1—m_2V_2}{m_1+m_2})^2$$

$$=\frac{(m_1V_1{}^2+m_2V_2{}^2)(m_1+m_2)—(m_1V_1—m_2V_2)^2}{2(m_1+m_2)}$$

$$=\frac{m_1{}^2V_1{}^2+m_1m_2V_2{}^2+m_1m_2V_1{}^2+m_2{}^2V_2{}^2—(m_1{}^2V_1{}^2—2m_1m_2V_1V_2+m_2{}^2V_2{}^2)}{2(m_1+m_2)}$$

$$=\frac{m_1m_2(V_1{}^2+2V_1V_2+V_2{}^2)}{2(m_1+m_2)}=\frac{m_1m_2(V_1+V_2)}{2(m_1+m_2)}$$

设 $m_1=am_2$，$V_1=bV_2$，则 $W=\frac{am_2{}^2\ (b+1)^2V_2{}^2}{2m_2(a+1)}=\frac{a\ (b+1)^2}{2(a+1)}m_2V_2{}^2$

代入 $a=2$，$b=0.5$ 得：

$$W=\frac{2\ (0.5+1)^2m_2V_2{}^2}{2(2+1)}=\frac{2\times2.25}{6}m_2V_2{}^2=\frac{4.5}{6}m_2V_2{}^2=0.75m_2V_2{}^2$$

取 $a=3$，$b=0.6$，则 $W=\frac{3\ (0.6+1)^2}{2(3+1)}m_2V_2{}^2=\frac{3\times2.56}{8}m_2V_2{}^2=0.96m_2V_2{}^2$

由于粒度同刀具速度的平方成反比关系，所以 $a$、$b$ 值存在下述近似关系式：

$$a=\frac{1}{b^2}$$

如取 $a=2$，$b=\frac{1}{\sqrt{2}}=\frac{1}{1.414}=0.7$

如取 $b=0.75$，则 $a=\frac{1}{0.75^2}=\frac{1}{0.56}=1.8$

实际操作中，视实况择优，先定速度比或粒度比。

从 $W=\frac{a\ (b+1)^2}{2(a+1)}m_2V_2{}^2$ 分析：$a=1$，$b=1$；$a=2$，$b=0.7$；…时，其值都接近于两颗粒对撞时动能之和，损失较小。

**3. 斜撞**

斜撞是两颗粒对撞时质心连线和速度不同轴，有一定偏斜角（见图 1b）。不过，同在粉碎机对撞腔内的 45°螺旋流上，其斜向偏离不会大，所以只需考虑一个效率较正撞降低量即可。

**4. 刀具冲击物料**

使用刀具粉碎时，刀具冲击前面同向飞行的颗粒，颗粒速度 $V_2$ 为刀具速度 $V_1$ 的 0.5～0.7；刀具质量 $m_1>>$颗粒质量 $m_2$，得：

$$W=\frac{m_1m_2}{2(m_1+m_2)}(V_1-V_2)^2=\frac{1}{2}m_2\ (V_1-V_2)^2=\frac{1}{2}m_2\ (1-0.5)^2V_2{}^2$$

$$=\frac{1}{2}m_2\ (0.5V_1)^2=0.13m_2V_1{}^2$$

对撞 $W=m_2V_2{}^2$，刀具冲旋 $W=0.13m_2V_1{}^2$，$V_2$ 和 $V_1$ 是不同的，但都是来自刀具，应是等效的。所以，撞击能量就相差近 $8=\frac{1}{0.13}$倍。刀具单击所得动能比颗粒互击低得多。只要合理利用对撞，定能打破硅粒硬化特性。

**5. 物料互击粉碎**

对撞腔内取大、小颗粒互击过程，将测试照片放大成图 2。经相向运转的大刀盘冲击，获得的颗粒质量 $m_1$ 和 $m_2$，速度 $V_1$ 和 $V_2$。小颗粒 $m_2$ 经高速 $V_2$ 撞击，碎得比大颗粒 $m_1$ 晶粒细，硬度、强度都高 1 倍，冲击能量比刀具打高 7 倍。基于此，使对撞粉碎获得两项较高的调控功效。

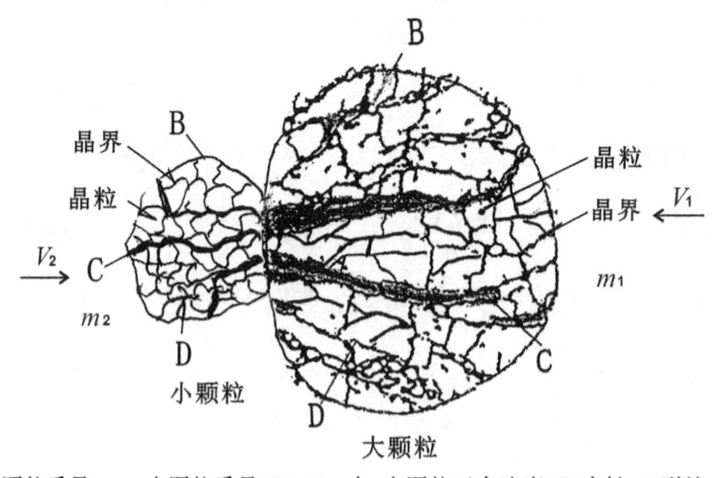


$m_1$-大颗粒质量；$m_2$-小颗粒质量；$V_1$，$V_2$-大、小颗粒互击速度；B-碎料；C-裂缝；D-裂纹

**图 2　大、小颗粒互击碎裂模型**

(1) 最佳粉体粒度的调控。大、小颗粒互击中，硬小颗粒发挥劈击特性，撞击动能引发力能流，沿着晶界解离大颗粒，得粗碎粒，细粉很少，如图 2 所示。相反地，如是大颗粒互击，以软击软，则成拍击碎裂，细粉多。利用粉碎速度即能控制动能和力能流，就可灵活地调控获取最佳粒度。此外，双速比单速要高出一筹。

(2) 最佳晶粒度的调控。物料互击获得有效动能,比刀具冲击要高 7 倍,使物料粉碎的力能流强度高,调节范围随之扩大。因此,产生的物料变形较大,晶粒缝裂细化强度高,晶粒度的调节范围更宽。

上述两项功效已获得实际试产和科学测试证明,是获取高成品率和产能的有力保证。对撞技术在射流粉碎、干燥等中也取得了很好的应用功效,如应用于生物孢子破壁去壳时,已显露特效,取得重大突破。

**6. 结论**

由上述物理模型和互击力学分析,得结论于下。

(1) 对撞粉碎能获得最佳动能利用。其值比普通刀具冲击粉碎力能利用高 7 倍。

(2) 以粉碎速度调控粒度,满足对粉体粒度和晶粒度的动态要求,为达到“粒粗而密,晶细而匀”奠定基础。

(3) 充分发挥对冲粉碎功效,调控粉体粒度、晶粒度、成品率和产能,以达到最佳状态。

# 冲旋制粉的刀艺

**摘要：**本文概括说明了刀艺的主要内容、刀具种类和使用技术。

制粉任务有很明确的内容：优良的产品质量、最佳的技术经济指标、可靠的安全和环保措施等。为此，就必须有相应的工艺、设备、管理等多方面的有力保证，其中包括本文欲评述的“刀艺”，即粉碎刀具结构和使用技艺。所谓刀艺，牵涉到“艺术”，要了解、掌握和运用刀具，达到灵活、得心应手的程度。但是，这并非易事！

我们经历过较长时间的制粉实践，积累了不少经验和教训，有必要适当总结，拟定新的措施，提高刀艺。因此，应该亮明发展刀艺的思路，从理念到实践，阐明刀艺的实质和应用。

## 一、 刀艺的理念基础

根据冲旋粉碎三项理念，展示力能流学说，探讨研究技术问题，可以奠定刀艺的理念基础。图 1 明示物料的分形网络结构，其体内布满了裂纹和裂缝，它们的实质是结晶缺陷、夹杂、气孔、成分界、晶粒界面以及成型过程中出现的损伤，如解理、层理等，是物料与生俱来的不可避免的自然现象。它说明正是物料生成的自然规律。在开发物料用途时，就是要利用它的这一特点，制取粉料等，为人类谋利。图 1 也显示能量的能量子流结构，即 $E=\Sigma \mathrm{d}E$，如子弹流，头尾紧接，分立而连续。它是粉碎三项理念中第二项关于“力能流变转换性状”的重要内容。粉碎时展示力能流，即冲击能量(动能)就像子弹流(微动能)穿透进物料块，经力和能转换，使物料沿着作用方向粉碎。那么，如何才能取得最佳效果呢？上述两项理念正是我们获得成效的基础。为描述形象化，可以设定力能转换生成力能流，作用于物料分形网络结构，分切成碎料，完成粉碎作业，使力能和变形按设计路径传递——获得粗细粒度的准则。因此，做深入探索如下。

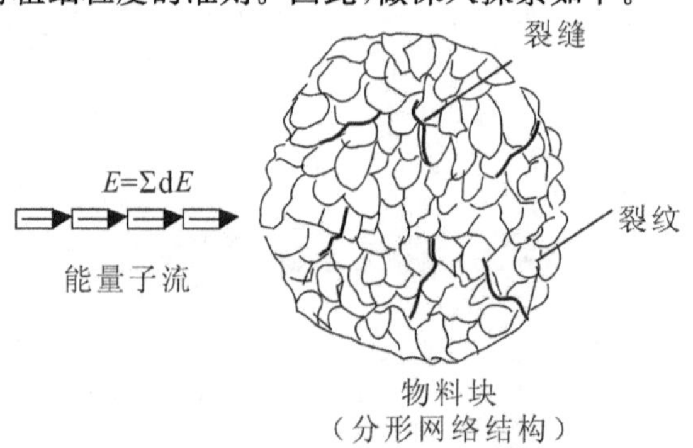


**图 1 物料块的分形网络结构和能量子流模型**

物料受击后,力能流输进体内,使分形网络结构中裂纹等薄弱环节损伤发展,形成裂纹、裂缝网,其性状随冲击类别而不同。冲旋粉碎常用的冲击方式主要有三种:拍击、棒击和劈击,伴有研磨等。拍击和劈击经常同时作用,但有主次之分。因此,可以分项探索两种冲击方式。图 2a、b 分别示出两种方式产生的裂纹微观物理模型。拍击是平板形刀冲击物料,受力面是平面,力能输入点成一面,引发的裂纹以该受力面起始,呈放射形向物料块体内散开,裂纹较多,主裂纹旁生许多支裂纹,像树根似的伸向前侧方,并互相交错,将物料块分割成许多细碎块,如图 2a 所示。当力足够,裂纹成裂缝,而被粉碎,获得细粉。力能愈大,粒度愈细。图 2b 描述劈击的形象。劈击用劈切刀片,形状很多。最简单的是锤片形刀,冲击面较窄,受力面呈狭窄的线条形,力能循着窄巷透入物料块,力能的通道窄,引发的裂纹局限在"壕沟"内,主裂纹沿壕沟呈放射状前行,旁支裂纹交错较少;物料块被分割成的碎块较拍击方式的大,量少。所以,力能足够时,被粉碎成较粗的粉。棒击则介于拍击和劈击之间。三者粉碎效果详见本书《物料粉碎的力能流研究》中图 7。

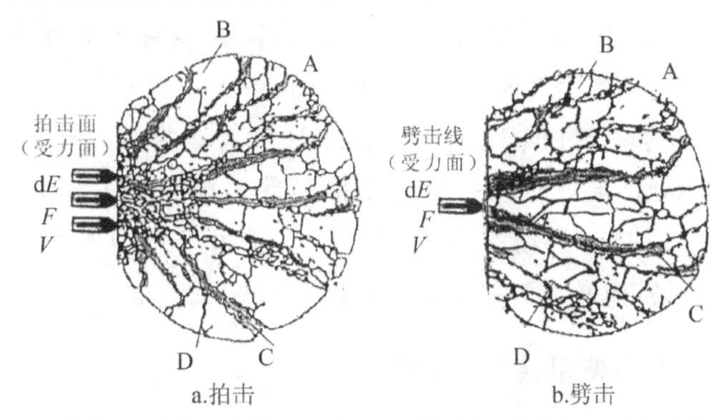


A-料块;B-碎粒;C-裂缝;D-裂纹;d$E$-微动能;$F$-冲力;$V$-冲击速度

**图 2　受击区粉碎瞬间物理模型**

有了上述微观探索,就可以配置各类刀型,谋取各类粉料,成就刀艺的功夫。

## 二、 粉碎刀具的结构形式及其应用

从上述微观探索,按照冲旋粉碎的方式不同,其刀具主要型式为拍击型、劈击型和棒击型。图 3 显示三种基本刀型。

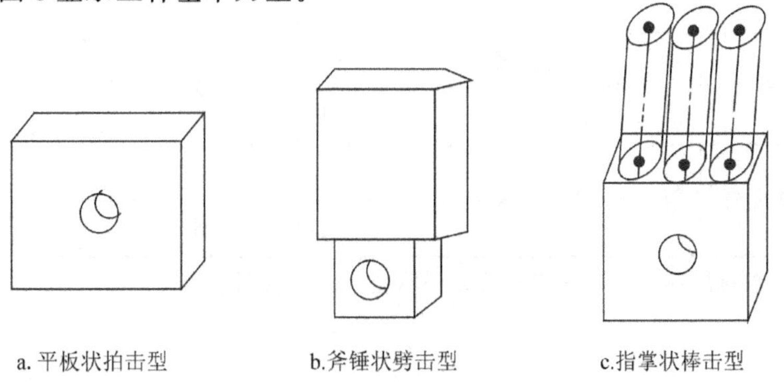


**图 3　三种基本刀型**

**1. 拍击型刀**

拍击型刀的粉碎过程见图 2a。同一种刀型有多种形式，以平板状刀为主。它以平板形面拍击物料，接触呈多点面形。

平板状刀(见图 3a)适用于打细粉，粒度 30～325 目，－325 目粉占比＜10%，成品率＞90%，粉碎线速度 40～75m/s，产能高。

**2. 劈击型刀**

劈击型刀的粉碎过程见图 2b。该刀型也有许多形式，以斧锤状刀为主，主要区别在于刀口(冲击物料的锋面)，基本上有锐角面、圆角面。锐角面锋口较尖，用以劈切冲击物料，磨损集中在一条锋口上。圆角面锋口呈凸曲面，用以劈切冲击物料，磨损集中在曲面上(即多条锋口上)。

斧锤状刀(见图 3b)适用于打较粗粉 30～120 目，－120 目粉占比＜10%，成品率＞80%，粉碎线速度 50～80m/s，产能高。

**3. 棒击型刀**

拍击和劈击适当组合，可得棒击型刀，其冲击锋面兼有平面和曲面，效能介于两者之间。式样繁多，其基本型为指掌状刀，见图 3c。

指掌状刀形同人手掌，好似于击打时，其手法就有单指、列指、并指成掌和握指成拳。指掌刀则是刀根上伸出形似手指的 1 根或数根棒状杆刀(棒状有圆杆、棱角杆等)，可以并排成凹凸拍击刀，或是分立劈击刀。适用于打中等细度粉 35～120 目，－120目粉占比＜10%，成品率＞80%，速度 40～80m/s。

## 三、 冲旋粉碎刀具使用技艺(刀艺)

冲旋粉碎的技术优势有赖于刀具结构和运行参数的最佳配置。多年实践证明，其中拥有相当丰富的内容，概括地讲，内涵见表 1。

**表 1 常用刀具粉碎效果汇总表**

<table>
<tr><th>刀型</th><th>主要<br>粉碎方式</th><th>主要<br>碎裂方式</th><th>冲击<br>界面</th><th>最佳<br>粒度</th><th>粉碎线<br>速度/(m/s)</th><th>成品率/%</th><th>产量</th></tr>
<tr><td rowspan="2">拍击</td><td rowspan="2">拍击</td><td rowspan="2">拉伸</td><td rowspan="2">多点面</td><td>偏细</td><td>高 50～75</td><td>＞90</td><td>高</td></tr>
<tr><td>细</td><td>中 40～60</td><td>＞80</td><td>中</td></tr>
<tr><td rowspan="2">劈击</td><td rowspan="2">劈击</td><td rowspan="2">剪切</td><td>多点线</td><td>较粗</td><td rowspan="2">高 50～80</td><td>＞80</td><td>中</td></tr>
<tr><td>多条线</td><td>粗</td><td>＞85</td><td>高</td></tr>
<tr><td rowspan="2">棒击</td><td rowspan="2">主劈辅拍</td><td rowspan="2">主切辅拉</td><td rowspan="2">多点线</td><td>偏粗</td><td>中 50～60</td><td>＞85</td><td>高</td></tr>
<tr><td>较细</td><td>高 60～70</td><td>＞80</td><td>中</td></tr>
</table>

注：粒度粗细顺序：偏细—细—较细—偏粗—粗—较粗

当然,也可以从用户要求出发,如粒度粗细、物料特性、任务等级程度等,酌情选用刀具和运行参数。

## 四、 刀艺的前景

实践和理论都表明,刀艺很重要,发展空间很广阔,前途无量。但是,都必须动脑子、多实践,积累点滴经验,汇总提炼,为粉体技术的发展而努力,争得更佳成效。

# 双转子协同粉碎技术的研究与应用

**摘要：** 双转子双向双速实现对撞冲旋粉碎，经试验收获得比常规更好的功能，包括粒度、产能、成品率等，为冲旋粉碎技术的发展开辟新途径。

对撞冲旋式粉碎机配置两个转子，形成独特的粉碎机构。两转子旋转方向和速度的多方案组合，使其功能更多，调控更灵敏，极需认真深入地探讨研究和开发。当前，为提高多晶硅和有机硅用粉的品质和技术经济指标，着重对其高低速协同粉碎功能进行探索，经过在生产线的实地试用，已初步获得可喜的结果。为阐明该特殊功能，按技术发展的脉络叙述于下。

两转子分别以高速和低速相向(反向)运转，进行协同粉碎，简称双向双速粉碎，或对冲粉碎。它充分发挥转子粉碎物料获取不同粗细粉料的功能：粒度同转子转速形成的粉碎速度成反比，即速度低，粉料粗，速度高，粉料细，各有效用，对撞调和，相得益彰。

## 一、 对撞粉碎机的功能

对撞冲旋式粉碎机结构及其功能演绎见图 1。两个转子共处于机内同一轴线上，各带传动。从两侧进料，物料经小刀盘冲击粉碎，转送至中间，受两大刀盘粉碎，并冲向对方刀盘，使物料对撞而被进一步粉碎，继而落入下部出口，送往筛分。如此将粒径 15mm 的原料碎块碎成要求的产品。两转子可同向或异向运行，而转速可相同或相异。其效果和功能各具特色。它们中尤以运行方向相反(双向)、速度相异(双速)的方式具有最佳功效。

## 二、 双转子双向双速粉碎(对冲法)

两个转子转速相异，称双速；旋转方向相反(相向)，称双向。将它们联合形成双转子双向双速粉碎，充分发挥其特性，由协同产生新效能，即所谓的对冲效应。我们运用 CXD880 型对撞粉碎机生产各种粒度组成的多晶硅用粉，取得较佳效果：成品率 85%，产能 3t/h。争取目标为成品率 90%，产能>3.5t/h；而有机硅用粉指标更佳。

当前应用对冲法已获得效果，CXD880 型对撞粉碎机试产引例于后。由于本机装在原有生产线上，辅机能力较小，成品率和产能都受影响，所以，只能以统料(即粉碎后全部物料)进行测试分析。统料包含回料(粒度大于成品)、有效粉(除去回料后留下的部分，包括准成品粉和准细粉)。而有效粉中符合要求部分所占比例称准成品率或准得率，余下为准细粉率。

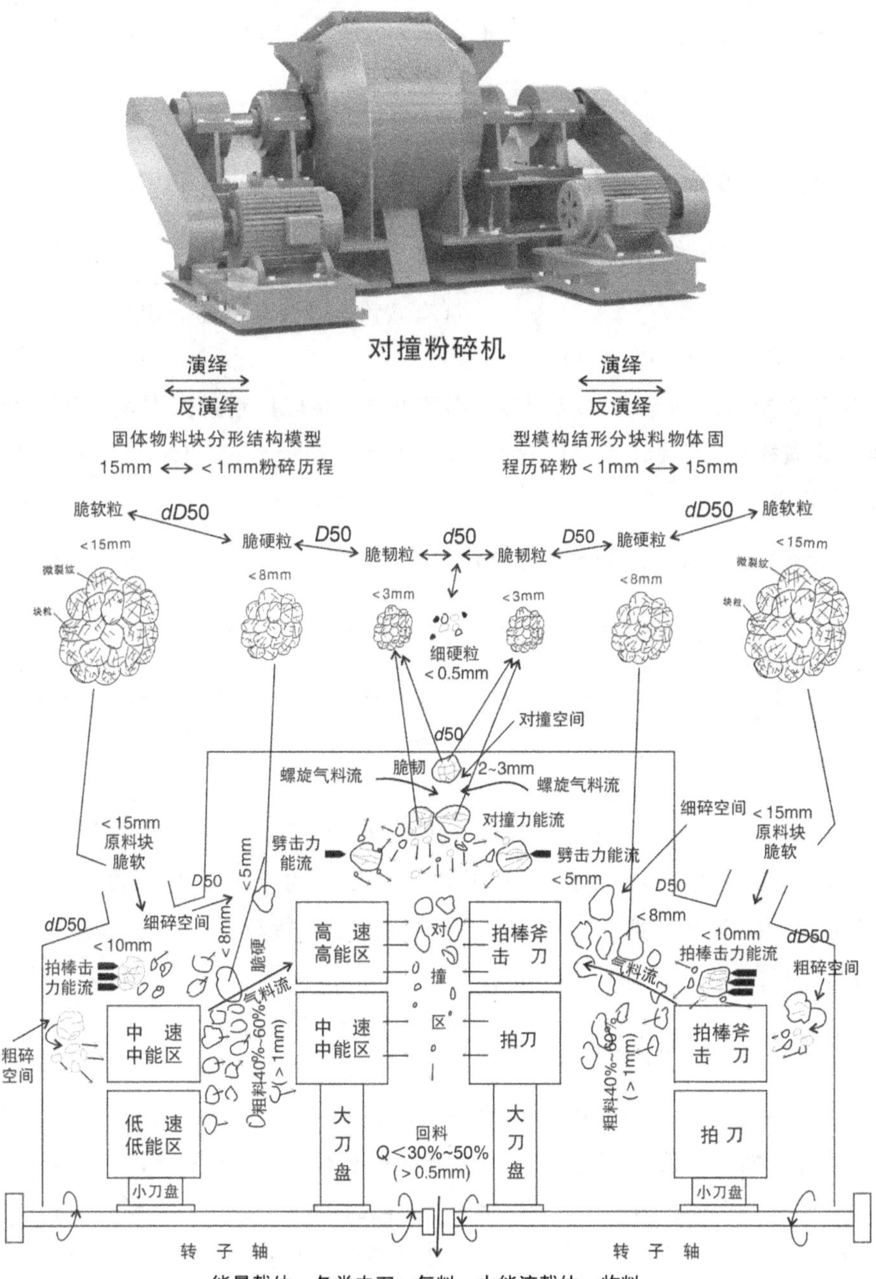


**图 1　冲旋对撞粉碎腔内功能演绎模型**

现举例说明。

要求生产硅粉 25～120 目，无＋25 目和－120 目粉(按统料筛析结果)。

试制分步实施：正向推演再反向推演。

第一步：正向推演(演绎)

大刀盘指掌刀六组，小刀盘两排劈刀。主机双向同速 35Hz，给料 40Hz(频率用于调节参量，习惯用它指明速度、给料量等)。

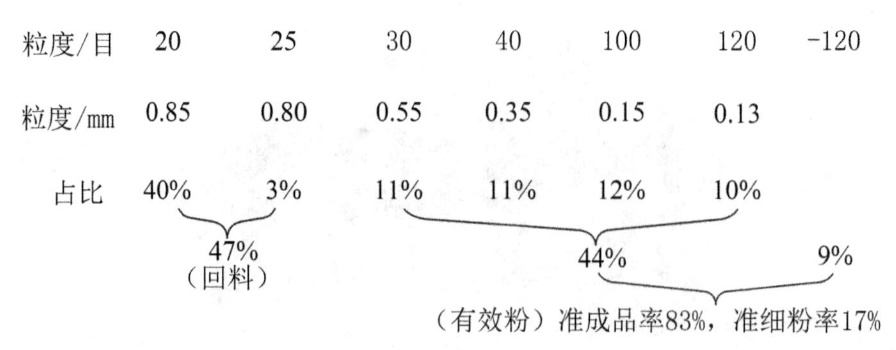


第二步：反向推演(反演绎)

为使有效粉中成品率(准成品率)提高到 90％，在现用粉碎刀具配置下，改变两转子转速。经演绎推算，两转子双向双速，采用不同转动频率：33Hz 和 39Hz；经生产试用，获结果如下。

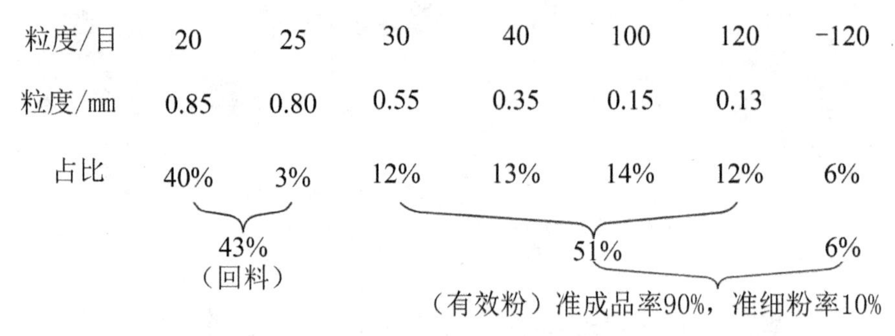


采用两步试制，生产出合格产品，折算得成品率约 85％。欲再进一步提高成品率，在现有生产线上很难实现，其中筛分等辅助工序有待改进。不过，运用对冲法，可以达到预计目标。

## 三、 攀登“成品率 90％”高峰

为达到成品率 90％，统料中有效粉的准成品率应在 95％。根据是：生产线的细粉来自收集器，如布袋粉，一般占 5％。生产损耗是很低的，暂不统计。有效粉中准细粉率 5％，折算到产品中为 5％×95％＝4.8％，总细粉率 5％＋4.8％＝9.8％≈10％。那么，如何达到准成品率 95％呢？就得有勇有谋！不妨使出已现初效的对冲法，露其锋芒，静观后效。

## 四、 塑造有机硅用粉的塔形粒度组成

本文涉及的主要是多晶硅用粉。不妨插谈一下有机硅用粉。它最佳的粒度组成为集中在一定粒度区间，如 45～120 目粉占 70％～80％，其粒度频率曲线呈现为高尖宝塔形，使有机硅在炼制中获得最好的中间单体质量和数量。而对冲法正能为此做出重大贡献，只要粉碎双转子双速调控合理，辅助设备配合有效，即可达标。现援引一个实例如下。

刀具配置：大刀盘拍刀尺寸 140mm×140mm，6 组；小刀盘拍刀尺寸 140mm×140mm，4 组。运行参数：主电机 45Hz，给料 40Hz，转子同速相向运转。

| 粒度/目 | 20 | 40 | 45 | 60 | 120 | 160 | 200 | 270 | -270 |
|---|---|---|---|---|---|---|---|---|---|
| 粒度/mm | 0.85 | 0.35 | | | 0.13 | | | | |
| 占比 | 27% | 31% | 4% | 12% | 14% | 4% | 2% | 2% | 4% |

58%（回料）

42%（有效粉）准成品率100%，细粉率0%
其中，+45目粉占比＜5%，-270目粉占比＜5%
45～120目粉占比71%

本次试验是一般性试验，原用于了解对撞机的总体性能。如果需针对某种产品，专门调节刀具配置和粉碎参数选择，效果肯定会更佳。再施行对冲法，各生产参数肯定会有很大的提高。

## 五、 对冲粉碎的学理探索

双转子双向双速粉碎就过程实质而言，是为促成对冲的结果。而要阐明其学理，首先要对粉碎深层次蕴藏的内象进行探索，从细节和整体上分析其结构和性能变化，显现粉碎全景，从而辨明其深邃的事理。

### 1. 料块粉碎过程

物料块是分形结构，受击后，力能流循着分形裂纹（微裂纹、裂缝、孔隙等薄弱环节），使其碎裂成粉粒。物料受击动力模型如图 2 所示。该模型是受击区的放大照片，来自扫描电镜（SEM）和计算机断层扫描机（CT）实时实地拍摄。外加载荷方式则取自笔者实践，基本是两种：拍击和劈击。所以，粉碎结果要受外加作用力的方式、大小、方向等因素影响，而且在很大程度上取决于刀具形式和速度。

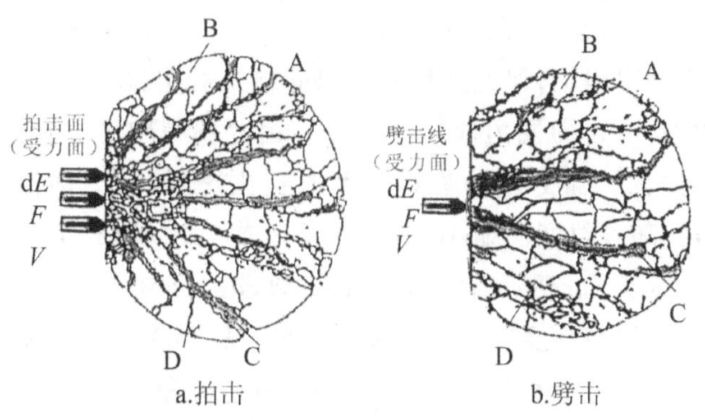


A-料块；B-碎粒；C-裂缝；D-裂纹；d$E$-微动能；$F$-冲力；$V$-冲击速度

**图 2　物料受击动力模型**

对撞机内粉碎形式有刀具冲击、衬板反击、物料对击，再加机内气体随转子旋转的高速螺旋流，带动物料块实现上述三击。此三击有三种方式：对击、侧击、擦击。其对粉碎过程的贡献各异，主项还是对击。

**2. 细粉来源**

细粉(粒径<0.12mm)来源有:①刀具冲击料块瞬间接触面处。此地受力大,表层应力应变大,易致细粉,尤其是原料块。②料粒(块)擦研刀具和衬板。此项比其他都强,细粉率高,所以常说细粉是擦出来的。对此采取的措施有:①增大刀具同衬板间隙,降低物料同衬板和刀具间摩擦力度,减小细粉量。②采用先进刀具,如各种异形刀等,缩小打击面,减少表层剥落和减小物料内部裂纹密度,达到粗裂得粗粉。基于这些因素,转子高速度能限制细粉量的增多,降低回料量,促进合格粉量增长。仅此两项,已使细粉量从20%降至<10%,效果明显。

**3. 物料的硬化**

以硅为例,它在制粉过程中,随着体积(粒度)的缩小,抗力会逐步增大。经初步检测,如图3所示,试样15mm×15mm×15mm,经抗压试验,其强度极限为20MPa,屈服限为16MPa。粉碎过程中,物料强度逐步趋高,粉碎力能也应随之增大。粉碎机必须分级施加力能,也应符合事物变化规律:有关参数按人时演化点1.468动态发展,达到黄金分割点1.618静态定位。决定力能的主要因素——粉碎速度按上述规律确定。

这条规律提示硅块硬化和施加力能的发展变化。此处有必要提到人时演化律1.468和黄金分割律1.618。事物性状参数,如结构尺寸、形状、性能等变化往往循着人时演化律和黄金分割律,如人的身高和腿长之比在进化过程中沿着1.468增大,直到定态1.618,达到最佳最美比值。如此实例较多。那么,我们欲求的具体规律可选用:从1.4到1.5,粉碎机大、小刀盘直径之比正是从1.4到1.5,其力能比则从$1.4^2$到$1.5^2$。而粉碎粒度(中径)之比同粉碎速度的平方,即同力能成反比,也即同刀盘直径的平方成反比。进料粒径<15mm(中径),经小刀盘冲击,碎成粒径<10mm(中径),经衬板反弹、物料互击,减缩至粒径<5mm(中径),再经大刀盘冲击,减至粒径2～3mm(中径)($5/1.5^2=5/2.25=2.2$mm),继而进入对撞,粉碎速度提高1.5～2倍,则粒度下降至$(2\sim3)/(1.5^2\sim2^2)$,得<1.5mm(中径)。

硅碎块强度测试很困难,但经过粉碎可以间接推算出来。从实践中测得粒度(中径)同粉碎速度的平方,也即同力能耗成反比。由此获得粒度(中径)同力能成反比,粒度愈小,力能耗愈大。而力能同物料强度成正比,是材料力学性能早已测定的规律。所以,物料强度随着粒度的缩小而增大,两者成反比,其数学模型为$d50\cdot\sigma=C$(式中:$d50$为中径;$\sigma$为抗压强度;$C$为常数)。以硅抗压强度实测值(见图3)为基础,绘制得硅抗压强度与屈服强度同粒度的关系曲线(见图4),呈二次曲线形。

由此得出结论:粉碎过程中,物料硬化,愈打愈细,愈细强度增高得愈快。因此,粉碎速度应随之增大,以1.5倍率为最佳。

**4. 大、小颗粒的对撞演化**

冲旋对撞粉碎机的两个转子相向转动,双方大刀盘冲击物料,使力能流场强度大增,引发强劲的螺旋气料流,急剧互相对撞粉碎,取得有益效果:回料减少,合格粉增多。其缘由就在于前边所述硬化结果,即小的硬粒同大的较软颗粒相对撞,而且小硬

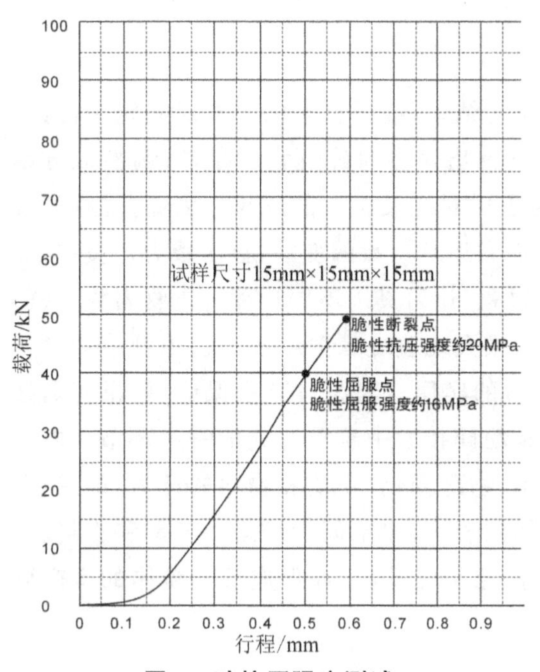


**图 3　硅抗压强度测试**

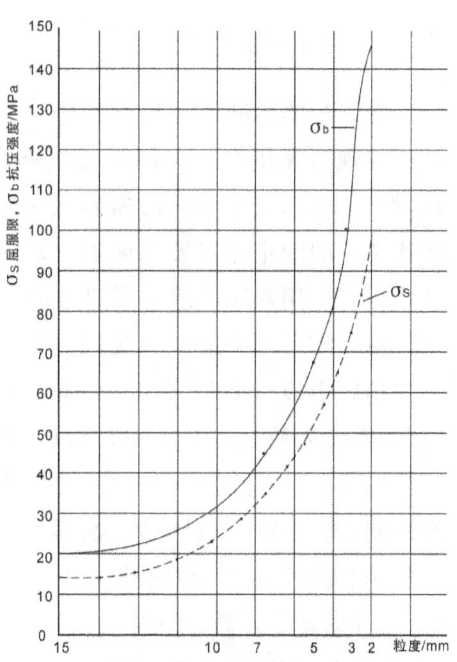


**图 4　硅抗压强度与屈服限同粒度的关系曲线(推断值)**

粒比大软粒多，把大粒击碎，而细粉很少。其根据有三：①小粒比大粒硬。高速击碎得小粒，低速冲碎得大粒。其粒度比同粉碎速度的平方成反比。在试验中，常用两转子速度比为1.3～1.5，其平方为1.69～2.25，取中值2，所以，大、小颗粒粒径差2倍，强度之差约2倍(见图4)。但是强度绝对值增大很多，尤其当颗粒粒径<3mm后，增幅很大。大、小颗粒的强度、硬度相差剧增。②小粒冲大粒，着力于一点，易得粗碎粒，细粉少。而小粒因硬而多，且硬化得更快，不易碎。③将力能储蓄在高速颗粒中，互击中力能强度大、量大(颗粒多)，传给大颗粒，使其急速裂变成符合要求的粉料。

**5. 透视物料互击和刀具冲击**

物料互击和刀具冲击是粉碎的两种主要方式。它们分别用于同一机内的粗碎和细碎。究其原因，分析如下。一方面，刀具回旋带鼓风，击碎物料后斜向45°送出，形成最佳气料螺旋流。但是，刀具难打碎小颗粒(粒径<2mm)。而颗粒愈小，要求冲击速度也愈大，愈难打着，能量传不过去。至于气料流，却能使物料互击而碎。另一方面，大颗粒经刀具冲击后，物料互击时也有小颗粒打大颗粒，效果也是明显的。如此，刀具和物料互相配合，完成可控的粉碎过程。由此演变成小颗粒打大颗粒的对击，将高速蕴藏的力能用于粉碎，获最佳粒度效果。这就是对撞能减少回料的原因。

综合前述5个小节内容，以图像形式示于图1，衬托出对冲过程。物料的分形颗粒示于图1中部，依中径和硬化分级不同，列成脆软粒、脆硬粒、脆韧粒。机内粉碎历程为：物料从两侧上方导入，经小刀盘、大刀盘顺次打击，最后物料对撞，而且是细打粗，下落成产品。

## 六、 对冲粉碎的哲理简述

粉碎是物料同刀具双方互相作用、斗争的结果，遵循哲学的矛盾对立统一法则，具有客观的规律性。人们根据规律，可以设计出很多粉碎过程的条件，调控双方因素，促进发展，获得不同的粉碎效果。此为矛盾对立又统一的成果。因此，过程的设计和调控的制定显得极为重要。刀具的改进和运行参数的变动，显出威力。其中，如对冲粉碎运用双转子双速度双方向运行的过程，让刀具以不同速度打击物料块，获得粗颗粒和细颗粒两股气料流，它们通过对撞极大地改变粒度组成；大、小颗粒对撞是对冲粉碎中最重要的环节，体现出主要矛盾的实质。因为对撞是保证“粒粗密晶细匀”的粉体品质的关键之一，所以，对撞应是粉碎技术中着重研究的一个环节。内容包括螺旋流、射流、撞击流的工艺过程、性状、物理变化、介质和物料的行为、结果，以及控制、调试技术。对撞后，物料混合，互相添彩，获取不同的结果。刀具和物料、物料和物料发生对击，粗转化为细，相互混合，粗细互补，对冲促成最佳粉体的生产硕果，充分体现了矛盾对立统一的形象。

## 七、 对冲粉碎技术的理念实践

### 1. 提高产品技术经济指标的理念实践

对冲粉碎技术得到实践、学理和哲理的验证，具备很好的前瞻性。实践证实对冲技术有学理和哲理的坚实基础，是成就理念实践的范例。现以制取多晶硅用粉（25～120 目，有效粉中准成品率>90%，准细粉率<10%）为例，实施两转子相向运行，各以 45Hz 高速、25Hz 低速和 32/38Hz 双速粉碎物料，给料频率 40Hz，并采用效果图（见图 5）的形式阐明对冲法的理念实践过程和机理。为简洁起见，分析暂限于统料阶段，即以统料筛析为叙述对象。

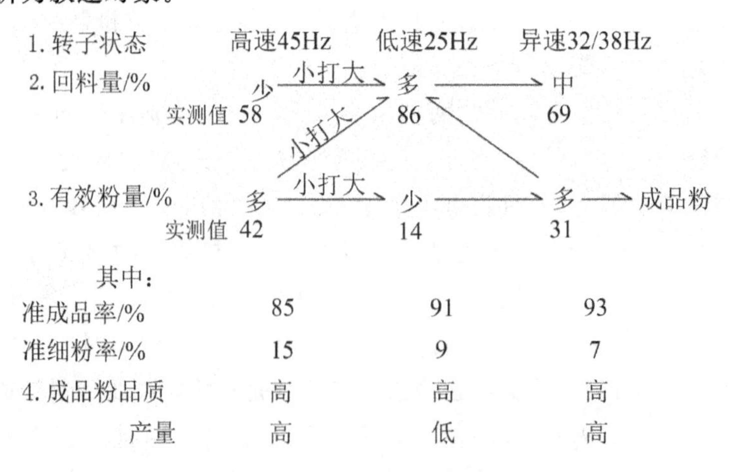


**图 5 对冲粉碎法效果示意图**

注：①粉碎机装备：指掌刀，给料频率 40Hz。②双轴：双转子；双向：相反方向；同速：同一速度；异速：两种速度。速度以传动电机所用频率表示高低。③供筛析的是粉碎机生产稳定后，在粉碎机下料槽里取统料的试样。

按图 5 中所示回料量与转子速度的关系，由实测得下列相对值。

| | 无对撞 | 同速对撞 | 异速对撞 |
|---|---|---|---|
| 回料量 | 设为 1 | 0.5～0.8 | 0.4～0.7 |
| | | 设为 1 | 0.7～1.1 |

条件：大、小刀盘均为指掌刀。

异速调控恰当，回料量减少很多，有效粉大增。其原因，从图 5 上可见，高速粉粒细而多，以高速度对撞低速粗而多的碎粒，前者硬，后者软，两强相遇，硬者胜，粉碎得有效粉，即小打大，得到中等数量的回料和较多的有效粉，从而使准成品率从 85%～91%提高到 93%，准细粉率从 15%～9%减少至 7%。高、低速粉通过对撞，使粉碎的因素互相渗透，粗细、软硬、快慢结伴，对冲而行，互相添彩。继而运用前述的演绎和反演绎，使成品率达到较高水平(如 90%)，产量大幅度增加(如 3t/h)。在优良品质的基础上，争取更好的技术经济指标。它就是对冲粉碎技术的理念实践，就是创立、应用的评价。

**2. 演绎和反演绎的理念实践**

为高效制取高品质硅粉，我们运用演绎和反演绎法，使对冲粉碎充分发挥效能，并经实践证实。它的理念实践内容分述于下。

(1) 充分运用现实条件。按要求选用现有粉碎生产线，选定相应参数，如速度等试制产品。取样分析，得统料和成品粒度组成，得成品率和产量。此为演绎，应是反演绎的基础。

(2) 在演绎结果基础上，实施反演绎。审定试制获得的统料筛析资料，求出其统料中径$(D50)_0$、有效粉中径$(d50)_0$、准得率 $T_0$。依此拟定欲求粉的统料粒度组成，即统料中径$(D50)_1$、有效粉中径$(d50)_1$，使$(D50)_1$ 应靠近欲求粉粒度上限，$(d50)_1$ 则靠近欲求粉中径。

(3) 按粒度同速度的平方成反比的关系，确定欲求粉的粉碎速度。关系成为$(D50)_0/(D50)_1=\nu_1^2/\nu_0^2$。同理对待$(d50)_0/(d50)_1$，高速 $\nu_{1g}=\sqrt{\dfrac{(D50)_0}{(D50)_1}}\times\nu_0$，低速$\nu_{1d}=\sqrt{\dfrac{(d50)_0}{(d50)_1}}\times\nu_0$。

根据是：参照图 5，低速对有效粉量影响最大，而高速则借减少回料、增加有效粉来强化此影响。

(4) 按新确定的高、低速再次实践检验，力求取得成效。

(5) 若还没达标，再按新数据重新计算，试产一次。正、反演绎就这样给对冲粉碎提供切实有效的支撑。

## 八、 待续的结束语

双转子协同粉碎的实施过程是：两个转子以各种转速反向运行，进行物料粉碎，得到与转子单独运行或同向运行不同的结果，体现出协同的作用。CXD880 型对撞冲旋式粉碎机就具有这种性能。双转子协同粉碎及其对冲法正是其中一项重要成就。但是,研发历程也表明,有些深层次问题有待发掘和解决,需要运用新的理论和测试手段,以及坚忍不拔的努力。

通过多年制粉实践和理论研究,我们总括出一条经验:细粉是擦拍出来的,好粉是冲劈出来的,得率是比算出来的,产量是巧干出来的。这32字句简单,但其中道理尚不明朗,有待继续探讨和充实。

结束语在待续!

# 粉碎技术的哲理演绎

**摘要**：运用哲学分析研究和解决技术问题、指导技术发展是永恒的道理。本书列举粉碎技术中的成对关系，以说明这一道理，进而透入实际操作，形成“辩证技法”，见效于生产。

哲理对于对撞冲旋粉碎技术的研发，有着很深刻的影响，体现在分析、研究和解决各类问题上。为不断提高技术水平，有必要进行一番总结研究，将其中的主要方面分述于下。

**1. 对冲粉碎法的形成**

粉碎是物料同刀具双方互相作用矛盾斗争的结果，遵循哲学的矛盾对立统一法则，具有客观的规律性。人们根据规律，可以设计出很多粉碎过程，创造条件，调控双方因素，促进发展，获得不同的粉碎效果。此为矛盾对立又统一的成果。因此，过程的设计和调控的制定显得极端重要。刀具的改进和运行参数的变动，显出威力。其中，如对冲粉碎运用双转子双速度双方向运行的过程，让刀具以不同速度打击物料块，获得粗颗粒和细颗粒两股气料流，它们又对撞，极大地改变粒度组成和晶粒度；继而混合，互相添彩，获取不同的结果。这里刀具和物料、物料和物料发生对击，粗转化为细，相互混合，粗细互补，对冲促成最佳粉体的生产硕果。

对冲法使冲旋粉碎技术达到一个新高度，领先其他方法。它来之不易，是多年研究和应用的结果，其基础扎根于一系列问题的解决。

**2. 粒度与成品率**

粉体必有一定的粒度组成，粗细一定，若超标，则成次品。但在实际生产过程中，往往是粒度达标，而细粉量太大，成品率低，甚至只有70%，矛盾的焦点在粉碎难以控制物料解体程度。只能凭经验，一点一滴地摸索、总结，效果不佳，成了“粒度之谜”。怎么办？运用辩证法，对矛盾双方进行深入研究。首先，以硅为例，对它的结构和性能要有一个较详尽的了解；其次，对施加的外力条件、作用有充分的把握。于是，获得三个理念：物料的分形网络结构、力能的流变转换性状和控制的趋势调馈模式。应用第一项理念明了物料结构，掌握加工硬化和碎裂性能。使第二项理念所能调控的力能流顺利地解体物料分形网络，获得所需的粒度组成。并总结出一条规律：细粉是擦拍出来的，好粉是冲劈得到的，得率是比算获得的，产量是巧干拿到的。于是，细粉量减少，回料量降低，成品中的好粉量增多，得率提高了。

**3. 晶粒度和颗粒度**

晶粒度是晶粒粗细及其球形度的合称；颗粒度（平常称粒度）则是粉粒粗细及其

密集度(尖塔形频率曲线分布)。它们之间是矛盾关系。硅晶粒均匀(球形)细化,参与化学反应活性增强。而硅粉粒度细化,细粉过多,反应过快,流失太多,效果不佳。晶粒细化,要加大外载,可细粉又多了,给制粉出了难题。为解决这个问题,就得将粉碎过程显示出来,端详物料与外载矛盾过程,查出形成的条件,改变和创造新条件,使双方互相作用又协调一致。采用分级粉碎,循着物料硬化规律设置多级粉碎刀盘;选用相应冲劈刀具和相应粉碎速度,既均匀细化晶粒,又不大量生产细粉,两全其美。可以作个对比,如辊研硅粉,只有当超细粉生产时,晶粒度才达到冲旋粉细粉碎的水平,但是,其粉粒已过细了、超标了。不过,随着生产发展,对硅粉要求愈益严酷,晶粒度和颗粒度的矛盾愈益尖锐,解决的难度将更大,很可能它就是技术水平的衡量标杆。

**4. 晶粒度、颗粒度与活性**

从平常化学反应中发现一条经验:晶体的化学反应活性同其晶粒粗细有直接关系;晶粒细、均匀,活性好;晶粒粗、不均匀,活性差。用技术语言表述,即化学反应活性高低同晶粒粗细成反比。而对于同类物料,则可确立一条规律:增强活性要细化晶粒。比如,为获得硅粉好活性,就得运用相应制粉技术细化其晶粒。

上述见识和规律从理论上推导,是晶粒的比表面积同粒径成反比形成的。晶粒愈细,球形度愈高,分维数愈大[1],比表面积愈大。因为球形表面积同直径的平方成正比,而体积同直径的立方成正比,所以比表面积(单位体积或质量所占面积)同直径成反比。而球形度愈高,比晶粒数愈大,即同粒径的颗粒内容纳的晶粒数愈多,表面积自然增大。晶粒度包括粒径和球形度,愈细愈均匀愈好,愈细活性愈好;另外,晶粒细吸蓄的能量大,储存的能量大,晶体的活性随之增高。所以,可以得出结论:晶粒细,活性高。

从多晶硅和有机硅发展趋势看,要求"颗粒度粗、晶粒度细"已成定局。一般认为,粉碎颗粒度粗时,外载不能大,可是晶粒度细又得外载大,要多碎晶粒、少碎颗粒。该如何施加外载,采用何种方式,用多大力量?有待探索。不过,对冲粉碎法提供一条思路:对冲速度高,力能流强度大,使受击晶粒产生应力和应变,变形碎裂更大。而点冲击使力能流似高压水样,切入物料、碎裂料粒和晶粒,造成剪应力应变,经一点进击,线性爆裂。所以,对冲粉比表面积、晶粒度较均匀。其特点就是:对冲使晶粒破碎并产生裂纹,放射式地裂开成粉末,但较粗。

对冲法生产的硅粉(称对冲粉)质量又比冲旋粉高出一筹,粒度组成曲线更呈宝塔形,比表面积增大约15%,活性自然更高。究其原因,则是力能的作用更合理。对冲中特殊的是:小硬粒高速冲击大"软粒",发挥其集中的力能威力,发挥晶粒细化和劈切打粗粉的功能。所以,颗粒粗密而晶粒细匀,达到粉碎的最高境界。

**5. 粒度的速度调控**

当刀具等配置完成后,物料粒度受控于粉碎速度。粒度的表征参数是中径($d50$),速度为刀具打击物料时的端头线速度$V$(为简略计,常用粉碎转子传动电机的频率$\nu$表示)。它们之间的关系是:中径同速度的平方成反比,即$d50 \propto \frac{1}{V^2}$,也是$d50$

$\propto \frac{1}{\nu^2}$。它体现出粒度和速度的矛盾关系。速度高，粒度细；速度低，粒度粗。其中，速度是主动因素。在粉碎过程中，调节多级速度就可得中径改变，控制粒度变动的结果。按照大数据思维，在试验生产线上进行了上百次测试，获得各种条件下两者关系的数据，使粒度和粒度中径处于稳定的受控状态。

中径同速度的平方成反比的根据：

(1) 大量的粉碎测定和生产记录。经分析后找出粉碎速度对物料粒度的影响。当各种条件不变，单调速度时，关系更加明显。

(2) 粉碎程度取决于输入的能量。冲旋粉碎靠高速冲击，动能是主要型式。而动能最重要的影响因素是速度，动能与速度的平方成正比。

**6. 晶粒度的速度调控**

晶粒度的调控具有相当重要的意义。如在解决同粒度的矛盾中，已经提到[2-3]：粒度同剪切应力的平方成反比。而晶粒度的速度调控类似。从粉碎原理分析，应力取决于输入能量，而能量又随冲击速度的平方成正比，因此，晶粒度与粉碎速度的平方成反比。利用海尔-佩奇(Hall-Petch)公式[2-3]，经同实践相对照，确实可以定性地改成：

$$V^2 \cdot d = K,\text{即 } d_1 = d_0 \left(\frac{V_0}{V_1}\right)^2$$

式中：$V$、$V_0$、$V_1$ 分别为粉碎冲击时(产生劈剪作用)、冲击前和冲击后的粉碎冲击速度；$d$、$d_0$、$d_1$ 分别为晶粒中径(平均粒径)、碎前和碎后的晶粒中径。

晶粒度包括两项指标：晶粒中径(平均粒度)和球状度。球状度可用中径同最大和最小径向尺寸之比表示；一般要求晶粒各向的尺寸相近，要均匀，接近球状。因此，运用粉碎速度调控晶粒度确实需要一定技术：不仅要有强劲的应力，而且得具有剪切功效。所以，粉碎速度要调控到最佳数值和保持剪切状态。实践证明，对撞粉碎效果最好：粒粗密而晶细匀。

晶粒细，球状度高，晶粒度就好。晶粒细，比表面积大；球状度高，能容纳的晶粒更多，比表面积大。因此，参与化学反应的固体物料活性就更高。所以，运用速度调控晶粒度是一项值得深入研究和掌握的技术。

海尔-佩奇(Hall-Petch)公式表明多晶体晶粒直径同外加应力的平方成反比关系。我国科技专家经实验和实践同样证明晶粒粗细(直径大小)同外加应力的平方成反比关系[4-5]。我们在制粉实践中也同样认识到存在这样的反比关系。晶粒受外力作用碎化，根源是吸收了外加能量，而产生的应力同能量成正比，即同冲击速度的平方成正比，所以，速度愈大，晶粒愈细。

**7. 中径和全粉**

粉体中径是代表全部粉粒粗细的参数。由于粉末是散体，颗粒量大，粗细度难以标定，所以，常以颗粒最大尺寸的算术平均值作为中径(或称平均粒径)。随着科技的发展，中径的测定会更加合理。就中径而言，其所拥有的意义是很重要的，从各方面体现全粉的性状：①不粗不细，兼有全粉的几何特性。②不软不硬，兼有全粉的力学性能。③晶粒度、比表面积居中，代表全粉的理化性能。所以，可以认为中径能代表全粉，参与制粉工艺各环节的研讨。

制粉生产中回料量的控制，需要涉及中径。粉碎筛分后，物料（统料）分成两部分：回料（筛上，即粗粒）和有效粉（筛下）。最佳分界是统料中回料占 30%～40%，有效粉占 60%～70%。缘由是：中径前后各 10%，即 20%的粉，是全粉的精华。最好一次成型，避免重复粉碎，导致成品率降低。应用中径解决问题很有效。如中径同粉碎速度、成品率的关系等，均为粉碎技术中的重要规律。

**8. 粒度集中与分散**

粒度是粉体的重要参数（为同晶粒度相区别，必要时称颗粒度）。它的集中和分散对粉体的效用影响很大。粒度频率分布图为正态分布曲线，呈密集状钟形。经生产实践证实，粒度集中比分散好，中径周边粉量占 70%～80%，使正态曲线像座圆顶的挺拔宝塔。此状态对粉料，比如硅粉生产带来相当高的难度。为解决它，就得下功夫，首先探清根本缘由，其次才是设法解决。集中与分散本是一对矛盾，必须了解和掌握双方性状，各自作用，经对比做出判断；集中比分散好，但是，生产难度大。

集中的优势在于硅粉化学反应活性高且过程稳定。中径区粉料是全粉的精华，晶粒性能最佳而均匀、比表面积最大而均匀，参与获取多晶硅、有机晶反应能力强，反应过程稳定。若粒度分散，性能差异较大，反应状况波动大，过程控制不稳定，生产效果较差，活性水平显低。既然如此，下决心探索到可靠实用的制粉方法：对撞冲旋粉碎技术及其对冲法。

**9. 硅粉活性和后续产品生产**

硅粉是多晶硅、有机硅的主要原料。它的活性对产品有什么影响？众多的多晶硅和有机硅制作相关报道中并无明确的见解，硅粉活性似无足轻重。那么，应不应该确立硅粉活性的指标呢？时至今日，有必要厘清其中认识，以便促进硅制品生产。

流化床里合成有机硅单体二甲基二氯硅烷，沸腾床里炼多晶硅中间体三氯氢硅，都属于气固表面催化反应。硅粉比表面积大，粒度均匀，更能使其很细晶粒发挥出极佳的硅天然活性，使有机硅单体和多晶硅中间体的生产指标达到最佳值，为后续产品奠定了良好的原料基础。所以，硅粉必须讲究活性，要制订硅粉的活性标准，把要求确定下来，使生产全面达标。

**10. 活性与粉碎技术**

充分发掘硅的天然活性，是制粉技术必须研究解决的问题。物料的性能取决于它的结构。活性是其性能的一个方面。硅的结构是晶体，其性质由化学组成和结晶组织确定。其中，结晶组织特性为晶粒愈细，活性愈佳。当硅粉用于多晶硅、有机硅合成工艺，运用气固两相表面催化反应时，硅粉的比表面积作用大。因此，硅粉活性的表征应是：晶粒度和比表面积。前者是基础，后者是条件，两者相辅相成，表征活性。硅有很好的反应活性，就得选用相应的制粉方式，予以充分开发。使其晶粒度达到或接近最佳数值(详见活性与晶粒度一节),硅活性强,性刚、脆、滑,价高。制定制粉工艺却不是简单易行的事,要好好讲究。经多年努力,已研制成一套冲旋式粉碎技术(包括工艺和设备),新近又成就对撞冲旋式粉碎技术,使晶粒度和比表面积进一步提高。它的原理是:综合运用刀具和粉碎参数,获取细晶粒度和大比表面积,为充分开发硅活性和拟定其标准提供有效途径。

**11. 正、反演绎的灵活运用**

控制粉碎过程获取合格产品有两个基本方法:①按制定工艺,从原料块粉碎得合格粉和出格粉,此为演绎。②为增加合格粉量,先确定合格粉成品率,反推应该采用的新参数,制定新工艺,选定原料块。再经实际核验,获得更佳结果,如不满意,再重复做。此为反演绎。正、反演绎看似矛盾,互相扶持,取长补短,争得最佳效果。

对撞冲旋粉碎中,我们多次应用正、反演绎,使成品率提升到一个新的水平。

**12. 宏观和微观、快速与慢速**

冲旋粉碎是发生在细小空间的瞬间过程,属于微观、快速变形范畴,人们用肉眼无法看清,凭耳朵能听到粉碎机内的"噼啪"声,认为"噼"是刀具打料发出的声音,随后料"啪"的一声裂开。要研究粉碎技术,若只停留在宏观、凭感觉,不可能掌握它。所以,多年来的研究工作进展很慢,基本上靠经验行事。不过,近年来,科技发展很快,扫描电镜(SEM)、计算机扫描机(CT)、X 射线衍射仪和表面孔径分析仪等相继问世,应用效果很好。于是,利用它们将粉碎小空间放大,摄下碎裂形貌和演变状态,将瞬间完成的快速过程演绎成慢速映像,让肉眼能看清整个过程,便于透过现象看清本质,发现规律,为粉碎技术提供坚实的基础。冲旋粉碎技术能提出宏观和微观、快速与慢速互相对立的问题,并得到妥善解决,当然同整个科技发展密切相关。

**13. 晶粒度、颗粒度和刀具**

颗粒和晶粒的粒度表征为颗粒粗细和密集度、晶粒粗细和均匀度。物料和刀具是针锋相对的一对矛盾,创造好适宜条件,对立统一的结果是物料成有用粉末。按物料的性能,配置相应刀具,调节粉碎参数,就可以制取不同颗粒和晶粒的粉料。此处关键在刀具及其运用效果。经实践生产应用获得如下结论,见表 1。

**表 1　常用冲击刀具粉碎脆性物料粒度汇总**

| 刀具 | 粉碎方式 | 破裂方式 | 颗粒度 | 晶粒度 |
|---|---|---|---|---|
| 拍刀 | 拍击 | 挤压 | 偏细 | 较粗 |
| 劈刀 | 劈击 | 剪切 | 较粗 | 较粗 |
| 棒刀 | 主劈辅拍 | 主切辅挤 | 偏粗 | 偏细 |

注:粗细顺序:偏细—细—较细—偏粗—粗—较粗。

常用冲击刀具可归纳成三类基本刀型:拍刀、劈刀和棒刀。普遍适用于制粉。

**14. 螺旋流仿效龙卷风**

螺旋流是冲旋粉碎的重要携能气料流,由粉碎机刀盘转动引发的。刀盘上刀片有一定倾斜度(45°),旋转中带动气和料在机壳内做螺旋运动,是粉碎过程中的一个重要环节。它带动碎料冲击衬板,料粒互击,进一步粉碎。由于主流拥有能量利用最佳,气料前锋整齐,粗、细分层较明显三特点[6],所以,互击对撞效能显著。螺旋风速(沿机壳内壁)40～100m/s。调节刀盘转速即可控制风速,达到不同的粉碎效能。但是,机内速度还未能赶上物料加工硬化的水平,机械速度已难再提,只能反复粉碎,造成细粉量大,影响生产经济效果。通过观察螺旋流,若让两条相向的螺旋流对撞,就能提高粉碎互击速度。正如自然界的龙卷风一样(见图 1、图 2),两股强气流对冲合拢,激发巨大的能量[7],汇集一起,威力无比。龙卷风气旋速度 50～100m/s,最大 100～200m/s,中心气压 200～400hPa(相当于 0.2～0.4kg/cm$^2$)。螺旋流对撞最大风速可达 80～200m/s,轴心负压也应有 200～400hPa,使碎料能源源不断地从进料侧送往粉碎区。螺旋流在对流条件下,似龙卷风一样:强化能量聚集和输送,使硬化后物料互击而粉碎。螺旋流仿效龙卷风,增强了粉碎效能。

图 1　龙卷风

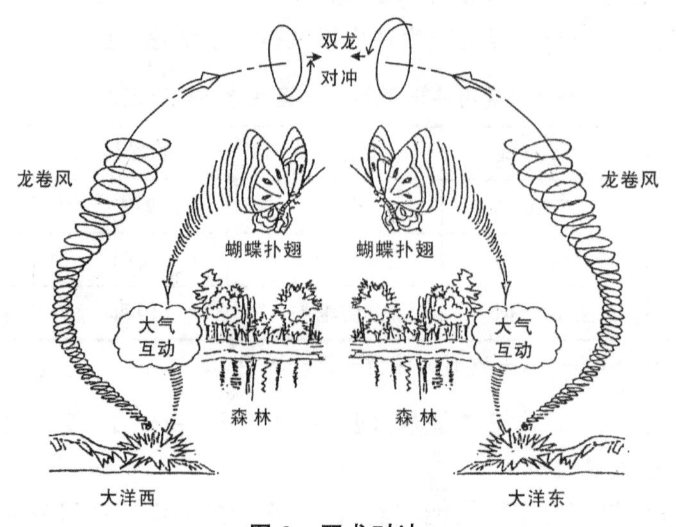


图 2　双龙对冲

**15. 氮保与常态**

硅粉属易爆粉料。《工贸行业重点可燃性粉尘目录(2015 版)》规定：中径 21μm，爆炸下限 $125g/m^3$，最小点火能 250mJ，最大爆炸压强1.08MPa，爆炸指数 13.5MPa·m/s，粉尘云引燃温度>850℃，粉尘层引燃温度>450℃，爆炸危险级别高。

硅粉系统应是防爆的，有两种防爆方式：氮保和常态。前者通入保护气体氮，按设计运行；后者没有保护气体，利用大风量空气保持系统内不产生爆炸环境。此两种防爆方式经生产实践，只要按规定操作，不会产生危险。爆炸是条件齐备，发生相互作用，导致事故。因此，监管粉尘浓度、引爆火源、氧气浓度三项显得很重要。车间应有安全操作规程，严格实行，确保安全。

**16. 粉碎与筛分**

粉碎和筛分是制粉工艺中紧密相连的工序，它们相互配合，使粉碎后的粉，经筛分获得有效粉，筛上粗粒返回再碎。最佳效果是：粗粒中所含有效粉愈少愈好，即筛分率，常规为 95%，当然，超过此值更佳。实际上达不到该水平，能有 90%即可。冲旋粉碎随着产能、成品率要求的提高就曾按序使用过平板筛、圆筒筛、准概率筛(直线筛)和平动摇摆筛。当前，对撞粉碎技术已进入商业运行。新型的叠筛配置也将日趋完善。粉碎和筛分必须相辅相成，才能获取优良的制粉效果。

粉碎技术中掺和着许多哲理，哲学指导技术思维，结合操作形成“辩证技法”，通达地用于制粉生产实践，获得优异的成效。所以，哲理分析是不可或缺的武器，永不入库。

**参考文献**

[1] 周杰，王印培.晶粒度的分形特征研究[J].理化检验·物理分册，2000，2:107－110.

[2] HALL E O. The Deformation and Ageing of Mild Steel: Ⅲ Discussion of Results[C] // Proceeding of Physical Society, 1951, B64: 747.

[3] PETCH N J. The Cleavage Strength of Polycrystals[J]. The Journal of the Iron and Steel Institute, 1953, 174:25.

[4] 吴其胜.无机材料机械力化学[M].北京:化学工业出版社，2008:89.

[5] 邹章雄，项金钟，许思勇.Hall-Petch 关系的理论推导及其适用范围讨论[J].物理测试，2012，11:15.

[6] 张羽，彭龙生，李昭峰.平轴螺旋管流中心的泥沙起旋[J].泥沙研究，2002，4:71－75.

[7] 肖辉.龙卷风.来去无踪的灾星[N].生命时报，2016－07－01.

# 冲旋对撞粉碎的动力学研究

## ——优化硅粉碎技术的探索

**摘要**：提出粉碎技术的评价条件及已达到的水平。运用冲旋对撞粉碎的动力学分析研究，获得优化的技术思路和具体措施，使制粉技术再提高一步。

多年的粉体工程实践让我们了解和掌握粉碎技术的评价内容，并用以指导所从事技术的发展，循此可深入研究冲旋对撞粉碎技术的思路和具体措施。

### 一、 冲旋对撞粉碎技术评价内涵

冲旋对撞粉碎技术[1]经几年的研发和使用，已取得了一定成效。对粉碎技术的评价可概括为“六度”：产品优质程度、技术优势稳度、经（济）社（会）优效裕度、力能学理高度、辩证哲理深度和有效实理梯度。具体内容如下。

（1）产品优质程度：粒度调节灵敏，达到要求；成分达标；活性高（暂无标准，相对比较）。

（2）技术优势稳度：粉碎方式有效，过程稳定；工艺流程通畅，设备运行稳定；调控可靠有效；操作维护规范；取样、检测方便。

（3）经（济）社（会）优效裕度：产品成品率高，产能高，能耗低，安全性、环保性达标，生产效益高。

（4）力能学理高度：对受碎物料的结构（宏、微观）和性能、力能的使用能深刻理解和有效运用。

（5）辩证哲理深度：粉碎过程的辩证分析，包括矛盾、条件等，并融入操作的辩证技法。

（6）有效实理梯度：实验、试验、生产逐步升级，实用规模大，发展前景良好。

### 二、 当前的技术水平

当前，冲旋对撞粉碎技术已达到一定的水平，表述为下列4项。

（1）一机冲撞：冲旋和对撞两种粉碎方式前后对接于一机内。

（2）双低模式：低能耗劈切，低速度克坚。

（3）三能整合：谐循材料性能和巧使外加力能，获得优异产品功能。

（4）四高产品：高品质、高得率（成品率）、高产量和高效能。

此四项在CXD880型冲旋对撞粉碎机上已基本实现。为进一步提高水平、改善指标，必须在理论和实践上下功夫。根据事物发展规律，要着重了解、掌握物料和力能的结构、性能，运用最新思维挖掘开发潜在因素，充分发挥粉碎各阶段的积极效应，谋得新成果。其中，动力学分析研究是一项值得深究的措施。

## 三、 提高技术水平的思路和措施

粉碎技术动力学研究的核心，是粉碎过程的动力学分析。它正是围绕粉碎刀盘，展开对物料粉碎各阶段、各区域显现现象的实质分析研究。所以，确定以大、小刀盘为中心，实施动力学考察、分析和研究，理清粉碎过程各环节实况和物料碎化过程，透识力能作用的施展和功效，凭借气流、料流的动力学特性，改进刀盘的气料动力学结构和性能，从而实现粉碎过程的优化，提高粉碎技术水平。

## 四、 粉碎过程的动力学分析研究

粉碎过程详示于图 1。原料块(粒径＜15mm)由给料机送入粉碎机，落到小刀盘上，经刀片打击成碎粒(粒径＜10mm)，随气料流送往在大刀盘，碎成细粒(粒径＜5mm)，藉气料流协同再行对撞粉碎，继而送往筛分，成品入库，粗粒返回再碎。此间重要的是气流(空气或保护气体)、物料流(硅或其他)性状、刀盘和刀具施展的力能。它们均以刀盘为核心，展开各类相互作用。宜做刀盘的气料动力学性能研究，分四部分阐述于下，即刀盘气动性能、物料动态性能、刀盘料动性能和刀盘气料动力学性能。结果显示，气料行踪清晰，历程条理井然。

## 五、 刀盘气动性能

拟用实例说明。CXD 型粉碎机大、小刀盘配上刀具后的外径分别为∅880mm 和∅600mm。6 把刀具装在各刀盘的刀座上，均为板形结构，其装配角(同轴线夹角)都是 45°(经生产实践和理论分析总结得到最佳角度)。大、小刀盘设在同一轴上，组成一个粉碎转子，外形很像串联的轴流风机叶轮。工作过程如图 1 所示，气体从给料的一侧进入，经小刀盘刀具旋送，沿周边轴向螺旋线前行，进入大刀盘被继续鼓送，提高了压力，呈螺旋状前行，形似龙卷风；另一侧也设有一个同样的转子，作用相同，只是旋转方向相反。于是，两股螺旋流狭路相逢，出现气流对撞。对撞后气流大量失速，受刀盘中心吸力作用，沿轴向返回，补充到大、小刀面的离心轴向流，形成粉碎机内刀盘气动循环性能。它对机内气流稳定有很大作用。而对于局部氮保，气量调节和稳定是很重要的。螺旋流对撞失速，使回流到小刀盘轴向尽头。

再举一个例证。CXL880、1200、1300 型冲旋粉碎机列均用局部氮保，情况很稳定，证明机内气流运行能满足要求。不然，系统气量就稳不住，微正压守不住。机内气流自行循环，而物料经溜槽、斗提机送出，所以，机内温度不高。由于刀盘送出气料，再加系统尚有小量抽风，在粉碎机内会形成负压。此时，由碎料仓经给料机少量漏进气体，再加补充的氮气，维持机内微正压。这是主流状况。副流是各刀具背后的轴向涡流(见图 2b)，它的实况在流体机械中常见，属于一般应用。笔者也在机上用木

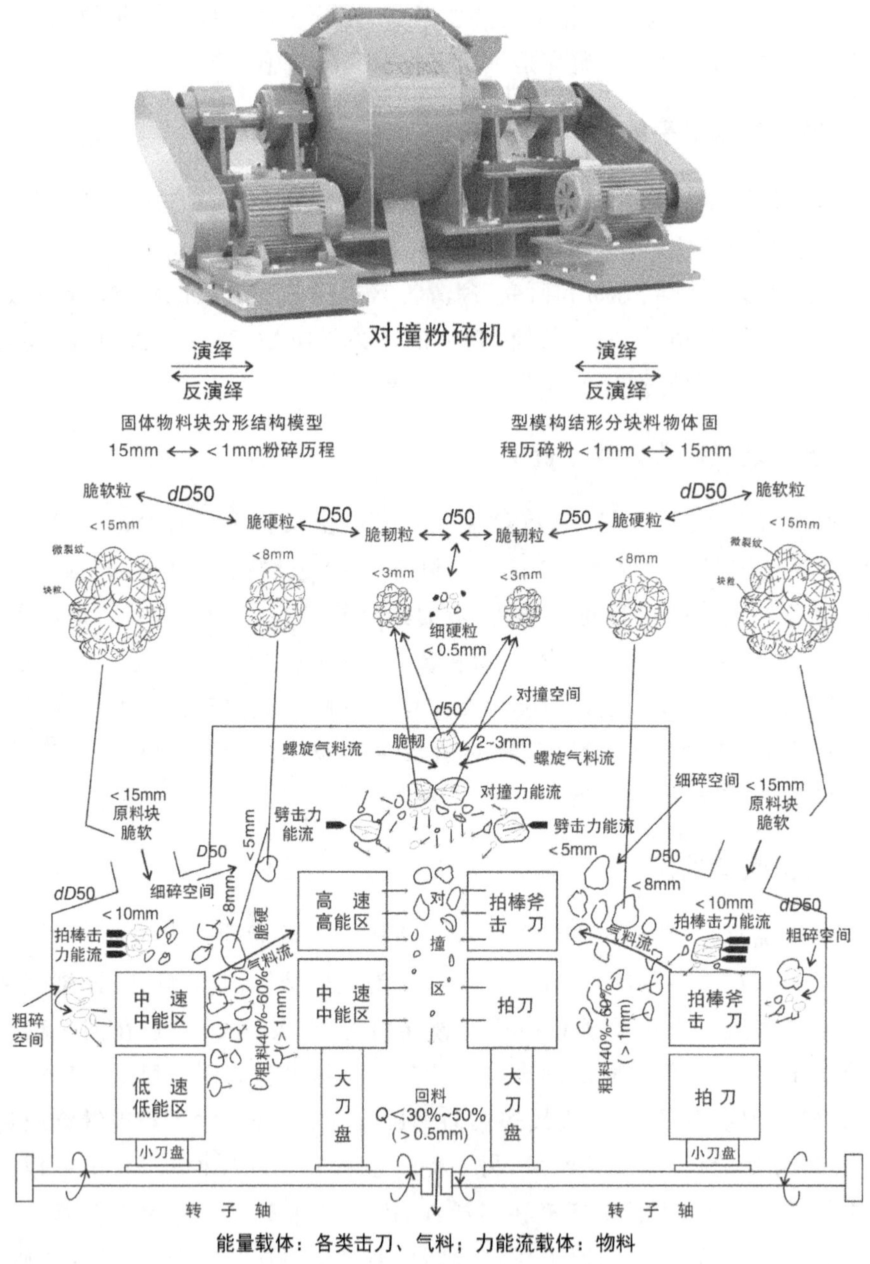


**图 1　冲旋对撞粉碎过程演绎模型**

屑做过验证。但是，不同规格轴流风机串联和对旋，获得两股螺旋流对撞，却是新事，值得研究，有必要做气体动力学分析，识得刀盘气动性能。

**1. 风量、风压和风速的确定**

刀盘气动性能可参考不同规格轴流风机串联工况进行研究。两个刀盘直径 ∅600mm($D_1$)和∅880mm($D_2$)。其风力参数：风量 $Q$、风压 $P$ 和功率 $N$ 同直径 $D$ 呈比例关系，即 $Q \propto D$，$P \propto D^2$，$N \propto D^3$。直径比($D_2/D_1$)880/600≈1.5，$Q_2 \approx 1.5Q_1$，$P_2 \approx 2.25P_1$，$N_2 \approx 3.38N_1$。串联后风压提升(约 2 倍)，功率增大(约 3 倍)。参照 FD

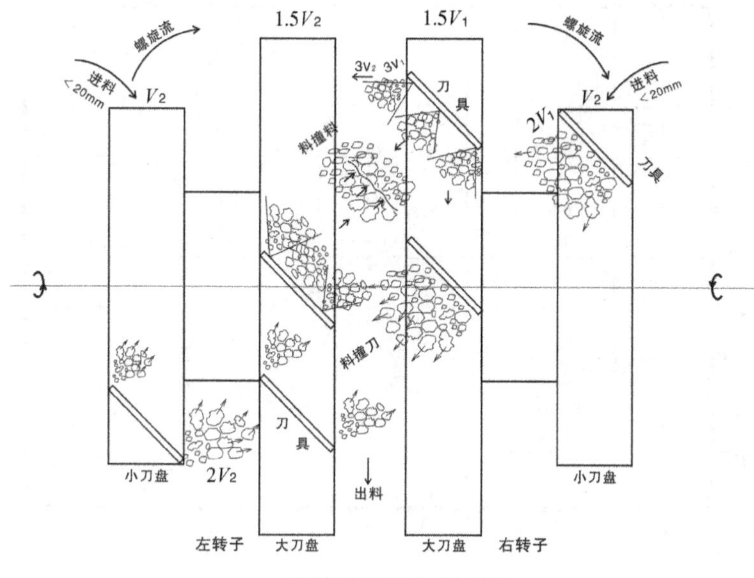


a.两转子驱动气料对撞

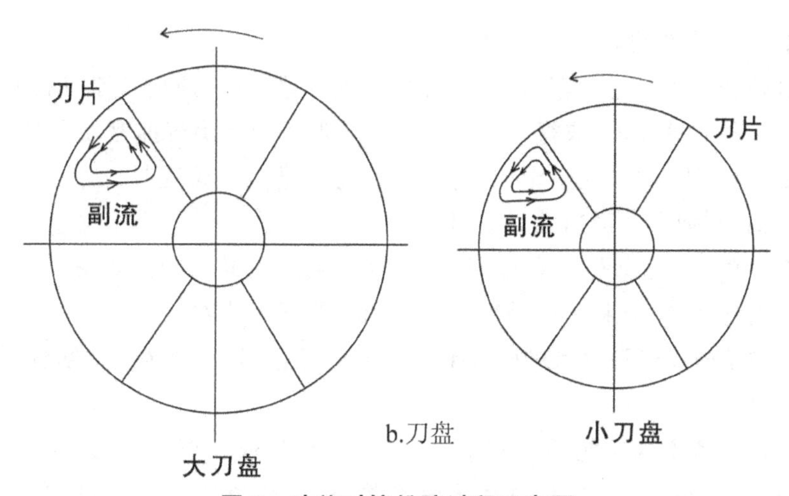


b.刀盘

**图 2　冲旋对撞粉碎过程示意图**

型煤矿对旋轴流风机性能，实用数据亦是如此。按文献[2]，同单叶轮轴流风机 HTF-LI 型专用机比较，其 6＃、7＃风机（叶片安装角 43°），综合中间平均值（折算为 960r/min）：风量 7000$m^3$/h，全压 220Pa；其 9＃风机（叶片安装角 45°），综合中间平均值（折算为 960r/min）：风量 18000$m^3$/h，全压 400Pa。

专用轴流风机由于叶片具有特殊翼型，比粉碎机刀盘的气动性能肯定好些。参考此类风机数据，可以近似地绘制 CXD 型粉碎机转子刀盘气动性能曲线（∅880mm/∅600mm 刀盘串联工况）（见图 3）。

按照冲旋对撞粉碎机常用 40Hz、转速 1000r/min，取 $Q$、$P$ 中间平均值，获得转子刀盘气动性能：$Q=10\times10^3\sim12\times10^3$ $m^3$/h，$P=600\sim700$Pa；风速：小刀盘 38m/s，大刀盘 55m/s。同 FD 型对旋轴流风机相比，性能较相近，可资使用。

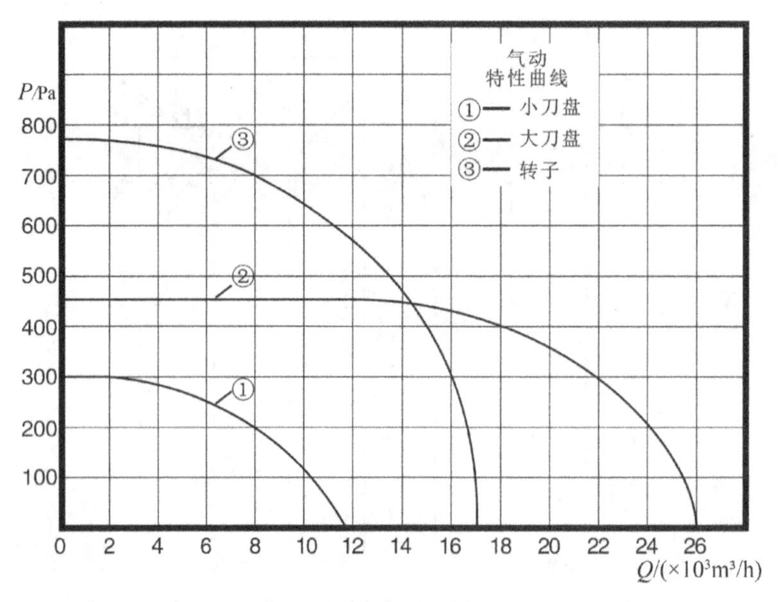


**图 3　CXD 型冲旋对撞粉碎机转子气动特性曲线(推算)**

**2. 螺旋气流特性的显示**

粉碎机两转子相向运行,分别驱动各自的螺旋风,以相应的气动功能协助刀具粉碎,运送物料,并对撞互击,取得预期效果。由此形成的螺旋流拥有如下特色。

(1) 具有 45°螺旋角,成型能耗最低,携带能量最大。风速与龙卷风很相近,对撞威力可想而知,其轴向力可达到 5t 以上。

(2) 拥有最佳时空效能。它以同样的时间,穿过同样的轴向距离,流过最长的空间行程,所以,流速快,有利于协助物料粉碎和能量利用功效。

(3) 45°螺旋流物料颗粒间对撞概率比直撞高,而且会使物粒按粗细分层(见图 7),增进互击功效。

利用螺旋气流增强功能的实例很多,如对旋轴流通风机、风洞风机、对旋轴流水泵、直升飞机的对转旋翼、船舶的对转螺旋桨、对旋轴流风力灭火机和风力输送等。其组成结构和性能品类很多,有调速的,有输粉料的,有两种规格或不同类型前后联合的等,使用范围很广,功效显著。

由上述分析可知,CXD 型冲旋对撞粉碎机转子刀盘具有特色的气动性能为:

(1) 分级增强的特性。风量 $Q=10\times10^3\sim12\times10^3\ m^3/h$;风压 $P=600\sim700Pa$;风速:小刀盘 38m/s,大刀盘 55m/s。

(2) 凌厉强劲的螺旋流威力。45°螺旋角携能量最大;速度高,而且对冲可调。

## 六、 物料动态性能

受碎物料,如硅,有自己独特的性能,源自它具有金刚石型面心立方晶体的微观结构和晶粒的分形宏观结构,它像金刚石那样坚硬,又似石墨、铸钢耐磨。此类结构决定硅的粉碎工艺性能,归纳为下述 4 条(不计其他性能)。

(1) 物理性能。硬、脆、滑和爆四性[1]。

(2) 力学性能。抗外力性能，从强到弱的次序为：抗压—抗弯—抗拉—抗剪，其中抗剪能力只有抗压能力的十分之一[1]。

(3) 硬化性能。粉碎过程中明显的硬化又韧化，尤其是粒径<2mm 后更甚[3]。

(4) 混沌性能。物料硅块受一定的外力作用后，会由整体有序状态转换成碎裂无序状态，详见后述。

上述 4 项性能对硅的粉碎过程均有举足轻重的影响，涉及粉碎效果，有时甚至起决定作用。硅的性能经物理、化学、力学等效应，表现出各自的功能，详述于下。

**1. 物理性能的功能效用**

硅硬、脆、滑、爆四性对制粉的影响分述于下。

(1) 硬。硬度 60HRC，莫氏硬度 7 度。常用粉碎刀具的硬度也是 60HRC，若再硬些，耐磨性好，但是易脆断，酿成事故，所以，刀具磨损较快。同样的，粉碎机腔内衬板也磨损大，只是程度低些。当然，输送管道、作业线器件和设备也有较重的损伤。这种硬性对于产品粉生产的工艺性，则是必须慎重考虑的要事。由于刀具、衬板等的磨损，直接影响产品粒度组成、产能、能耗等指标，会造成生产的不稳定。再者，工艺上能提高产品等级，可是刀具等材料的磨屑(虽然量很小，占比<1%)残留在布袋除尘粉中，降低了微粉纯度。因此，需采取相应措施，解决负面影响，取得实效。

(2) 脆。硅脆，却有硬支撑，粉碎使劲就为难了。没大力，打不碎；用大力，脆碎过度，细粉超标，成品率趋低。因此，巧使力能和善用刀具至关重要，再加精准的参数控制，方有优良的功效。

(3) 滑。硅“滑”，有点像石墨，表面似有油性，硅垢不易洗净。在粉碎过程中有滑移表现，容易擦边而过。滑性对选用刀具型式有影响，最好用劈切。

(4) 爆。硅“爆”指其粉尘在一定环境条件下会爆炸，引发事故。所以，制粉生产线必须配备相应措施和安全操作维护规程，并严格实施。

**2. 力学性能的功能效用**

硅的机械性能不高，抗压极限 20～40MPa，按抗压—抗弯—抗拉—抗剪顺序趋弱。例如，使用不同的刀具实现不同的粉碎方式，用相近的力获得不一样的粉碎结果(见图 4)。仿刀具顺序，如拍刀—棒刀—劈刀，实施拍压(挤压)、棒击(挤、劈均有)、劈切，使硅块呈现不同的碎裂方式，获粉粒细、中、粗三档，呈不同粗细组成的粉体：平板形刀得细粉多(a)，棒形刀击得中粉多(b)，而斧形刀劈击得粗粒多(c)。运用三类刀型的各种组合，制取要求各异的粉料，满足深度加工的需要。

**3. 硬化性能的功能效用**

硅受外力作用，碎裂成粒，其强度随之增高，如图 5 所示[3]。生产实践中就是这样，原料块(粒)易碎，碎料就难打碎，料愈硬，回料愈多，产量愈低。正如我们平常说的：愈打愈硬，愈快愈硬。该性能也被实测和理论研究所证实，并已成为硅制粉生产的一大难题，如何解决？

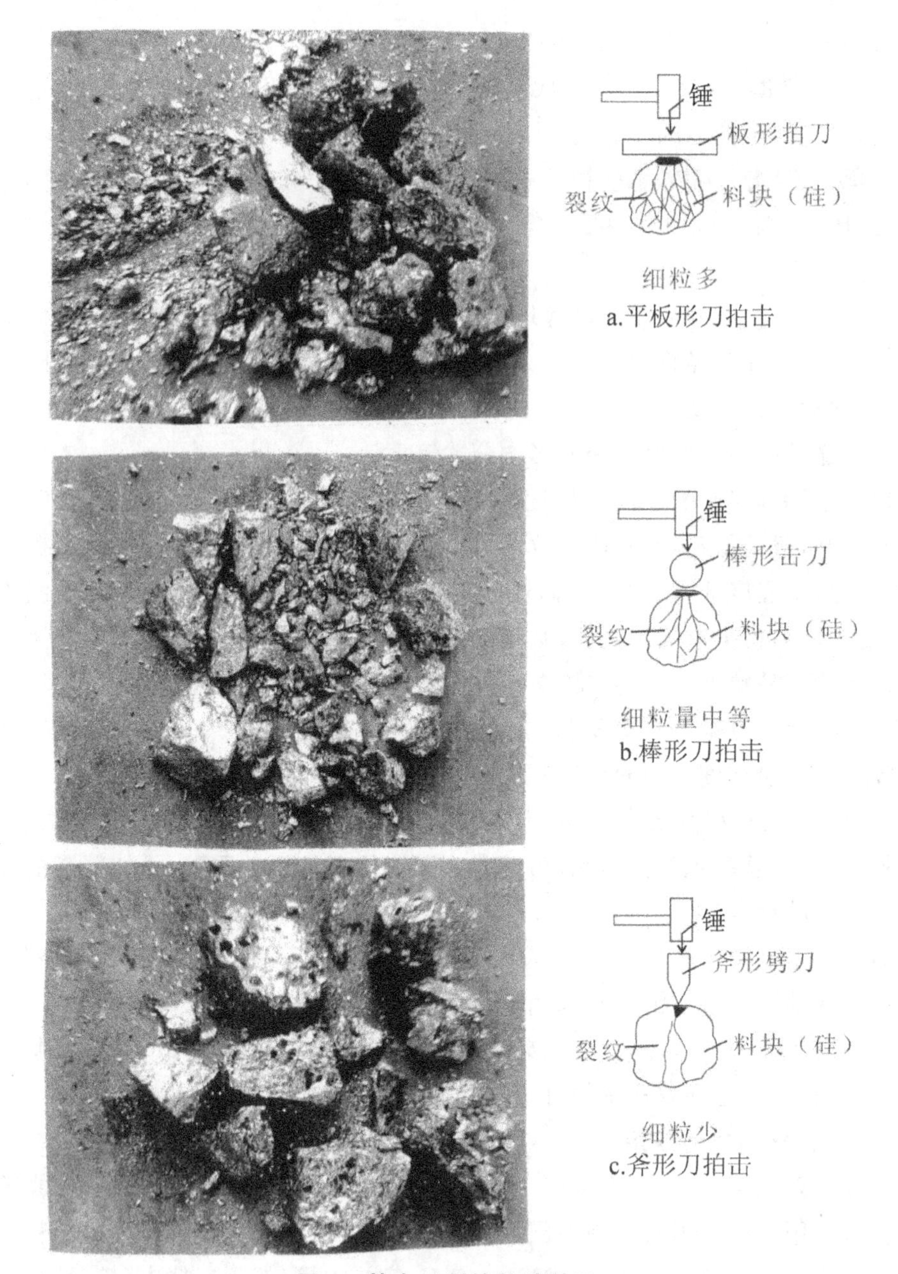


**图 4　基本刀型的粉碎效果**

### 4. 混沌性能的功能效用

混沌性能：物料硅受外力作用，当达到一定程度后，物料从完整的有序状态变换成碎裂的无序状态。它是自然现象，同以前所谓的塑性变形相比，内容更深刻，用于说明粉碎过程及其控制，意义更趋完整。详见图 6。

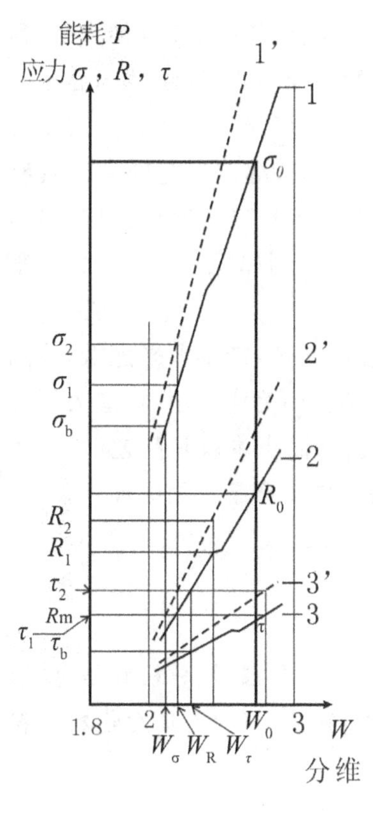


实线 1:$\sigma$-$W$ 曲线(压磨);
实线 2:$R$-$W$ 曲线(拉伸);
实线 3:$\tau$-$W$ 曲线(剪切);
虚线 $1'$、$2'$、$3'$:硬化后的上述曲线;
$\sigma$:$\sigma_1$,$\sigma_2$ -压磨应力(硬化前后);
$R$:$R_1$,$R_2$ -拉伸应力(硬化前后);
$\tau$:$\tau_1$,$\tau_2$ -剪切应力(硬化前后);
$\sigma_b$,$R_m$,$\tau_b$ -常态抗压、抗拉、抗剪强度极限;
$W$:$W\sigma$,$W_R$,$W\tau$ -常态强度极限下引发抗压、抗拉、抗剪裂纹的分维;
$P$ -粉碎、裂纹能耗

**图 5　应力-分维曲线(定性)**

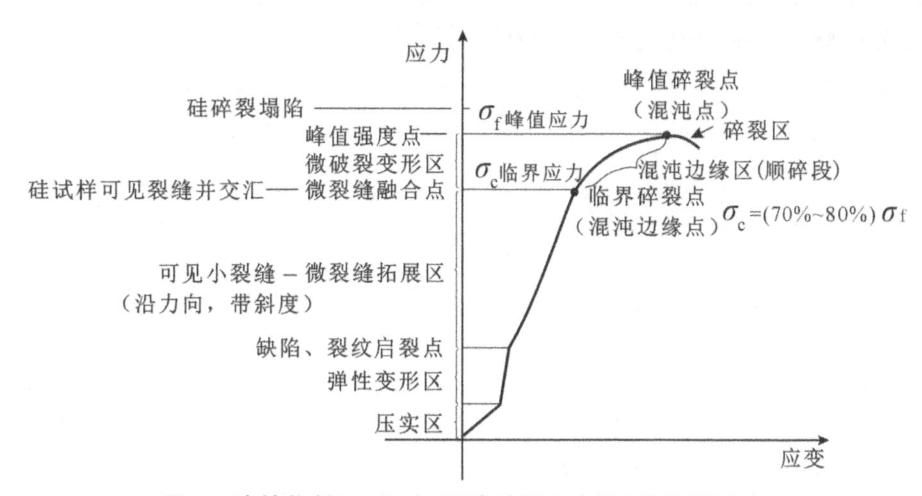


**图 6　脆性物料(工业硅)压碎过程示意图(仿抗压测试)**

物料硅这种脆性正是其分形结构的表现。硅是晶体,拥有晶界、镶嵌体和杂质,形成晶界、解理,孔隙、裂纹等各种缺陷,将硅整体分割成小块,呈分形。受外力作用,它们就是产生裂纹、裂缝、缝隙的源头,吸存外加能量,逐步受载加重加烈,演化出压碎过程。混沌性当然也显现于劈切、拉伸等加载条件下。而在硅粉制取生产中,为获得最佳效果，利用其混沌性能显然是很有理智的。如图6所示，当硅处于混沌点时，很小的应力就能引起很大的应变——碎裂，正是初值敏感的混沌表现，即所谓的屈服变形。因此，在混沌点之前的边缘区，使用适当的载荷即可控制其碎裂的程度，获得各类粗细碎料，而能耗又是最经济的，称为顺碎制粉技术。所以，混沌性能的利用具有特殊效用。确定混沌区却是技术难度较高的。此性能用调节粉碎速度获相应粒度，很有效。利用抗压性能曲线，调节粉碎速度，获取好的效果。例如，当硅制粉，粗粒很多，回料量大，如90%，而成品率低、产量低。

问题是粉碎速度过低，粗粒多，筛分率差，回料多，恶性循环，产量愈来愈低，成品率愈来愈小。解决方法是：提高速度，增加细粒，较细粉多。因为应变小时，应力增加大，所以低速时提高1Hz比高速时明显，从而使指标上去。而当本就是高速时，增大1Hz，效果差些。而当速度达到引发混沌顺碎时，则是瞬间增高产量。稍纵即逝，一定要抓稳。

## 七、 刀盘料动性能

物料粉碎流程如图1所示。而物料每一步的经历尚需给予揭示、分析和研究，以期进一步完善达到拟定的生产技术水平。流程中最重要的是：刀盘刀具对物料的粉碎和物料的对撞粉碎，而刀盘料动性能正可说明此二项。

### 1. 物料的刀具粉碎

粉碎区的变形图像能很好地说明过程，如有动态影视更好。但是，目前尚未能运用高速摄像，难度较大，留待解决。笔者只好在实际观察、理论分析的基础上，参考国内外有关资料，绘制硅粉碎变形区的场景（见图7）。

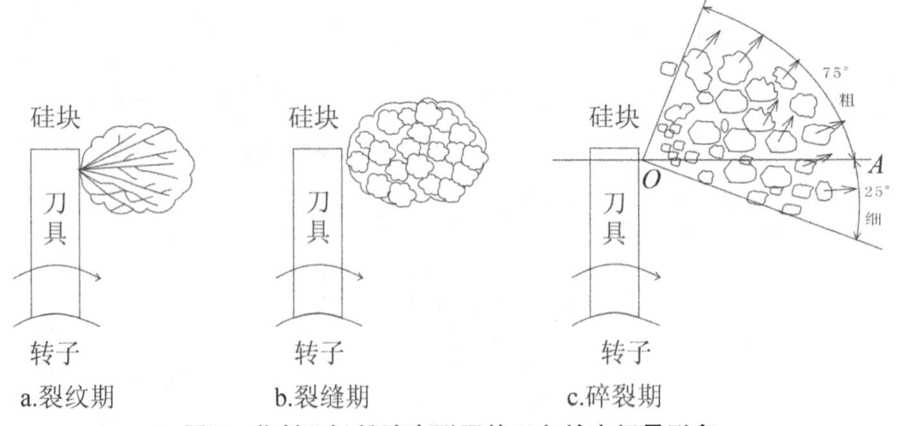


**图7 物料(硅)粉碎变形区的正向拍击场景形象**

物料硅块经较典型的正向拍击，在粉碎区变形，可分成三个阶段：裂纹期、裂缝期和碎裂期。如图7所示，硅应力应变中，由本身缺陷开始，经裂纹—裂缝—碎裂，符合常规的粉碎过程。硅在碎裂后，凭借刀具能量，继续使碎粒沿着一定方向飞溅，有自己规律。以法线 $OA$ 为基向飞行（见图7c），向内（转子轴心）25°，向外75°内，绝大部分局限在这 90°范围内。并且粗粒向外飞，细粒挡在内。75°范围的物料量大，约占总量的 75%。碎粒飞行速度：粗粒 $2V$，细粒 $<2V$，设 $V$ 为刀具冲击物料时的速度。关于上述动态参数详见本书《物料粉碎的力能流研究》。粉碎变形区，尚有其他现象，如沿刀片表面刮擦，只研磨出细末。不过，这不是主流，当用劈切刀时，由此而来的细粉更少。

**2. 物料的对撞粉碎**

物料对撞是互击中最猛烈的，速度较高。如图 8 所示，物料碰撞后互相击碎，原理同刀具粉碎物料相似，只不过刀具换成物料块(粒)。物粒双方均碎裂，其程度视双方物理动态而有别。主要因素则是物料粗细和对撞速度。如硅，细粒比粗粒硬，飞行速度高，就能将对方劈碎。此时，速度是双方之和，是刀具所不能发挥的大数值。因此，对撞拥有自己的特别优势，可归纳为下述几方面。

(1) 粉碎速度调节范围大，上限可达刀具速度的 4 倍。比如，硅粉碎、筛分后的粗粒返回再粉碎，要求粉碎速度高，可用对撞解决，降低回料量，提高效率。

(2) 粉碎速度调节更灵便。物料碎裂度同粉碎速度成非线性的平方关系。改变两个转子的速度，使碎裂度对速度的变化更敏感。它更适用于制取技术要求高的产品，尤其是“粒粗晶细”的高活性硅粉，对发挥硅的混沌性能效用极为有利。

(3) 粉碎速度高而刀具速度低。可使转子轴承等低速运转，损耗小，使用寿命长，维护量降低。用于劈击粉碎，优化工艺和产品性能，能耗低，成品率高。

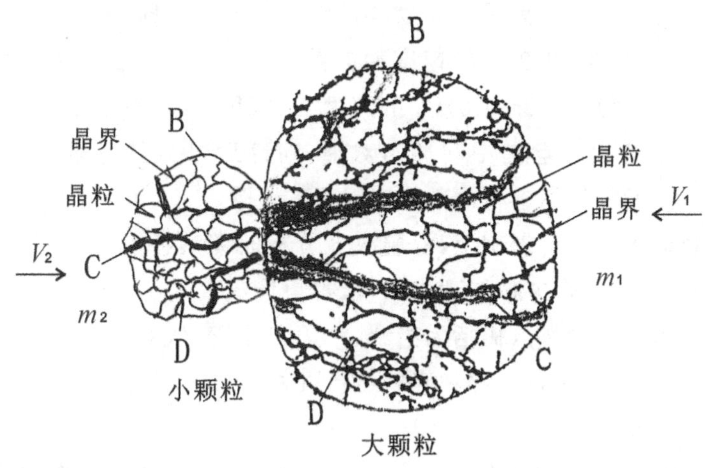


$m_1$-大颗粒质量；$m_2$-小颗粒质量；$V_1$，$V_2$-大、小颗粒互击速度；B-碎料；C-裂缝；D-裂纹

**图 8　大小颗粒对撞互击碎裂瞬间模型**

综上所述，刀盘料动性能如下。

(1) 冲击粉碎速度范围宽，易调控。刀盘刀具冲击粉碎物料速度 30～55m/s，经裂纹、裂缝、碎裂三期，碎粒按扇形方向飞溅，最高速度 100m/s 作为物料传送和对撞之用。

(2) 对撞粉碎威猛且可控。物料互击对撞粉碎，比刀盘直接粉碎，力能条件更佳，更适用于硬化程度高的物料，如硅之类；对撞速度为双方速度之和，最大值可达 200m/s，按实需调节。刀具刀盘磨损也减小了。

(3) 物料与刀具互击是对撞的后续粉碎。两大刀盘相向旋转,将物料从相反方面对冲,有一部分物料直击对方刀具,速度是两者之和,比较大。由于不是物粒互击,刀具基本不吸收能量,而是放出能量使迎击物料在高速下粉碎,速度也是相当高的。

## 八、 刀盘气料动力性能

至此,已分别阐述了刀盘气动性能、物料动态性能和刀盘料动性能。三者的气流输送、物料性状和刀盘力能在制粉实践中是紧密相关的。所以汇总成刀盘气料动力学研究,总体审视物料的粉碎动力学过程,显示粉碎状态和实质,以及控制的基础。

气料流过程已示于图1。物料的历程:给料—小刀盘粉碎—大刀盘粉碎—对撞粉碎—出料。给粉碎机定量供进原料,经斜槽料口凌空落入小刀盘。按自由落体计算,以CXD型粉碎机为例,其小刀盘每个刀格(60°)转过的时间里(0.01s),碎块下落约100mm,最低可达到刀片中心。所以,冲击碎块的概率很高,漏料比例很小。接着如图9所示,小刀盘冲击料块A0,冲击A0碎裂后成粒群(参看图2a、图7),飞往大刀盘,其起点法向中值速度$1.4V_1$($V_1$为小刀盘刀锋圆周线速度),风速$1V_1$。物粒穿行在空气中,受阻减速,又互相碰撞,前行近A1处时又遇到大刀盘刀具后侧的反向涡流(副流,速度$0.8V_1$,见图9、图2b),直至A1处时,受大刀盘刀锋a冲击,粉碎速度为$1.5V_1$,受击后法向线速度$2V_1$,风速$2.5V_1$。空气速度同物料相近,辅助物粒群以$2V_1$的速度循着螺旋流冲向对方。小刀盘另一侧物料碎块B0分别在B2、B1处被大刀盘a、b追上,受击后也同A0相似,以$2V_1$的速度冲向前方。所以,小刀盘接料后送往大刀盘(不会冲击大刀盘刀背),以$(2\sim2.5)V_1$的速度在$2.5V_1$风速的螺旋流护送下,物料分别从相向运行的各自大刀盘向中间冲击对撞,粉碎后,失速,下落,送出。风分成两份:一份随风吹走,另一份则参与内部气料循环。

在上述气料动力过程的基础上,深层次地分析研究其特点,将冲旋对撞粉碎技术原理、实用性和发展前景全方位展现出来,求得更佳成效。

刀盘气料动力性能的特点概括为给料、小刀盘粗碎、气料旋流传送、大刀盘细碎、气料对撞五个方面,以及物料粉碎和碎料运行两种方式。现将其综述于下。

### 1. 给料呈优化形式

原料碎块(块径≤20mm)(允许<30mm,占比<10%)经电机振动给料器调速下料,除去一切金属块和硅硬块后,沿溜槽对准小刀盘上方,下料口离小刀盘外圈50~60mm,使料恰好落入小刀盘刀格里。目的是粗碎全部块料,漏料率低于5%。下料有多种方式,根据实际情况,选择正下、稍向前方最佳。

### 2. 气料双串联的成功应用

刀盘拥有气动性能和料动性能,大、小刀盘串联运行,使物料粉碎性能获得充分利用,将力能的效用达到优化的较高水平,从而获得本文前部所述的技术水平。流体机械的单机串联已有成功的经验和理论。破碎机械的单机串联也具一定经验。但是,将它们联合成双串联,使对撞粉碎构建成充裕的动力条件,赢得最佳功效,实属首创。

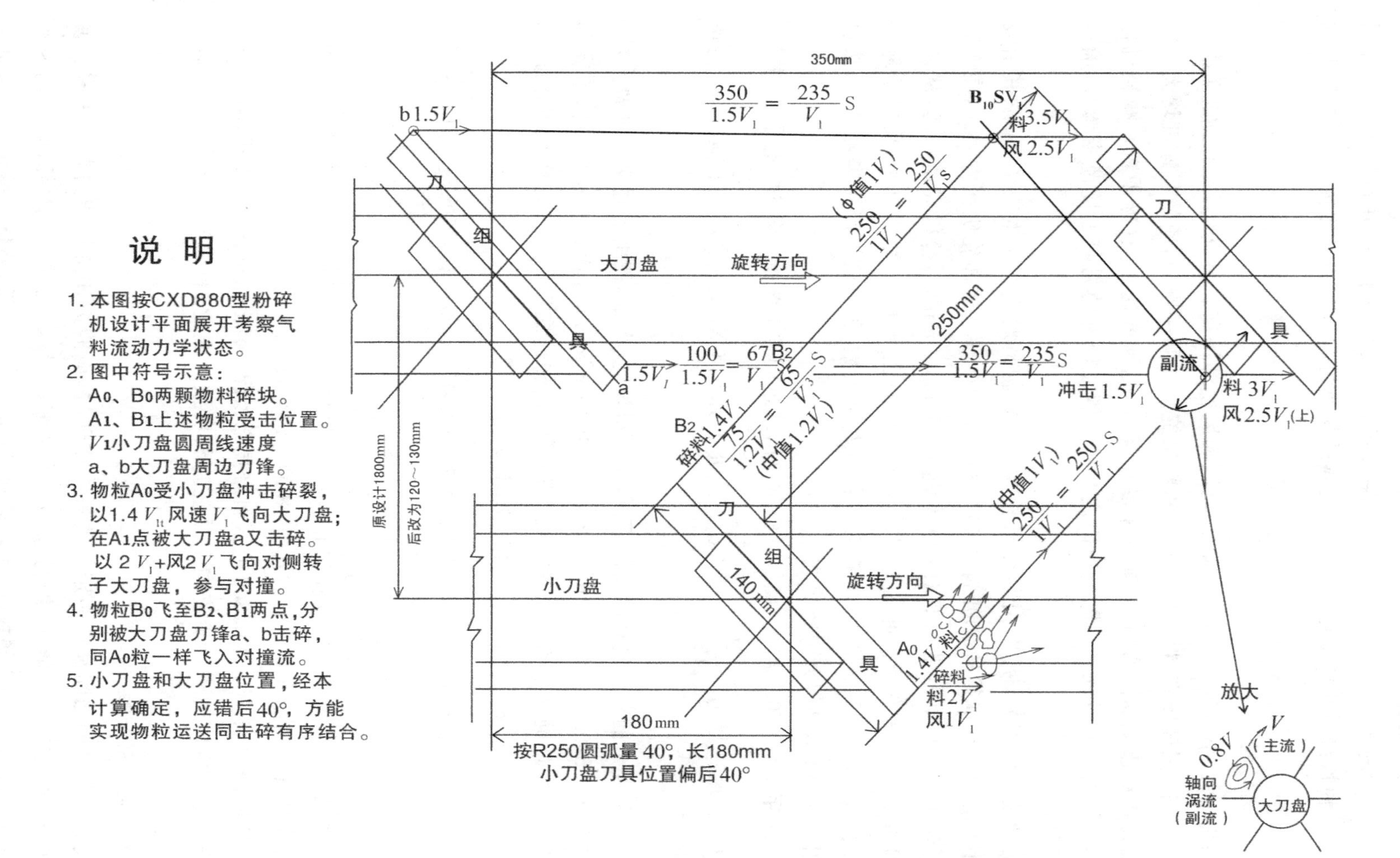


图9　CXD880型冲旋对撞粉碎机刀盘气料动力学模型(平面展开)

## 说　明

1. 本图按CXD880型粉碎机设计平面展开考察气料流动力学状态。
2. 图中符号示意：
   A0、B0两颗物料碎块。
   A1、B1上述物粒受击位置。
   $V_1$小刀盘圆周线速度
   a、b大刀盘周边刀锋。
3. 物粒A0受小刀盘冲击碎裂，以1.4 $V_{1t}$风速$V_1$飞向大刀盘；在A1点被大刀盘a又击碎。
   以2 $V_1$+风2 $V_1$飞向对侧转子大刀盘，参与对撞。
4. 物粒B0飞至B2、B1两点，分别被大刀盘刀锋a、b击碎，同A0粒一样飞入对撞流。
5. 小刀盘和大刀盘位置，经本计算确定，应错后40°，方能实现物粒运送同击碎有序结合。

**3. 对撞粉碎初显功效**

相向运行的转子凭各自大、小刀盘将气料分别转成螺旋流，并在粉碎机中部对撞，呈现一种料击料的自粉碎功能。其优势是其他粉碎方式不可比拟的，不妨就此列举如下。

1）高速对撞

气流经大、小刀盘串联旋送，风量、风压和风速都提高。料流经大、小刀盘顺次粉碎，粒度缩小，强度增高，料速加快。气和料螺旋流在同一空间，使物料速度增大。对撞既能使相对速度成倍增加，又能使单转子降速，达到低速克坚（碎硬粒）、减轻机件载荷和刀具磨损的目的。速度是粉碎之“魂”。能在较宽的粉碎速度范围调节，确是难能可贵。

对撞技术应用久，使用广泛，效果较好。本机物料对撞产生的效能，可从其引发的作用力看出。事情得从2009年说起：当时，CXL880立式冲旋机研发完成，在车间装配后试车。外接电机带动CXL880，转速达到500r/min时，整机离地抬起，从内部急速喷出砂石，然后落下。此处是刀片带动空气向上产生力，冲顶机盖，反射于地后将机器抬起。CXL880重约3t，6把刀片各尽力500kg。如果转速能再提得高些，按设计可用800r/min，则提升力将更大。

2011年CXL1500立式冲旋机试验时也出现过同样的情况。不过，这是8t重物，12把刀片，每把尽力$\frac{8\times10^3}{12}=670$kg。此处刀片比CXL880多，又长140mm，转速500r/min。

2014年建成的对撞机是卧式的，不能做抬机试验，但是，援引上述实例可做推算。

对撞机∅880mm/∅600mm，6把刀片，当$10^3$r/min时，转子刀片出力值推算如下：刀片出力$P$同转子刀片外圆直径、刀片数量、转速成正比。以每片500kg推力、∅880mm和500r/min为基数，先在CXL1500机核算。

$F=12\times\frac{1500}{880}\times\frac{12}{6}\times\frac{500}{500}\times500=12\times1.7\times2\times1\times500=20\times10^3$kg，每片$\frac{20\times10^3}{12}$ $=1700$kg。

对CXD880/600，$F=6\times\frac{880}{880}\times\frac{6}{6}\times\frac{1000}{500}\times500=6\times10^3$kg，每把刀片出力$10^3$kg，以如此大的气流力助推物料碎粒互击，效能肯定好！

顺便提及2017年，CXL1300立式机带局部氮保（0.2kg/cm$^2$）于试车投料时，料加不进去。这是机内转子螺旋流向上顶住物料所致。因此，料需有一定落差，才能充进去。

2）巧用物料性能

物料力学性能之间都有一定的关系。如硅，抗剪能力比抗压能力要小得多。使用劈击方式比拍击节约能耗，细粉也少。若制细粉，最好用拍击。对撞时，让高速小颗粒劈击低速大颗粒；小颗粒硬，大颗粒软，劈击粉碎能耗低，即低能劈击。值得赞誉的是,对撞能使产品(硅)获得“粒粗晶细”的宏、微观晶体结构,保证具有较好的化学反应活性和利用率,还可利用高速使物料经混沌性能而提高产品产量。

3) 双转子配合默契

两个转子各自有传动和转动方向,速度均可按需要灵活调节,既照顾自身需求,又配合另一转子协同实施预定功能,满足产品粒度、成品率和产量要求。此外,能降低各转子转速,既节能,又减轻机件磨损,使维修效果更佳,费用缩小。

刀盘气料动力学分析表明刀盘的重要性。控制六大要素包括:①动力三要素,即冲击速度、冲击频率、冲击方式;②气料三要素,即物料性状、给料速度、风量风速。六要素中,动力三要素和气料三要素,需要刀盘来实现。其重要程度可见一斑。

## 九、 从分析研究中探索优化途径

通过上述动力学研究,探索冲旋对撞粉碎技术发展的方向和具体措施,其内容概括如下:

(1) 探索的正确思路。刀盘气料动力学分析是探索的起始点,包含三个源头:刀盘的气动性能、料动性能、物料动态性能。三个性能都通过刀盘演绎出物料的粉碎动力学状态,揭示粉碎现象和实质,衬托出粉碎过程和各方因素相互关系,尤其是力能作用。于是,就可以掌控粉碎过程中的各参数,获取预期结果。

(2) 拟定具体措施,重点是刀盘,焦点是优化刀盘的结构与功能,以及力能的合理运用。这些措施包括:

①双串联刀盘,装在转子一端,另一端为传动。刀具倾斜 45°;大、小刀盘各有六把刀具,同轴设置,按旋转方向小刀盘刀具位置落后 30°～40°,直径∅880mm 和∅600mm。刀具合理使用三型:拍击、劈击和棒击。

②双转子,处于同一轴线对旋。转子各有传动,可相向、同向旋转,可各自调速。两转子刀盘边锋相距＜30mm。再可配合给料调节。

③双转子双刀盘结构具有冲旋和对撞双重递进粉碎的功能,能充分发挥刀盘性能和利用物料性能,达到拟定的目的和技术评价。

通过前述动力学分析研究,获得优化的正确思路和具体措施,再在 CXD880 型冲旋对撞粉碎机现场生产试验中印证能达到的实际效能。由实践来验证吧!

## 十、 题后语: 哲理、学理、实理融合

粉碎是一个过程,研究粉碎就是研究过程,参与过程的要素很多。要完成物料的粉碎任务,就得实施和控制粉碎过程,以求达到最终目的。因此,首先要明白粉碎过程(真正有效的过程),了解和掌握过程的组成要素,及其相互关系、转化变动等。那么,如何能做到呢?此处需用复杂性理论。正如毛泽东所说:所谓复杂,就是对立统一。粉碎过程实质是刀具和物料、力能等相关条件下的相互作用(对立统一)。它们发挥各自功能,实现粉碎。功能的基础是性能,性能源自结构及有关条件。粉碎就是

刀具和物料性能对立统一的结果。充分发挥刀具和物料性能,就是控制,体现我们设计者的水平。因此,了解、掌握刀具和物料性能,巧妙使用力能,正是设计焦点之所在。要从刀具、物料性能和相关实施条件着手,通晓粉碎过程的要领,再对两者的结构和性能进行改进提高。粉碎动力学分析,特别是以刀盘为基础核心的刀盘气料动力学分析,有助于了解粉碎过程,从而改善刀盘及力能实施的结构。获得好结果,究竟如何?且看实践效果。

**参考文献**

[1] 常森,周功均,余敏.硅粉反应活性与对撞粉碎效用[J].有机硅材料,2017,31(1):43-47.

[2] 续魁晶.风机手册[M].北京:机械工业出版社,2001:543.

[3] 常森.运用应力分维理念增强粉碎效能[J].浙江冶金,2014,2:16-19.

# 对撞冲旋粉碎技术生产性试验及分析研究

**摘要：**本文为新型粉碎机生产性试验的阶段性总结，分述过程、问题和结果，为进一步改善和推广应用做准备。

冲旋粉碎技术应用于硅粉生产，效果良好。为紧跟产业的发展，需要提高技术水平。为优化产品质量、数量、成品率和降低成本及能耗，“对撞冲旋”应运而生。

本文从试验概况入手，陈述试验过程、测试数据等，然后运用理念实践观点做分析研究，分项论述于后。

## 一、试验时间

2014年4月至2017年5月19日。地点：开化方圆硅业有限公司。其间，共进行了13次试验和超百次取样筛析。

## 二、试验方式

以CXD880/600型粉碎机配原有硅粉生产线（CXL型机列），实施生产性试验。根据生产的实际安排，断续地进行了13次试验。根据每次试验，肯定成功的和拟定修改方案，再改进、再试验。

## 三、CXD型机组主要技术性能

原料：硅块经颚破得碎料（块径＜30mm）

产品：有机硅用粉、多晶硅用粉及其他硅粉

粉碎机：主电机37kW×2，4极，额定电流70A，大/小刀盘∅880mm/∅660mm

筛分机：准概率筛∅1230mm，后改用叠筛和圆形摇摆筛∅1200mm

## 四、试验主题

研发CXD880/600型对撞式冲旋粉碎技术（工艺和设备），提高产品硅粉的生产指标：成品率≥87%，产量≥4t/h（有机硅粉）或≥2.5t/h（多晶硅粉），化学反应活性2级。

通过试验改进技术结构（工艺组配和设备结构），改善性能，完善功能，提高效能。

## 五、试验主要措施

1. 确定技术结构和性能。技术的两个主要组分：工艺和设备，分别确定其结构组成和性能效用。

2. 以原CX型机为基础，重在本机试验，不断地实施改进。运用先前的理念和经验，增加创新内涵，包括对撞粉碎、双转子、刀具配备等。

3. 生产性试验，成功后即投产。已具备生产规模和技术水平，不必先行实验室试验。

4. 参与生产。按生产计划由厂方操作，我方检测和指导。

## 六、 试验的技术理念演绎结果

通过试验，运用理念实践，探索对撞粉碎技术，实现CXD880/600型粉碎机的研发任务，获得演绎如下结果。

**1. 明确硅粉产品质量和产量的影响因素**

(1) 机型、粉碎方式。①冲旋：兼有冲击和旋流。②对撞：等速、异速(对冲)。组成三段粉碎方式。

(2) 动力工艺参数。粉碎速度、给料速率、抽风强度。

(3) 刀盘、刀具配置。拍刀、劈刀、棒刀和异形刀，及其适当组配。

(4) 筛分工艺设备。准概率筛、方形平面回转往复筛、圆形摇摆筛。指标：筛分率、网寿命。

**2. 确定有效的动力工艺参数，落实对影响因素的效用**

主题：根据产品技术条件，拟定制粉方案。按有机硅和多晶硅粉分，分别选定制粉动力学工艺参数：粉碎速度(包含冲旋和对冲)、给料量(速率)、筛网孔径、抽风能力。关键为刀具配置和工艺参数，通过试验敲定。

**3. 构建合适的功能空间**

机内空间应有功能考究，消除各类陷阱(产生细粉、积料、损伤刀具的构造)，使气料流运行通畅。也需经试验确定。

## 七、 试验检测数据汇总及其分析研究

13次试验中，取三样(即统料、成品、回料三项筛分后的试样)做超百次硅粉筛析检测。现按其说明的问题，分类归纳有效数据，引集于后。

**1. 粉碎三段方式的效能**

小刀盘的低速冲旋粉碎、大刀盘的中速冲旋粉碎、两转子大刀盘间的高速对撞粉碎三段方式的效能各占总粉碎量的1/3。它们是近似值，主要取决于刀型和工态。

第1次和第2次试验提示：

(1) 双转子相向运行，小刀盘用拍刀(沿周6把)，大刀盘无刀。制40～160目粉，回料占85%，粉碎量15%。只有小刀盘低速粉碎，系单段粉碎。

(2) 单转子运行，小刀盘用单劈刀(沿周6把)，大刀盘用拍刀(6把)，制40～160目粉，回料占60%～65%，粉碎量35%～40%，属两段粉碎。

(3) 双转子相向运行，小刀盘用单劈刀(6 把)，大刀盘用单劈刀(6 把)，制 40～160 目粉，回料占 46%，粉碎量 54%，呈现三段粉碎。

三段方式的粉碎效能是每段各自承担整体的 1/3。也可以转嫁给相邻段，只是要相应地改变动力学参数，就能达到原定水平。

**2. 粉碎三段方式的最佳时空调控**

试验提示，时空调控存在下述三个问题。

*1) 三段粉碎方式调控*

粉碎三种方式各自承担阶段的任务，又互相承接完整的对撞冲旋粉碎过程。当生产较细粉(有机硅粉)时，转子转速较高，气料运行较好。回料量少，是其重要显示指标。但是，转到生产较粗粉(多硅晶粉)时，转子转速低，气料循行就不畅，大刀盘刀片磨损小、表面坑洼点少，表明刀片粉碎量和对撞量均小，结果回料量居高不下，占总料的 80%之上。物料进小刀盘不顺，又从小刀盘处送进大刀盘也不顺，中途落入"陷阱"。该"陷阱"就是大刀盘同小刀盘衬板间隙下部，造成堆料，大刀盘刀片刮料，磨损大，细粉多，大量碎料直接漏向出料口。可是，转子粉碎速度又不能提高，否则，细粉量增多，造成不可弥补的硅料损失。

缘此，做以下修改。①进料口改成直对或稍斜对小刀盘(周向)，使料直冲入刀片之间。②小刀盘处衬板锥角增大，小刀盘尽量移近大刀盘，使刀片相接，只留很小侧间隙(<5mm)。三段粉碎状况有较大改善，但需继续改进。

*2) 小刀盘进料下落状态的调整*

碎料块从进口落下，必须处于刀盘刀片间，否则无法实现粉碎。可往往碎块只落到刀头上，就挨打飞了，受击量太少，刀片磨损只在顶部，粉碎效果极差，传送能力更弱，整个机器发挥不了作用。另外，有些碎料块未经小刀盘而漏下，量不少，造成大刀盘和刀片的不正常磨损。

为使碎料块落入刀片间，需具有一定的落料速度，参见图 1。当小刀盘六把刀转过一把，将料打碎，并斜上打带部分碎料，又受后落碎料向下压之势，下一把刀经 0.01s 后，到达落料位置，继续打击落下之料。此时，料能进入刀域 20～30mm，效果最佳。要求0.01s内料块行程 20～30mm，即需落料速度达到 2～3m/s。为有如此速度，按自由落体运动计算，应有 200～400mm 高度。粉碎机进料槽出口至刀片距离一般定位 100mm 左右，余下 100～300mm 就得靠斜槽解决。当然，已不是自由落体，应按斜坡计算。斜坡角度常为 45°～60°，则斜槽应有 150～450mm 长。所以，进料槽设计有要求，不是随现成具体条件确定的，而应该先设计好：垂直落差 200～400mm。布设斜槽要考虑阻力，保证垂直落差 100mm，斜槽 45°～60°，长度 200～550mm。本试验机上现有斜槽 45°，长 450mm，出口垂直下落 100mm。进料状态尚好。不过，进料量还是很有限的。

对硅块碎料(块径<30mm)向粉碎机进料做运动学分析。

常用转子刀盘转速 $10^3$r/min；6 把刀，夹角 60°；转过 60°约 0.01s。

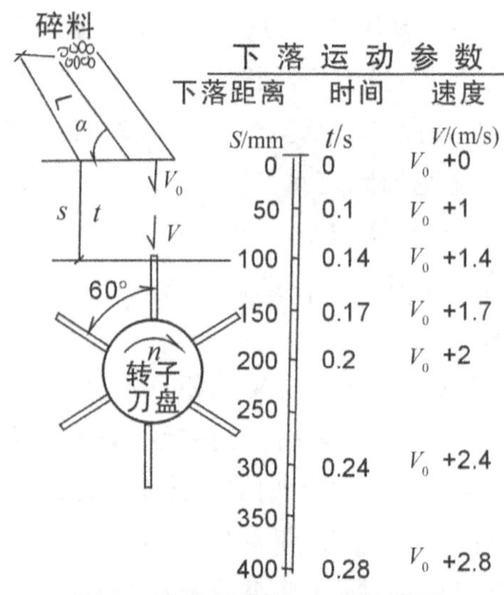


**图 1 进料下落运动参数模型**

按自由落体运动分析硅块料下落，参数如图 1 所示。可按两种状况分析：从静态下落 $V_0 \approx 0$ 和由动态下落速度 $V_0 \neq 0$。

(1) 静态下落。到达刀片距离 100mm 时，其时间和速度近似值为 0.14s、1.4m/s。被刀片击后，待下一刀转过 60°，0.01s 内料块落下 0.01×1.4m/s（近似值），即 14mm。如用 3 把刀，可下落达 28mm。

(2) 动态下落。料块沿斜槽下溜设为 300mm，则 $V_0 \approx 1.5$m/s。继而沿垂直管下落 300mm，获 2.5m/s。终速 1.5+2.5=4m/s。在 0.01s 内可下落 40mm。用 6 把刀较佳。

由此可以认为，进料状况对对撞粉碎机（卧式）有较大影响，需仔细考虑。尤其是加料机构设计。

此外，为使碎料落入刀片间，拥有较充裕的量，需从刀盘顶部进料。图 2 显示进料点位置对进料量影响的模拟状态。从刀盘顶部落料，碎料在刀片间的进入量是最大的（$a_1 > a_2, \cdots$），自然，落料量也相对最大。再加对撞粉碎两转子相向运行，顶部加料对双转子同等有效。

总之，进料状态对小刀盘刀片粉碎功能的发挥至关重要，落料高度和位置必须事前有设计，考虑好。

3）间隙调整

刀片同衬板与大、小刀盘间的距离就是间隙，其引导物料路径的作用值得注意。试验中碰到过一些情况，如间隙宽了，料粗；窄了，料细且不均匀；甚至形成“陷阱”和“死角”，料堆积在一段间隙里，对刀具磨损大和擦出细粉，极大地降低生产效能。吸取试验教训，将间隙按实际调整，一般定在 35～40mm，小刀盘衬板朝向大刀盘侧，大锥口直径应比大刀盘刀片的锋圆小，差值相当于刀片的 2/3 边长；而小锥口与小刀盘保持 35～40mm 间隙。对撞间距可调整至 30～40mm。出料口也应足够大，不至于造成

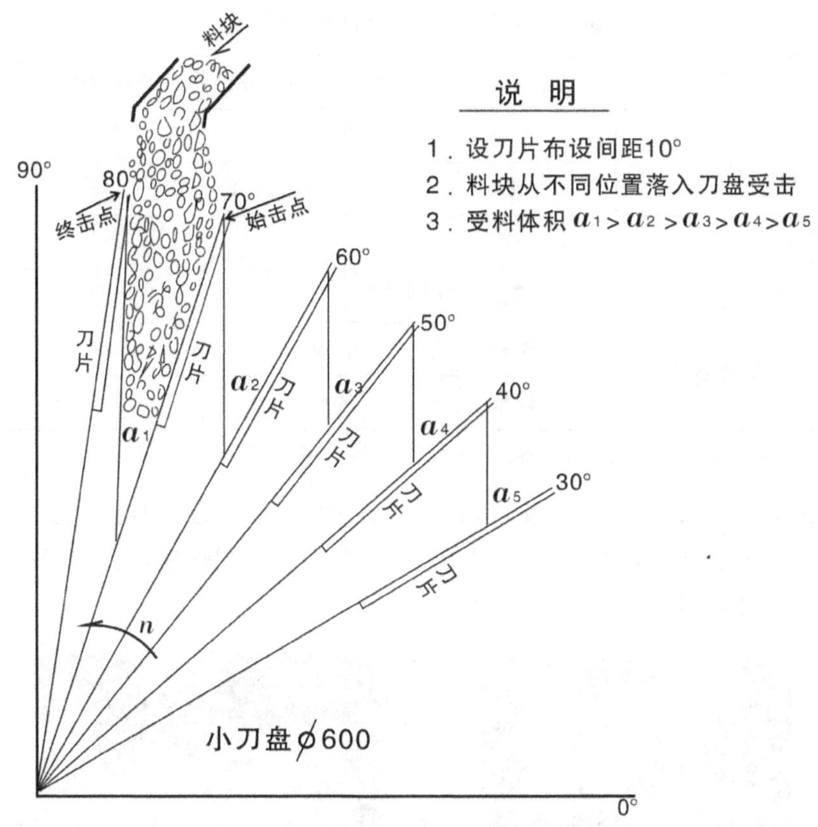


**图 2　加料点对进料量的影响模拟图**

堆料。

**3. 气料的运行控制**

气料就是物料和机腔内气体(空气或保护气体)的混合物。利用刀盘形成的打击能力和扇动气体的特性,在机内实现刀片冲击、衬板反击和物料互击,从而达到粉碎的目的,即对撞式冲旋粉碎。但是,实效有待大幅度提升。由实验提供如下经验。

(1) 气料运行轨迹呈溅飞、螺旋流及对撞状。虽无实迹照片,但粉碎三段方式的效能已证实了其存在。

(2) 提升气料运行强度,提高产品各项指标,更好地控制气料运行。除了上述时空调控之外,刀具配设和组合的效果也明显。利用刀片性状传送气料,使之畅通,产品粒度得到控制,为消除"陷阱""死角"发挥积极作用。但是,在刀具对气料流的控制上还得下大功夫,深层次问题(如动力学、运动学分析等)有待解决。

为进一步深化认识,请见本书《冲旋对撞粉碎的动力学研究》。

**4. 刀具性状及其配置**

不同性状的刀具粉碎效果各异。拍刀、棒刀、劈刀对产品粗细等指标影响及它们的配置见表 1。不过,它们的耐磨性、抗碎性、制造性等尚需大力改善。

表 1　三类基本刀型粉碎效果汇总

| 刀型 | 主要粉碎方式 | 最佳粒度 | 粉碎速度/(m/s) | 成品率/% | 产量 |
|---|---|---|---|---|---|
| 拍刀 | 拍击 | 偏细 | 高 50～75 | >90 | 高 |
| | | 细 | 中 40～60 | >80 | 中 |
| 劈刀 | 劈击 | 较粗 | 高 50～80 | >80 | 中 |
| | | 粗 | | >85 | 高 |
| 棒刀 | 主劈辅拍 | 偏粗 | 中 50～60 | >85 | 高 |
| | | 较细 | 高 60～70 | >80 | 中 |

注：粒度粗细顺序：偏细—细—较细—偏粗—粗—较粗。

各刀型均可在大、小刀盘上使用，将它们按要求组合，能获得各类粗细粉。一把刀片也可制成复合型。如拍劈刀(见图 3)，使用前后呈不同形貌，尤其是劈切部分，经磨损自砺保持劈刀形，但产品较粗。

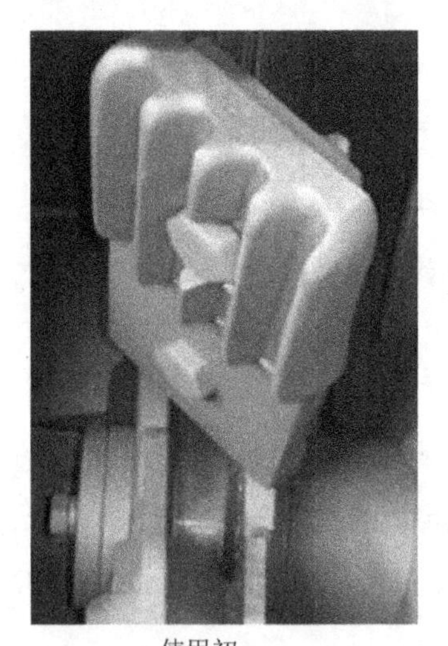

a.使用初

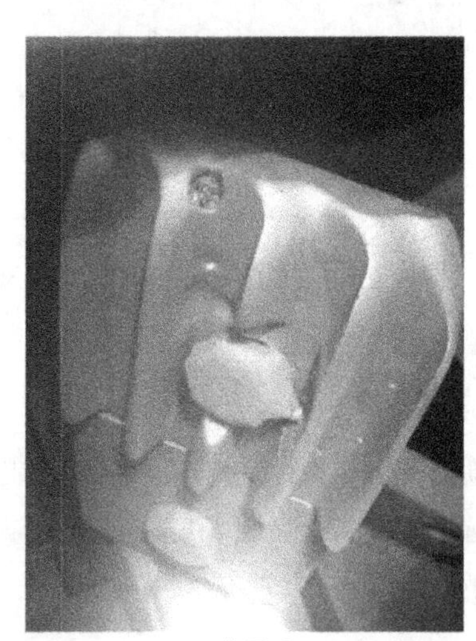

b.使用后

图 3　拍劈刀

相关总结见本书《冲旋制粉的刀艺》。

**5. 粒度与粉碎速度的关系**

刀具影响产品粒度，但是，粉碎速度对粒度作用更明显。对物料粒度而言，提速变细，降速增粗，已成规律。而改变的幅度同速度增值和下降的速率的平方成正比。比如，原速高和原速低改变量(绝对值)相同时，前者速率低，对粗细影响就小。

冲旋对撞粉碎试验又进一步对粒度、成品率的速度调控技术提供了有力的印证。在试验中，多次运用速度调控粒度和成品率(得率)方程，效果明确。

速度对粒度调控方程：

$$(d50)_1/(d50)_0=\nu_0^2/\nu_1^2$$

速度对得率调控方程：

$$(d50)_1/(d50)_0=T_0{}^4/T_1{}^4$$

式中：$d50$ 为中径；$T$ 为有效粉的准得率(准成品率)。

说明：同一种物料经粉碎获得统料，其合格粉碎料(有效料)的中径为$(d50)_0$，所选用的粉碎速度以电机频率 $\nu$ 表示(调频结构)。按要求条件，产品中径$(d50)_1$ 比$(d50)_0$ 大或小。可以按上述方程求得：

$$\nu_1=\sqrt{(d50)_0/(d50)_1}\times\nu_0$$

关于速度同粒度、得率(成品率)三者关系的分析研究和总结，见本书《粒度之谜》。

**6. 试验成果及其理念实践的涵义**

试验中深感理念实践的效用，使试验取得既广又深的成果，增强了我们实践和理论应用的能力。当然，最现实的成果是：CXD880/600 型机已从设计到生产实用，性能处于国内领先地位。试验数据表明，多晶硅用粉的成品率(得率)测试值(统料筛析)已超过 90%，实测达到 89%，产量 2.8t/h。有机硅粉的效果则更佳，成品率＞90%，产量≥4t/h。活性检测指标达到 2 级，比研磨、对辊等粉高出 1～2 级，呈现为“粒粗晶细”。由此获得的理念实践的智慧，概括于下。

(1) 理念“舒展”地融入实践。粉碎技术三项理念很自然地、明确地融入实践各方面，完成每次试验；由实践提出的问题，都能得到理论支持，我们继而拟定措施，予以解决。如粒度调控，很似一个谜，也如此获得较确切的谜底。理念融入实践的“舒展性”包含不能让实践牵着走，要有创新性，不能僵化理念思维，要自主灵活地分析研究解决问题。

(2) 实践“坦然”地承载理念。粉碎过程、产品指标明确地表达理念的效用，透出理念的智慧，使偏袒和假借没有隐藏的借口。实践无保留地“揭发”缺陷，让我们主动解决问题，同时，使理念得到验证。比如物料的空间传送。在不同场合，会出现不同程度的漏料，造成“陷阱”和“死角”，试验显示，气料时空运行不畅，说明原结构存在缺陷。

(3) 运用我们的主观能动性，使理念实践的作用发挥得更好。理念实践是提升技术的有效方略。理念和实践紧密结合，着力分析研究实验各方面，使问题迎刃而解，取得显著成效，也从另一个方面印证了理论的实用性。理念与实践的融合，更依赖人的主体性，应采取灵活战术，充分发挥其实力，巧妙而实效地推进技术发展。为及时总结，发现和解决问题，笔者配合试验撰写了八篇文章：《对撞粉碎技术述评》《粒度之谜》《物料粉碎的力能流研究》《对撞粉碎的功效研究》《冲旋制粉的刀艺》《双转子协同粉碎技术的研究与应用》《粉碎技术的哲理演绎》《冲旋对撞粉碎的动力学研究》。

## 八、 粉碎技术优化评价

试验过程中不断的技术改进和以往的经验告诉我们：为获取成效，就要有评价的激励，必须对其提出优化评价方略，即优化评价的方面和优化评价的策略。经总结，得到优化评价的方略和达到优化的水平，概括为“六度”准则，针对硅粉，分述于下。

(1) 产品优质程度。粒度可调；化学成分优化，杂质减少；化学反应活性增强，以达2级为优。

(2) 技术优势稳度。优化粉碎技术，综合运用冲旋、对撞、反弹技术；物性充分利用；调控、操作和维护灵活、安全、方便、可靠。

(3) 经社优效裕度（经济和社会效益优裕）。成品率高（≥90%），产能适当（2～4t/h），活性高，利用率高，下游产品生产指标好；能耗低（10～15kW·h/t）；安全性、环保性达标。

(4) 力能学理高度。在掌握物料结构（晶体、分形）、性能（脆性、混沌性）的基础上，运用力能流、应力（变）波研究和解释硅的粉碎机理，并调控制粉生产，获取生产好成果。继而循着粉体粗细性态的嬗变，分别采用各具特色的筛分工艺。

(5) 辩证哲理深度。按照辩证法的观点分析研究制粉各阶段物料同力能的动态对立关系，运用运动学、动力学知识，探索力能、速度、粒度调控及应达到的最佳状态，最终使粉碎技术（工艺和设备）达到一个新的水平。

(6) 有效实理梯度。经多方努力，试验基本成功。该试验是生产性的，是试验阶梯的顶级。它不是单纯的试验，而是具有生产产品的实效，是在理念指导下实施的。

经试验研究获得上述“六度”准则。它有三项功用：

(1)肯定成效，不断优化。“六度”准则从六个方面衡量研发技术：对成功的，予以肯定；对存在问题的，拟定优化方略，予以改进，过程明确有效。

(2)对比国内外技术，明确差距，汲取先进经验，提高自己。

(3)为技术总结提供丰硕、可靠的素材，使理念实践提高到一个新的水平。

## 九、 继后关注的重点

后续生产时值得关注的重点，循着工艺顺序分叙于下。

(1) 粗破前后块度不宜过大。硅原料块一般为块径≤120mm。一定要设法剔除原料中的大块和硬块。注意硅粗破后块径≤30mm，块径>30mm 的物料应尽可能少，避免粉碎机打刀和磨损过快。

(2) 粉碎进料的速度应有最佳值。按照粉碎转子转速配置落料速度，保证刀具对料块的最佳击碎过程。一般情况下，当转子∅600mm 转速 $10^3$r/min 时，落料速度应≥2.5m/s。

(3) 关注物料堆积的“陷阱”和漏料。由各类原因造成的机腔内物料堆成死角和物料经刀片空档漏料，加快刀具磨损和细粉量，应尽早发现和消除。

(4) 氮保条件下，气流运行在机腔内，料温上升。局限性氮保，抽风量小，机内螺旋流外泄量小；有一部分氮气在机腔里沿机壳内螺旋路径和刀盘芯部通道循环；因带出热只是一部分，使机内物料温度升高，约为60℃。如出现超过60℃，则应及时处理。

(5) 对撞粉碎缺视化证明。两转子相向运行，驱使击碎的物料互击，进一步粉碎。

此虽已被工艺流程参数证实，但视化证据尚未能获得。

（6）产品质量、产量、设备性态等都需经生产实践考验。试验获得的成效都得由生产实际考核。

## 十、结论

试验中经历各种探索、测试、检验、改进和优化等一系列活动，运用理念实践的功能，争得卓有成效的结果。

（1）CXD880/600 型对撞式冲旋粉碎机研发成功。其主要性能已达到试验主题给定的水平，可以投入生产使用。

（2）粉碎机使用安全操作规程已基本定型。

（3）相关理论已撰写成多篇专题论述，实际上和试验同步而致，可作今后设备投产的技术指导，并给予信心，能达到要求的技术水平，因为，已经有了试验的成功基础和可靠数字。可以预期，将超越全部使用过的冲旋粉碎技术。

# 冲旋和立磨硅粉生产方式的评述

**摘要**：目前，立磨法和冲旋法是有机硅和多晶硅用粉的两种主要生产方式。为此，我们收集了有关资料，进行综合归纳，供参考。

## 1. 有机硅用粉各种生产方法比较

有机硅用粉各种生产方法比较见表 1。

**表 1　有机硅用粉各种生产方法比较**

| 序号 | 制粉法 | | | 立磨法 | 冲旋法 | 对撞法 |
|---|---|---|---|---|---|---|
| 1 | 产品质量 | 粒级 | 范围/mm | 0～0.35 | 0～0.35 | 0～0.35 |
| | | | 粒径<0.05mm 粉含量/% | <15 | <10 | <5 |
| | | 晶粒平均粒径/Å | | 4963(1.10) | 4550(1) | 3823(0.84) |
| | | 比表面积/($m^2$/g) | | 0.016(0.7) | 0.023(1) | 0.037(1.6) |
| | | 颗粒形貌 | | 扁平光面，少裂纹 | 蜂窝表面，多裂纹 | 蜂窝表面，更多裂纹 |
| 2 | 技术经济指标 | 产品产量/(t/h) | | 4～6 | 3～3.5 | 4～5 |
| | | 单位能耗/(kW·h/t) | | 70～80(2.6) | 28(1) | <28(1) |
| | | 单位氮耗/($m^3$/t) | | 160～200(2.6) | 50(1) | 50(1) |
| | | 直接加工成本/(元/t) | | 280 | 115 | <115 |
| | | 维修单耗/(元/t) | | 20(2) | 10(1) | 10(1) |
| | | 合成排渣含硅量/% | | 9(3) | 3(1) | 3(1) |
| | | 正品粉率/% | | 80 | 99.95 | 99.95 |
| | | 硅损耗率/% | | 5 | 0.02 | 0.02 |
| 3 | 工艺设备使用可靠性 | | | 可靠性好，检修量大 | 可靠性好，检修量小 | 可靠性更好，维修更少 |
| 4 | 环保性 | | | 噪声大，环保性较差 | 噪声小，环保性达标 | 噪声更低，环保性达标 |

注：①括号中为比较值，以冲旋法为 1。

②以上数据分别取自参考资料，涉及整条工艺生产线。立磨机系∅1250mm，冲旋机是 CXL1300，均在线生产。所提数据均为生产稳定时的平均值。

③晶粒平均粒径用 X 射线衍射仪 D8 Advance A25。比表面测量用 ASA P2020 表面仪。测量颗粒形貌用 SEM。这三项说明硅粉活性大，晶粒细，比表面积大，内能高，反应活性高，对合成产品有利。

④合成排渣含硅量。此含量说明硅材料在合成单体中的利用程度。渣中硅多，就是硅粉原料利用率低。硅粉价值昂贵，不但不能成正品，反而使硅利用率降低。实在可惜！

⑤正品粉率。制粉生产线上，经筛分符合要求的粉称正品粉。从布袋器收集的细粉亦可用于有机硅制作，称次正品粉。正品率高，对后继产品有利。

⑥硅损耗率。在生产过程中丢失一部分硅，构成损耗率。它愈低愈好。

**2. 1300 型冲旋硅粉生产线加工成本核算(有机硅粉)(按某厂实际计算)**

1) 产品粒度、成品率、产能

45～325 目(0.31～0.045mm)：+45 目粉占比≤1%，−325 目粉占比≤15%，成品率≥95%，产能 3～3.5t/h，按年工作 6500h 计，年产能(一条生产线)$2\times10^4$t。

2) 成本

(1) 电耗：粉碎机主机 45kW，冷却水泵 1kW，圆摇摆筛 3kW，风机 15kW，斗提机 5×2＝10kW，合计 97kW，单耗$\frac{97}{3.5}$≈28kW·h/t，电价 0.7 元/(kW·h)，计 28×0.7≈20 元/t

(2) 氮耗：$50m^3$/t，气价 0.6 元/$m^3$，计 50×0.6＝30 元/t

(3) 维修(大修＋维护)：年维修费 20 万元，维修单耗$\frac{20}{2}$＝10 元/t

(4) 折旧：一条生产线和辅助设施，共计 250 万元，折旧期 5 年。每条生产线 $2\times10^4$t/年，折旧费$\frac{250\times10^4}{5\times2\times10^4}$＝25 元/t

(5) 工资：10 元/t

(6) 辅助材料消耗：20 元/t

(7) 直接加工成本：A＝电耗＋氮耗＋维修＋折旧＋工资＋辅助材料消耗

A＝20＋30＋10＋25＋10＋20＝115 元/t

(8) 细粉耗：4%，40kg/t，硅块价 $10^4$ 元/t，40kg 值 400 元，细粉价下降 20%，损失 80 元/t，将影响合格粉的利润

(9) 硅耗：0.02%，2 元/t

(10) 车间管理费：70 元/t

(11) 车间加工成本：B＝直接加工成本＋细粉耗＋硅耗＋车间管理费

B＝115＋80＋2＋70＝267 元/t

**3. 1250 型立磨硅粉生产线加工成本核算(有机硅粉)(按某厂实际计算)**

1) 产品粒度、成品率、产能

45～325 目(0.31～0.045mm)：+45 目粉占比≤1%，−325 目粉占比≤15%，成品率<90%，产能 6t/h，按年 6500h 计，年产能(一条生产线)$4\times10^4$t/年

2) 成本

(1) 电耗：装机容量 550kW，产量 6t/h，单耗$\frac{550}{6}$＝92kW·h/t，电价 0.7 元/(kW·h)，单耗折合 92×0.7＝64 元/t

(2) 氮耗：$1000Nm^3$/h，单耗$\frac{1000}{6}$＝$166Nm^3$/h，价值 166×0.6＝116 元/t

(3) 维修(大修＋维护)：年维修费 80 万元，维修单耗$\frac{80}{4}$＝20 元/t

(4) 折旧:立磨总价 1000 万元/s;5 年折旧 1000 万元,折旧费 1000/5×4=50 元/t

(5) 工资:10 元/t

(6) 辅助材料消耗:20 元/t

(7) 直接加工成本:A=电耗+氮耗+维修+折旧+工资+辅助材料消耗

A=64+116+20+50+10+20=280 元/t

(8)细粉耗:15%,150kg/t,硅价 $10^4$ 元/t,150kg 值 1500 元,细粉价下降 20%,损失 300 元/t

(9)硅耗:5%,50kg/t,损失 500 元/t

细粉耗和硅耗属加工原料损失,价值 300+500=800 元/t

立磨细粉太多,散失的也多。所以,原料利用率相当低。

(10)车间管理费:80 元/t

(11)车间加工成本:B=直接加工成本+细粉耗+硅耗+车间管理费

B=280+300+500+80=1160 元/t

**4. 两种方式生产应用实况**

20 世纪 90 年代初,有机硅行业初兴,一些企业利用通用的磨机,如雷蒙悬辊磨、水泥立磨等生产有机硅原料。随着经济发展,一批制粉机迅速研发使用,如冲旋、柱磨、辊研、振磨等制粉技术(工艺和设备)脱颖而出,纷纷施展各自神通。一大批硅粉厂应运而生。总体上看,我国北方企业以用立磨为主,南方企业以用冲旋、柱磨为主。浙江、福建、厦门、上海、四川、江苏、宁夏等地的大小硅业厂或车间,总计近百条生产线,均使用冲旋生产方式。这使得冲旋技术有坚实的实践生产基础,并通过不断改进,能同国外先进的立磨技术相较,也不逊色。

近几年来,由于硅行业处于调整时期,许多硅企业都在想方设法提高技术水平,使产品更具竞争力,对硅粉原料的要求日益提高,对各类制粉方法较为关注,尤其对使用冲旋粉生产有机硅更加注意。如浙江合盛硅业,从办厂至今,使用冲旋粉单体的质量和成品率达到国际领先水平。宁夏福泰硅业公司自 2015 年采用+30 目(550μm)的冲旋硅粉,生产多晶硅中间体和单体,获得好指标,均超原用+50 目(0.290μm)的已经不错的生产记录。江西赛维硅业公司同样采用粗代细的方式,获得良好效果。国际上,如韩国向我国订购冲旋粉已有多年的历史,而且需要的粉越来越粗;欧洲也是如此。鉴于此,酝酿改变制粉方式的硅业公司日益增多。先行一步的有四川的几个硅业公司,目前已有冲旋机在生产。

由于用冲旋粉比立磨粉在有机硅生产上更有经济价值。下面,我们就如何从立磨转换到冲旋制粉方式,提出主导思路和具体进程,以资借鉴。

**5. 冲旋粉的优劣评价**

同立磨粉相比,冲旋粉有优势也有劣势。但是,综合评价,在有机硅和多晶硅等生产上,冲旋粉更具优势。单从硅粉加工角度看,主要是反应活性,其影响因素是粒度组成、粉粒微观结构及比表面积三项。根据表 1 数据,概括成一条:冲旋粉,粒粗晶细;立磨粉,粒细晶粗。结论是:前者活性比后者好。因此,冲旋粉品质超过立磨粉。但是,单机产量,冲旋机偏小,呈3与5之比,即3台抵2台。虽多了一点事,但调度灵活了。冲旋机后继者——对撞粉碎机经生产试验后投入正式生产,它将克服劣势,增强优势,进一步提高产品品质,产能达到5t/h。

经过比较,从理论和实践上都证明:冲旋粉优于立磨粉。如何实现从立磨粉生产过渡到冲旋粉生产,争取更佳技术经济效益,值得认真探索研究。

**6. 技改的主导思想**

冲旋粉比立磨粉好,能提高硅产品质量和生产效率,能降低成本,增强市场竞争力。因此需要进行技术革新,以创新高质效增长的方式进行硅粉原料转型改革。

从以往经验看,目前出现的问题有:①硅产品在生产过程会有变异。冲旋粉的特点是粒粗晶细,活性高,因此,有机硅生产过程中会引起变异,有待在合成时预先考虑该采取的措施,及时解决。②硅粉供给量偏小。硅粉粗化后,产品会少一些,制粉机组量要适当增加。若年产 $5\times10^4$t 硅粉,需3台制粉机。每台产能3.5t/h,年工作6500h,年产能 $2.3\times10^4$t,3台制粉机生产 $7\times10^4$t。不过,从基建投资和生产消耗、成本计算,仍比立磨制粉好。

**7. 技改具体措施**

(1) 采用过渡方式。立磨和冲旋同时用,将其硅粉按比例掺合。开始时,立磨粉多些,如占2/3,冲旋粉占1/3。随后逐步将冲旋粉量增大,直至全部转换。

(2) 确立冲旋制粉生产线项目。按生产前景确定总体规划,以及当前先上的制粉生产装备。

(3) 冲旋机生产单位提供技术帮助。从安装、调试到生产,取得支援。

**8. 说明**

立磨和冲旋制粉的原理不同,前者是以挤压粉碎为主,后者则是以剪切为主,粉粗细不同,使用场合自然各异。有机硅用粉偏粗,冲旋粉较好。而微细粉,则立磨粉有优势。至于成本核算,各个厂家各有个性,具体分析,具体对比。文中截取数据供参考。

**9. 备注**

本文参考资料包括:①国土资源部杭州矿产资源监督检测中心《硅的检测报告》(2016)。②考察报告(内部资料)。③公开发行专业杂志上有关文章和报道。

# 调控晶体效能焕发硅粉高活性(偏重有机硅用粉)

## ——高品质活性硅粉的构型研究

**1. 问题的提出**

焕发硅反应活性,使其天赋性能充分发挥,提高下游产品(有机硅、多晶硅等)的生产指标,提高产品质效。时下,通常在硅粉化学成分、粒度组成、颗粒形貌、表面状态等方面进行多方改善,逐步达到绿色化工合成水平,获取硅应用的更高效能。不过,经济在飞速发展,对硅产品的要求越来越高,必须对硅产品原材料的品质,包括硅粉构型等下功夫。

**2. 解决问题的思路启示**

为解决问题,对有关方面进行考察、收集资料和工艺设备技术综合研究等,获得较多启示,归纳如下。

(1) 从微观分子、原子层面研究问题,是当前一个重要方向。凡是同化学反应相关的过程,如有机合成化工、矿山精矿浮选、催化反应、有色金属熔炼、食品精加工等,都涌现出许多实例,要从微观方面进行分析研究,在国际上已形成一个技术方向。前不久,已提出将参与反应物的原子数利用率(原子经济)作为效率因素。

(2) 微观结构决定宏观性能。化学反应物、生成物及其反应过程均同分子、原子等性态密切相关。随着微观结构的改变,宏观过程和结果也发生变化。最典型的例子如纳米材料,单粗细不同,性态就相异。又如,物质三态,随条件改变,分子、离子、原子的活动状态就不同。

(3) 化学反应实质上就是分子解体、原子重组的过程。多晶硅、有机硅合成,当然不能例外。硅粉作为多晶硅中间体、有机硅单体的合成原料,应掌握硅粉的原料硅块和后续产品(有机硅、多晶硅等)的技术要求,进一步了解其生产工艺和指标,协调相互关系,以便有针对性地改善硅粉品质。例如,有机硅单体、多晶硅中间体生产过程中,主要工艺是合成,是接触催化气固两相反应。实质是:氯甲烷分子在硅表面,经铜合金粉离子催化作用,同硅原子结合,生成以二甲基二氯硅烷为主的气体产品。反应正是分子分解、原子重组过程,是微观的分子和原子层面的作用结果。因此,硅粉活性也应提到原子层面上来研究。

任何物质都是由原子构成的。常用的硅均为晶体,由硅原子组成,并拥有相应能量。1$mm^3$ 硅中有 $4.99\times10^{19}$ 个原子[1],数量极大。硅材料似由硅原子组成的超大集团军,晶体是硅的基层连队。让硅原子在晶体集体中发挥作用,充分利用其晶体能量,焕发出粉体整体高效活动性吧!不妨突破以往的宏观视域,深入微观多彩境界,运用精炼、简洁的技术解决复杂的问题。

**3. 硅的晶体结构**

硅晶体由面心立方晶胞组成，呈金刚石型晶格结构，属于原子晶体，原子经化学键构筑成晶胞，联成晶格。硅晶体主要晶面是(100)、(110)和(111)，其性能包括面间距、面密度、键密度，详见表1。[1]

**表1　硅晶体主要晶面性能及比较**

<table>
<tr><th colspan="2">晶面</th><th>(100)</th><th>(110)</th><th>(111)</th><th>备注</th></tr>
<tr><td colspan="2">面间距/Å</td><td>1.36</td><td>1.92</td><td>2.06</td><td>晶格常数 $a$=5.42Å</td></tr>
<tr><td rowspan="2">面密度</td><td>真面密度</td><td>2</td><td>2.83</td><td>2.89</td><td>晶面上每个晶格范围内含原子数</td></tr>
<tr><td>相对面密度</td><td>1</td><td>1.41</td><td>1.45</td><td>以(100)为基数</td></tr>
<tr><td rowspan="2">键密度</td><td>真键密度</td><td>4</td><td>2.83</td><td>2.31</td><td>晶面内每个晶格范围含化学键数</td></tr>
<tr><td>相对键密度</td><td>1</td><td>0.71</td><td>0.58</td><td>以(100)为基数</td></tr>
</table>

从表1的面密度栏可知：晶面含原子数量由多到少顺序为(111)、(110)和(100)。从键密度看，晶面的解理性由强到弱排序为(100)、(110)和(111)。很自然得出结论：硅晶体晶面(111)最易解理、剖开，暴露最多原子，含化学键能最大；晶面(100)则正相反；晶面(110)居中，但更接近晶面(111)。

有机硅合成属表面接触催化反应同参与的原子性能和数量有关。原料硅粉表面拥有量大质优原子，则反应会更佳。所以，要使其面密度最大晶面暴露得尽可能多些，即经制粉加工，让(111)面尽量外露。制粉的“奥秘”就在于此。

**4. 有机合成反应中硅的效用**

有机硅单体直接合成过程已引述于文献[2]里，现遴选其表面催化反应阶段，并放大示意于图1。图中可见，硅表层晶面的许多活性中心上，1个“铆足劲头”(微观结构失稳)的硅原子在铜基催化剂的离子协同下，和“强劲”(微观结构失稳)渗入表层的2个氯甲烷气分子结合成1个二甲基二氯硅烷气分子。此反应成效受制于三方活性。活性体现出反应物的性质和能力，由其本质和所处条件决定，表现为生态活性。硅粉是反应的载体，气固两相反应中，固体表面性态极为重要，可以认为硅是主宰因素。它的活性效用最大。决定硅活性的各类因素中，关键的是原子密度、晶内积蓄化学键能量。原子密度即参与合成接触催化反应的原子数，是活性的最主要指标。硅粉品质优化的关键之一就在原子数量上，通常以原子面密度表示。在化学界有个考核指标，称作原子经济性，或称原子利用率，在化工生产上则常用收得率，在此指硅的反应活性。晶体内积聚的能量包括晶体内固有的本质能量和外加工输入的变形能量，简称晶粒能量。原子面密度和晶粒能量合称为原子态势。

硅粉和催化剂粉都具有原子高密度晶面的作用，效果肯定是互相促进，比单一方有要强得多。所以，催化剂也应按同样的原则选用，这是目前国际上的一个趋势。

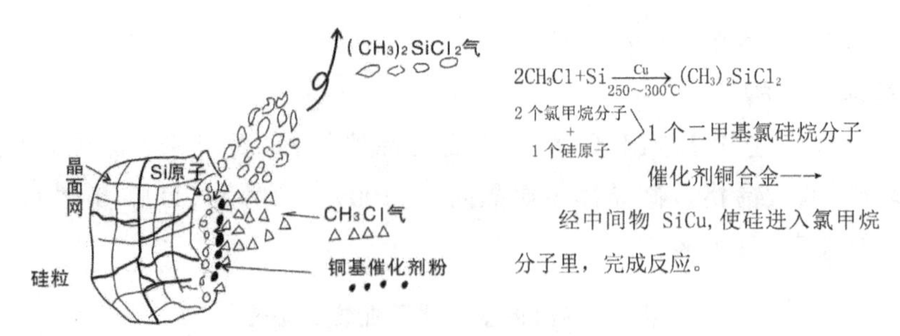


**图 1　表面接触催化有机硅合成反应动态图**

## 5. 增强硅粉活性的优化技术

硅活性受控于参与反应的原子态势，即原子数量的势能和能量的动力。有必要探索其优化技术，创设硅粉粒的构型，使其表面拥有尽可能多的原子数量和能量。具体措施则是在硅制粉工艺上下功夫，让面密度最大的晶面暴露在粉粒表面，参见图 2。同时，让反应表面尽可能多地聚集原子。因此，要考究硅晶体不同晶面的结构和性能，综合分析不同晶面解理后组合成粉粒表面，盼能达到高活性要求。循此，对不同制粉方法获得的硅粉进行检测，查清其粉料表面组成，考核其原子态势关系，分清其活性高低，从而显示出活性优化技术，把硅粉品质提到新高度，获取具备高原子态势构型的粉体粉粒。

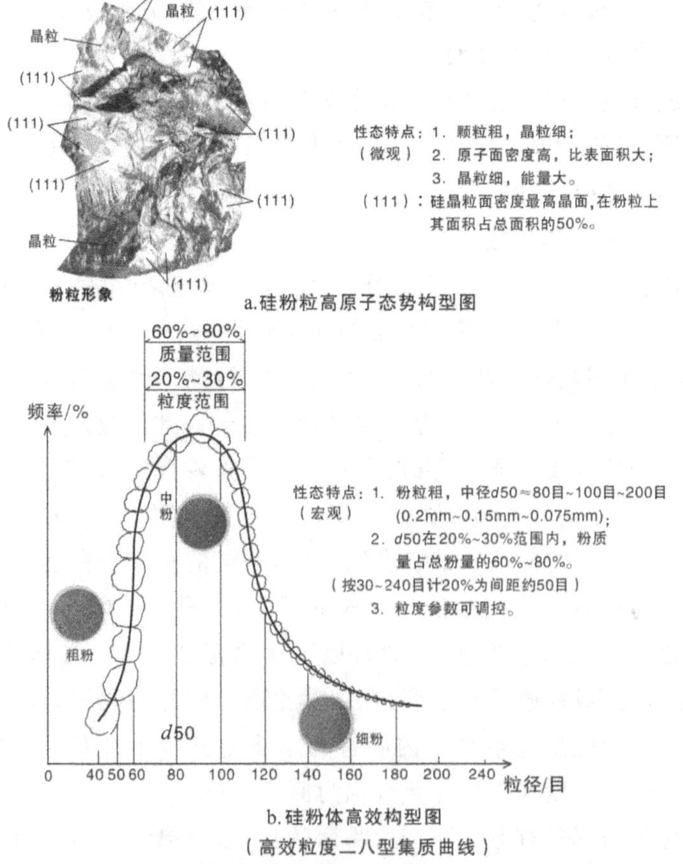


**图 2　冲旋·对撞硅粉高品质活性构型(有机硅·多晶硅用硅粉)**
**(两大宏微观特征形线演示图)**

当前,硅制粉技术主要有三种：研磨、冲旋和对撞。研磨是采用辊轮辗压硅料方式制取粉料,立磨机正是经典的这种制粉机。冲旋是利用带刀具的转子轮冲击硅料生产硅粉,冲旋粉碎机可作代表。对撞则是双转子冲旋,使物料对撞粉碎,新型的有对撞粉碎机。三者的产品粉各有特色,其中主要缘由是施加力能方式不同,引发不同的硅晶体应力、应变状态,诱发裂缝扩展路径各异。研磨以挤压为主,带有相当大的强迫趋势,应变速率高,硅料强化程度大,迫使裂缝沿着硅晶体晶界发展,深入各种晶面解理,使三个晶面获得同等开裂概率,见表 2。而冲旋以压和劈同等施加力能,具有强制和选择粉碎功能,裂缝发展有较大可变性。它会选择硅料中薄弱处发展延伸,遵循自然界最小能量法则。于是,硅晶体开裂就得按晶面解理性发展,晶面(100)减少,见表 2。至于对撞,则以劈击为主,辅以压击,解理性开裂的选择性更强,晶面(111)会更多,见表 2。而实际应用中,尚需考虑晶面解理条件以外的影响因素,如粉体粒度组成、比表面积和晶粒粗细,以及颗粒粗、晶粒细等。

**表 2　粉碎暴露晶面的概率(占颗粒外表面积百分数)**

单位:%

<table>
<tr><td colspan="3">晶面</td><td>(100)</td><td>(110)</td><td>(111)</td><td>备注</td></tr>
<tr><td colspan="3">研压</td><td>33</td><td>33</td><td>34</td><td></td></tr>
<tr><td rowspan="3">对撞</td><td rowspan="2">冲旋</td><td>粗碎</td><td>25</td><td>35</td><td>40</td><td></td></tr>
<tr><td>中/细碎</td><td>20</td><td>36</td><td>44</td><td>冲旋细碎,对撞中碎</td></tr>
<tr><td colspan="2">细碎</td><td>13</td><td>37</td><td>50</td><td></td></tr>
</table>

注：设定条件有以下几点。

①颗粒同样粗细,粒径相同,外表面积相等。

②硅成分、晶体结构、性能相同。

③属有机硅和多晶硅用粉。

④按晶面解理性(与键密度成反比)和力能方式研究。

关于粉碎的选择性功能,具有相应的实践和理论根据,详见《高活性硅粉的构型原理及其制取技术》[3]。

不过,表 2 带有设定条款,应用时需考虑相应界限,其中包括：

(1) 表面积不同,比表面积相异。

(2) 粉体粒度组成、晶粒粗细各异[3]。

据表 2 可知各晶面在粉粒表面中所占的比例。因设定粉粒表面积相同,则该比例也就是面积之比。再乘以相对面密度(见表 1),即可得原子数量之比;乘以相对键密度(见表 1),即得能量增减之比。由此,绘制表 3,列入相关数值,做相应比较。由表 3 得:①外露表面总值不变,三种粉的晶面数是不同的。以研磨为基础,依粉碎方式分别获取不同晶面。②以研磨为底,冲旋粉的外露原子数增多 6%,能耗减少 5%;对撞粉的外露原子数增多 9%,能耗减少 8%。

从前述晶体研究得出,晶面两大性态参数——原子数量和能量,合称原子态势。在反应过程中,原子数量显现在粉粒表面上,能量隐示于晶粒粗细上。所以,结合实

此处需着重指明：实测数值很重要。本项目以 X 射线衍射仪和氮气表面积仪检测晶体晶粒粒径和比表面积，使原子态势参数（原子数和能量）效用放大，势能和动能效应强化，从而显现出更佳的优化活性。所以，将上述两个检测项目作为判定活性指征的主要方法是合理、有效的。

**6. 调控粉体结构，全面优化硅粉反应活性**

前文叙述运筹硅晶体性态，调控晶面优化硅粉活性，从微观方面阐明了所运用的技术。不过，硅粉是粉体材料，它的结构和性能尚受制于粉体整体，还需从宏观方面进行探索研究。具体内容就是粉体粒度组成，即粒度粗细范围和组成配比（见图 2）。不妨例释如下：当前有机硅用粉常用粒度范围 40～325 目（0.35～0.045$\mu$m），+40 目粉占比＜5%，−325 目粉占比＜15%。$d50$ 一般为 120 目。而硅粉则是立磨粉，由研磨制取。随着经济的发展，制粉工艺不断改进，不少硅业公司已在应用冲旋粉和对撞粉，其粒度组成如图 2b 所示。为提高质效，对新粉品种性态进行系统研究，提出新方案：粉体范围 30～325 目（0.55～0.045$\mu$m），+30 目粉占比＜20%，−325 目粉占比＜10%，$d50$ 为 80 目，其前后共 20%～30%范围内粉占 60%～80%（称为集质效应）。

上述粉体结构方案使硅粉在流化合成过程中更适应工艺要求，获取有机硅合成的更好指标。而提出新方案的基础正在于前边演示的硅粉微观结构性能（如表 4 所列）：原子态势的数量和能量均较富裕，会增大氯甲耗量；而粉体增粗（$d50$ 达 80 目），适应气量。同时，又加集质效应，使合成过程的反应效能和效率更佳更稳定。最后，获得更好的生产指标：选择性、单耗、产量和渣含硅量四项超过研磨粉。有关比较数值列于表 4，供参阅。

继续以研磨粉达到指标为基础，以相比活性增强 10%为依据，改用冲旋粉，会将使氯甲烷气量增大。当然，还得按流化床炉况实际调整。

从硅粉外露表面的原子数对比，求得研磨粉、冲旋粉和对撞粉的活性比。把本例的硅原子数同参与反应的物质的量相连，原子数比与物质的量比对应相称，成正比，即合成反应硅物质的量与氯甲烷物质的量比为 1∶2。如今，硅原子增加 10%，即物质的量增加 10%，与之相配的氯甲烷分子数和物质的量也相应增大，达到 20%。不过，合成炉中氯甲烷量很充裕，不必再增大。

前述两节从晶体参与化学反应活性原理出发，得到粉粒微观构型和粉体粒度宏观组成（见图 2），从而激发晶体效能，使物料焕发高活性。

**7. 调控硅粉体晶体，优化硅粉构型，增强活性的方略成效**

循着硅晶体结构和性能的研究，剖析活性的各方影响因素，获得硅粉高品质构型（包括粉粒构型和粉体构型，如图 2 所示）。其获得的方略成效归结于下。

（1）突破两项专业界限。为使硅粉制作的产品（如有机硅单体）具有最佳指标，就要提高原料——硅粉的活性品质，而不仅仅是满足以往用户只提的粒度范围和组成要求。而制粉此前已运用冲旋对撞粉碎技术、调控应力和应变，切入到微观晶体的应力应变，如今，又可智取原子态势，探得活性的本质。再凭借摩尔微粒子关系，转化为宏观相对可控程式,使宏观和微观结合,获取最佳硅粉品质,并显示于反应活性特征图(见图2)上。

(2) 透识硅反应的实质。有机硅单体合成反应同其他化学反应一样,实质是硅原子与氯甲烷分子经催化剂协助,实现表面接触的吸附、内扩散、催化反应、外扩散和吸脱五个步骤,生成以二甲基二氯硅烷为主的单体产品。实质就在于原子和分子间的微观结合。

(3) 优化硅粉品质的基础就在运筹晶体和调控晶面,缔造最佳原子态势(数量和能量),焕发硅粉晶体势能和动能,提高硅粉反应活性,以自身的优化为合成功效创造优质原料条件。

(4) 运用特色硅粉碎技术,实施调控晶体效能,缔造最佳原子态势和粒度的高品质构型方略上。特色硅粉碎技术指冲旋和对撞技术,能大量显露面密度最高晶面,使其原子数量和能量处于最佳值,晶体拥有最佳势能和动性,从而获取更强的反应活性和后续产品的最佳指标。经历多年发展,冲旋粉碎技术(工艺和设备)在国内已有上百条生产线,其中硅粉占60多条,并显示出结构和性能上的优越性,且已进步到对撞粉碎技术,产品质量、成品率、产量、硅耗四大指标均列国内前茅。本文已就有机硅为例,做详细说明。最近,应用冲旋和研磨两种粉各自生产有机硅单体,对比成效。虽然需要较长时间才会有确切结果,但目前状况表明,冲旋和对撞粉碎技术将全面优于研磨。

多年技术研究表明,哲理、学理、实理和艺理综合,赋有理论魅力和实践活力!研磨、冲旋、对撞三技术对比表犹如一幅彩画衬托出各自的魅力和活力,供行家评议。文中所述原理应同样适用于多晶硅。

**参考文献**

[1] 尹建华,李志伟.半导体硅材料基础[M].北京:化学工业出版社,2009.

[2] 常森,韩荣生,余敏,等.硅粉的活性及参考标准[J].有机硅材料,2014,28(6):455-458.

# 高品质活性硅粉构型原理及其制取技术

硅很有用,可以制取很多产品。有机硅、多晶硅、半导体硅的合成,都要对硅的转化过程进行设计,确定其组成、结构、性能,获取相应表征,研发制备技术,指导生产,达到相应指标。本文就其一个环节——硅粉制备做应用研究。

有机硅和多晶硅在流化床/沸腾床内的反应过程已展现得比较明确,也列有反应方程。而深究其微观过程,至今报道不多。为提高反应质效,获得能量和物质高效转化,取得更佳的合成指标,试做此项研究。

硅粉品质,除化学组成外,反应活性和粒度配置则是至关重要的。需要以活性为主、粒度为辅深入探索其对合成的影响,从而阐明对撞冲旋粉碎技术,给予硅粉化学反应高活性和生态高活力,在本书《调控晶体效能　焕发硅粉高活性》中已有叙述。就具体措施着手,需要达到以下 3 条[1]:①粒度可调,中径集质度可控,粒粗晶细。②原子面密度大,参与反应的原子数量多。③粉体比表面积大,积藏的能量大。

拥有上述三条品质的粉,即粒粗晶细、原子态势高和集质效应好的硅粉品质优,活性高。循此原理,在多年实践经验基础上创设硅粉高品质活性构型(见图 1)。它体现在两方面:①高原子态势构型(见图 1a)。特点是:a.颗粒粗,晶粒细;b.原子面密度大,比表面积大;c.晶粒细,能量大。②高效粒度二八型集质曲线构型(见图 1b)。特点是:a.粉粒粗,中径 $d50$=80～100 目(0.2～0.15mm);b.中径粒度前后共 20%～30%范围内,质量占总粉量的 60%～80%;c.粒度制取参数可调控。应用此类粉可使有机硅合成单体、多晶硅中间体生产指标提高。

## 一、 硅晶体结构与变形性能

### 1. 硅晶体结构

综合文献资料,引述如下。常用硅均为晶体,它的结构也很明确。硅晶体属金刚石型晶格,由面心立方晶胞组成,如图 2 所示。[2]

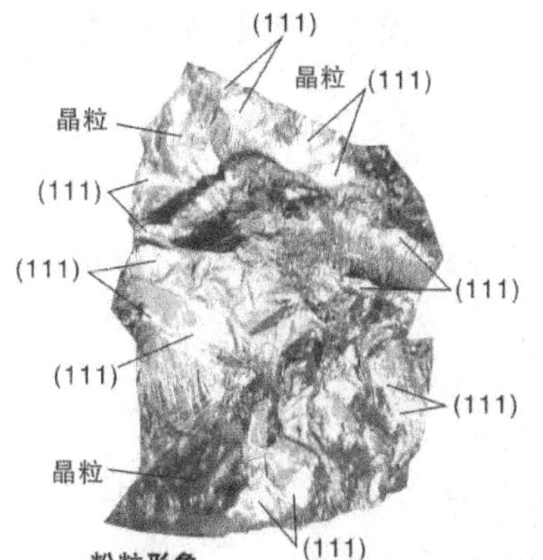


性态特点：1．颗粒粗，晶粒细；
（微观）　2．原子面密度高，比表面积大；
3．晶粒细，能量大。
（111）：硅晶粒面密度最高晶面，在粉粒上其面积占总面积的50%。

a.硅粉粒高原子态势构型图

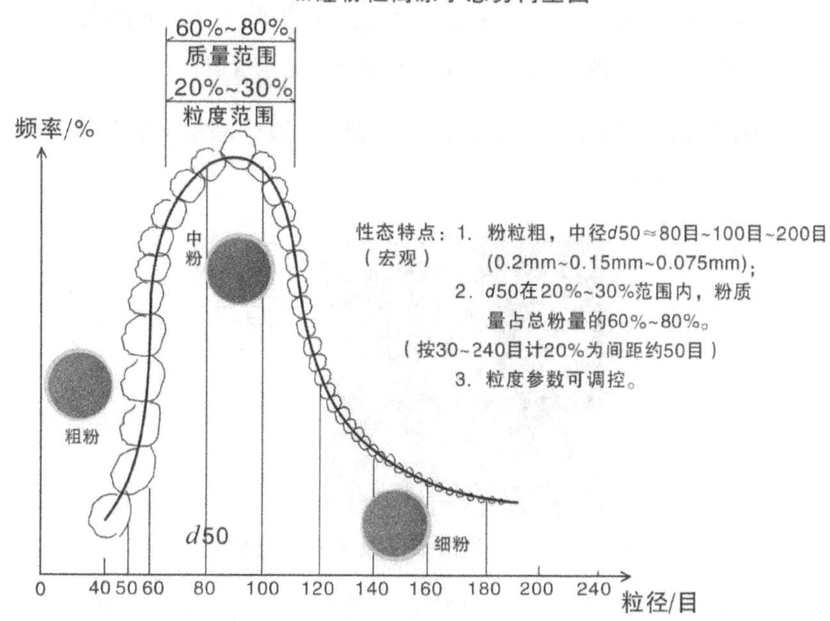


性态特点：1．粉粒粗，中径d50≈80目~100目~200目
（宏观）　(0.2mm~0.15mm~0.075mm)；
2．d50在20%~30%范围内，粉质量占总粉量的60%~80%。
（按30~240目计20%为间距约50目）
3．粒度参数可调控。

b.硅粉体高效构型图

（高效粒度二八型集质曲线）

**图1　冲旋·对撞硅粉高品质活性构型(有机硅·多晶硅用硅粉)**

**(两个宏微观特征形线演示图)**

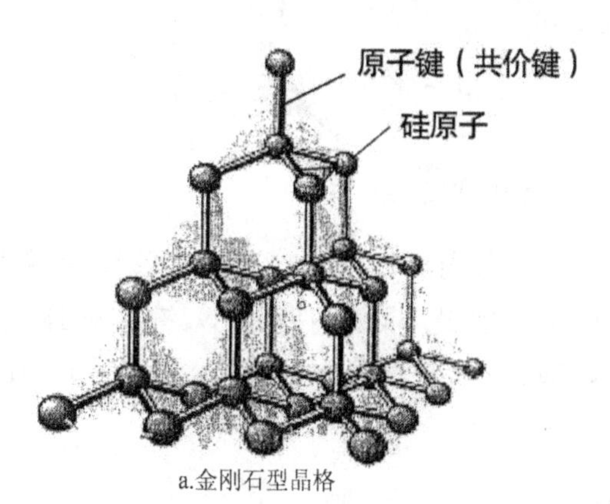


a.金刚石型晶格

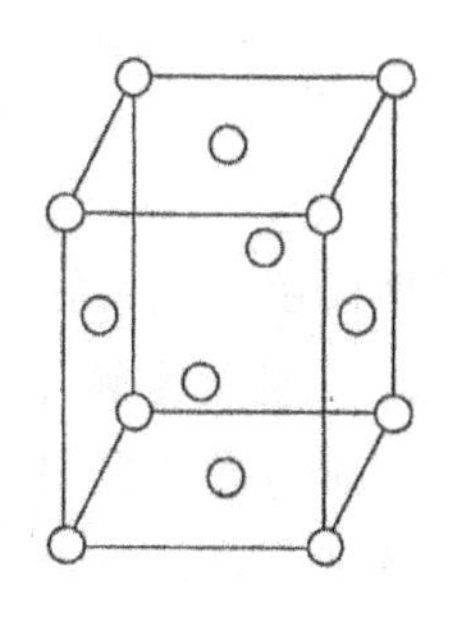

b.面心立方晶胞

**图2　金刚石型晶格结构**

金刚石型晶格是由面心立方晶胞构成，只需将两面心立方晶胞，沿其一的对角线错开 1/4 后，叠加得到，形成硅晶体结构，见图 3。

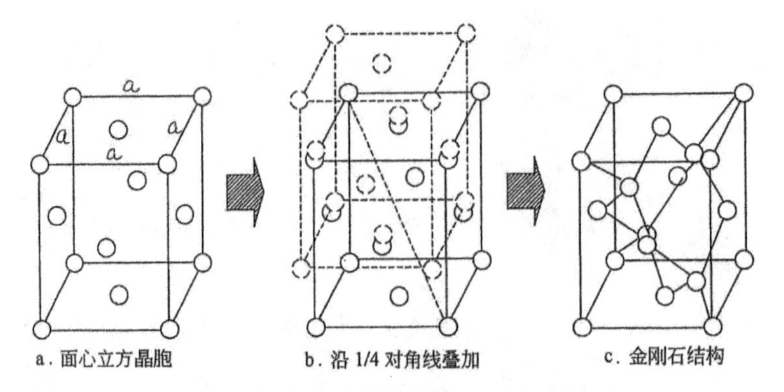


**图 3　晶体硅金刚石结构组成示意图**

硅晶体是原子晶体，由原子经化学键构筑晶胞，联成晶格。运用扫描显微镜可以观察到表层原子，见图 4[3]。

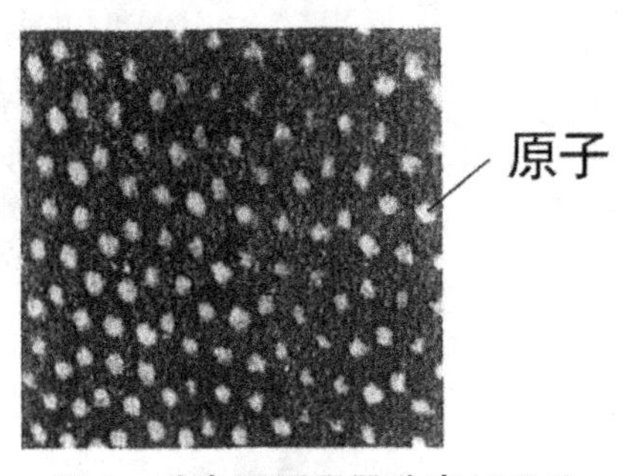


**图 4　硅表层原子及分布(STM)**

硅晶体主要晶面(即原子存身之处)，从晶胞图上可见，如图 5 所示：(100)、(110)和(111)。

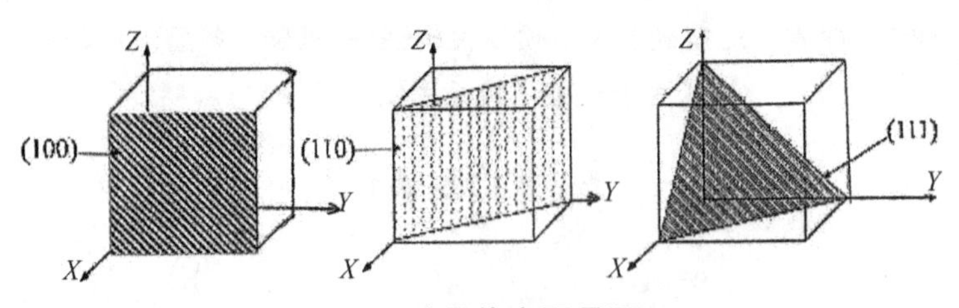


**图 5　硅晶体主要晶面**

硅力学性能由晶面可知晓(见表 1)：各向异性；(111)面密度(即原子密排程度)最高，面间距最大，键密度最小；(100)面密度最小，面间距最小，键密度最大；(110)居中。[2] (111)晶面间联系最弱，最易解理、被剖开；(100)最强；(110)居中。所以，(111)晶面是主要解理面，(110)为次。

表 1　硅晶体主要晶面的面间距、面密度和键密度

| 晶面 | (100) | (110) | (111) |
|---|---|---|---|
| 面间距/Å | $\frac{1}{4}a=1.36$ | $\frac{\sqrt{2}}{4}a=1.92$ | 大$\frac{\sqrt{3}}{4}a=3.35$ 小$\frac{\sqrt{3}}{12}a=0.78$(整合为 2.89) |
| 面密度($/1/a^2$) | 2 | 2.83 | 2.31(整合为 2.89) |
| 键密度($/1/a^2$) | 4 | 2.83 | 2.31 |

硅晶体结构单元组合顺序是：晶胞→镶嵌块(亚晶)→亚晶界→晶粒→晶界→颗粒，结构牢度逐步趋弱。晶胞是最小单元，硅晶胞晶格常数约为 5Å，一颗 $1mm^3$ 硅粒就拥有 $8\times10^{18}$ 个晶胞。

**2. 晶体缺陷**

任何晶体都有缺陷，将文献[2]汇总成图 6，列举出 10 种缺陷。

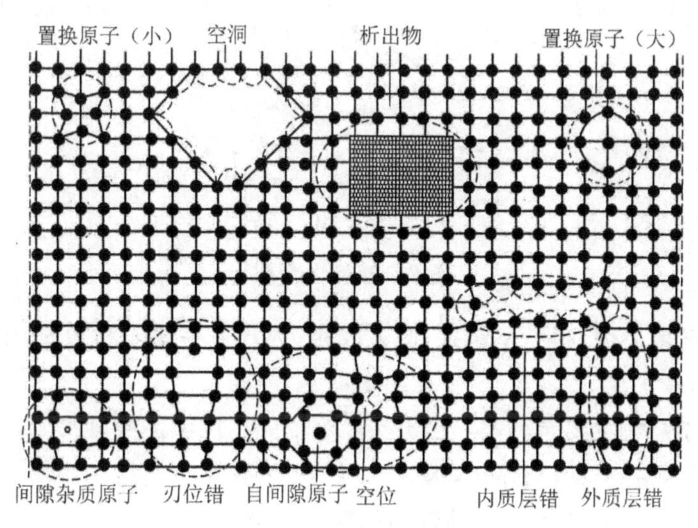


图 6　晶体缺陷示意

这些缺陷影响硅性能，对加工获取所需材料均会产生影响，对外力粉碎效用尤甚，大幅度降低硅的抗衡能力。

硅晶体结构显示：它像金刚石那样银亮硬朗，又似石墨脆韧温顺，有很多好功能。就制粉而言，不妨先了解它抗击外力的力学性能。

**3. 硅晶体的理化力学性能(与制粉相关的)**

结构决定性能。循其晶体结构和晶面参数分析，揭示有关力学性能。

(1) 各向异性。机械、物理、化学等性能随方向而变，各晶面都不一样，但都能经受机械力能的理化效应作用。

(2) 晶面(111)拥有最大间距和最高原子密度，而键密度最低，使该面间联结力学性能最脆弱，最易被塑性变形和脆性断裂，成为最佳解理面；其次是(110)；最有抗力的是(100)。原子密度在晶体里应是均匀的，面间距大，原子数多，集结到晶面上，就

容纳得多了，密度随之增大。

从晶体整体观察其变形。硅塑性变形量很小，呈现为位错、层错、滑移，如图7硅塑性变形。但是，当正达临界值时，会出现顺碎现象，产量增高快，效益很好。在文献[4]上有详述。

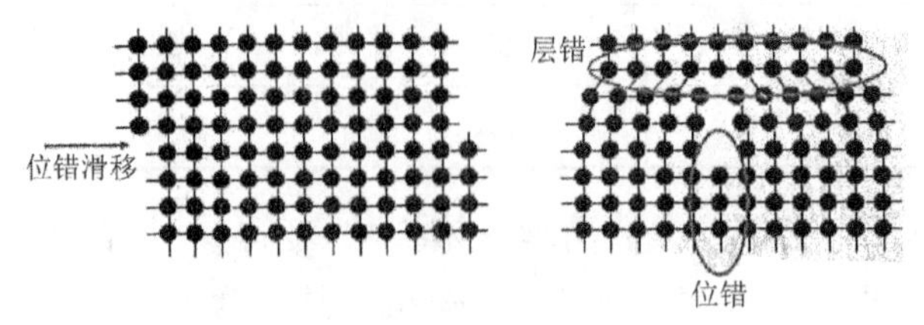


图7 硅塑性变形

硅脆性断裂较明显，裂纹沿着解理面发展延伸，见图8。暴露解理面(111)晶面是脆性断裂致粉碎的主要内容。

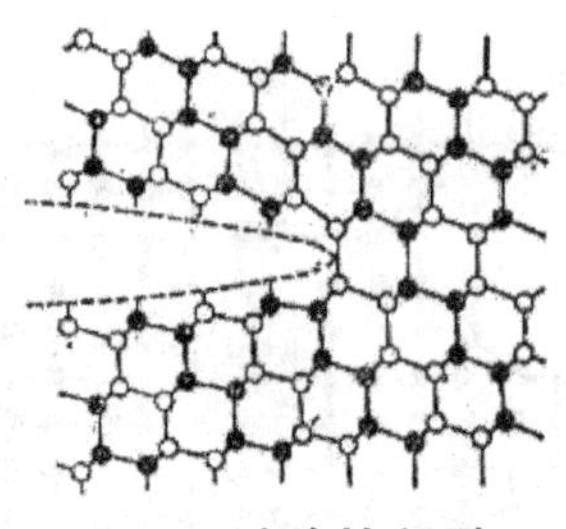

图8 硅脆性断裂

(3) 晶体硅由冶炼而得，呈铸态，晶粒较粗，内含各类缺陷和杂质，也是易变形、断裂的源头。

(4) 硅铸态晶粒主要是两类：柱状晶和等轴晶。柱状晶粒度<∅1mm×4mm，受力细化，大多数颗粒由多个单晶体构成，其朝向有不大的偏离。因此，同一晶粒各晶面各呈一定程度的平行性状。而等轴晶的粒度0.08～0.4mm。

硅铸态晶粒详见图9[5-6]。

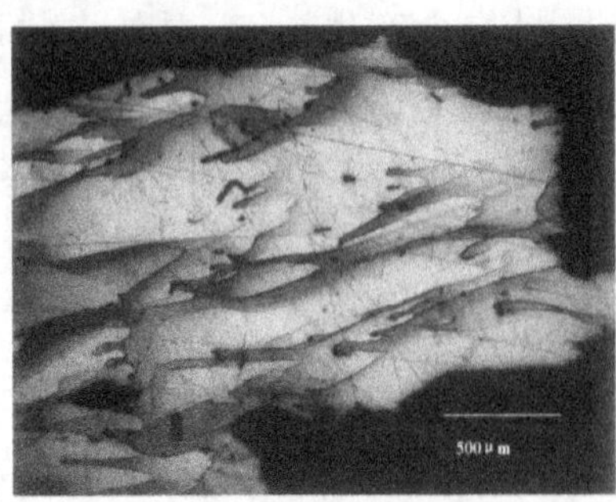


a.柱状晶

b.等轴晶

图9 硅铸态晶粒(SEM)

(5) 晶体由内聚力结合成整体，牢度由里往外递减；其粉碎解体则从外向里延伸。所以，硅粉碎时愈打愈硬。

(6) 硅晶体结构内聚力决定其力学性能，从强到弱排序为：抗压>抗弯>抗拉>抗剪。

(7) 晶体受力变形、碎裂，原子共价键改变，甚至断裂，吸纳外加能量，储存于体内。所以，晶粒愈细，含能愈高，比表面积愈大，反应活性愈强。原子共价键是原子间连接结构，见图 2a。

基于硅结构和力学性能等认知，了解其加工性态，以期获取硅粉最佳活性和构型。

为研究阐明硅粉活性及其构型，不妨以有机硅直接合成为例，见图 30。构型活性充分表现在合成五阶段中的表面接触催化反应[1]上。现从宏观和微观两方面给予阐述。①宏观方面：流化床内硅粉、催化剂和氯甲烷三反应物在翻腾中相互作用，按反应方程式 $2CH_3Cl + Si \xrightarrow[250\sim300℃]{Cu\text{-}Zn} (CH_3)_2SiCl_2$ 得到反应结果：选择性、转化率、单耗、渣中含硅量等指标，可作为评定硅粉构型活性高低的依据。②微观方面：宏观性能取决于微观组成和结构，深入了解其微观构造，能更清楚地了解和掌握其活性。当前，已有不少研究和应用实例。比如，矿物浮选时，制粉中力求暴露矿物晶体活性最佳的晶面。又如，金刚石工具的使用尽量避免晶体最弱的晶面(解理面)受力；而金刚石晶型饰品，则反之。再如，使用催化剂时，应让活性最高的晶面暴露，促进有效反应。类似实例不胜枚举。因此，深入观察表面催化反应，以硅晶体微观思路切入研究，优化其活性，很有必要。循此而行，从硅的微观剖析开始，经制粉工艺，给予硅粉最佳构型粉体宏、微观性能和品质，以优化的活性顺应硅产品不断发展的要求。

## 二、 硅粉碎的性态响应

### 1. 硅块粉碎的体态响应

采用实例演示硅体态响应。冲旋对撞粉碎正是典型的范例，详见图 10。

图 10 展示原料块送进粉碎机进料口，经三级粉碎：小刀盘、大刀盘和对撞。两个转子相向运转，将料从两侧向中心推进。大、小刀盘上装备各类刀具(拍刀、劈刀、棒刀均可用)，实施对硅块的拍、劈和互击粉碎，因冲击部位不同引发硅的压碎、切碎、剪碎等变形。现将它们分述如下。

1) 硅块正向拍击压碎

如图 11 所示，转子上刀具正向拍击料块。料块受刀具板面拍击产生裂纹，发展到裂缝，最后碎裂成碎块。

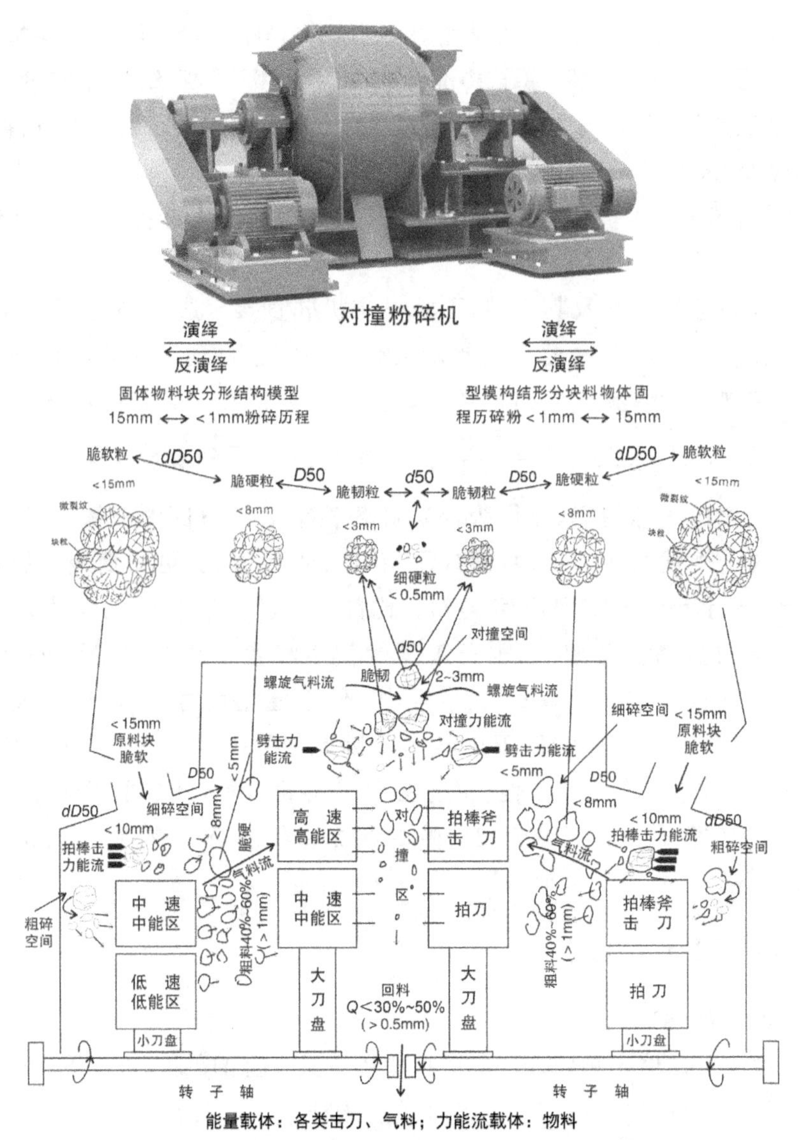


图 10 冲旋对撞粉碎机腔内粒度功能演绎模型

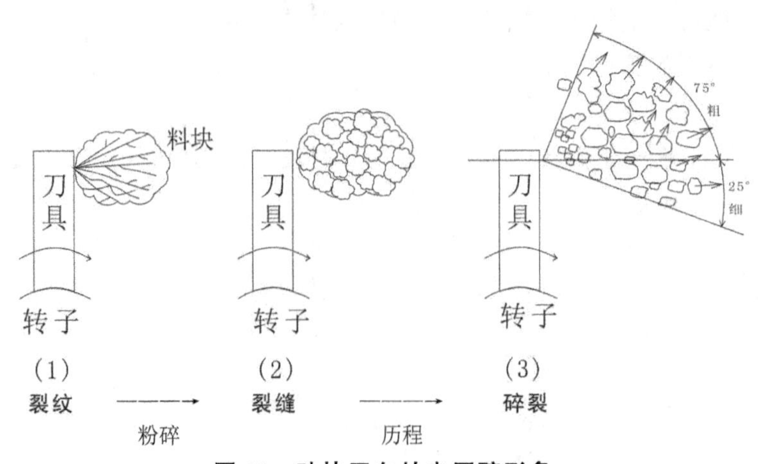


图 11 硅块正向拍击压碎形象

2）硅块正向劈击切碎

图 12 显示碎裂历程。料块受刀具棱角正向劈击，切入料块，输入力 $F$ 和能量 $P$，产生裂纹、裂缝（其变形区放大，如图 12b 所示，可见料块上、下两部分滑开剪切），继而被切碎成碎料粉体。

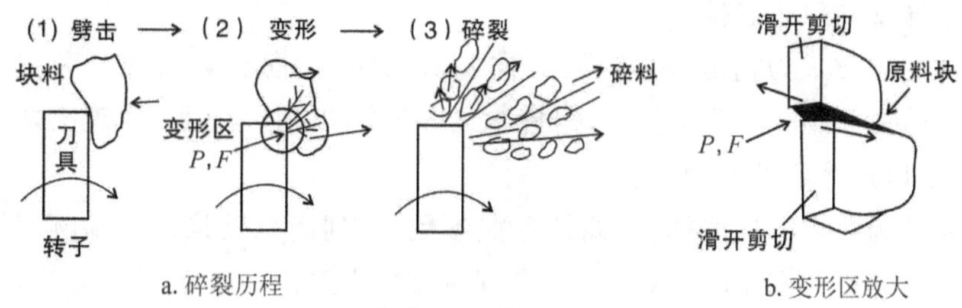


$F$ -外力；$P$ -能量（输入）

**图 12　正向劈击切碎示意**

3）斜向劈击剪碎

如图 13 所示，料块受刀具斜向棱角劈击，引发碎裂历程。料块碰上刀具，冲击力 $F$ 和能量 $P$ 输入料块，产生裂纹（其变形区放大，如图 13b 所示，可见上、下两部分撕开剪切），继而碎裂成碎料粉体。

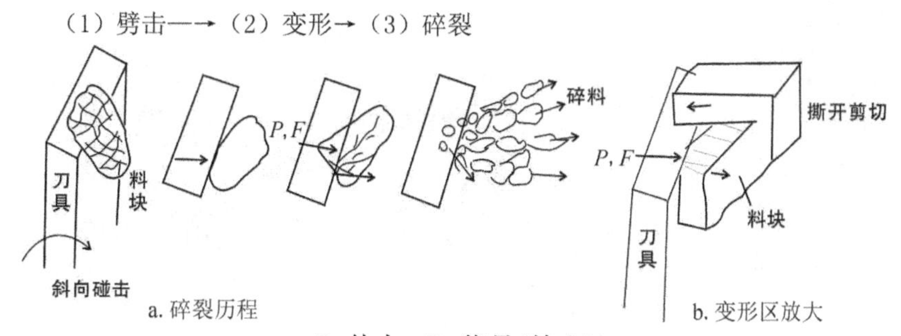


$F$ -外力；$P$ -能量（输入）

**图 13　斜向劈击剪碎示意**

4）正面劈击楔碎

如图 14 所示，刀具棱角正面冲击料块，引发碎裂历程。刀具撞击料块，输入 $F$、$P$，产生裂纹、裂缝（其变形区放大，如图 14b 所示，可见中间被撑开剪切），继而碎裂。

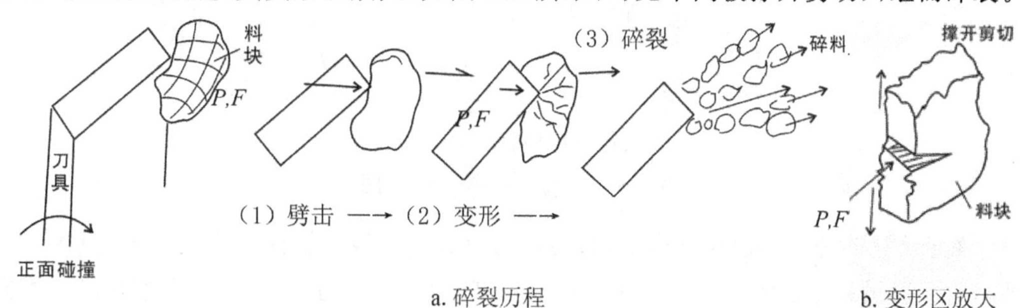


$F$-外力；$P$-能量（输入）

**图 14　正面劈击楔碎示意**

5）料块互击劈碎

机腔内物料受转子刀具和旋流气体驱动（见图10），料块互击，是粉碎的一种形式。对撞冲击粉碎机中更是一项通过料块互相劈击而获取优质粉体的技术。对撞是有序的，不是莽撞，是双螺旋气料流的冲撞，似两股龙卷风对击，具有足够威力。不妨就此进行较详细的叙述和探讨。

互击的主要方式为拍击、劈击；因方向各异，又呈正向和斜向拍击和劈击。对物料的作用，则是：拍击，以压碎为主，研碎次之；劈碎，以切碎为主，刮碎次之。从应力应变看，分别以压缩和剪切为主。

对撞粉碎为获取不同粉体，可调控有关参数，得到满意结果。拟举例说明。CXD型对撞冲旋粉碎机如图10所示。腔内左、右侧大、小刀盘各装备板形刀具，左侧转子高速运转，右侧转子低速运转，各得细碎块（B）和粗碎块（A）（见图15）；细碎块（B）经较大变形，而粗碎块（A）经较小变形，所以前者硬，后者较软。于是，就如图15所示，两种碎料在机腔对冲互击。左侧小而硬的碎块（B）以高速撞击右侧大而较软的低速碎块（A）。结果是左侧小块似劈刀样地打击右侧大块，将其劈裂成碎粒（见图15左上），而本身也碎裂成碎粒（见图15左下）。依此，硅块（A）因劈切而得粉体，较粗。如果要细粉，则再调整参数。灵活运用拍劈等刀具，获取各类粗、细粉体。详尽描述见文献[5]和[6]。

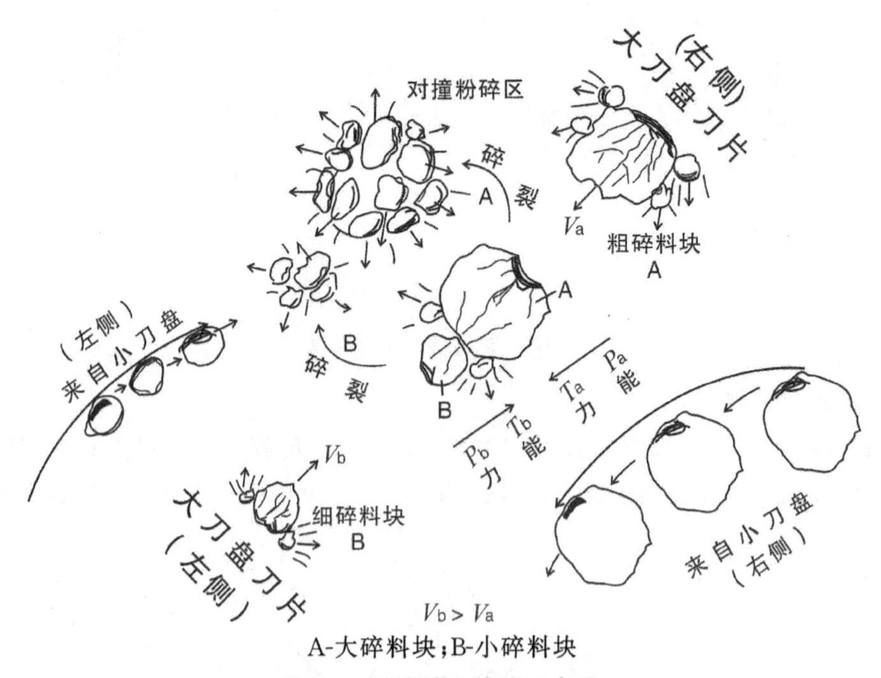


A-大碎料块；B-小碎料块

**图15 对撞劈击剪碎示意图**

关于上述对撞产生料块互击的劈切效应，笔者从碎块中探测到扎尖现象（见图16、图17），可以做某种程度的存在论证。对撞粉碎威力较大，对了解硅愈打愈硬是一项制服的有效措施，从扎尖、劈切等系列表现观察，剪切是主力，是对撞中的最佳粉碎方式。

硅粉碎的基本形态也就是压、剪、切、击等，只是方式各异，组合不同，本质不变。粉碎的体态响应就如上述。

6）对撞粉碎扎尖现象的说明

对撞粉碎机中第 3 段粉碎，属于对撞型。硅颗粒分别由两相向转动的刀盘打出，在飞行过程中对撞(见图 10、图 15)，达到高速粉碎硬粒的效果，包括楔碎。图 16 中，3 颗小粒原应是对撞颗粒中某一颗粒缘边的 3 个小凸尖角，对撞时扎入对方颗粒的晶界或边缘薄弱处，对撞后回弹断在里边(见图 17)。这很可能是斜撞击，侧向相对运动切断。此类现象并非少有，而是凭肉眼难看清扎尖痕迹，要金相显微镜才能明示，说明对撞互击不仅存在，而且粉碎硬粒的效能很佳。

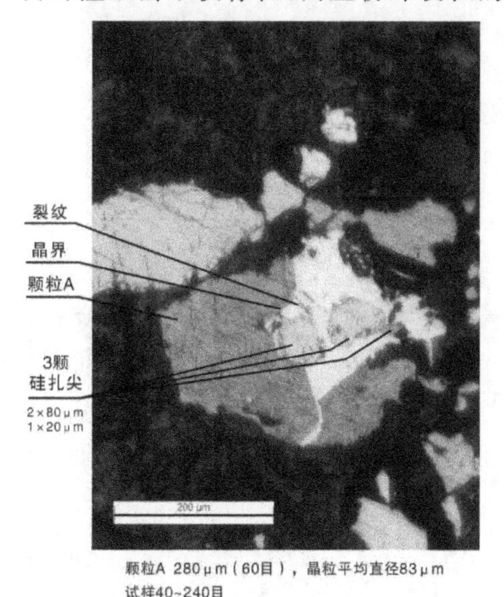


图 16　对撞硅粉晶粒金相显微图

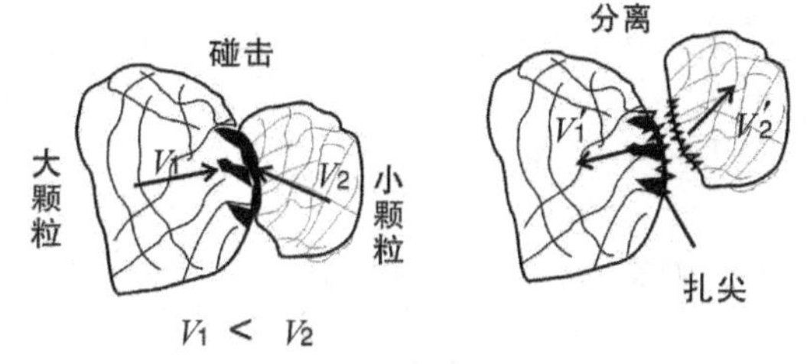


图 17　斜向对撞留扎尖示意图

**2. 硅块粉碎的应力-应变演绎**

对撞粉碎中，对硅起作用的，主要是拍、劈及其组合造成硅体内压缩、剪切的主要应变及次要应变。拍、劈引起硅体内的应力应变如图 18、图 19 所示，详见文献[5]和[6]。拍击和劈击在硅料晶体上引发应力和应变，主要区别如应力-应变图显示：前者应力发展从小趋大，后者则是从大趋小；而应变(裂纹、裂缝、破裂等)为前者增大，后者缩小。所以，获得粗细不同的粉。

正是不同的应力-应变形态，对硅块、晶体和晶粒的细化效果各异。如图 20 所示，拍击引发发散型裂纹，穿插于硅体中，碎裂细化程度大。而图 21 放大比例较大，显示集中型裂纹，直穿硅体，旁出分支，碎裂细化程度较小。再加其他显现，演绎出戏剧性的性态变幻画面，使人们感到疑惑！

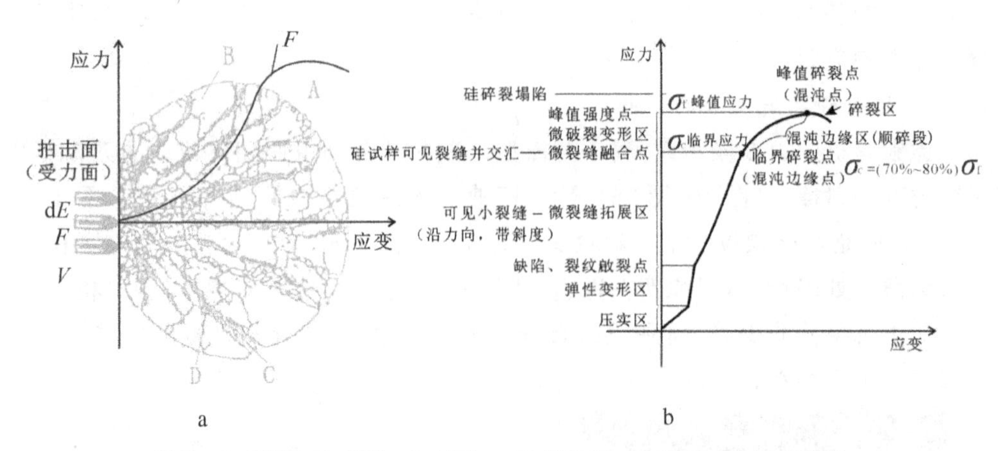


a b

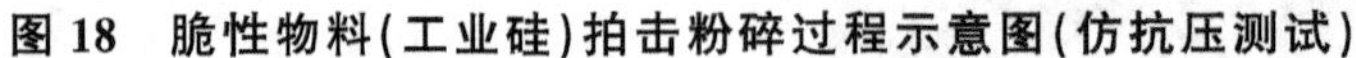

A-料块；B-碎粒；C-裂缝；D-裂纹；d$E$-微动能；$F$-冲力；$V$-冲击速度

**图 18　脆性物料(工业硅)拍击粉碎过程示意图(仿抗压测试)**

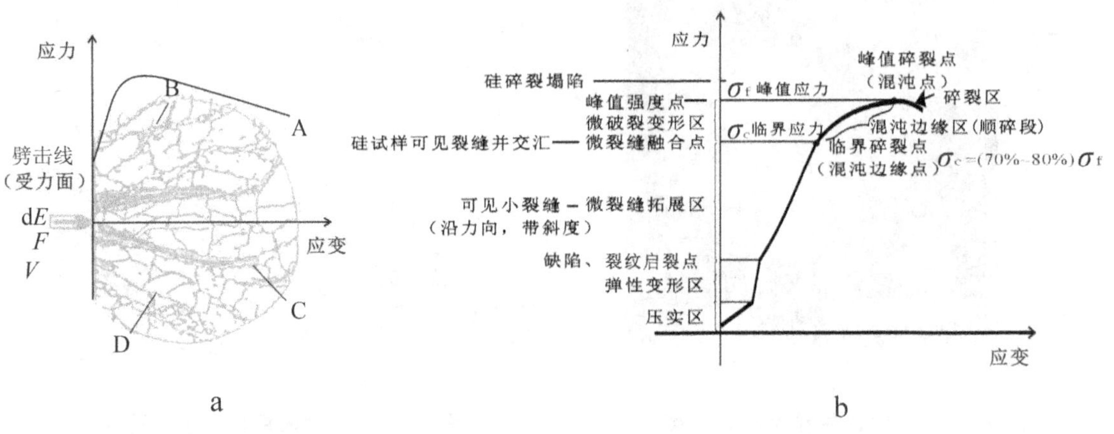


a b

A-料块；B-碎粒；C-裂缝；D-裂纹；d$E$-微动能；$F$-冲力；$V$-冲击速度

**图 19　脆性物料(工业硅)劈击粉碎过程示意图(仿抗剪测试)**

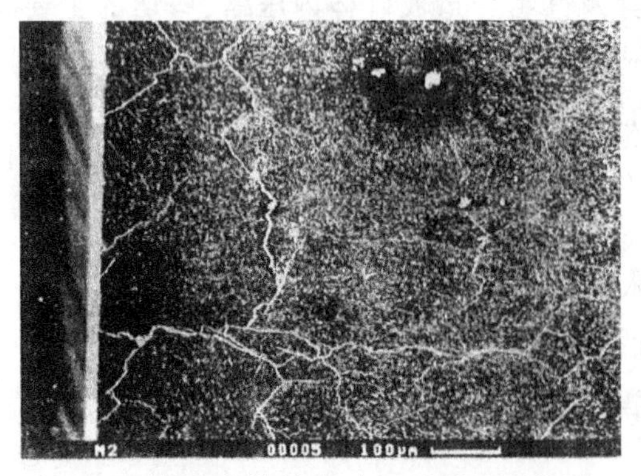

**图 20　大理岩块拍击破坏后裂纹网络图**

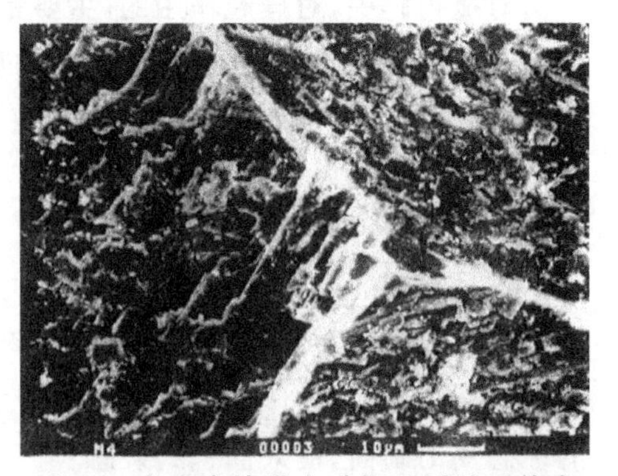

**图 21　大理岩块劈击破坏后裂纹延伸态**

**3. 硅块晶体在对撞粉碎历程中的嬗变**

硅块在对撞粉碎机腔内，从块变成粉，其晶体晶粒则由∅1mm×4mm 和 0.08～0.4mm粗细范围细化成粒径<100μm，获得硅成品粉，供有机硅、多晶硅使用。从实质上，该成晶粉是亚毫米粉体微米晶结构材料，同块体纳米晶材料相比，化学反应活性要低。究其原因，就在于纳米晶的粒径为微米晶的 $1/10^3$。不过，它们都是经过开发晶粒晶面显露得到的。从此原理出发，试看对撞粉晶粒是何式样！

硅料经冲旋对撞三级粉碎，粗细变化示于图 22 上。可以循着硅料粗变细的进程，推演内在晶体晶粒的细化形象。

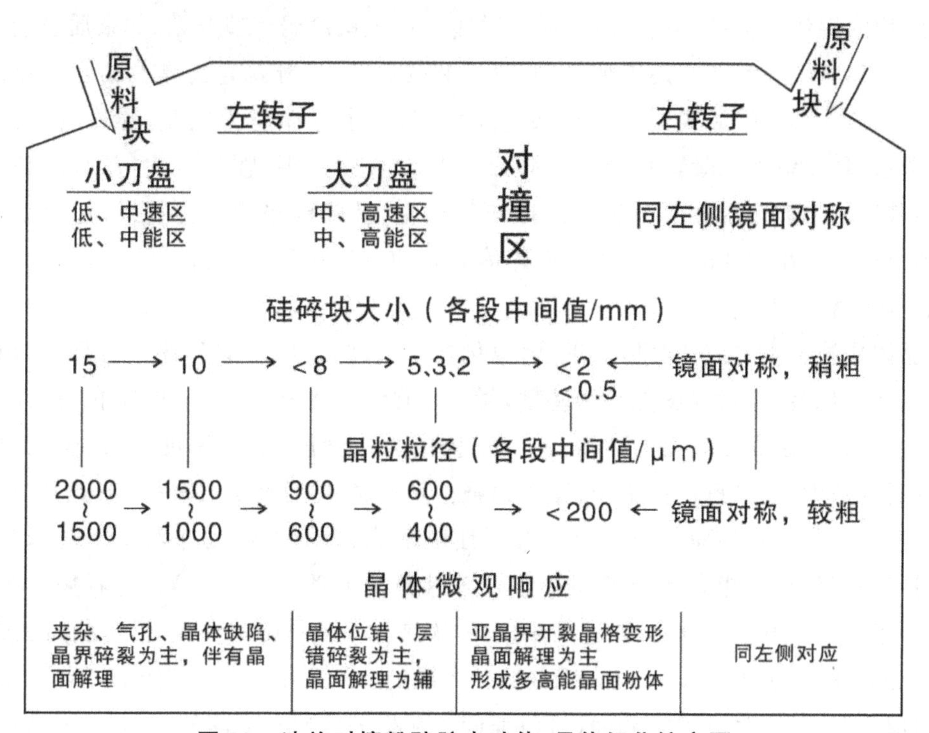


**图 22　冲旋对撞粉碎腔内硅体、晶体细化嬗变图**

冲旋对撞三级粉碎(如图 22 所示)第一段：小刀盘将硅块大小从 15mm 经 10mm 碎到<8mm；第 2 段：大刀盘将其从 8mm 碎到 5、3、2mm；第 3 段：左、右大刀盘驱动碎块互击，大小为 2～0.5mm 及<0.5mm，送筛分，获取成品粉，粒径<400μm，随着细化，至<200μm。

成品粉的晶体形象，经金相照片显示，可以观察到外形，晶粒、晶界、孪晶、亚晶界、夹杂、空穴等，可以测定其大小尺寸。就晶粒而言，粗细可辨。冲旋和对撞粉的晶粒大部分均<200μm，是微米级粉。

成品粉粒径<400μm，晶粒粒径<200μm。同原料相比，从原 15mm(15000μm)细化为 400μm，约为 1/40。晶粒原∅1mm×4mm，细化为 200μm，约为 1/200。可见，原料硅在宏观和微观上均细化 1/40～1/20。从毫米变成微米，结构随之有相应变化：晶体碎化，晶粒细化，力学性能强化，化学反应活性增强，晶体能量增大。这

些对其下游产品的影响很大。有必要探究其机理，充分利用，发挥特性，为达到更高水平而努力。

**4. 硅晶体晶粒细化的微观研究和晶面调控**

晶体晶粒结构和粉碎工艺(过程、刀具和控制)已于前述。综合两者内容，即可显示两者关系，获得粉碎宏观过程的形象。在此基础上能进一步，从微观上进行研究，得到硅亚毫米粉体微米晶结构材料许多性能的研究成果——高品质活性构型和实际应用效果，充分显示冲旋对撞粉的优良品质。

硅微观研究，从粉碎变形区着眼，细探晶体晶粒的响应。硅的粉碎，实质就是其晶体结构的解体。文献[5]和[6]有详细讲述。首先从薄弱环节开始，如杂质、气孔、裂纹等，继而晶界、亚晶界和晶体缺陷(见图 6、图 22)等，接着就轮到晶粒结合力差的晶面，如(111)。解体的形式则是受外加力能作用，产生晶体应力应变，逼迫变形，晶格位错滑移，晶面解理。薄弱环节孕发裂纹、裂缝，直到开裂；颗粒碎化，晶粒细化。此外，随着外加力能作用方式引发不同操作的响应，呈现异样的碎化效果，包括粉体粗细、形貌和物理化学性能等，在本文粉碎体态响应一节中已有详述。而晶体晶粒则在微观上显示相应变化。

晶体晶粒微观响应的具体表现，因视化技术欠缺，未能形象显述。暂且以金相显微照片、CT 照片、X 射线图像等为基础，做出推断。对照图 18、图 19，由拍、劈冲击引发的裂纹、裂缝是应力应变的体现，具有不同的力学性能：前者密度大，能量足，爆发力大；后者密度低，能量小而集中，穿透力强。对晶体晶粒的损伤效果，拍击使晶体碎化程度高，对晶粒各晶面均有一定的选择性破解能力；而劈击则相对要轻些，却拥有强选择性粉碎能力，能高效地辨识并劈开硅晶粒的解理晶面(111)。笔者凭想象，将其呈绘于图 23 和图 24，外加能量 $P$ 和力 $F$ 从晶粒一侧晶胞 1 劈入，沿着晶内晶胞 2、3、4、5 的晶面(111)推进，切出由晶面(111)组成的波浪面后前行(如图 24 所示)，晶面(111)层层迎击，因为晶粒里晶面(111)是近似互相平行分布成簇的。同时，晶面(111)的起始点各向均有，受迎冲击条件比其他晶面好。

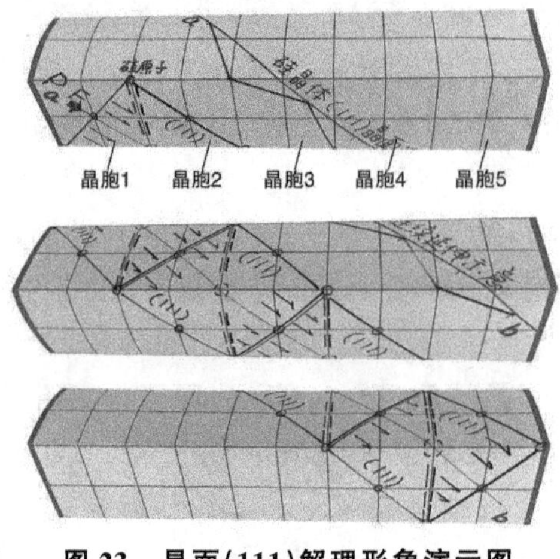


**图 23 晶面(111)解理形象演示图**

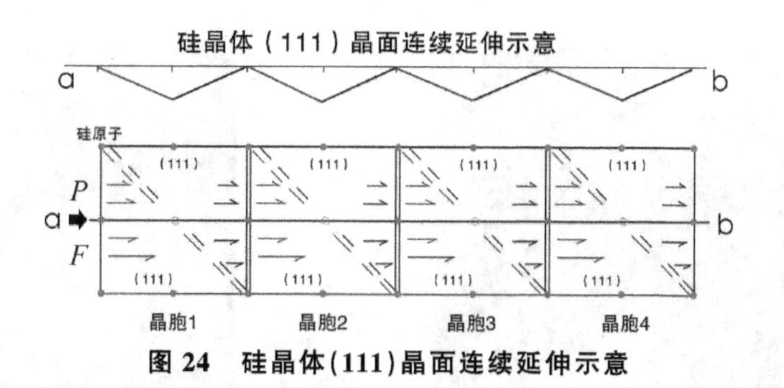


**图 24　硅晶体(111)晶面连续延伸示意**

关于劈击力能高效识别薄弱晶面的推论，源于自然界的最小能量法则。最容易损坏的地方就是结构结合能力最差处，外加最小能量就能破损它。比如，钢结构件如某处有裂纹，那么，任一处相关的载荷都会传到此处，似有计划和预谋地破坏，甚至较远处的载荷也会传过来。劈击将外加能和力击入硅块内，应力应变产生的裂纹、裂缝穿晶体，蜿蜒向前进行，它不是所向无敌，而是畏强凌弱，穿插斜行，专找牢度最差、耗能最低的解理晶面(111)。至于击力强度，则以获取粒度为准，应使有机硅和多晶硅有机合成要求的高品质活性构型，即粒度要粗，粒级要巧，晶粒要细；粒度集质度高。

关于选择性粉碎，现象有三。现象 1：冲旋粉碎时，从机腔内传出两联声——刀具击料声“啪”，接着是料开裂声“噗”；用斧形刀切碎硅块时，也能听到类似声。而硅在加压测试中，应力先现，应变后至，并显示于记录纸上，其间有一短暂间隙，说明应力循着力能流前行，引发后续的应变场，应变值随硅晶体各单元性态而相异，最薄弱处，如缺陷、晶界、亚晶界、晶面等变形最大。于是，按最小能量法则，能量串行晶体，选择晶体里最薄弱的环节，穿透而过，破开物料，发出声响，显得落后于应力，慢了“半拍”，促成双声，留下各自轨迹。现象 2：粉碎速度愈快，两声间隙愈短，粉粒细了，可晶粒变化不大。缘由正在于：透入晶体的应变与其应变速率有关。速率高，粉粒硬化大，深入晶粒难度增大，只触及晶界。如是选择的时间短了，则粉粒细化，而晶粒变形不大。应变受应力影响。但是，它的路径以裂纹裂缝为代表，并不同应力力流吻合，各走各的路，形成各自的力能流、力链和网裂。实验测试记录正是如此。毕其能，汇其力，始得裂。现象 3：X 射线衍射仪测定研压粉、冲旋粉和对撞粉中，同径粉粒，晶粒粗细却不同。研磨粉最粗，对撞粉最细，冲旋粉居中，如图 25～图 28 所示。究其缘由，就是研磨粉碎是轮压力能，将硅粒在多边受压条件下产生应力，引发应变，力能从相对方向同时传递，使应变速率成倍增大，遭到抗力也增大，难以深入晶粒碎断晶面，强化的晶粒就难细化。况且，此时是压缩应变，阻力增加更大。所以，研磨粉碎晶粒的选择性较差，晶粒粗，比表面积小。

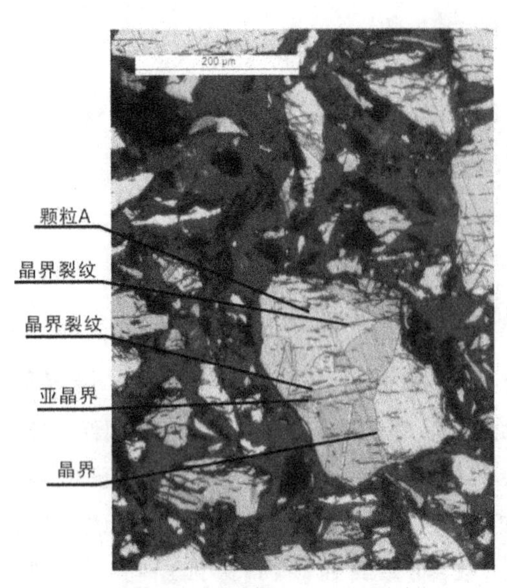


颗粒A 200μm(75目),晶粒平均直径121μm
试样45~270目

**图 25　立磨硅粉晶体金相显微图**

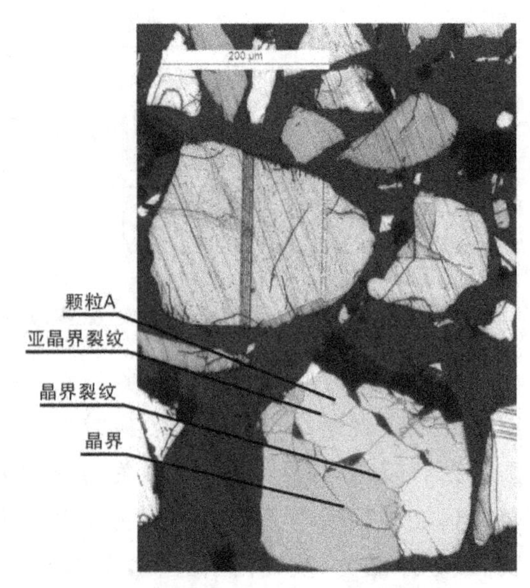


颗粒A 273μm(60目),晶粒平均直径92μm
试样25~140目

**图 26　冲旋硅粉晶体金相显微图**

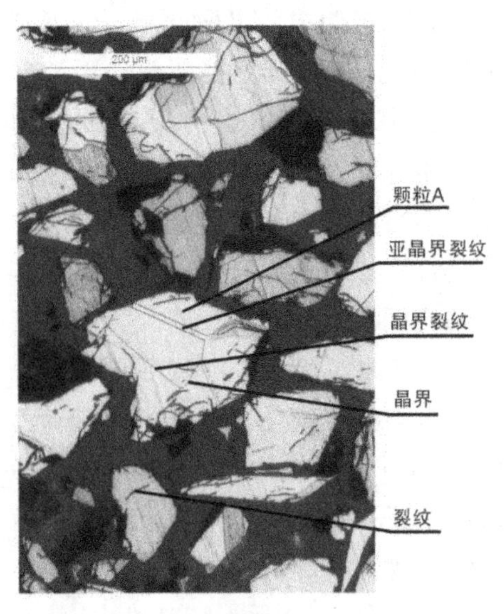


颗粒A 200μm(75目),晶粒平均直径90μm
试样25~140目

**图 27　冲旋硅粉晶体金相显微图**

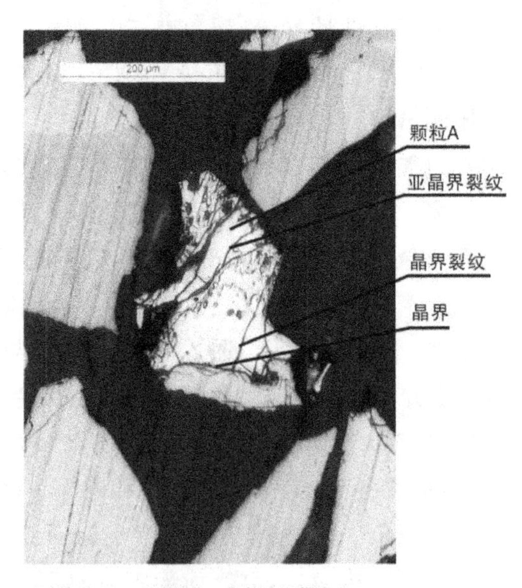


颗粒A 200μm(75目),晶粒平均直径78μm
试样25~140目

**图 28　对撞硅粉晶体金相显微图**

综观前述应力应变的演绎,可发现它是连接硅力学性态微观与宏观的纽带。

本节主旨是:硅粉碎性态的多方表现,为制取高品质活性提供详尽的结构性能基础。并从宏观、微观探索中找到正确的制取方法原理,包括转子刀盘配设、刀具造型组合、运行参数选择等,使硅粉粒和粉体性态满足下游产品(有机硅、多晶硅等)的要求。

## 三、 对撞冲旋粉碎历程的宏、微观演绎

粉碎过程中，硅的体态、晶体和晶粒的响应生态已基本明确。有必要以 CXD880 型对撞冲旋硅粉碎机为例，详释机腔内三段粉碎历程的宏、微观演绎景象。

图 10 和图 22 显示共三段粉碎。第 1 段：粗碎，小刀盘主碎；第 2 段：中碎，大刀盘主演；第 3 段：细碎，硅粒互击。三段各具特色，顺联成整体流程，显露优势，产品质优、活性高，产量适中，能耗低，已居业内领先地位，值得深入至晶体晶粒层面，探究宏、微观情景，展示调控晶体晶面和粒度组成活性构型的历程，并阐明其原理。

**1. 粗碎启程**

硅块 *d*50＜15mm，经粗碎得 *d*50＜10mm，直至 *d*50＜8mm，其中获成品粉约占总量的 1/3。宏观形象为：由碎块演变成带粉砂粒。细看微观状况，则是晶粒由粒径 1500～2000μm，细碎至粒径＜900μm。此处显示出粉碎刀具的拍击和劈击能耐（如图 11～图 14 所示）：以拍击为主；劈击在刀具棱角磨损后，逐步退化成拍击。拍击将力能输入晶体内，其应力应变首先使薄弱环节陷入裂纹、裂缝，继而气孔、夹杂、晶界、亚晶界开裂，发展延伸，晶体碎化成硅粉体砂粒，其周边晶粒细化，内在晶粒受振起纹和开裂，从而细化。粉粒表面实质上是解理晶面（111）和其他晶面。只是晶面（111）量较少，最多不会超过总表面的 30%。因拍击能解剖晶胞各个晶面，硅原子暴露量较少，为后续大暴露打基础。

**2. 中碎过程**

碎硅粒体由小刀盘送入大刀盘加工，从 *d*50＜8mm 经 5mm 碎成＜3mm 的砂粒粉，其中成品再增加总成品量的 1/3。此段硅粒较小，大刀盘线速高，冲击能力随之加大，对粒料的粉碎同粗碎段相似，仍是拍击为主、劈击为辅，继续将物料循着深层、新露缺陷和薄弱处引发晶体位错、层错和晶面解理，裂纹发展延伸，进一步细化，获得晶粒 400～600μm。随着晶粒变细，各晶面硬化程度相异，硬的更硬，而晶面（111）更显得薄弱。因此，表面中晶面（111）解理量增大，估计达到总面积的 40%。

**3. 细碎终程**

碎硅粒 *d*50＜3mm，受大刀盘冲击，传送进机腔对撞区，实施碎粒互击。不过，两个大刀盘分别送入的碎粒粗细是不同的，中径相差约 1/3。硬化程度各异，愈细愈硬，而且棱角多，凭借冲击高速度，会似劈刀样地砍进大颗粒，如图 15～图 17 那样，甚至留下扎头，让人们见识到劈切过程，相信此处硅粒互击能大量地剥离出晶面（111），其占总外表面的 50%，而晶粒则已细化至 *d*50＝100μm。从金相图（见图 28）可见，硅颗粒 200μm（75 目），内有 4 颗晶粒 78μm（*d*50），且每个晶粒都处于周界。

**4. 历程演绎展现高品质活性构型的理念实践**

分两方面陈述。

1）对撞粉的粉粒性态（偏重微观方面）

三段粉碎调控晶体晶面，使原子高密度面（111）暴露量大，约占有粉粒外表面的

一半。不仅如此，其他特性，如粒粗晶细、比表面积大、储能多等也已展示于前，详见本文表 2。

**表 2 三种粉化学反应活性参数汇集比较**

| 制粉方式 | | 研磨 | 冲旋 | 对撞 | 备注 |
| --- | --- | --- | --- | --- | --- |
| 原子数量 | 比表面积/($m^2$/g) | 0.42 | 0.66 | 0.76 | 实测 |
| | 比表面积之比 | 1 | 1.57 | 1.88 | |
| | 原子数之比 | 1 | 1.06 | 1.09 | |
| | 克原子数之比 | 1 | 1.66 | 2.05 | |
| 原子能量 | 晶粒平均粒径/Å | 4667 | 4179 | 3735 | 实测 |
| | 晶粒平均粒径之比 | 1 | 0.90 | 0.80 | |
| | 克晶粒增能之比 | 1 | 1.11($\frac{1}{0.90}$) | 1.25($\frac{1}{0.80}$) | |
| 粉体性态 | 粒径/目 | 40～325(＋40 目粉含量＜5%，－325 目粉含量＜15%) | 30～325(＋30 目粉含量＜20%，－325 目粉含量＜10%) | 30～325(＋30 目粉含量＜5%，－325 目粉含量＜10%) | |
| | *d*50 粒径/目 | 120 | 90 | 70 | |
| | 集质度/% | 30 | 50～60 | 70～80 | |

上述内容旨在描述对撞粉的粉粒性态，其特点可概括为：粒粗晶细，储能大，比表面积大，原子面密度高。图 25、图 28 分别示出立磨粉和对撞粉，同是 200μm 颗粒，而晶粒前者粗(121μm)，后者则细(78μm)。类似测试结果相同。这说明对撞粉是粒粗晶细，于是变形量大，储能约多 28%；比表面积也相对大，约大 88%；至于原子面密度，更是高出 1 倍。

2) 对撞粉的粉体性态(偏重宏观方面)

粉体性态主旨是粒度，含粗细范围、粒级分布。对撞粉碎机能通过调整双转子相关运行参数，获取硅粉体中径集质度达到 *d*50 前后共 20%～30%范围内，质量集中至 60%～80%，而粗粒返回料量占 40%～50%[5-6]。上述两组数据看似平常，但是，要实现并非易事。需运用自然规律，予以说明[5-6]。按黄金分割律，制取粉中 60%进入成品，粒度上最符合产品要求；而 40%的粉过粗，重新再加工。更有意义的是，*d*50 及其前后各 10%～15%范围内粉体质量集中至 60%～80%，符合二八定律。总之，粉体粒度中径集质度高，就是最佳部分高度集结，获得最佳利用。这适用于各类粗细粉，包括有机硅细粉、多晶硅粗粉。这种难题在对撞粉碎中被较好地解决，体现出集质效应。

上述宏、微观演绎展现出对撞粉碎产品硅粉，拥有的粉粒性态特点和粉体性态特点，相应了解硅粉高品质活性构型及其构成原理，并经生产实践和实验测试获得证实。

## 四、 硅粉高品质活性构型的制取技术

经三段粉碎，硅块体碎裂，晶粒细化，制成需要的硅粉颗粒，其外表起伏，呈蜂窝状，呈现许多细表面围着颗粒。它们的实质是晶面，是数颗晶粒聚结的粒状体，它们的微观结构和性态决定宏观粉体的性能，其中活性最重要。

活性是物料参与反应的主要性能，即性质（本质活性）和能力（工艺活性）均取决于其本身结构和条件。活性的表现强弱，就是发挥其本身性质的能力的强弱。硅以固体形式存在。可以认为：晶体结构的性能就是物料的性能。应从晶体结构上开发和利用硅的性质和能力，它们深藏在晶体内部。使硅焕发活性的方法之一，就是让晶体经受外加工，剥离其晶体，使之性质和能力充分暴露，开发晶体能量，于是活性就显示出来，并且能获得一定外加能量，赢得优化。总览对撞三段粉碎演绎历程和获悉的粉粒、粉体性态，对照前述硅粉高品质要求，可以确定制粉已达到高品质活性构型水平，分述于下。

**1. 高原子态势构型方面**

表面显露的原子密度大。高密度晶面（111）多，原子数量大，比表面积大，使原子分布更密集，参与有机硅合成过程的原子实体就大，反应物量大，产出物也就量大。再加，晶面（111）在晶粒中平行分布，表面催化反应逐层进取，始终保持高密度晶面（见图 23、图 24），使硅的利用率稳居高位。而且，晶粒细，含能量大。晶粒获得的能量同粒径成反比，愈细，受外力加工能量愈大，碎断原子间化学键耗能愈大，赋予晶粒内的能量愈大，待到有机合成时迸发的能量就大，反应物微粒间化学键建立快且好，反应质量（剧烈度、强度、完善度等）愈高。因此，可以认定已具有要求构型。

**2. 高效粒度二八型集质构型方面**

硅粉晶体宏观特性更是从“大范围”全力支持微观活性。如硅粒粗（中径粗，且集质度高），反应物量大。硅粉中径粗（70～80 目），而且中径区粉量占 60％以上，可以使反应物（如氯甲烷等）量增大；硅粉粗细均匀度好，反应稳定。于是，产出物量就大，产能增加值大。由此确定已够集质构型水平。

基于上述构型的两条基础，对撞粉的活性就提到一个新的高度，保证生产成品的高品质，使各项指标都得到提高。而且，对撞粉碎技术能随机控制制粉过程，按实际条件不断优化硅粉品质和指标，使硅粉拥有吸纳反应物的高位势能，进而发挥出同反应物结合的强劲动能。

可以想象，硅粉赋有两项活性基础，参与有机合成反应，作为承载主体，将能发挥很有效的功能。下边以有机硅流化合成为例，描述硅的高活性给予的最佳生产效果。有机硅单体直接合成过程见文献[1]，现引用其表面催化反应，并放大示于图 29。硅表层晶面活性中心上，1 个“铆足劲头”的原子在催化剂的协同下，和“强劲”渗入表面的 2 个氯甲烷气分子结合成 1 个二甲基二氯硅烷气分子。其反应成效受制于三方的

活性。活性体现出反应物的性质和能力，由其本质和所处条件决定，表现为生态活性。参与反应的硅对撞粉，具有构型两项活性基础，展现活力。硅粉最多为晶面(111)，原子数量最多，积蓄着粉碎给予的能量大(因晶粒细，量大)，再加比表面积大，反应的活性明显高于其他晶面和其他方法制作的粉料。更有甚者，(111)晶面网可平行推进，催化反应从粉粒四周往中心入侵，保持旺盛。当然，应相应增大氯甲烷量。而粉粒又较粗，中径集质度高，比表面积没减，反应物增量，生成物自然增产。于是，单体选择性和转化率增高，各类指标改进，渣含硅量下降。可谓硅活性对有机硅合成做出大贡献。同样，多晶硅也适用，恕不赘言。

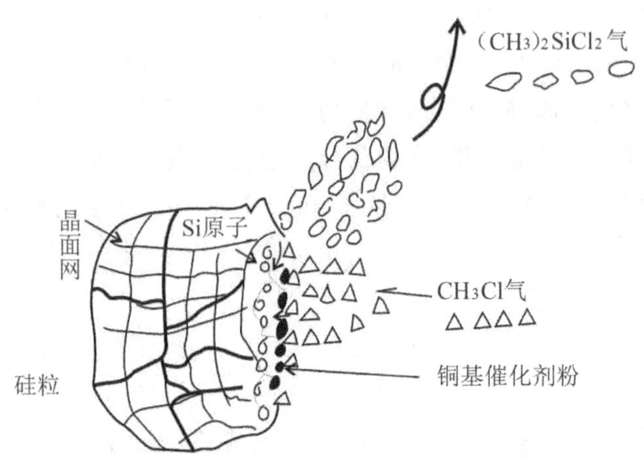


**图 29 表面接触催化有机硅合成反应动态图**

基于前述分析、讨论，对撞粉确实具有高品质活性构型，能在有机硅合成高质效反应中发挥重要效用，值得深度探索和应用，使对撞粉碎技术达到最佳制粉水平。

## 五、 有机硅单体合成中硅粉的活性评定

关于硅粉高品质活性，从宏、微观进行了分析，其高低的根源已明确。有必要判定其生产实践中的评价原则，以便正确选用硅粉和组织硅粉生产。但是，硅粉活性标准难以制定。笔者认为，不妨在以往实践经验和理论分析的基础上进行初议[2,5-6]，拟立技术指征和定性定量的检测方法。限于技术水平，对硅粉活性检测只能停留在相对比较层面上，给出硅粉活性的相对值。其中，以 X 射线衍射仪测定的晶粒相对大小为主，金相显微照片量得的晶粒尺寸为辅，确定硅粉的活性高低。当然，若能模拟有机硅合成流化床进行直接测定，则最佳。此处所述，只是指硅粉本体活性。真实的活性还得在实际生产上考核和测定。

实际生产中，硅粉活性受整体工艺影响，其中，硅粉固有的活性将能得到不同程度的发挥，成为生态活性。通过专门的组合能获得具体数值认定，主要指标为选择性和硅单耗值，产能也能在此显露活性的影响。

可喜的是，冲旋对撞粉已被用于有机硅单体合成生产实践，效果待后揭晓。本文的分析不久后即能获得确切的评价。

## 六、 循工艺之求，顺硅之性，扬硅之优

硅是自然界赋予人类的珍品，随着社会生产的发展日益增值。我们知道：物质的组成和结构决定其性质(性能与变化)。更具体地讲，为更有效地利用硅资源，焕发硅的品质活性，就得按硅的自然组成和结构，充分了解掌握硅的性能和参与化学合成转化反应的变化，提高硅的品质活性。从三项理念基础上形成的粉碎技术到高品质活性构型及其技术，从宏观到微观，从理论到实践，经历功能、构型、原理与制取四个阶梯，登上了硅粉高品质活性的“平台”，循工艺之求，顺硅之性，扬硅之优。这一路径体现出研究的主旨：哲理、学理、实理和艺理的功效；获得硅粉高品质活性构型及其制取技术。而研究方法和结果是有效的：在有机硅单体直接合成生产中，物质和能量高效转化，取得优良指标。当然，该研究同样适用于三氯氢硅、多晶硅等生产。

不过，尚留下两个缺失，有待进一步弥补：①硅粉粒构型表面高密度晶面量的测定证实。②长期正常生产(如有机硅单体合成等)的考核验证。想必太久后即可见分晓。

## 参考文献

[1] 常森，韩荣生，余敏，等.硅粉的活性及参考标准[J].有机硅材料，2014，28(6)：455－458.

[2] 尹建华，李志伟.半导体硅材料基础[M].北京：化学工业出版社，2009.

[3] 屈尔宁，刘国湘.走进结构化学天地[M].北京：海洋出版社，2000.

[4] 常森.运用应力分维理念增强粉碎效能[J].浙江冶金，2014，2：16－19.

[5] 常森.余敏.硅粉粒度优化控制技术[J].太阳能，2018，12：29－33.

[6] 常森.余敏.硅粉粒度优化控制技术[J].太阳能，2019，1：35－39.

[7] 常森.余敏.硅粉品质优化技术[J].有机硅材料，2019，3：199－201.

# 对撞硅制粉品质对有机合成的实效评述

## ——硅粉高质效的研究

**摘要：** 对撞硅制粉品质对有机硅单体合成的实效，已获生产实际验证，仅硅单耗就降低 5kg/t，效益明显。实效获得的原因在于：对撞制粉方法的优越。它开拓了由硅粉制取品质可提高合成指标的先例，打破了以往的观念，为制粉技术能增强合成反应提供依据。

经近年来研发和生产实际考验，对撞制粉技术在以往冲旋技术基础上获得很大进步，在有机硅用粉生产线上充分显示出独具的特色优势，在多晶硅用粉生产线上更显效用，使硅粉品质更好地满足合成中物质转化和硅资源优化利用的要求。当前，对撞制粉已在实际生产中做出贡献。有必要介绍和分析该技术的应用实效。

**1. 对撞制粉技术特点**[1-4]

(1) 循着硅加工硬化特性，设置三重粉碎过程，为高效获得高质量产品奠定基础。产量达到＞5t/h，活性 2 级。

(2) 利用硅晶体解理特性，设置相应刀具、粉碎参数，使硅粉粒表面显露高密度原子态势构型(见图 6)，获得产品高活性。

(3) 采用两个相向异速转动转子的结构，形成硅剪切性粉碎为主，降低能耗、保持选择性粉碎进程、调整粒度，达到高效粒度集质构型，配置新型筛分，满足合成反应对硅粉粒度组成的要求。

(4) 技术经济社会效益具有坚实的基础。充分剖析硅的结构和性态，顺应其粉碎特性，运用冲旋力能的优势，将原料硅低能耗地转化成高品质硅粉，从而获得相当不错的有机硅单体合成指标。

(5) 工艺先进，设备可靠，能耗低，效率高，加工成本低，操作简练，维修方便，环保性达标，安全洁净。

(6) 生产方式有常态和保护气态两种。按相应设备配置和安全操作规程均安全可靠。

**2. 对撞硅粉(有机硅用)产品特性**[1-4]

1) 粒度组成合理

粒度：当前常用 40～325 目(350～45μm)

＋40 目粉占比≤1%，－325 目粉占比≤15%

集质度：窄形正态分布，如图 1 所示。而筛分的配置又保证该曲线型高质效兑现。

粒度和集质度均可按要求进行灵活调节。

硅粉在粒度中径区(中径前后共 20%)范围内,具有最佳性能,而其份量在总量中占 80%,是硅粉中精华。

2) 合成反应活性好

①比表面积大。比表面积比一般硅粉高 50%。②粒粗晶细。粒粗,则满足合成流程要求;晶细,活性高。③表面高原子态势构型。颗粒外表面 50%以上系解理面,原子分布密度最高,参与合成反应能力最强,如图 5 所示。

关于原子态势作用,当前,如有机合成、矿山浮选、催化反应等都是物料分子分解、原子重组过程,原子作用明显。所以,提出"原子经济"的概念,以参与反应物的原子数利用率评定反应效果。由此可见原子密度的重要性。硅的晶体结构中,晶面(111)是解理面,拥有最大原子密度。该面在晶体中呈层状布设,层间结合力也差,像油酥饼样,分层甜劲不减,在合成反应中逐层被氯甲烷掀走,获得最佳合成效果。原子密集的解理面表明活性高。

3) 粉体呈现银灰色金属光泽,细粉量适当

上述全套产品特性,均经实际检测证实。

**3. 检测验证结果**

1) 粒度集质曲线

用对撞机生产的硅粉实测粒度,绘制高效粒度二八型集质曲线(见图 1),可作为判定合成效果高低的依据。

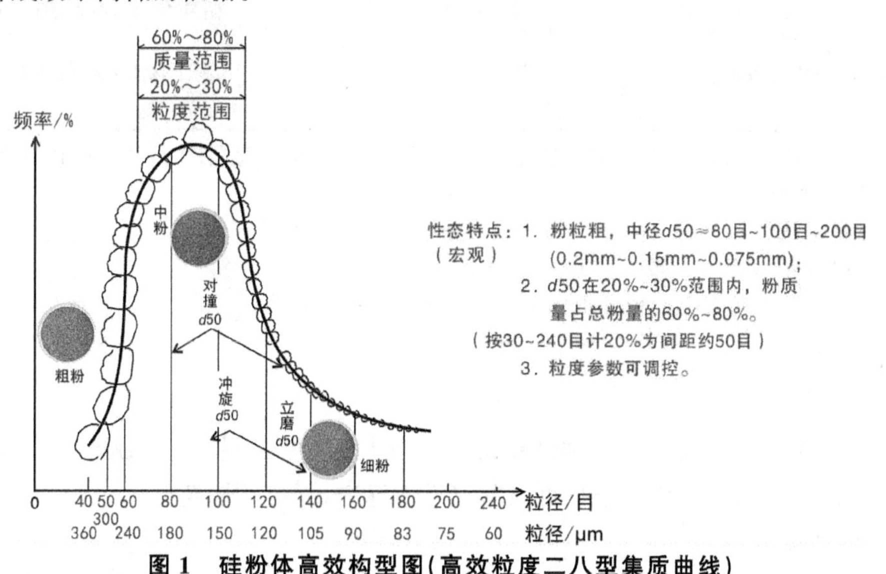


**图 1　硅粉体高效构型图(高效粒度二八型集质曲线)**

2) 粒粗晶细

硅粉颗粒粗,晶粒细(见图 2～图 4)。3 种粉中,立磨粉粒粗晶粗,对撞粉粒粗晶细,冲旋粉居中,说明反应活性能量大小。

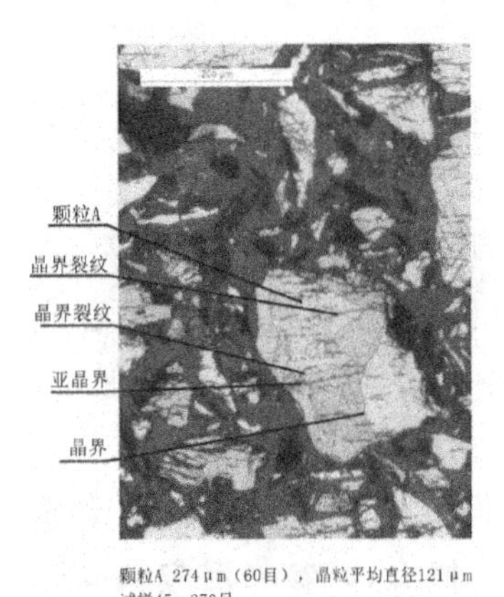


图2 立磨研压硅粉晶体金相显微图

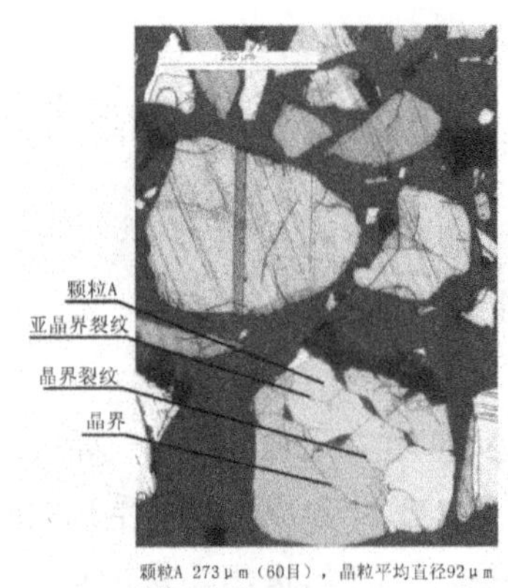


图3 冲旋硅粉晶体金相显微图

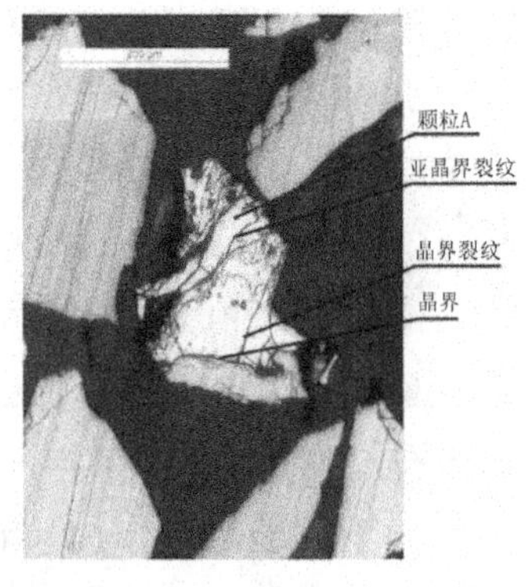


图4 对撞硅粉晶体金相显微图

3）比表面积

经表面孔径分析仪 ASAP2020 Bet－$N_2$ 吸收法，测得数据见表1。结果显示，对撞粉的比表面积最大。

**表1 硅各类制粉晶粒和活性检测数据比较表**

| 序号 | 检测方法 | 锤击（拍击） | 轮研（压击） | 冲旋（劈击） | 对撞（互击） | 活性比较 |
|---|---|---|---|---|---|---|
| 1 | X射线衍射晶粒平均粒径的相对值 | 1.31 | 1.25 | 1.14 | 1 | 相对值小，晶粒细，活性高 |
| 2 | 金相图比表面积的相对值 | 0.58 | 0.4 | 0.62 | 1 | 相对值大，比表面积大，活性高 |

注：①晶粒平均粒径的相对值，即以对撞（互击）粉晶粒平均直径为1，其他粉比其粗多少。晶粒细，比表面积大，表面能高，反应活性呈非线性增强。

②检测粉粒为30目～140目，即近似0.5mm～0.1mm范围。

③使用X射线衍射仪布鲁克D8 Advance型。

④比表面积采用表面孔径分析仪 ASAP2020 Bet－$N_2$ 吸收法测得，再以对撞（互击）为1，求得相对值。

4）活性测定

浙江地质矿产研究所就三种硅粉进行活性检测（见《硅粉活性的检测通报》），显示对撞粉的性能最佳。检测结果可供制定活性标准，评定活性高低。

5）解理面检验

浙江省冶金产品质量检验有限公司运用扫描电镜，检测三种硅粉的外表面晶面解理量，以对撞粉最大，冲旋粉居中，立磨粉最小（见《硅粉外表面晶面量测量》），从而辨明活性强弱。

硅粉粒外表面由三类主晶面系（100）（110）（111）组成，其性能不同，化学反应活性以（111）最佳。而（111）正是硅晶体的解理面，在制粉粉碎过程中，最易碎裂，呈河流花样状。利用此特性,可制取含(111)最多的晶面,获得高活性硅粉。因此,按(111)所占表面的量,可判别硅粉质量的高低。

运用扫描电镜能显示硅粉表面形貌,估算得(111)的含量。现对三种不同制粉生产方式所得硅粉做检测,结果见图5。

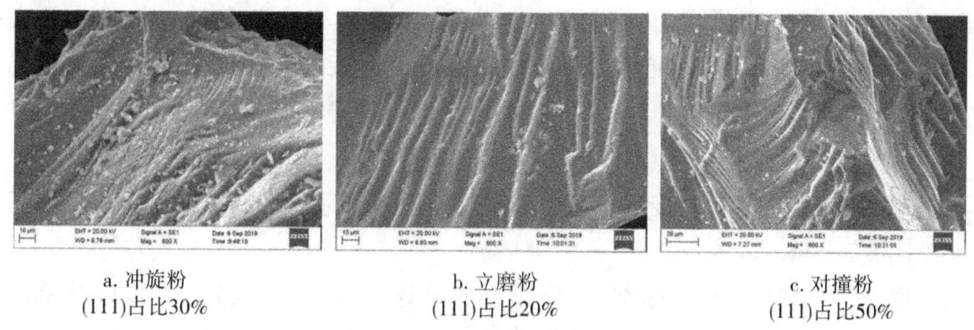

a. 冲旋粉
(111)占比30%

b. 立磨粉
(111)占比20%

c. 对撞粉
(111)占比50%

**图5　扫描电镜照片**

按样品系列照片估算,(111)分别占表面积的30%、20%、50%

结论:按(111)所占比例,确定对撞粉最高,立磨粉最低,冲旋粉居中。活性由高到低依次为:对撞粉、冲旋粉、立磨粉。

6) 高原子态势

图6显示,外表面上晶面(111)正是解理面,其所含原子密度最大,呈现的高原子态势构型最佳,活性最好。而三种粉中,对撞粉外表面上晶面(111)占50%,依次是冲旋粉和立磨粉。用于明确活性的微观组织基础。

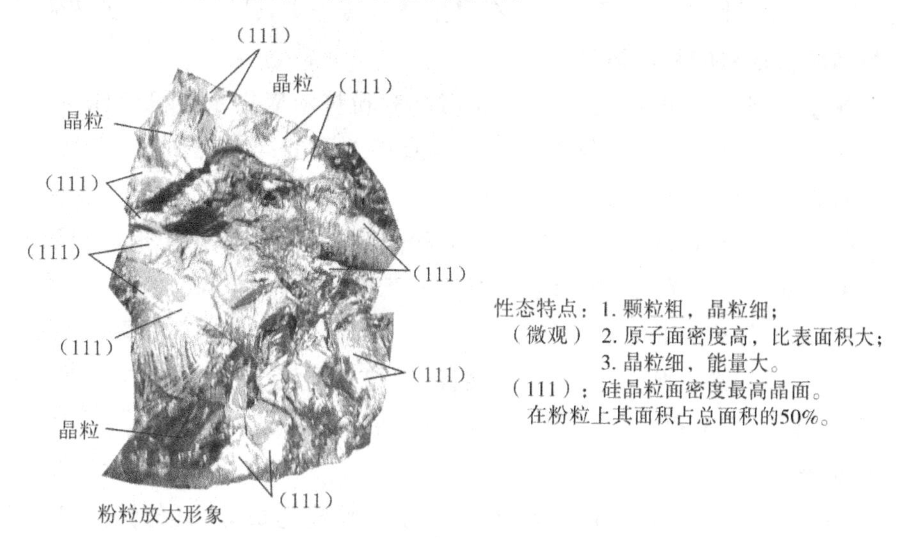


**图6　硅粉粒高原子态势构型图**

上述各项检测从多方面演示和综合活性内容,便于比较定级。同时,提交相应数值,供设计、研究、改进生产参考,增产增收,争取更新的成就。

**4. 生产应用的实效**

对撞粉碎机2015年开始研制,在某公司硅粉生产线上试用,并很快转入生产性试验，分别用于生产有机硅粉和多晶硅粉。2016 年又制造了一台对撞粉碎机专用于多晶硅粉生产，效果不错。某硅业公司，2017 年新建一条、2018 年扩建两条对撞式硅制粉生产线，用于有机硅粉实际生产，取得很好的效果。

对该技术的述评，不妨先从产品质和量着眼。对接制粉技术提供对撞粉，用于有机硅单体合成，其生产指标为：选择性、硅单耗、产量和渣中硅含量。此四项各有指向，各生产单位也不一样，只能将原先应用立磨粉或冲旋粉与应用对撞粉后的情况做相应比较。概括评述于下：

1）冲旋粉的合成指标好，并在不断改进。

2）原用立磨粉，后用冲旋粉，合成指标有改进，但不明显。某些指标略有优化，如硅单耗下降 1～2kg/t。

3）原用冲旋粉，又增加对撞粉，分别合成单体，指标大有改进，尤其是硅单耗下降>3kg/t（原用冲旋粉单耗 1kg/t），利润加大了。当然，对照硅单耗的理论值，还有较大的努力空间！

4）如果原用立磨，后用对撞技术，那么，硅单耗将会下降 5kg/t 左右，追加利润应更大。至于多晶硅用粉，合成成品率相比能增加 2%～3%，也不错。

关于硅单耗指标的改进，原因是多方面的。每个硅业公司情况也是不同的。但是，硅粉品质改善是主要的。当生产条件改变得有限时，硅粉因素自然突出。

此外，关于制粉生产，总的情况为：工艺畅通，设备运行可靠，调控灵活、准确，操作维修方便，安全、环保，产量较高，达到>5t/h，能耗也较低，刀具寿命也延长了，筛分更高效，其他性能指标均有提高。从原料类生产范畴来讲，已进入现代机械化水平。

**5. 技术经济效益的初步估算**

由于各种主、客观原因，当前未能就将对撞制粉技术应用于有机合成生产做出较确切的技术经济评估。只能从与硅粉生产有直接关系的硅单耗下降，为有机硅单体生产取得的效益，做初略计算。

以年产 20 万吨有机硅单体生产规模，硅粉单耗下降 1kg/t 产生追加利润为例，硅粉单耗减小 1kg/t，一年节约 200t 硅粉，可以生产有机硅单体 400t，价值 800 万元，合成加工费 280 万元，获利 800－280＝520 万元。因为只加大了一部分因增产而超额的开支，数值不大。如果按照 §4 中 3）、4）情况，则追加利润分别达到 1560 万元和 2600 万元，数值不算大，意义很大：开拓出一条有机硅单体增产的路子。

**6. 结束语**

有机硅合成行业中盛传一种观点：硅粉重要的性能是成分，其他性能对有机硅单体合成，作用甚小。小到什么程度呢？有人认为至多影响 1%。很明显，为有机硅出力，改善硅粉性能，如活性等，没有效用，还不如把制粉生产干好，不要白费功夫！的确，许多厂家的实况是如此。所以，对有机硅原料——硅粉，一般不倾注着力；硅粉生产就比较保守。

笔者经多年制粉生产，发现硅这个元素很有特色，用途广阔，其结构具有很多特异点，拥有诸多开发利用价值。尤其是硅的晶体蕴藏着很多可开发的性能。但是，因硅粉生产和有机硅生产两个专业，制粉属机械加工，有机硅生产则属硅化工，彼此相通性小，制粉送出粉料，有机硅生产线收进符合要求的硅粉就行了。制粉不考究怎样才能发挥良好的化学性能，只要粒度好，合成只想如何运用催化剂、炉参数。可以认为，此处为技术空白。笔者以机械专业，涉足化工，学习有机硅单体/中间体合成工艺和反应机理。由于宏观的物质转化过程实质是物质微观结构成分间的分解、合成反应组合，所以，可从硅微观结构晶体着眼，寻觅参与合成反应的因素，即原子在晶体晶格里的布设和运行状态，以及同氯甲烷分子的动态反应过程，从微观上基本了解合成机理，认为参与反应的硅原子数量，同氯甲烷分子结合的快慢、完善程度，对合成有一定的影响。如能改善，哪怕是1%，经合成优化，效果能放大。于是提出硅粉高品质活性构型原理，并运用对撞粉碎技术在生产实践中实施该原理，获规模生产的实效。

在研究过程中，应用晶体结构性能、分形理论和量子理论，从宏观和微观两方面研究，从理论上论证、探究。运用冲旋制粉生产线的工艺设备，如自动控制、过程检测、产品检测等现有条件，并用X射线衍射仪、电子背散射衍射仪、扫描电镜和常规检测仪（如金相显微镜、激光粒度仪、表面积测定仪）等对硅粉产品进行阶段性检测和对比。同时，经浙江省矿产地质研究所、浙江省冶金研究院、浙江工业大学等帮助检测，许多硅业公司和设备制造厂鼎力相助，扩开了规模生产的高质效局面，取得可喜成果。在此，谨向各界表示深深的谢意！

评述至此，对撞技术用于硅粉高效率生产，获得高品质产品，已基本成为定局；尤其在有机硅单体合成上，表现为指标的改进，值得给予相应评价：很成功！

最后需说明：笔者的初衷为硅制粉技术的高质效（如品质活性、粒度组成、产量、能耗等）值得制粉和合成化工行家们的共同关注。硅粉是原料、是基数，产生的效益需按乘幂法计算。我欲向诸位推荐这么一条经理论和生产双重验证有实效的增产之道。

**参考文献**

[1] 常森，余敏.硅粉品质优化技术[J].有机硅材料，2019，3，199-201.

[2] 常森，周功均，余敏.硅粉品质活性与对撞粉碎效用[J].有机硅材料，2017，1：43-47.

[3] 常森.冲旋对撞粉碎技术的微观理论基础[J].有机硅材料杂志，2020，2：68-74.

[4] 陈剑虹，曹睿.金属解理断裂微观机理[M].北京：科学出版社，2014.

# 滚动轴承水冷技术及其在粉碎机上的应用

**摘要：**通报粉碎机上使用滚动轴承水冷技术取得的效果。阐述滚动轴承水冷技术的理念及其正确应用的几个方面。

为保持滚动轴承适当的工作温度，需要合理的设计，其中也包括水冷的应用。水冷就是在轴承座沟道内通水，冷却内装的滚动轴承，利用水量的调节控制轴承温度。该技术在近年的冲旋式粉碎机转子轴承结构上取得良好结果，保证百多条制粉生产线的正常生产（用于太阳能电池和有机硅原料硅粉、电站燃煤锅炉高活性脱硫粉），业绩可观。同时，水冷结构和技术也得到完善。

## 一、 轴承温度的调控现状

轴承使用脂润滑。用红外线测温仪，监测轴承内圈（此处润滑脂少，金属件表面外露）温度 35～60℃，升降变化稳定。冷却水温 15～25℃；国产轴承使用寿命 1 年以上（不包括打刀、轴承进灰等的损伤）。

## 二、 轴承水冷的缘由

以立式粉碎机为例，阐明轴承需水冷的原委。该机装着刀片实施粉碎物料的转子，需有组合轴承结构，用以承担轴向和径向两种载荷，并保证其高速运转（≥1000r/min）。从载荷看，轴承尺寸要大，可其极限转速相应较低。工作中使轴承温升增大，超过允许值 40℃，恶化轴承工况，缩短了使用寿命。因此，必须采取冷却措施。经多方比较，水冷最为经济，技术较简便。几经设计修改和实践考验，水冷结构和技术已满足要求。上百条生产线证实了它的实用性和可靠性。

## 三、 轴承水冷技术的论证

判断滚动轴承工况的两个指标：振动和温度。在正常情况下，两者协调相处。而当其数值超标时，相互作用，劣化工况就很明显了。控制振动，此处不予论述。而控制温度则是本文的主题。轴承的温度取决于本身结构性能、转动速度、承担的载荷以及环境温度等。

### 1. 轴承的温度场

滚动体在内、外圈沟道和保持架内高速运动，同时搅动润滑脂，相互间摩擦产生热量，使内、外圈处升温最高。热量向内、外散发，温升渐降，形成图 1～图 4 所示的温度曲线，是滚动轴承工况条件下自然形成的温度场。

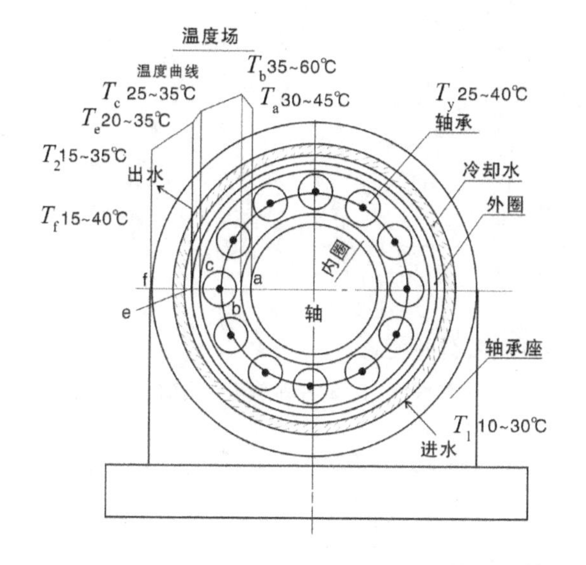


$T_a$ -内圈轴面温度；
$T_b$ -内圈沟道温度(系轴承内最高温度)；
$T_c$ -外圈沟道温度；
$T_e$ -轴承座内壁温度；
$T_f$ -轴承座外壁温度；
$T_y$ -油脂温度；
$T_1$，$T_2$ -进、出水温度

**图 1　轴承温度场**

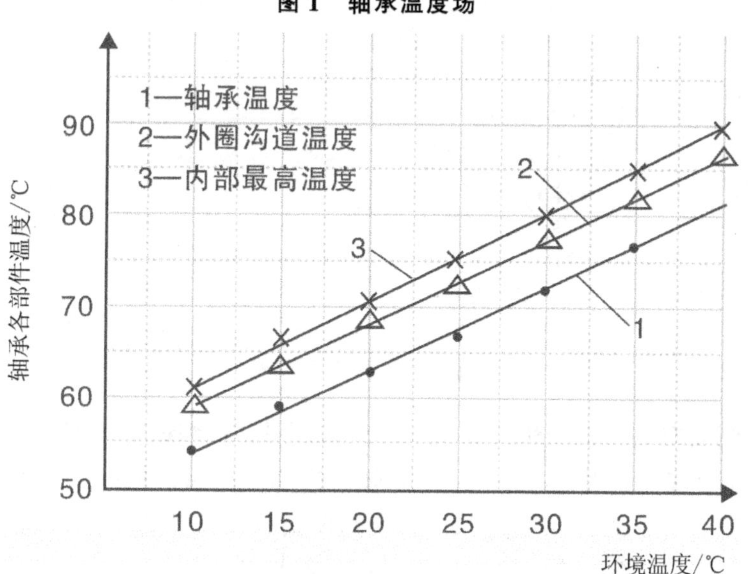


**图 2　轴承各部件温度同环境温度的关系**

注：工况条件如下。①轴承：双列调心滚子轴承 22332；②润滑脂：脂量占轴承箱空间的 1/2～2/3；③脂的工作温度：当 20℃时，滚子接触面的油膜温度＞100℃；④载荷比：1(满载)。

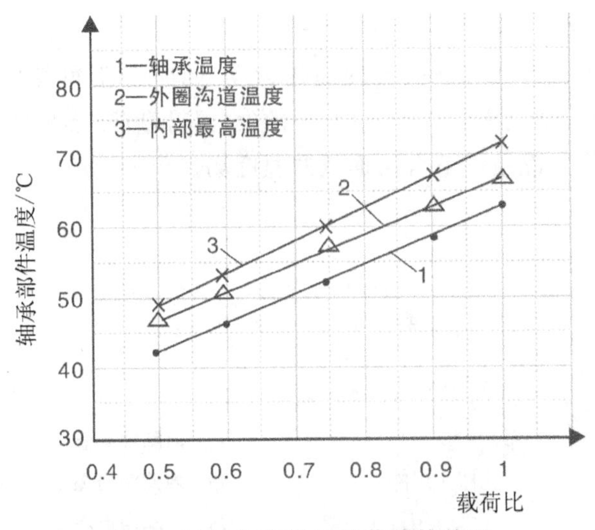


**图 3　轴承各部温度同载荷的关系**

注:工况条件如下。①轴承：双列调心滚子轴承 22332;②脂润滑：脂量占轴承箱空间的 1/2～2/3;③环境温度：20℃;④载荷比：1(满载)。

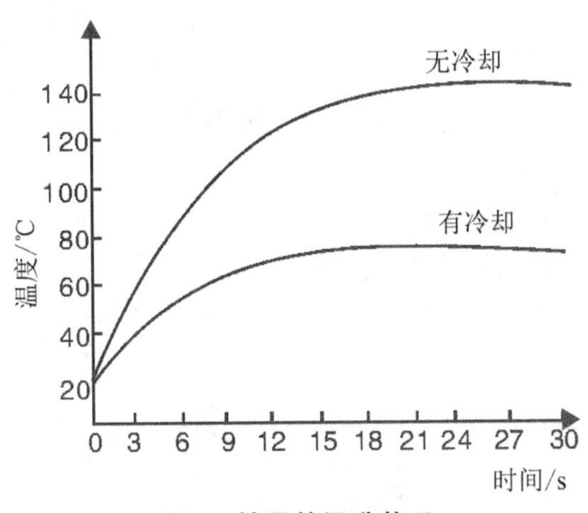


**图 4　轴承的温升状况**

**2. 轴承温度同设备运行和环境状态关系的模拟分析和试验测定**

对轴承温度场受设备运行、润滑和环境影响,有过较多的研究。其中,宁练等[1]以双列调心滚子轴承 22332 为载体,说明轴承温度同载荷、环境温度的关系,如图 2、图 3 所示。推导出轴承的温度同载荷和环境温度呈线性关系,即:①温度随载荷的增减而升降,载荷每增大 10%,轴承温升 5℃。②温度随环境温度的高低而升降。再如蒋书运等以角接触球轴承 46305 为载体作高速运转脂润滑试验[2],环境温度每升高 5℃,轴承也升高 5℃,也得到同样结果。如图 4 所示,有无水冷却,轴承的温度相差很大,自然就影响到使用寿命。

**3. 轴承温度场同设备运行和环境关系的实例分析**

李荣德等[3]在研究滚动轴承水冷效果时，经实测获得轴承温度同载荷和转速的关系（如图5、图6所示），说明轴承在脂润滑条件下，适当应用水冷却，可以调控轴承温度，比无水冷却要平稳很多，从而强化了轴承寿命。

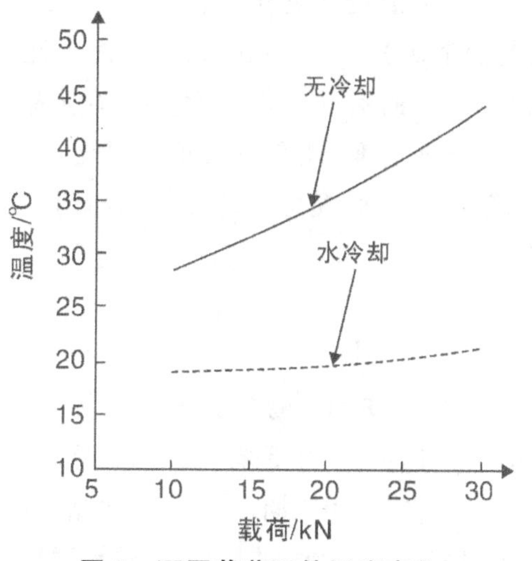


**图5　不同载荷下的温度变化**

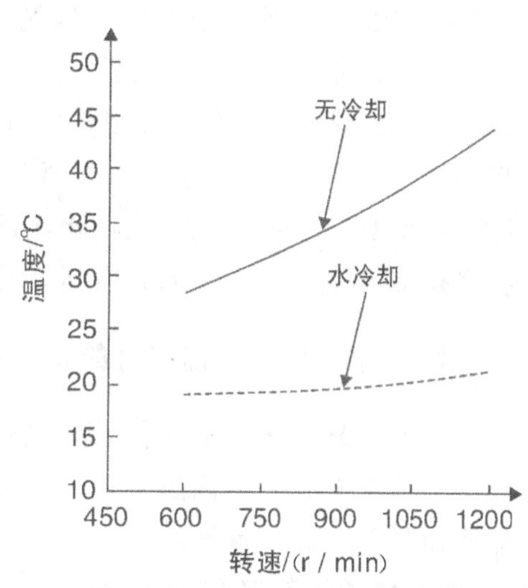


**图6　不同转速下的温度变化**

**4. 轴承温度水冷调控的理念**

实践和理论（轴承动力学和热力学）都说明滚动轴承温度受设备运行（载荷、转速、振动等）、润滑和环境状况的影响，具体关系体现如上。虽然情况各异，可作用的最终因素还是产生的热量。调节好热量的动态平衡，就能稳定良好的温度场，保持极限转速值，保证轴承的正常工作。由此形成调控的理念。

关于热的产生和轴承温度的升降的分析如下。设备载荷支承在轴承上，转动中机件传递动能，相互摩擦产生热。载荷愈大，转速愈高，振动愈强，摩擦就愈大，产生热量就愈多。润滑脂受机件强力挤压和搅动产生热量。热能生成后轴承部件内、外传递。如环境温度低，热量外传得快，内在积存的热量直接外传，轴承温度升高就小；反之，环境温度高，热量散发慢，轴承温升就高。而环境温度除自然季节变化外，利用水冷改变轴承座机体的温度也体现环境温度的调控，使温度场顺其自然地改变，达到调控的目的。而当轴承磨损或运动机件损伤，也引起摩擦增大，轴承温度升高，也同样以水冷控制温度，延长轴承使用寿命。如是，进一步阐明了水冷调控轴承温度的理念是有理论根据和实践基础的。

**5. 水冷调控理念保证轴承正常运行**

按调控理念采取相应措施，能使设备轴承正常运行，并强化其使用寿命。现继续以立式粉碎机为例，列出措施如下。

（1）使用中不超载、不超速；

（2）按工艺要求平稳加/减载荷 1Hz/（次 · min）；

(3) 根据环境温度和轴承状态调节水量,保持轴承温度场的平稳工况。常用红外线仪测温,方便可靠。操作台上配温度指示,则更佳。

(4) 配备相应的水泵站、管道和调节阀。

立式粉碎机采用这些措施以后,经多次改进,解决了轴承结构的难题,效果明显。以下措施中,关键在保持轴承温度场平稳工况。使轴承温度场处于 $T_a=30\sim45℃$, $T_b=35\sim60℃$, $T_c=25\sim35℃$, $T_e=20\sim35℃$,使润滑脂处于 25~40℃,达到润滑性能最好的温度段。综合各方面条件,最终落实到润滑脂的最佳工作温度上。轴承有良好的润滑性,摩擦发热量小,热量处于动态平衡,温升适度,使用寿命得到强化,即能达到预期的目标。由此可见,水冷调控理念是正确的,以此理念为基础的水冷调控技术是实用有效的,并已被设备运行所印证。

## 四、 水冷轴承正确应用的几个问题

### 1. 水冷轴承外圈会引起轴承运行间隙的减小,影响轴承的正常工况

外圈冷却膨胀小,内圈温升胀大,减小了工作间隙,因此,使用是有条件的:①要控制冷却水量,外圈温度不能过低。②要选用大间隙轴承。③使用初期,利用调节水量,改变外圈内侧(沟道)温度,注意内圈沟道温度变化,使其稳定在正常范围内。④轴承磨损到一定程度,失去了热平衡,水冷就失效了,需要更换。

### 2. 水冷轴承座渗漏,会严重影响轴承工作

轴承座结构不合理,会引起渗漏。如果水进入轴承,劣化润滑,加速轴承失效。由于水沟结构制造上有难度,我们采取综合加工法,制成特型水冷轴承座,解决了渗漏问题。

上述两个问题曾经引起人们对轴承水冷技术的怀疑。而实质是应用过程中出现的现象,并非水冷技术本身的缺陷,此项也已为生产实践所验证。

### 3. 关于润滑脂的最高使用温度

润滑脂的最高使用温度比其滴点温度低 15~30℃,常用的锂基脂的最高使用温度为 120℃。轴承运动机件间形成的油膜,是轴承性能的关键点,此处受力最大,能耗集中,温度最高,是轴承温度场中的最高温区。所以,油膜的温度也是最高的。但是,必须低于最高使用温度,否则,受氧化等作用,润滑性能将衰减得很快。油膜转离接触区,热量散开,腔内润滑脂温度随之升高,继而因水冷而保持在一定温度内,如此循环往复,达到热平衡,体现脂的整体温度和轴承温度。按规定,其升温值应低于 40℃(轴承外圈表面温度,即比环境温度高出的数值)。

### 4. 轴承各种冷却方法的比较

轴承常用的冷却方法有润滑油循环冷却、风冷、水冷。循环油对轴承使用很有裨益,只是润滑油站造价较高,用于关键设备上。风冷使用普遍,维护方便,用于散热量较小的设备上。水冷使用范围较广,用于各种类型动力设备、高速、高温设备等。文中提及的粉碎机,其转子转速较高,轴承冷却经历过自然冷却、风冷、水冷才解决问题。

### 5. 轴承脂润滑的实况观察

CX型卧式粉碎机转子支于两侧轴承座上，选用双列调心滚子轴承。非传动侧取下侧盖可清晰地看到润滑脂在轴承内外的流变状况。转子运转中，轴承下部受载，内圈带动滚子、保持架及附着的润滑脂，进入承载区，润滑脂被逐渐挤出，粘在内、外圈和保持架上，一部分掉落在轴承座脂堆里，内圈继续前行，离开承载区后，滚子又将周围润滑脂卷进轴承内。当内圈再次返回时，上述过程又重复出现。如此周而复始。同时，温度逐步升高。依靠水冷控制，保证轴承正常工作。这种实况同前述关于脂润滑机理的论述是相互印证的。

实况说明，轴承能自动保证自身润滑，维持正常工作。只要合理选用配置（包括冷却等），认真操作维护，轴承使用是可靠的。

## 五、　小故事一则

粉碎机投产一年后的一天，车间温度、湿度等都很好。为完成紧急任务，需增大生产线负载，提高产量。已熟练掌握技术的工人师傅，很有信心地提高粉碎机转速、加大进料量及调高各环节参数。不久，各机的负载指示都增大了，电流表指针也都偏向增值，尤其是粉碎机轴承温度升高较大。按惯例，加大冷却水量后温度恢复。可是，这一次温度不但不复原，反而增高。于是再增大冷却水量，温升却更快。值班工人立即报告带班班长。他查清状态后，就给我来电话询问该怎么处理。这就是文中所提到的情况。我把升温来由和排除方法告诉他。经一番操作，轴承温度稳稳地下降，保持在允许范围内。大家都感到这里边的奥秘值得牢记！

## 参考文献

[1] 宁练，周子民.滚动轴承内部温度状态监测技术[J].轴承，2007，2：25－27，51.

[2] 蒋书运，宋宝库，王连明.高速滚动轴承脂润滑的试验研究[J].轴承，1994，5：28－29.

[3] 李荣德，张征，陈洛娴，等.水冷装置在脂润滑轴承寿命强化试验中的应用[J].轴承，2010，1：43－44.

# 三辊行星轧制技术及应用

**摘要**：对新型加工设备做较详细的分析介绍，阐明轧制原理、轧机工作机理及应用范围。

三辊行星轧制技术自20世纪中期开始，发展至今，工作原理和应用范围已基本明确。它的特点是：由单个轧辊的小压缩量经三个轧辊一个道次积累成大压缩量。从能量观点看，即用小能量推动大变形量。所以，它用在难变形合金粗晶粒细化和易变形合金大量加工上，比较好。笔者曾在高温合金、铝镁合金、焊料等产品上应用该技术，能显示其特点。

## 一、 三辊行星轧制原理

从三辊行星轧机组轧辊转盘照片(见图5)上可看到：机座大圆盘正、侧立面装设三个轧辊，其锥头形成似圆孔形，即为加工轧件的施力变形区。按轧制过程绘制三辊行星轧制原理图(见图1)。三个轧辊形似三个锥体，装在一个转盘上，中心轴按同一角度倾斜，并与三轧制坐标轴线分别偏转 $\alpha$ 角。其间夹持一轧件，见图1b、c。轧制时中间轧件不转，三个轧辊绕着轧件周边旋转，实施行星轧制。所谓行星轧制，就是轧辊在转动(自转)状态下，绕着不转的轧件旋转(公转)，正如行星绕着恒星公转，自己也在自转。轧辊像行星，轧件似恒星，轧辊就在行星运转中对轧件施力变形，实现行星轧制。该轧制变形状态示于图1c。三个轧辊Ⅰ、Ⅱ、Ⅲ分别显为绿、蓝、红三色标志，自转和公转注明方向。将轧件加工变形区1、2、3也分别标成绿、蓝、红三色。它们呈螺旋形，各为轧辊行星轧制区：绿色区属绿辊(Ⅰ)，蓝色区属蓝辊(Ⅱ)，红色区属红辊(Ⅲ)。按公转方向，轧辊以自转辗压轧件。每公转一圈，即轧辊对轧件的轧制量。每个轧辊每公转一圈的轧制量虽然小，但是，三个轧辊累积量，却是相当可观的。

## 二、 行星“热轧拉”力学模型

热轧件在行星轧制中变形量较大，更能发挥其加工优势。如果在轧机变形方向再施加拉力，则更有助于拉伸方向的变形，形成三个方向压缩、一个方向拉伸，变形会更大，效率会更高。如图1b所示，轴向力 $T$ 就是拉伸力，显示出三辊行星“热轧拉”力学模型。

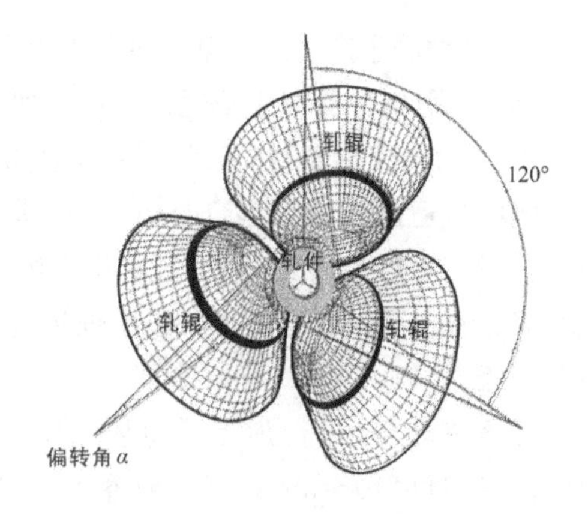


a.三辊行星布设

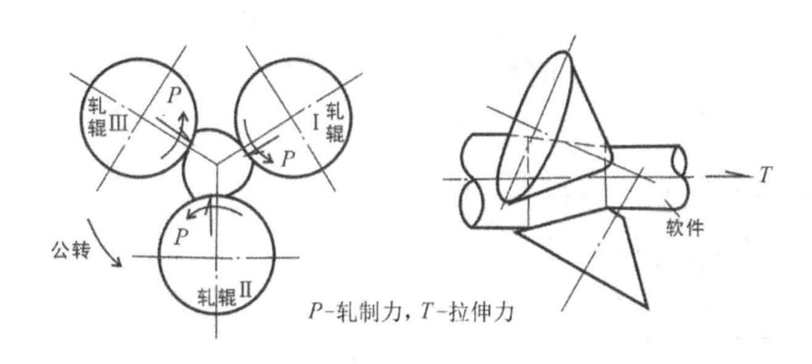


b.热轧拉工艺动力学模型

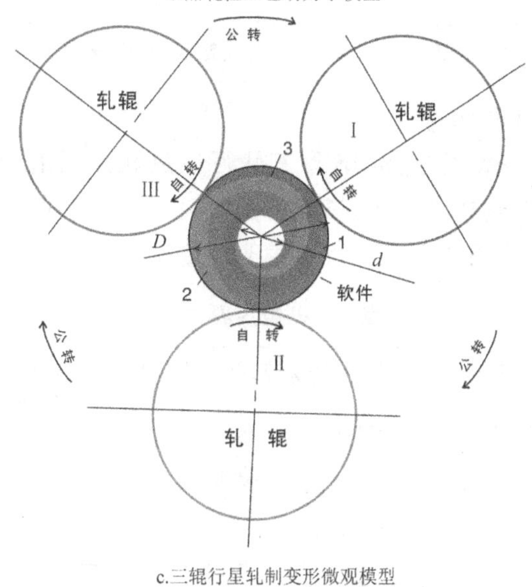


c.三辊行星轧制变形微观模型

**图 1　轧制原理图**

## 三、 难变形合金行星轧制技术研究

难变形合金包括高温、耐磨、耐蚀等合金，其中如高镍铬钢、钛合金、铸杂铜等拥有热强性和热稳性，它们的棒、线材则是一种重要应用状态。但是，由铸坯加工成型，技术难度很高，况且又是小批量、多品种的生产。采用常规的轧制和挤压等工艺都显得技术上、经济上不合理，甚至不可能。因此，需要寻求更适用的新型加工方法。综观三辊行星斜轧的工艺特点，能形成良好的加工变形条件，实施大压缩量轧制，可保证产品质量和形貌，且孔形易调，获取各种规格，适用于难变形合金的生产。同时，投资少，产量低，宜用于中小规模生产。所以，开发三辊行星斜轧技术，研制相应机组，能获取良好的技术、经济和社会效益，对促进高温、耐磨、耐蚀合金等加工技术进步具有重要意义。

**1. 三辊行星轧制工艺流程**

难变形合金一般都采用铸造坯料，再行加工。铸坯有型铸和连铸两种，呈条状，粗细∅8～25mm。为制取棒、线材∅10～5mm 直料或卷料，按照三辊行星轧制原理，选用行星热轧拉工艺，其流程见图 2。

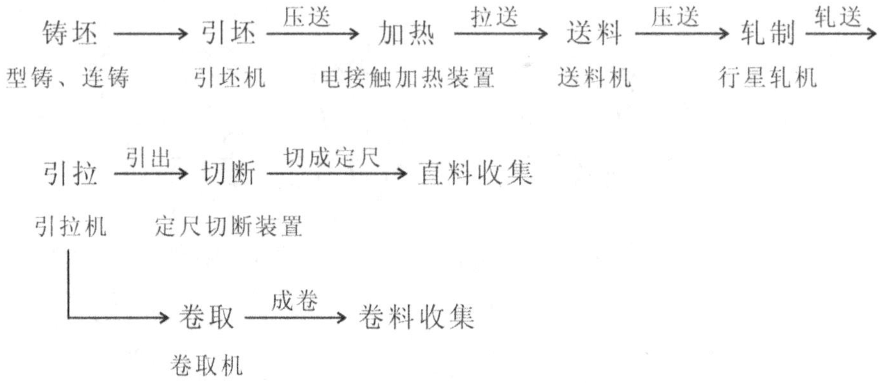

铸坯（型铸、连铸）→ 引坯（引坯机）—压送→ 加热（电接触加热装置）—拉送→ 送料（送料机）—压送→ 轧制（行星轧机）—轧送→

引拉（引拉机）—引出→ 切断（定尺切断装置）—切成定尺→ 直料收集

引拉机 → 卷取（卷取机）—成卷→ 卷料收集

**图 2　三辊行星热轧拉工艺流程**

**2. 三辊行星热轧拉机组**

按上述工艺配置设备，组成 SLIS 型三轧行星热轧拉机组，其中包括两辊式引坯机、电接触加热装置、两辊式送料机、三辊行星斜轧机、两辊式引拉机、定尺切断装置、立筒式卷取机等，布置见图 3、图 4。机组主要性能见表 1。

**表 1　机组主要性能**

| 项目 | 性能 |
| --- | --- |
| 1. 轧制品种 | 难变形合金，如镍铬硅钢等，其机械强度同不锈钢（牌号 1Cr18Ni9Ti）相近 |
| 2. 坯料规格 | 棒、线坯∅8～25mm |
| 3. 产品规格 | 棒、线材∅5～10mm 直料或成卷 |
| 4. 进料速度 | 1～4m/min 连续可调 |
| 5. 加热温度 | 900～1200℃连续可调 |
| 6. 最大道次延伸率 | 约 4 |
| 7. 总电容量 | 52kW |
| 8. 机电设备总重 | 5t，其中机械 4t，电气 1t |

**3. 机组工艺的主要特性**

从三辊行星轧制原理和热轧拉力学模型能分析获取由此组建的机组工艺特性，并经初步实践印证，分项叙述于下。

①细碎铸态晶粒，为后续处理工艺提供良好基础。三辊行星热斜轧具有实施大压缩量轧制能力，使加工率超过50%，变形达到芯部，保证铸态晶粒的细碎。

②能消除表面冷隔、熔合内层气孔、疏松等，以及避免形成芯部疏裂，改善外表和内芯质量。

③能量消耗较低，成品率较高。如难变形的耐热合金固有特性为：强度高，塑性低；压力加工（轧制、挤压等）易碎裂，成品率低。本工艺因其独特的应力应变工态，同轧制、挤压相比，以较低的轧制力、扭矩（低40%），获取较高的轧件机械性能（高10%～16%）。

④投资小。同多辊孔型（组合辊模、配对错位轧辊配置等）相比，本工艺设备投资要低得多，只为其30%。

**4. 实际试轧情况**

进行SL15型三辊行星轧机组轧制试验（见图3～图5）。难变形合金品种很多，就加工性能考虑，通常以不锈钢（牌号1Cr18Ni9Ti）为代表。采用该不锈钢进行试验，其结果可归结为∅14mm一个道次可轧到∅10mm，压缩率约为30%。

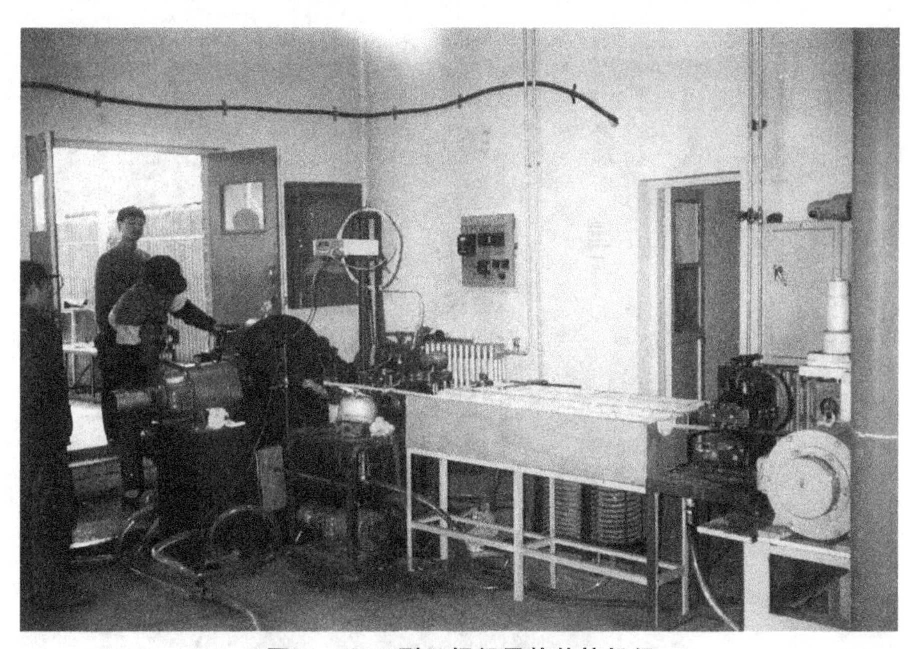

**图3　SL15型三辊行星热轧拉机组**

图 4 SL15 型三辊行星斜轧机及前后引料机

图 5 SL15 型三辊行星斜轧机轧辊转盘

## 四、 软合金行星轧制技术研究

软合金包括铅锡焊料、纯铝、紫铜等有色金属合金，以及低碳钢等。由于它们机械强度较低，塑性良好，其铸坯易加工，但是道次太多。如用行星轧制，则道次大幅度减少。曾用SL10型三辊行星轧机组（见图6）进行轧制试验。如铝镁合金铸造线坯$\varnothing$6mm，经行星轧制一个道次，就获$\varnothing$3mm丝坯，用于拉链扁丝生产。又如铅锡焊丝坯料$\varnothing$6mm，轧制一个道次，达到$\varnothing$2mm。可以减少加工道次，简化工艺，降低能耗和原料消耗，提高产品质量和产量，使成本随之下降，增强竞争力，增大经济效益。

**图6　SL10型三辊行星热轧拉机组**

# 自 跋

本书的主要内容——冲旋制粉技术的理念实践，已阐明于上篇《冲旋制粉技术》。为进一步提高认识和生产水平，有必要对一些重要方面做深入的介绍、分析，所以，笔者将在研发过程中各阶段碰到的问题和解决问题的有关研究材料整理成文，录于下篇《专题研究论述》。其中，部分文稿在收入本书时，按发展情况对已公开发表内容进行不同幅度的订正、补充和修改；还有一些因篇幅较大，不便于刊发。冲旋制粉属于实用性技术。为使读者对此有一个全面的了解，特将典型的设计引用于书中，供实用参考。不过，一定要结合实际具体条件，避免差错。

愿此书能激发大家理念实践的魅力和活力！谨以书文表达笔者热爱家国的情怀！

本书在资料收集、总结、分析、研究中得到多方帮助，尤其是参与试验工作的同事们，特此表示衷心的感谢！借此机会，还要特别感谢硅粉生产技师郑小法，设备制造技师王玉生、周功均、汪迪勇，硅粉生产企业的领导汪大伟、朱明欣、蒋立伟、张炎军、吴启寿、谭志成、周功均、余利方、张宗文和专家韩荣生、邱信华、曹炎华，化工专家余敏，检验专家厉峰，协助绘图、整编文稿的叶雪君、王毅等。最后，感谢浙大出版社编辑的辛苦付出。